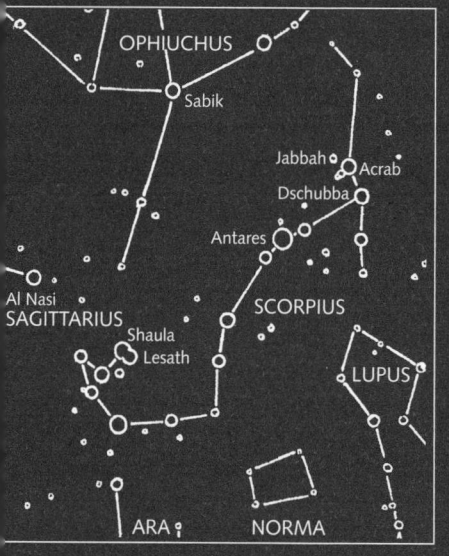

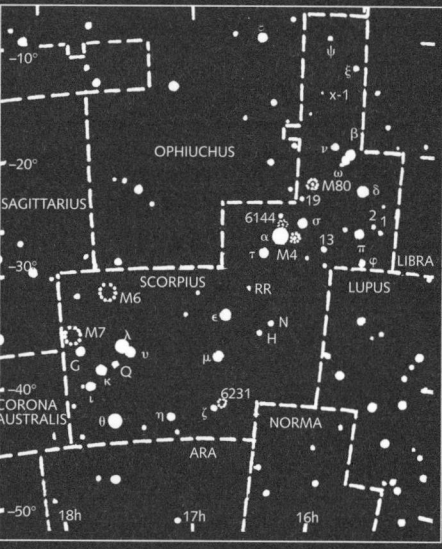

Bob Berman
Die Wunder des Nachthimmels

Bob Berman

Die Wunder des Nachthimmels

Aus dem Amerikanischen von Helmut Reuter

Mit 8 Farbtafeln und 169 Abbildungen im Text

Piper
München Zürich

Die Originalausgabe erschien 1995
unter dem Titel »Secrets of the Night Sky«
bei William Morrow and Company, Inc., New York.
Zeichnungen: Alan McKnight
Redaktion: Linda Strehl

ISBN 3-492-04054-3
© 1995 by Bob Berman
Deutsche Ausgabe:
© Piper Verlag GmbH, München 1999
Gesamtherstellung: Kösel, Kempten
Printed in Germany

Inhalt

Wenn Ihnen bei Begriffen wie dem Lichtjahr der Kopf wie ein Pulsar rotiert, wird Ihnen dieses Kapitel die wichtigsten himmlischen Ausdrücke klarmachen.

Winter

Ein kurzer Blick auf die Zeit, auf Atomuhren und darauf, wie unser modernes Zeitmeßsystem im Gleichtakt mit dem Universum bleibt.

Ein Besuch beim größten Gegenstand, den unsere Augen wahrnehmen können.

Ausgehend von der hellsten Kinderstube des Himmels erkunden wir die Geheimnisse der Sternengeburt und die – logischen bis wild spekulativen – Theorien über den Ursprung des Universums.

Im Spätherbst und Frühwinter ist der Vollmond am hellsten und erreicht seine höchste Position am Himmel. Die Jahreszeit eignet sich gut für eine Betrachtung dessen, was uns der Mond antun kann –

und was nicht. Hat er Einfluß auf die Ernten? Auf die Menstrua-tionszyklen? Auf den Wahnsinn? Aufgedeckt: erstaunliche Mythen und Mächte dieser Welt aus feinem Staub.

Eine Reise in die Finsternis – und zu den dunkelsten Objekten im Kosmos.

Mythen und Geheimnisse umgeben den »Hundsstern« Sirius – seit der Antike ist er ein Bezugspunkt am Winterhimmel. Enthüllungen über den hellsten und umstrittensten Stern der Nacht.

Es ist erstaunlich, daß es ihn überhaupt gibt.

Frühling

Arkturus, den hellsten Stern am Frühlingshimmel, kann jeder sofort ausfindig machen. Der einzige Stern, mit dem eine Weltausstellung eröffnet wurde und der einzige helle Stern, der bald ... verschwinden wird.

Wir erkunden die Grenzbereiche der Realität: andere Universen, überlichtschnelle Gebilde und Dimensionen, in denen die Zeit rück-wärts läuft.

Jetzt ziehen die farbigsten Sterne des Jahres hoch über den Himmel. Doch die wahren Farben des Universums unterscheiden sich radikal von dem, was sich die meisten Menschen vorstellen. All das führt uns zu einem ganz besonderen Farbton: der Lieblingsfarbe des Univer-sums.

Sommer

herauszufinden, ob sie noch in Betrieb oder nur noch Weltraummüll sind und ob es sich um wissenschaftliche oder kommerzielle Satelliten handelt – oder ob einer Sie gerade ausspioniert, während Sie ihn beobachten.

Der Sommer hält die besten Meteorschwärme des ganzen Jahres bereit. Neben wichtigen Hinweisen, wie man eine Sternschnuppe erhascht, schätzen wir das Risiko ab, von einer getroffen zu werden, und untersuchen Einschläge, die sich in letzter Zeit ereignet haben; zum Beispiel den Fall der beiden Häuser in derselben Gemeinde in Connecticut, die kurz nacheinander getroffen wurden.

Ein Ausflug in das turbulente Zentrum der Milchstraße. Sein traumhaftes Leuchten bezeichnet den Punkt, um den alle Sterne am Himmel kreisen, darunter auch die Sonne und mit ihr unser eigener Planet, der auf dieser Reise mitzockelt. Viele alte Kulturen hielten es für das Herz der Nacht – und sie hatten recht.

Weshalb sollten die Menschen des Altertums allen Spaß allein haben? Jeder kann sich in einem Raum mit einem Fenster sein imaginäres Stonehenge errichten, um die schrägen Winkel und einzigartigen Lichtverhältnisse festzuhalten, die den berühmtesten Anlaß der alten Welt auszeichnen.

Die totale Sonnenfinsternis, das größte Schauspiel, das die Natur zu bieten hat.

In dieser Jahreszeit dauert die Dämmerung am längsten. Diese besondere, beinahe mystische Zeit des Tages bietet eine Fülle bunter Merkwürdigkeiten.

Herbst

Vorwort

Hier auf Erden sind wir von Wundern umgeben – angefangen bei der Fabrik im Inneren jeder Zelle bis hin zu der Gewalt und den Geheimnissen eines gewöhnlichen Gewitters. Da überrascht es kaum, wenn das Universum dort draußen Wunder bereithält, die weit über unsere Träume hinausgehen.

Die meisten jener erstaunlichen Erscheinungen liegen in schwindelerregenden Entfernungen und besitzen exotische Eigenschaften. Doch viele der Geheimnisse der Nacht beginnen hier bei uns! In unserer unmittelbaren Nachbarschaft erwarten uns, sobald die Sonne untergeht, Erkundungen, die unser Begriffsvermögen fast übersteigen. »Alltägliche« Erfahrungen wie die Dämmerung und die Finsternis erweisen sich bei näherer Untersuchung als ebenso erstaunlich wie die Rauchringe aus »verbotener Strahlung«, von der die fernen Sonnen der Nacht umflutet sind.

Wir könnten unsere Erkundungsreise auf vielen Wegen angehen. Einer davon könnte zum Beispiel bei den vertrauten Dingen beginnen und dann immer weiter in das Reich des Unbekannten führen. Oder wir könnten mit den Dingen in unserer Nähe anfangen, um dann zu Erscheinungen überzugehen, die zunehmend weiter von der Erde entfernt sind. Statt dessen wollen wir uns von der Natur leiten lassen und den wechselnden Jahreszeiten gestatten, ihre Wunder vor uns auszubreiten.

Das Buch ist also in vier Abschnitte unterteilt, die den Jahreszeiten entsprechen. Dennoch können Sie alle seine Teile zu der Zeit des Jahres lesen, in der Sie sich zufällig gerade befinden. Für einen »aktuellen« Blick auf jahreszeitliche Phänomene können Sie, falls gewünscht, auch später wieder darauf zurückgreifen.

Als ich das Thema in Angriff nahm, hatte ich den neuen Interessenten ebenso vor Augen wie den erfahrenen Astronomen. Das Problem der *Definitionen* habe ich in einer Weise behandelt, die meiner Meinung nach keinem der beiden Unbehagen verursachen dürfte. Wir werden also nicht mitten in unseren Erkundungen stehenbleiben, um Begriffe wie *Galaxie* oder *Zenit* zu erläutern. Statt dessen enthält das erste Kapitel eine Übersicht grundlegender astronomischer Begriffe, die der Anfänger lesen sollte, ehe er sich die folgenden Abschnitte vornimmt.

Viele dieser Gegenstände sind an sich schon seltsam genug, auch wenn man sie nicht zusätzlich in ungebräuchliche Sprache verpackt. Deshalb verwenden wir statt der Einheit Parsec[1], die die Astrophysiker bevorzugen, ganz unbekümmert das Lichtjahr als unsere Entfernungseinheit, einen wunderbaren Begriff, der im ersten Kapitel erklärt wird.

Nun können Sie sich, unbeschwert von technischem Jargon, mit uns an die Erkundung eines Universums machen, das voller Wunder und Schönheiten ist.

Bob Berman
Woodstock, New York

---

1 Siehe 1. Kapitel, S. 22

Danksagung und Widmung

Teile mancher Kapitel wurden ursprünglich in meinen zwischen 1990 und 1994 monatlich erscheinenden Artikeln der Kolumne »Night Watchman« («Nachtwächter«) in der Zeitschrift *Discoverer* veröffentlicht. Ich danke dem leitenden Herausgeber des Magazins, Paul Hoffman, und dem Mitherausgeber Tim Folger für ihre Hilfe und Unterstützung.

Mein besonderer Dank gilt auch Will Schwalbe vom William Morrow Verlag, dessen Empfehlungen immer ins Schwarze trafen. Um die Wahrheit zu sagen: Ich kann mir keinen besseren Lektor vorstellen; seiner geistigen Klarheit kann man nur mit Hochachtung begegnen. Dank auch an Bruce Giffords, Parry Teasdale, Mikhail Horowitz, Geddy Sveikauskas, Andrea Barrist Stern und Larry Weinberg.

Zahllose unschätzbare Vorschläge kamen von meiner Mutter, selbst eine erfahrene Autorin, die mir eine große Hilfe und zugleich meine beste Freundin ist. Als Zeichen meiner ewigen Dankbarkeit für diese außergewöhnliche Persönlichkeit ist dieses Buch Paula Dunn gewidmet.

Wie man das Universum erfaßt

Auf meinem Lieblings-Autoaufkleber steht: *300000 Kilometer in der Sekunde – das ist nicht bloß eine prima Idee, sondern gesetzlich vorgeschrieben!*

Die meisten begreifen den Scherz: Die Zahl bezeichnet die Lichtgeschwindigkeit. Andere dagegen finden den Aufkleber so bedeutungslos wie die Mehrheit, die sich mit Äußerungen wie *Entschuldigen Sie, daß ich so dicht vor Ihnen herfahre* auf unseren Autobahnen drängelt.

Genauso verhält es sich mit dem gebildeten Publikum. Kenntnisse in Astronomie sind recht unterschiedlich verteilt (und allgemein sehr gering), dennoch wollen die Menschen bei den erstaunlichsten Entdeckungen auf dem laufenden sein. Wie immer Sie also auf den Aufkleber reagieren mögen und Ihr wissenschaftlicher Hintergrund auch aussehen mag: Zweck dieses Kapitels ist es, kosmische Grundbegriffe so weit zu erklären, daß Sie in die verblüffenden Geheimnisse des Universums eintauchen können. Falls Sie bereits über himmlisches Wissen verfügen, können Sie dieses Kapitel als eine Art Quiz betrachten.

Jeder, nicht nur der blutige Anfänger, kann davon profitieren, wenn er seine Kenntnisse über den Kosmos auffrischt, da wir ein Universum erkunden, das weiträumiger und seltsamer ist, als wir noch vor zwanzig Jahren geglaubt haben. Ein astronomisches Lehrbuch der sechziger Jahre ist heute praktisch wertlos. Photos von Jupiter und Uranus, die vor fünfundzwanzig Jahren aufgenommen wurden, kommen uns heute wie verschwommene Daguerreotypien

Eine Auswahl kosmischer Leckerbissen: Ein Planet, Sterne und Galaxien, von einem imaginären Mond aus betrachtet.

vor. Der technische Fortschritt in der Erforschung des Universums hat sich so rasant beschleunigt, daß selbst ausgefuchste Laien gewissermaßen im Postkutschenzeitalter zurückgeblieben sind. Viele halten »Mount Palomar« (das eigentlich immer »Hale-Teleskop« hieß) weiterhin für das größte Teleskop der Welt, obwohl es schon in den Siebzigern übertroffen wurde. Außerdem haben Verbesserungen in der elektronischen Lichtverstärkung, die auf Quanteneffekten beruhen, eigentlich jedes Teleskop »größer« gemacht. Durch die Raumfahrt erhielten wir ein völlig neues Verständnis der Planeten. Und die für das menschliche Auge nicht wahrnehmbaren Wellenlängen des Lichts (sie machen den größten Teil der Energie aus, die uns aus dem übrigen Universum erreicht), wurden von Satelliten aufgezeichnet, die oberhalb der verzerrenden Atmosphäre unseres Planeten kreisen.

Was im letzten Vierteljahrhundert an Wissen über das Universum zusammengetragen wurde, übertrifft alle Entdeckungen des gesamten vorigen Jahrhunderts. Und das wiederum hatte alles in den Schatten gestellt, was die Menschen bis dahin seit Urzeiten über das Universum erfahren hatten.

Zum Glück für all jene, die auf die neuesten Erkenntnisse aus sind, haben sich die Grundbegriffe und Maßeinheiten der Astronomie nicht geändert. Im Gegenteil, es hat sich sogar eine weltumspannende Entwicklung ergeben: Die Hilfsmittel, mit denen wir das Universum sondieren, sind universell. Überall benutzt man dieselben Entfernungsmaßstäbe, dieselben Bezeichnungen für Himmelsobjekte und dieselben Maßeinheiten für Helligkeit und Geschwindigkeit. Selbst die Namen der Sterne haben sich zu einer gemeinsamen, weltumspannenden Nomenklatur entwickelt. Diese Errungenschaft ist um so bemerkenswerter, als jede Kultur zunächst mit eigenen Bezeichnungen für die Sterne und Sternbilder begonnen hatte.

Die überlieferten Sagen hat man deswegen nicht aufgegeben. Astronomen in China, Indien und Kanada kennen noch immer zahlreiche Namen von Sternen, die von ihren Vorfahren überliefert sind, aber sie haben auch das wunderbar schlichte Schema übernommen, das Johann Bayer Anfang des siebzehnten Jahrhunderts entworfen hat. In diesem System bezeichnen wir den hellsten Stern einer jeden Konstellation als **Alpha** (nach dem ersten Buchstaben des griechischen Alphabets), den zweithellsten als **Beta** (nach dem

α alpha	η eta	ν ny	τ tau
β beta	θ theta	ξ xi	υ ypsilon
γ gamma	ι iota	o omicron	ϕ phi
δ delta	κ kappa	π pi	χ chi
ε epsilon	λ lambda	ρ rho	ψ psi
ζ zeta	μ my	σ sigma	ω omega

Das griechische Alphabet

zweiten Buchstaben) und so fort. Wenn man etwa das erste Dutzend Buchstaben verwendet, kann man ziemlich viel vortäuschen, wenn sich eine Unterhaltung über die Sterne ergibt. Der hellste Stern der Centaurus-Konstellation? Alpha Centauri! (*Centaurus* wird dabei zum lateinischen Genitiv *Centauri*. Aber lassen Sie sich davon nicht stören: All das wird nur erwähnt, damit Ihnen die Namen der Sterne nicht mehr so geheimnisvoll vorkommen.) Gamma Orionis und Beta Scorpii lassen sich nun plötzlich als vernünftige Bezeichnungen verstehen, die ihr Heimatsternbild und ihre relative Helligkeit verraten.

Es gibt ein paar Ausnahmen, bei denen der hellste Stern irgendwie auf einer Beta-Position landete und ein minderes Licht an die Alpha-Position befördert wurde, als hätte es Freunde in den höheren Etagen, aber solche Launen stören nicht weiter. Für die zwei Dutzend größten Sterne verwenden wir im allgemeinen ohnehin die volkstümlichen Namen, die uns seit der Antike überliefert sind. Den Polarstern muß niemand »Alpha Ursae Minoris« nennen – alte Freunde erwarten keine solchen Förmlichkeiten.

Jeder Stern gehört zu einem von achtundachtzig Konstellationen oder Sternbildern. Die **Konstellation** ist nicht einfach nur als Anordnung von Sternen definiert, die eine Figur wie Orion den Jäger bilden, sondern als genau umschriebene Himmelsregion. Jeder Abschnitt des Nachthimmels, ob bestirnt oder dunkel, gehört zu einer bestimmten Konstellation. Die Schnittlinien dieses gewaltigen, gewölbten Puzzles wurden 1930 international festgelegt.

Üblicherweise sagen wir, Mars befinde sich »im« Löwen, oder eine bestimmte Galaxie liege »im« Sternbild Jungfrau. Das bedeutet aber nur, daß das Objekt in dieser Richtung liegt. Normalerweise ist ein Planet millionenmal näher bei uns und eine Galaxie millionenmal weiter entfernt als die Sterne, von denen sie scheinbar umgeben sind. Auch die Sterne der Konstellation selbst sind unterschiedlich weit von uns entfernt. Orion setzt sich aus Sternen zusammen, deren Abstände zu uns zwischen 20 und 2000 Lichtjahren betragen. Man könnte niemals wirklich zum Orion fliegen: Während der Annäherung würde sich das Muster auflösen.

Beim Gebrauch der Wörter **Sonne** und **Stern** werden wir keinen Unterschied machen. Nur mit Ehrfurcht kann man sich vor Augen führen, daß unsere Sonne bloß der nächstliegende von etwa einer Billion (einer Million Millionen oder 10^{12}) Sternen in der Galaxis ist. Umgekehrt sind Sterne Sonnen: Die Illustration auf Seite 209, ein Ausschnitt der Milchstraße, der eine wie Zuckerkristalle hingestreute Ansammlung von Myriaden von Sternen zeigt, ist das Abbild einer endlosen Folge von Sonnen. Wenn man sich jeden Stern als Sonne denkt, erhält man eine gute Vorstellung der ungeheuren Energien, die in der Unendlichkeit der Nacht verborgen sind.

Wenn wir uns auf unsere eigene Sonne beziehen, werden wir von **der** oder **unserer** Sonne sprechen. Unsere Sonne ist eine Kugel aus nuklearem Feuer mit einem Durchmesser von annähernd eineinhalb Millionen Kilometern, deren gewaltige Schwerkraft neun Planeten auf einer Umlaufbahn hält. (Eigentlich sind es nur acht, da man Pluto mittlerweile nicht mehr für einen richtigen Planeten

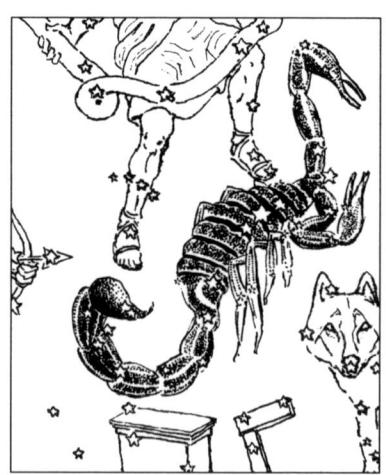

Im Laufe der Entwicklung unserer Kosmologie hat sich auch die Kartierung der Sternbilder fortentwickelt. Als man Erde und Galaxis nicht länger als Mittelpunkt des Universums ansah, verschwanden die personifizierten Darstellungen allmählich. Später wurden die Bilder zu abstrakten Formen (gegenüberliegende Seite links), und schließlich wurde der Himmel mit einem Gitternetz unterteilt, das die Namen der Sternbilder bewahrte. (gegenüberliegende Seite rechts)

hält – doch darauf werden wir in einem späteren Kapitel zu sprechen kommen.)

Die meisten Planeten werden von Trabanten umrundet, und gewöhnlich werden wir uns an die verbreitete Praxis halten, diese als Monde zu bezeichnen, obwohl dies offiziell nur der Name des natürlichen Erdtrabanten ist.

Planeten kreisen um die Sonne. Den Unterschied zwischen Planeten und Sternen könnte man so ausdrücken: Wenn man ihn berühren kann, ist es ein Planet. Ein Stern ist eine Gaskugel, die jetzt oder in ihrer Vergangenheit aufgrund nuklearer Energie leuchtet, so als würden pausenlos Wasserstoffbomben gezündet. Zum Glück ist das bei Planeten nicht der Fall, wie die Erde als Beispiel zeigt. Daß Planeten sichtbar sind, verdanken sie demselben simplen Vorgang, der uns auch einen Freund am Ende der Straße sehen läßt: Sie stehen im Sonnenlicht. Wenn die Sonne dunkel würde, geschähe das auch mit den Planeten.

Die Namen aller bekannten Planeten des Universums können Sie bereits aufzählen. Merkur, Venus, Mars und die anderen (Erde, Jupiter, Saturn, Uranus, Neptun und vielleicht Pluto), das ist auch schon alles. Sie werden niemals auf andere stoßen. Ferne Sterne mögen von Planeten umkreist werden; vielleicht ist das bei allen so, doch mit der derzeitigen Technik können wir planetenähnliche Objekte,

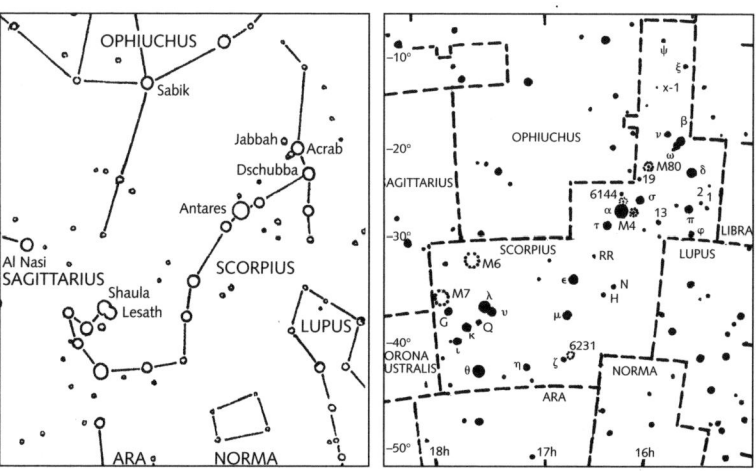

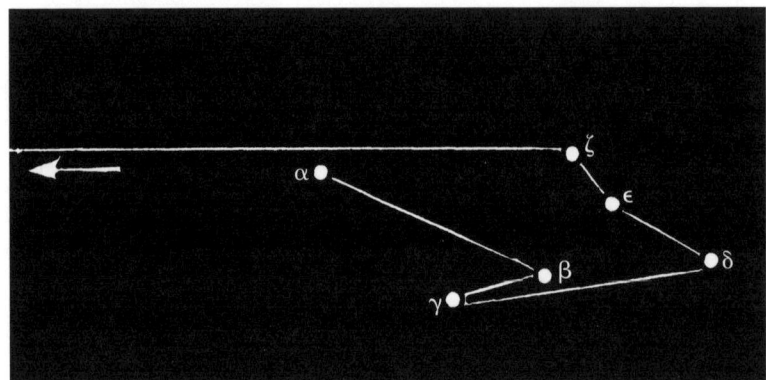

Der Große Wagen, wie er von einem Planeten aus zu sehen wäre, der um Gamma Bootis kreist. Dieser Stern befindet sich genau östlich der Konstellation und ist etwa so weit davon entfernt wie wir. Eta (η) ist dann um mehr als 90 Grad von Delta (δ) entfernt und würde für die Bewohner des Planeten zu einem anderen Sternbild gehören.

die sich nahe der blendenden Helligkeit ihres Muttergestirns befinden, nicht aufspüren. Einige indirekte Beweise wie die Schwankungen, die manche Sterne zeigen, während sie durchs All kriechen, lassen auf die Gegenwart kleiner, unsichtbarer Körper schließen, die an ihnen zerren, und weisen auf die mögliche Existenz von Planeten hin. Wir nehmen an, daß es sie gibt. In einigen Fällen konnten Massen und Umlaufbahnen berechnet werden; außer den Planeten, die um unsere Sonne kreisen, haben wir jedoch noch nie einen direkt gesehen. So bleiben die vertrauten Mitglieder unseres eigenen Sonnensystems die einzigen sicher bekannten Planeten. (**Sonnensytem** bezeichnet unsere Sonne mit den sie umkreisenden Planeten und deren Monde, dazu kommen noch kleinere Trümmer himmlischen Treibguts wie Meteore und Kometen, die in unserer Nachbarschaft umherirren.)

Fassen wir also zusammen: Ein Planet hat einen vertrauten Namen, umkreist die Sonne und leuchtet, weil er die Sonne reflektiert. Ein Stern ist eine Sonne und erzeugt sein eigenes Licht durch Kernenergie.

Weil die Planeten am Nachthimmel für das unbewaffnete Auge wie Sterne aussehen, kommt es gelegentlich zu Verwechslungen.

Wenn der Ausdruck *Stern* benutzt wird, ist damit manchmal »sternähnliche Erscheinung« gemeint. Die Venus zum Beispiel wird oft als Abendstern bezeichnet.

In den unendlichen Tiefen des Raumes vereinen sich die Sterne zu Galaxien – riesigen Ansammlungen von Sonnen, die aussichtsreiche Kandidaten für das größte Gebilde des Universums darstellen. Galaxien können kugelförmig, unregelmäßig oder als wunderschöne Spirale in Erscheinung treten. Jede Galaxie besteht aus wenigstens einer Milliarde Sternen; die größeren Galaxien eher aus einer Billion oder mehr Sternen. Unsere eigene, spiralförmige Galaxie heißt **Milchstraße**, und niemand bestreitet, daß es sich dabei um den einfältigsten aller galaktischen Namen handelt. Das ist einer der Gründe, weshalb unsere Heimatgalaxie oft einfach als *die* Galaxis bezeichnet wird.

Alle Sterne, die Sie am Nachthimmel sehen können, gehören ausschließlich zu unserer eigenen Milchstraßen-Galaxis. Schöne Photographien von Nebeln (kosmischen Gas- und Staubwolken), Sternhaufen, Bruchstücken explodierter Sterne (Supernovae) und was Ihnen sonst noch einfällt, zeigen Bewohner der Galaxis. Sie brauchen nicht nachzufragen: Wenn es nicht das Photo einer anderen Galaxie in ihrer Gesamtheit ist, stellt das Bild fast sicher ein Objekt unserer Milchstraße dar.

Die Astronomie und vielleicht noch die Kartographie sind die einzigen Wissenschaften, in denen Entfernungen immer von Bedeutung sind. Chemiker und Biologen interessieren sich nicht besonders für den genauen Abstand ihrer Augen zu einer chemischen Reaktion oder einer Gewebeprobe, in der Astronomie jedoch können wir abgesehen von der Erde und den Gesteinsbrocken, die wir vom Mond zurückgebracht haben, nichts berühren, riechen, schmecken oder hören. Alles Wissen über den Himmel erreicht uns in Form von Licht, und wir müssen wissen, wie weit es gereist ist, ehe es bei unseren Augen oder Instrumenten ankommt.

Kleinere Strecken wie den Abstand des Mondes oder die Planetendurchmesser geben wir, wie bei den Astronomen üblich, in Kilometern an. Falls Sie zufällig in Meilen denken sollten, brauchen Sie die Kilometerangaben nur durch 1,6 zu dividieren und sind damit nah dran.

Auch wenn Sie es vielleicht nicht glauben werden, die Astronomen vermeiden gern große Zahlen. Deshalb verwenden sie innerhalb des Sonnensystems die denkbar einfachste Möglichkeit, Entfernungen auszudrücken: die **astronomische Einheit**. Eine AE, wie sie in der Branche genannt wird, ist einfach die durchschnittliche Entfernung der Erde von der Sonne, etwa 150 Millionen Kilometer. Wenn wir sagen, Jupiter sei 5 AE von der Sonne entfernt, können wir uns seine Umlaufbahn sofort vorstellen – sie hat den fünffachen Durchmesser unserer eigenen. Würde man die Entfernung Jupiters dagegen mit 750 Millionen Kilometern beziffern, wäre das viel problematischer, denn wer könnte sich das bildlich vor Augen führen?

Außerhalb unseres Sonnensystems verwenden wir das **Lichtjahr**. Aus zwei Gründen ist es ein guter Maßstab für Entfernungen. Es ist groß, und so können wir die Entfernung von Sternen in vernünftigen Einheiten ausdrücken (ein typischer, mit bloßem Auge sichtbarer Stern ist 100 Lichtjahre entfernt). Außerdem hat es den schlagenden Vorteil, daß die Geschwindigkeit des Lichts im Vakuum des Weltraums immer konstant ist.

Licht ist das Schnellste, was es im Universum gibt. Es bewegt sich mit 299 972 Kilometern pro Sekunde. Wenn Sie also Ihre Besorgungen in Lichtgeschwindigkeit erledigen könnten, würden Sie in einer einzigen Sekunde dreißigmal zwischen New York und Kalifornien hin- und herreisen.

Eine Reise mit dieser Geschwindigkeit, die nicht eine Sekunde, sondern ein Jahr dauert, würde Sie 9 Billionen 340 Milliarden Kilometer weit bringen: 1 Lichtjahr. Obwohl darin das Wort *Jahr* enthalten ist, bezeichnet das *Lichtjahr* kein Zeitmaß, sondern wie der Kilometer ein Maß der Entfernung. Es handelt sich um die Strecke, die das Licht in einem Jahr zurücklegt.

Die Astronomen benutzen oft noch zusätzliche Einheiten wie die Parsec (Kurzform von Parallaxensekunde), die etwa 3 Lichtjahren entspricht, aber wir werden die Parsec zusammen mit einigen weiteren unwesentlichen Meßbegriffen fröhlich ignorieren.

Die meisten anderen Ausdrücke sind dieselben wie im Alltagsleben. Temperatur wird in Grad Celsius oder Fahrenheit angegeben, Zeit in Sekunden und Jahren und ein Winkel in Grad. Jeder Kreis hat

360 Grad, weshalb die umgestülpte Himmelsschale bequemerweise eine gewöhnliche Halbkugel oder Hemisphäre von 180 Grad ist. Logischerweise beträgt der Abstand (= Winkel) zwischen Horizont und dem höchsten Punkt über uns, dem **Zenit**, 90 Grad. Wenn wir am Himmel etwa die Höhe des Nordsterns über dem Horizont messen möchten, bedienen wir uns der folgenden *handfesten* Methode: Eine auf Armeslänge ausgestreckte, geballte Faust bedeckt ziemlich genau 10 Grad des Himmels. (Das funktioniert fast bei jedem, denn wenn Ihre Faust größer ist, haben Sie wahrscheinlich auch einen längeren Arm, was wiederum jene Faust weit genug vom Gesicht fernhält, um immer noch 10 Grad Himmel abzudecken.) Probieren Sie es nun aus, allerdings nicht in der Öffentlichkeit: Zählen Sie vom Horizont aus sorgfältig neun Faustbreiten nach oben und überprüfen Sie, ob Sie damit genau senkrecht über Ihrem Kopf ankommen, 90 Grad aufwärts. Wenn nicht, können Sie es mit einem einfachen schönheitschirurgischen Eingriff korrigieren lassen. (Oder Sie drücken den Daumen ein wenig fester an.)

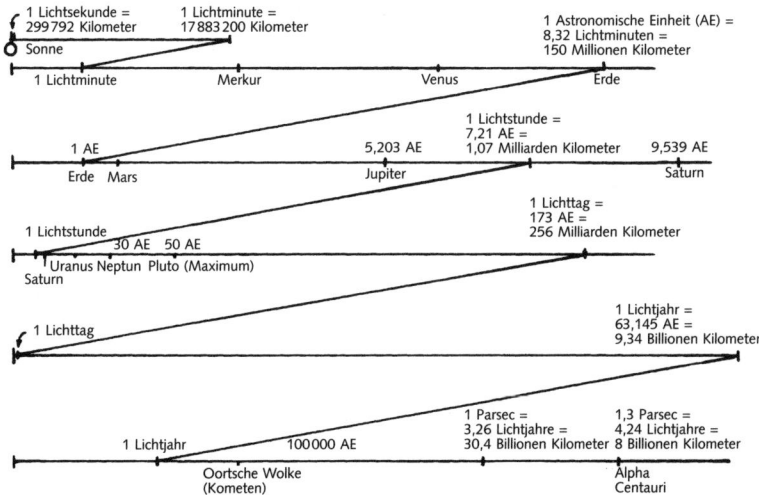

Um die verschiedenen Entfernungsmaßstäbe miteinander in Beziehung setzen zu können, haben wir diese gleitende Skala entworfen. Auf jeder Linie befindet sich die Sonne links; die maßstäbliche Einheit der jeweils oberen Linie wird durch die diagonale Linie auf die darunter liegende abgebildet.

Der **Horizont** im astronomischen Sinn befindet sich nicht dort, wo die Berge oder Baumspitzen mit dem Himmel zusammentreffen. Vielmehr handelt es sich um eine gedachte horizontale Linie, die sich in Augenhöhe nach allen Seiten rund um Sie herum erstreckt, 90 Grad vom Zenit entfernt. Sie werden bemerkt haben, daß das Wort *horizontal* den Horizont sogar einschließt. In einem Flugzeug oder auf See können Sie den gesamten Horizont sehen; von Ihrer Wohnung aus ist das fast nie möglich.

Weil Sterne so weit entfernt sind, erscheinen sie selbst durch die stärksten Teleskope als Punkte ohne weitere Merkmale; der astronomischen Wissenschaft gelingt es jedoch, aus eindimensionalen Punkten noch Informationen herauszudestillieren! Diese einzelnen Lichtstrahlen erzählen uns vor allem deswegen Bände über die Sterne, weil das Licht mit Hilfe eines Spektrographen analysiert wird. Er zerlegt das Licht auf die gleiche Weise in seine Komponenten wie ein Prisma, das Sonnenlicht in die Spektralfarben bricht. Die so entstehenden Muster verraten uns vieles: wie die glühenden Gase zusammengesetzt sind, die das Licht hervorgebracht haben, ob die Lichtquelle sich uns nähert oder sich von uns entfernt, ihre Temperatur und dazu noch eine Fülle anderer Informationen, die man nicht erraten könnte, wenn man den Stern lediglich visuell untersuchen würde.

Unsere Augen nehmen nur einen schmalen Bereich der Energie auf, die durch das gesamte Universum schwingt, und wenn wir »Licht« sagen, meinen wir für gewöhnlich das für das unbewaffnete Auge erkennbare Regenbogenspektrum an Energie mit seinen vertrauten Farben.

In der Schule haben wir gelernt, daß elektromagnetische Energie viele Formen annimmt, von denen die meisten außerhalb der beschränkten Bandbreite menschlichen Sehvermögens liegen. Wenn Sie ein Thermometer genau außerhalb des roten Endes eines prismatisch erzeugten Sonnenspektrums an eine unbeleuchtete Wand anlegen, registriert es einen Temperaturanstieg. Das zeigt, daß dieser Fleck von unsichtbarer Infrarot- oder Wärmeenergie beschossen wird.

Da unsere Atmosphäre viele Wellenlängen (Teile des Energiespektrums) abschirmt, benötigt man hochgelegene oder Satelliten-

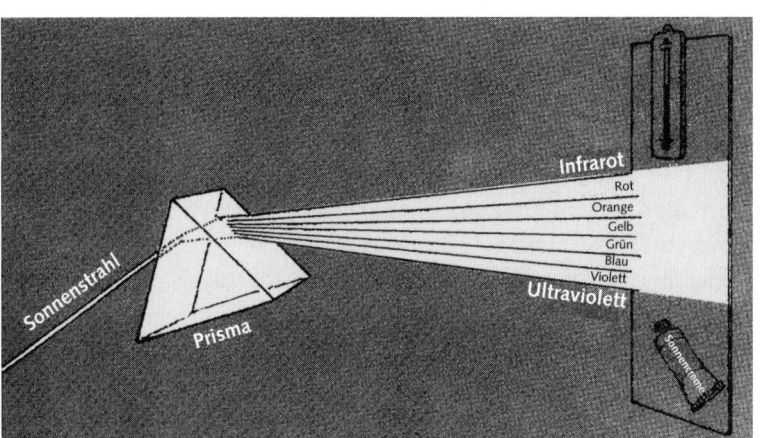

Infrarote und ultraviolette Strahlen sind für unsere Augen unsichtbar, doch ihre Wirkungen sind uns vertraut.

Observatorien, um infrarotes und anderes unsichtbares Licht aus dem Universum untersuchen zu können. Wenn es dagegen nur um schlichtes Sonnenlicht geht, sind unsere Augen hervorragende Empfänger. Uns entgeht nicht sehr viel, da wir genau im Bereich der Wellenlängen sehen, die von der Sonne am stärksten abgestrahlt werden. Im Lauf der Zeit haben sich unsere Augen dazu entwickelt, bei Tageslicht zu sehen; mit Ausnahme der lebensfeindlichen UV-Strahlung, die weitgehend von unserer schützenden Atmosphäre abgeschirmt wird, sitzen wir für den größten Teil der Vorstellung auf den guten Plätzen.

Wenn wir die Anteile des Spektrums meinen, die nur mit Instrumenten zu erfassen sind – Röntgenstrahlen, Infrarot, Mikrowellen und dergleichen –, werden wir normalerweise statt **Licht** eher das Wort **Energie** verwenden. Sie sollten aber daran denken, daß sich diese verborgenen Anteile des Energiespektrums nur durch ihre Wellenlänge vom sichtbaren Licht unterscheiden: Sie schwingen mit zu hoher oder zu niedriger Frequenz, um die Rezeptoren unserer Augen erregen zu können.

Grundlegender und sogar leichter verständlich ist das System, mit dem die **Helligkeit** von Gegenständen bezeichnet wird. Die moderne Astronomie hat die Skala der Größenklassen von den alten

Griechen übernommen, die einen sehr hellen Stern »erste Größe oder Magnitudo (^{m})« nannten und einen schwachen Stern »sechste Größe«. Auch wenn wir moderne Meßgeräte wie Photometer verwenden, stufen wir die schwächsten Sterne, die in einer mondlosen Nacht zu sehen sind, wie zu Platos Zeiten als sechste Größe ein. Doch die Grenzen haben sich verschoben: Mit Fernrohren und elektronischen Verstärkern können wir Sterne aufspüren, die weit schwächer sind und deswegen höhere Ziffern tragen. Selbst ein kleines Fernrohr kann Sterne der elften Größe entdecken. Am anderen Ende der Skala sind eine Handvoll Sterne und Planeten so hell, daß wir ihnen die Größenklasse Null oder sogar negative Werte zuordnen.

Die gegenüberliegende Tabelle listet alles auf, was Sie hinsichtlich der Helligkeit von Himmelsobjekten jemals wissen müssen.

Die Skala ist so eingeteilt, daß eine Änderung von 5 Größenklassen einem hundertfachen Helligkeitsunterschied entspricht. Aber das müssen Sie sich nicht merken. Ihnen sollte nur klar sein, daß das Maß der Größenklasse nur die scheinbare Helligkeit der Objekte wiedergibt. Ein schwacher Stern kann in Wahrheit ein weit entfernter lichtstarker Stern sein. Die Skala stellt nur dar, wie die Himmelsobjekte für unser Auge erscheinen.

Wenn von »unserem Auge« die Rede ist, bezieht sich der Ausdruck **unser** auf Leser, die in der gemäßigten Zone der nördlichen Hemisphäre zuhause sind. Die meisten von uns leben zwischen dem 20. und dem 60. nördlichen Breitengrad, was die Vereinigten Staaten, Kanada, Europa und den größten Teil Asiens umfaßt. Diese Gemeinsamkeit der Breitengrade bietet uns eine nicht unwichtige Gelegenheit:

Der Himmel verändert sich nur, wenn man ihn von einer anderen geographischen Breite (oder Entfernung vom Äquator) aus betrachtet. Auf unterschiedlichen Längengraden (die sich ändern, wenn man sich nach Osten oder Westen bewegt) sind seine Wunder dieselben – ein geographisches Gebiet, das zufällig einen großen Teil der entwickelten Länder umfaßt.

Wenn Sie von New York nach Tokio reisen, ändert sich der Himmel nicht, wenn Sie aber auf eine Karibikinsel fliegen, ist der Unterschied beträchtlich.

Die Skala der scheinbaren Helligkeit (Magnitudo)

Größenklasse	Beispiel	Anmerkungen
−12	Vollmond	
−5	Venus	hellstes sternähnliches Objekt kann Schatten werfen
−1,5	Sirius	hellster Stern
0	Wega	so hell oder heller sind nur 8 Sterne
1	Antares	so hell sind 20 Sterne
2	Polarstern	mittlere Helligkeit: 60 Sterne
3		mittelschwache Helligkeit: 150 Sterne
6		gerade noch sichtbar: 6000 Sterne
9		Grenze für Ferngläser: 50 000 Sterne
12		kaum sichtbar für kleine Teleskope; 60 000 mal schwächer als Wega
20		optische Grenze des Hale-Teleskop; 100 millionenmal schwächer als Wega
25		schwächste Sterne, die vom Hale-Teleskop mit elektronischer Verstärkung empfangen werden können
29		Aufnahmegrenze des Hubble-Weltraum-Teleskops; 250 milliardenmal schwächer als Wega

Wir werden den Vorteil unserer gemeinsamen Breitenposition nutzen und damit allgemeine Erfahrungen beschreiben, zum Beispiel, »ein strahlender blauer Stern in halber Höhe des Südhimmels um Mitternacht«, oder indem wir sagen »Der Mond geht nach oben rechts auf.« Da die Himmelsorientierung für die große Mehr-

heit dieselbe ist, werden die meisten Leser die in Frage stehenden Objekte mühelos ausfindig machen können.

Sie sollten sich jedoch dessen bewußt bleiben, daß diese Beschreibungen nicht mehr stimmen, wenn Sie sich in Äquatornähe oder in einem Land wie Australien befinden, das auf der Südhalbkugel liegt. Alle Objekte des Südhimmels werden dann viel höher stehen als beschrieben, während nördliche Zielpunkte tiefer stehen oder sogar unsichtbar sind. Die Bahnen von Sonne und Sternen sind dann ebenfalls unterschiedlich.

Bei vielen unserer Themenbereiche – Dämmerung, Dunkelheit, andere Dimensionen und kosmische Geburten, um nur einige zu nennen – spielt der Aufenthaltsort des Lesers keine Rolle. Eigentlich können Sie fast das ganze Buch mit Vergnügen lesen, ohne jemals das Haus zu verlassen.

Wenn man einiges über ein erstaunliches Objekt erfahren hat, macht es andererseits Spaß, es mit eigenen Augen zu sehen. Für jene, die eher zu einer handfesten Annäherung neigen, sind die Themen, wie im Vorwort dargelegt, in der Reihenfolge behandelt, in der sie sich im Jahresverlauf darbieten. Natürlich ist der Leser in keiner Weise verpflichtet, sich an diese Reihenfolge zu halten oder auf diesem Gebiet überhaupt irgendeine Ordnung zu beachten.

Um diese außergewöhnlichen Wesenheiten unseres Universums zu ergründen, werden keine Instrumente benötigt. Ein paar Beobachtungsobjekte – zum Beispiel der Mond und Jupiter – werden durch die Verwendung eines Feldstechers oder eines kleinen Teleskops dramatisch vergrößert. Eine Anleitung für die Auswahl und die Benutzung dieser Instrumente ist im Anhang zu finden.

Noch eine Bemerkung zum Stil. Anstatt die mühsame, aber politisch korrekte Wendung »er/sie« zu verwenden, wenn allgemein von Personen die Rede ist, gebrauchen wir aus praktischen Gründen lediglich die männliche Form. Nur Außerirdische sind »sie« in der Mehrzahl.

Eine Geschichte zweier Städte: In New York scheint sich die Sonne nach rechts zu bewegen, während sie sich für die Bewohner von Sydney in Australien auf ewig nach links bewegt.

Nun sind wir bereit. Ausgestattet mit gemeinsamer geographischer Breite und Sprache (und vielleicht sogar Autoaufklebern) und verbunden durch die Liebe zu den Sehenswürdigkeiten des Kosmos brechen wir hier zur Erkundung einiger der erstaunlichsten Dinge im Universum auf.

Winter

Die berühmte Mondillusion läßt den Mond in der Nähe des Horizonts riesig erscheinen. Gut, wir haben da ein klein wenig übertrieben.

Höchste Zeit, über die Zeit zu sprechen

Wie Pferde, die zu ihrem Stall zurückkommen, kehren die Mitternachtssterne jedes Jahr zu Sylvester an dieselbe Position zurück. Unermüdlich und wachsam zählt das verrückte blaue Glitzern von Orion und Hundsstern die Jahre ab, mit denen das Leben der Menschen verfliegt wie vom Sturm getriebene Blätter. Still und erhaben bilden sie einen vollkommenen Kontrast zu der lärmenden Festlichkeit, die an jedem 31. Dezember unter ihnen tobt.

Ein philosophisch veranlagter Geist könnte die Lustbarkeiten der Menschen als verzweifelten Aufstand gegen die Tatsache betrachten, daß wir sterblich sind. Andere sehen Sylvester als ein Fest des romantischen Zaubers, und manche spüren die Nostalgie, die darin liegt. Was mich angeht, so betrachte ich Sylvester als einzigartige Kuriosität: Es ist die einzige Gelegenheit, bei der die Aufmerksamkeit aller auf die Zeit gerichtet ist, die zu den Obsessionen des modernen Lebens zählt. Wenn die Sterne also auf ihre Ausgangspositionen zurückgekehrt sind und die Jahresuhr auf Null gestellt wird, ist sicher auch der passende Moment gekommen, die erstaunliche Dimension zu erkunden, die wir Zeit nennen.

Aber wenn man versucht, sich des Gegenstands zu bemächtigen, kommt man sich ein wenig vor wie bei der Jagd nach einem Phantom, da es die Zeit vielleicht gar nicht gibt. Zumindest sind viele Physiker zu diesem Schluß gekommen und haben damit Vorstellungen aufgegriffen, wie sie in den Labyrinthen der Philosophie lange diskutiert wurden. Wenn die Zeit aber wirklich existiert – oder selbst wenn wir alle nur so tun, als existierte sie – dann ist es ziemlich eigenartig, daß eine Gesellschaft, die Pünktlichkeit schätzt, falsche Vorstellungen über die Zeit so bereitwillig ausbrütet wie Kuckuckseier. Und die Menschenmassen an Sylvester jubeln und umarmen sich im falschen Augenblick.

Als ein Mensch, der seine Uhr präzise nach den Zeitzeichen von Atomuhren stellt, halte ich es für bemerkenswert, daß bei den Fernsehübertragungen an Sylvester die Mitternacht regelmäßig zu einem falschen Zeitpunkt aufblitzt. Besonders, weil für jedermann die Möglichkeit besteht, ein im Prinzip fehlerfreies System zu Rate zu ziehen, dessen erstaunliche Genauigkeit kaum noch zu verbessern sein dürfte.

Diese Perfektion ist offensichtlich noch nicht bis zu den Massen durchgedrungen, die sich dringend danach sehnen, pünktlich zu sein. Wenn man in den Vereinigten Staaten einen typischen Wetterkanal im Fernsehen einschaltet oder, schlimmer noch, eine örtliche Zeitansage wählt, so kann man fast sicher sein, daß die Angabe irgendwo von ein paar Sekunden bis zu einer halben Minute oder mehr danebenliegt.

Ist das wirklich von Bedeutung? Nach ästhetischen Gesichtspunkten ja, da eine Uhr, die nach der *richtigen* korrekten Zeit eingestellt wird, mit der Rotation der Erde selbst synchron geht. Jahrzehntelang ist den Uhren vorgegeben worden, in Übereinstimmung mit den Sternen zu ticken. Indem man die Zeit an die Umdrehung unseres Planeten koppelte, hat man eine elegante Note in das Ganze gebracht, da das Universum nun im Gleichtakt mit den an unseren Handgelenken befestigten Chronometern über uns vorbeizieht. Das ist fast so, als wären wir direkt an das Uhrwerk des Sonnensystems angeschlossen.

Das war nicht immer so. Jedes regelmäßig wiederkehrende Phänomen kann als Uhr oder Kalender dienen, und für lange Zeit stellten die tägliche Abfolge von Tag und Nacht, die Mondphasen und die Wiederkehr der Jahreszeiten offensichtliche Möglichkeiten dar – bis auf den heutigen Tag löst ein Datum wie der erste Sonntag nach dem ersten Frühlingsvollmond zuverlässig zyklische Reaktionen aus: die Reisewelle an Ostern.

Dennoch mußten wir uns von Anfang an entscheiden. Wir konnten ein Chronometer konstruieren, das im Gleichtakt mit unserer planetaren Umdrehung von 23 Stunden, 56 Minuten und 4,1 Sekunden ging, wodurch alle Sterne jede Nacht zum selben Zeitpunkt auf-

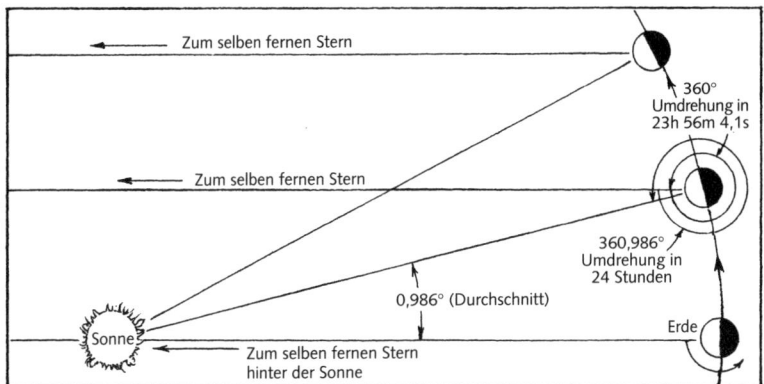

Die Erde dreht sich in etwas weniger als einem Tag (23 Stunden, 56 Minuten, 4,1 Sekunden) um 360 Grad, womit ein weit entfernter Stern sich wieder genau an der gleichen Stelle über uns befindet. Das ist der siderische Tag, aber die Sonne ist da noch etwa ein Grad vom Zenit entfernt. Der Sonnentag ist nach 24 Stunden (im Durchschnitt) vollendet. (Zur Verdeutlichung sind die Winkel übertrieben groß gezeichnet.)

und untergehen würden. Oder wir konnten statt dessen Uhren bauen, die mit der mittleren Sonnenstellung übereinstimmten. Dieser solare Tag dauert vier Minuten länger als eine Erdumdrehung, weil sich die Sonne nach einer vollständigen Umdrehung der Erde schon in einer geringfügig anderen Richtung befindet – wir kreisen ja während dieser Zeit weiter um die Sonne.

Die Entscheidung fiel leicht. Wir wählten die Sonne. Wir konstruierten Uhren, deren Zeiger einmal ganz herumlaufen, während die Sonne einmal den Himmel umrundet, und zum Kuckuck mit den Sternen, die dann eben jede Nacht vier Minuten eher auf- und untergehen mußten. Wir selbst haben also beschlossen, daß die Sterne nicht im Einklang mit unseren Uhren stehen, doch das hat niemanden um den Schlaf gebracht.

In den fünfziger Jahren entschied man sich dafür, letztlich die Erdumdrehung zum Standard zu erheben und nicht schwingende Quarzkristalle oder sonst irgendeine Zeitmeßmethode. Natürlich haben wir deswegen nicht alle Uhren und Armbanduhren auf der Welt weggeworfen; wir haben weiterhin die solare Zeit beibehalten. Aber wir müssen regelmäßig alle Chronometer nachstellen, damit die Rotation des Planeten fest an den Takt unserer Zeitmesser gekoppelt bleibt. Falls unser Planet aus irgendwelchen Gründen schneller oder langsamer würde, müßten wir Milliarden von Uhren entsprechend umstellen. Am letzten Tag im Juni oder Dezember hätten wir dann »Schaltsekunden« hinzuzufügen oder abzuziehen, und Himmel und Erde würden sich wieder in zeitlicher Harmonie befinden. Währenddessen würde die Zeit von Atomuhren angezeigt.

Die Atomuhr! Ein herrliches Gerät, das in dreitausend Jahren nur um eine Sekunde von der korrekten Zeit abweicht. Um vollkommene Gleichmäßigkeit einzuhalten, bezieht sie sich auf die Schwingungen subatomarer Teilchen des Cäsiumatoms. Sie schwingt 9 192 631 770mal in der Sekunde (eine Zahl, die ich schreiben konnte, ohne irgendwo nachzusehen, weil sie in die Gehirne aller Zeitfanatiker, zu denen leider auch ich gehöre, eingebrannt ist).

Diese Liebe zur Präzision muß sich nicht zwangsläufig auf andere Lebensbereiche erstrecken. Mein Schreibtisch ist nur allzuoft ein einziges Chaos, und die schwarze Schlange, die unter dem Wäschetrockner haust, stört mich nicht im geringsten. Bei mir auf dem Land entfalten sich die Launen der Natur mit unbekümmerter Schlamperei, und es ist recht angenehm, sich davon mitreißen zu lassen. Zeit dagegen ist etwas ganz anderes.

Kürzlich ging ich zur städtischen Bücherei und fand die Tür verschlossen, obwohl meine Uhr vier Minuten vor der Schließungszeit zeigte. Das illustriert die Vorzüge korrekter Zeitanzeigen. Ich rüttelte an der Tür, bis die Bibliothekarin auftauchte und mit Entschiedenheit auf die Uhr an der Innenwand wies. Sie zeigte 17 Uhr 01 an.

Als ich weiterhin rüttelte, öffnete sie die Tür gerade lange genug, um sagen zu können: »Fünf Uhr ist schon vorbei!« – und an dieser Stelle wird das Wissen um die exakte Zeit zur Rettung.

»Es ist vier Minuten *vor* fünf«, beharrte ich und klopfte auf meine Armbanduhr.

»Wie wollen Sie das so genau wissen?«

»Weil ich sie zweimal wöchentlich nach den Kurzwellensignalen stelle, die von der Cäsiumuhr des Marineobservatoriums kommen. Sie weicht vielleicht um zwei Sekunden ab, aber nicht mehr. Wir können ja dort anrufen, wenn Sie wollen…«

Sie ließ mich ein – wahrscheinlich, weil es im allgemeinen klüger ist, sich nicht mit Fanatikern anzulegen. Worauf es jedoch ankommt:

In unserer Zeit gibt es nicht viele Bereiche des täglichen Lebens, die durchgehend festgelegt sind. Jede Frage läßt sich stets aus unterschiedlichen Blickwinkeln betrachten, es gibt Zwischentöne und relative Wahrheiten. Nicht so bei der Zeit. Hier gibt es keinerlei Zweideutigkeit: Es existiert ausschließlich die korrekte Zeit, alles andere ist falsch.

All das ist unbestreitbar (und sogar poetisch), aber nicht frei von falschen Vorstellungen, die zu Sylvester ihren Höhepunkt zu erreichen scheinen. Bei den Festlichkeiten zum Jahresanfang zum Beispiel wird die Schaltsekunde, die der letzten Minute fast aller Jahre hinzugefügt wird, gewöhnlich übersehen – was bedeutet, daß die ganze Küsserei, selbst ohne zusätzliche Nachlässigkeiten bei der Zeitmessung, eine Sekunde zu früh abläuft. Aber der Irrtum reicht weiter als die millionenfach verfrühten Umarmungen und Jubelschreie auf dem von Menschen überschwemmten Times Square.

Wenn sie innehalten und darüber nachdenken – was nie vorkommt –, verstehen die meisten Menschen, daß Schaltsekunden wegen der unregelmäßigen Umdrehung unseres Planeten benötigt werden. Fälschlicherweise unterstellen sie allerdings auch, sie seien

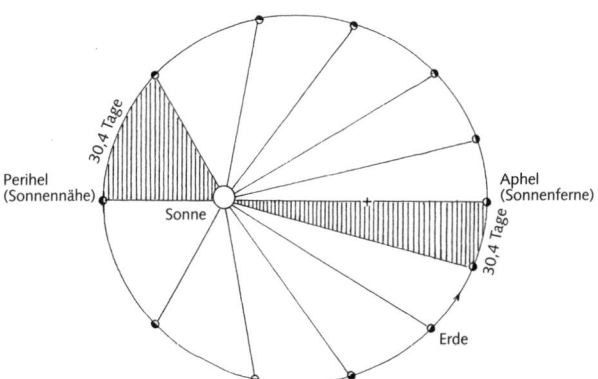

Entsprechend Keplers Zweitem Gesetz bestreicht der Radius der irdischen Umlaufbahn in gleichen Zeitabschnitten gleiche Flächen. Im Dezember und Januar, wenn wir der Sonne am nächsten kommen, sind wir schneller unterwegs und durchqueren ein größeres himmlisches Grundstück. Demzufolge muß die Erde sich zu dieser Jahreszeit ein wenig weiter drehen, ehe die Sonne wieder genau im Zenit steht (von Mittagspunkt zu Mittagspunkt), wodurch der Tag länger wird.

notwendig, weil die Erde langsamer würde. Diese falsche Vorstellung ist weit verbreitet und wird in Büchern und Zeitschriften regelmäßig wiederholt. Doch wenn wir wirklich so rasch langsamer würden, wäre unsere Bewegung schon vor langer Zeit eingefroren. Infolge der Gezeitenwirkung des Mondes auf die Ozeane, die an den Stränden der Welt ihrerseits wie eine gigantische Bremse wirken, verlangsamt sich die Erde lediglich um eine fünfhundertstel Sekunde pro Jahrhundert; sicherlich kein Grund, jedes Jahr an den Uhren herumzupusseln.

Nein, der Fehler liegt nicht bei den Sternen. Die Notwendigkeit, so viele Sekunden zu addieren, stammt aus der 2 Jahre dauernden Periode in den späten Fünfzigern, in der man die Erdumdrehung sorgfältig beobachtete, um die genaue Tageslänge zu messen, eine Vorbedingung für die Einrichtung des gegenwärtigen Systems. Entweder, die Erde drehte sich zu jener Zeit abnorm langsam, oder die Messungen waren nicht genau genug: Seither gingen alle unsere Uhren nach. Deswegen mußten bis 1994 insgesamt siebzehn Sekunden addiert werden – abgezogen wurde nie eine.

Die ersten Schaltsekunden wurden 1972 eingeführt, als man gleich zwei einfügte, was zum längsten Jahr in der Geschichte führte.

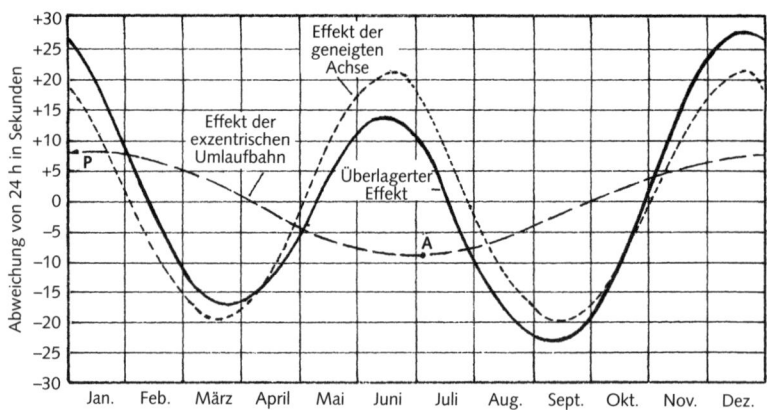

Die überlagerten Effekte aus gekippter Erdachse und exzentrischer Umlaufbahn bedingen die Länge des solaren Tages, die im Verlauf des Jahres insgesamt um fünfzig Sekunden schwankt. Die Punkte P und A bezeichnen die Jahreszeiten, in denen wir der Sonne am nächsten beziehungsweise am fernsten sind.

Ein Jahrhundert zuvor hätte all das nichts ausgemacht, da kein Zeitmeßgerät hinreichend genau ging, um der Erdumdrehung Böses nachsagen zu können. Eine Uhr mit der Genauigkeit von einer Sekunde pro Tag hätte jeden Physiker in Ekstase versetzt. Die billigsten Quarzuhren von heute gehen doppelt so genau und wären sogar noch besser, wenn Quarzkristalle aufgrund von Temperaturschwankungen und ähnlichem nicht leicht unterschiedlich schwingen würden.

Es ist erstaunlich, daß die Quarzmethode überhaupt funktioniert. Lange war bekannt, daß ein kleiner Quarzbrocken, wenn man ihn in Schwingungen versetzt, einen winzigen Strom erzeugt – das ist der piezoelektrische Effekt. Welches Genie aber hat entdeckt, daß die Sache auch in der anderen Richtung funktioniert? Wenn man eine kleine Spannung anlegt, beginnt das Mineral, mit ständig gleichbleibender Frequenz zu schwingen. Die konstante Frequenz ist der Dreh, das Geheimnis der Quarzchronometer, die 1928 zum ersten Mal eingesetzt wurden und nun an Milliarden von Handgelenken befestigt sind, als hätte das Mineral einen positiven Einfluß auf die Gesundheit.

Quarzuhren ließen die alten, federgetriebenen Chronometer plötzlich wie Sanduhren erscheinen. Quarz, aus Silizium und Sauerstoff zusammengesetzt, den beiden häufigsten Elementen des Planeten, konnte nun die Anbindung an dessen Umdrehung aufrechterhalten. Wie also kann jemand so ein schlaues Gerät tragen und es dann auf die falsche Zeit einstellen?

Falls Sie den Beschluß fassen sollten, sich den Chronomanen dieser Welt anzuschließen, können Sie reichlich Hilfe erwarten. Es gibt inzwischen Armbanduhren und Uhren, die sich automatisch an Kurzwellensignalen ausrichten, die von Atomuhren gesteuert werden. Sie berücksichtigen sogar Schaltsekunden und die Sommerzeit. Wenn Sie keine Lust haben, für derlei automatisierte Perfektion Geld auszugeben oder sich einfach persönlich darum kümmern wollen, können Sie sicher sein, dort draußen Leute zu finden, die ihr Leben damit zubringen, Sie in ihrem Kampf um Genauigkeit zu unterstützen.

Da ist zunächst einmal eine Einrichtung in Frankreich, die die Anbindung an die Erdrotation sicherstellt, die, wenig überraschend,

Earth Rotation Service heißt. Dann kommt der offizielle Zeitneh-mer Amerikas, das *National Institute of Standards and Technology* (NIST), früher *Bureau of Standards* genannt. Dessen Unterabtei-lung Zeit ist für die Choreographie einer ehrfurchtgebietenden Anstrengung zuständig, die zu immer größerer Genauigkeit hin-führt (obwohl mir einige Mitarbeiter einschließlich des Leiters, Don Sullivan, gestanden, sie würden ihre eigenen Uhren immer ein paar Minuten vorstellen, damit sie rechtzeitig zu Konferenzen kommen).

Wenn Sie die fünfzigtausend Dollar nicht erübrigen können, die das Sparmodell einer Cäsium-Atomuhr kostet, kein Grund zur Sorge. NIST hat Dutzende davon, die die korrekte Zeit innerhalb einer hundertbillionstel Sekunde übertragen. Eine Spur von Nach-lässigkeit kann sich nur deshalb einschleichen, weil das Signal Zeit benötigt, um Sie zu erreichen.

Wer je an einem Kurzwellenradio herumgespielt hat, ist vielleicht auf die lauten, nervtötenden Zeitpiepser auf 5, 10 und 15 Megahertz und anderen Frequenzen gestoßen, die vom WWV-Sender des NIST ausgestrahlt werden und auf die tausendstel Sekunde genau sind – eine Millisekunde. Nicht schlecht, aber echte Präzisionsfanatiker können jetzt zum WWVB-Sender auf 60 Kilohertz wechseln, der auf Langwelle sendet; die ist eher noch schneller und verdoppelt die Genauigkeit. Europäische Zeitzeichensender finden Sie zum Beispiel auf den Frequenzen 2,5 MHz, 5,0 MHz und 10 Mhz; auf Langwelle strahlt der deutsche Sender Mainflingen DCF77 das Zeitsignal der Physikalisch-Technischen Bundesanstalt (PTB) auf 77,5 KHz aus.

Kein Kurzwellenempfänger? Auch kein Problem. In den USA hat man spezielle Telefonleitungen eingerichtet, mit denen die Schalt-verzögerung verringert wird und über die Sie sich mit einem einfa-chen Anruf in eine Atomuhr einwählen können. In Deutschland bie-tet die PTB seit 1995 einen Telefonzeitdienst über das öffentliche Telefonnetz (05 32 51 20 38) an. Von all Ihren Anrufen bei einer gebührenpflichtigen Nummer dürfte dies derjenige sein, der den geringsten Sex-Appeal vermittelt und dessen Ergebnis am vorher-sehbarsten ist.

Sie haben PC und Modem? Dann können Sie einen wunderbaren automatisierten Computer-Zeitservice empfangen, der ebenfalls von der PTB angeboten wird. Informationen dazu sind über die Internet-Adresse der PTB: http://www.ptb.de zu beziehen.

Dann sind Sie im Geschäft, denn die PTB tut mehr, als nur Ihren Computer die richtige Zeit für sich selbst aufschnappen zu lassen. Sie veranlaßt ihn, das Signal einige Sekunden lang zurückzusenden, während die PTB automatisch die Schleifenlaufzeit berechnet, sie durch 2 dividiert und ihre eigenen Zeitzeichen angleicht, damit Ihr Computer sich dann rechtzeitig bei der nächsten Millisekunde einklinkt! Damit ist eine maximale Abweichung von wenigen Millisekunden erreichbar; es gibt also keine Ausrede mehr für ungenaue Neujahrsfeiern.

Anstatt auf eine Party zu gehen, wo Ihr neues Jahr mit einem Hauch von Schlamperei beginnt, brauchen Sie nur Ihre Freunde um den Computerbildschirm statt um den Fernsehbildschirm zu versammeln, Ihr Glas zu erheben und ... willkommen in der Zukunft!

Oder, falls Sie die Zeit erübrigen können, schleichen Sie sich doch einfach weg von den jubelnden Massen und lauschen Sie dem stummen Ticken der nächtlichen Sterne, dem großen Uhrwerk hinter alledem.

Bählamm Beteigeuze

»Quick – name a star«; schnell – nennen Sie einen Stern.

Wenn man die Leute bittet, sich an »Sterne« zu erinnern, arbeitet ihr Gedächtnis regelmäßig nach dem gleichen Muster (zumindest wenn sie Englisch sprechen), da nur wenige Sterne so bekannt sind, daß sie bei dem Wettbewerb um Speicherplatz in unserem Gedächtnis mit den Stars und Sternchen aus Hollywood mithalten können. Wenn Sie drei Sterne aufzählen können, handelt es sich wahrscheinlich um den Polarstern, Sirius (den Hundsstern), und Beteigeuze.

Beteigeuze (englisch: Betelgeuse) bleibt im Gedächtnis von Kindern haften, sobald sie das Wort hören, und verschwindet nie wieder. Natürlich hat der Kassenknüller über einen boshaften Pol-

Die tropischen Himmelsbreiten: Die Sterne in der Umgebung des Himmelsäquators sind fast von jedem Ort des Planeten aus zu sehen. Die hellsten wurden in die Navigationstabellen übernommen, die allen Seeleuten und Piloten vertraut sind.

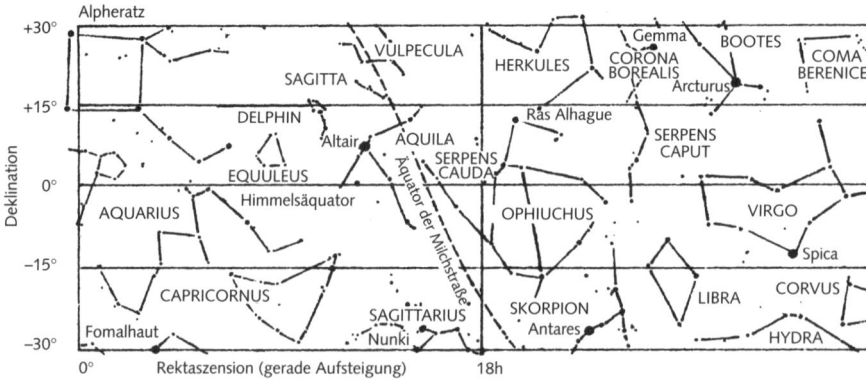

tergeist namens Beetlejuice dazu beigetragen, seinen Platz im öffentlichen Bewußtsein zu festigen. Doch diese ferne Sonne im Sternbild Orion mit dem seltsamen Namen ist mehr als eine phonetische Kuriosität; sie ist eines der unglaublichsten Objekte innerhalb des bekannten Universums.

Wo könnte ein so seltsamer Name herstammen? Man ist versucht, sich ein edles Tier mit diesem Namen vorzustellen, ein geliebtes Streitroß, das ein Reiter vergangener Zeiten in der Schlacht verlor und am Himmel unsterblich gemacht hat. Oder es war vielleicht der entstellte Name eines Liebhabers, dessen traurige Geschichte über Jahrhunderte hinweg in der arabischen Wüste erzählt wurde. Leider ist die Wahrheit viel profaner als die Phantasie.

Für die alten Sumerer stellte das Muster des Orion keineswegs einen tapferen Jäger dar, sondern dessen völliges Gegenteil – ein Schaf. Und Beteigeuze, das muß leider gesagt werden, bedeutet wörtlich »Schafschulter«. Das dürfte wohl der reizloseste Name des Universums sein.

Doch die niedrige schafsmäßige Abstammung Beteigeuzes ist kaum aussagekräftiger als ein trockenes wissenschaftliches Profil seiner Eigenschaften; der Stern ist so ehrfurchtgebietend, daß er in einer eigenen Welt im Grenzbereich menschlichen Begriffsvermögens existiert.

Einfach ausgedrückt ist Beteigeuze das größte Einzelgebilde, das die meisten von uns je zu sehen bekommen. Gut, eine Galaxie ist größer, aber das ist ja auch eine Ansammlung von Sternen. Über-

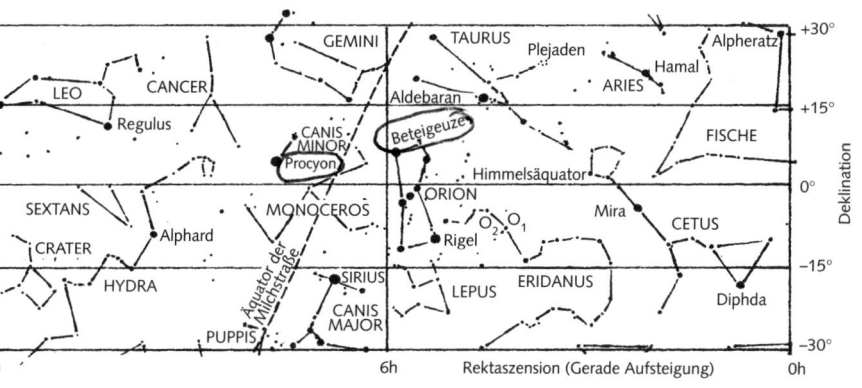

dies ist keine Galaxie hell genug, um am lichtverschmutzten Himmel über großen Teilen der Welt in Erscheinung treten zu können. Beteigeuze dagegen ist so hell, daß sie sich sogar noch gegen die milchigsten städtischen Himmelsbedingungen durchboxen kann. Weil sie außerdem fast genau über dem irdischen Äquator steht, gehört sie zu den wenigen hellen Sternen, die auf der ganzen Welt zu sehen sind. Nur für die Wissenschaftlergemeinschaft, die verrückt genug ist, sich freiwillig am Südpol aufzuhalten, bleibt sie verborgen.

Weshalb sollten Beteigeuze und noch ein paar weitere Sterne von überall aus sichtbar sein? Tatsächlich ist es sehr einfach, sich vor Augen zu führen, wie die Sterne in Abhängigkeit vom Standort des Betrachters an unterschiedlichen Orten erscheinen. Wenn Sie Reißzwecken an verschiedenen Positionen eines Globus festmachen und ihn dann drehen, werden Sie schnell bemerken, wie die Sichtbarkeit des umliegenden »Universums« mit Ihrem jeweiligen Standort auf der Erde zusammenhängt. Vom Äquator aus ist kein Teil des umgebenden Universums ständig verborgen, da Sie im Verlauf einer vollständigen Umdrehung alles um sich herum sehen können. Wenn Sie sich dagegen in der Nähe des Nord- oder Südpols aufbauen, verdeckt die Gürtellinie der Erde auf ewig den halben Kosmos.

Die Umkehrung trifft ebenfalls zu: Ein Stern, der zufällig über dem Äquator steht, wird von allen gesehen. Ein Stern über einem der Pole – sagen wir, der Polarstern – bleibt für die Menschen der anderen Hemisphäre für immer verdeckt, nämlich von der Erde selbst.

In den Breiten Europas und des Kernlands der Vereinigten Staaten geht ein Viertel des Kosmos niemals auf. Zu den wichtigen Himmelskörpern, die unserem Blick verborgen bleiben, gehören die nächstgelegenen Sterne (das Dreigestirn von Alpha Centauri), dazu der zweithellste (Canopus) und das Kreuz des Südens, das kleinste, aber hellste aller Sternbilder.

Äquatoriale Sternbilder sind das Esperanto des Alls, die gemeinsamen kosmischen Nenner der Menschheit. Orion, der wie ein Diplomat auf beiden Seiten des Äquators steht, kann von überallher gesehen werden. Nur ein heller Stern – Prokyon – liegt um Haares-

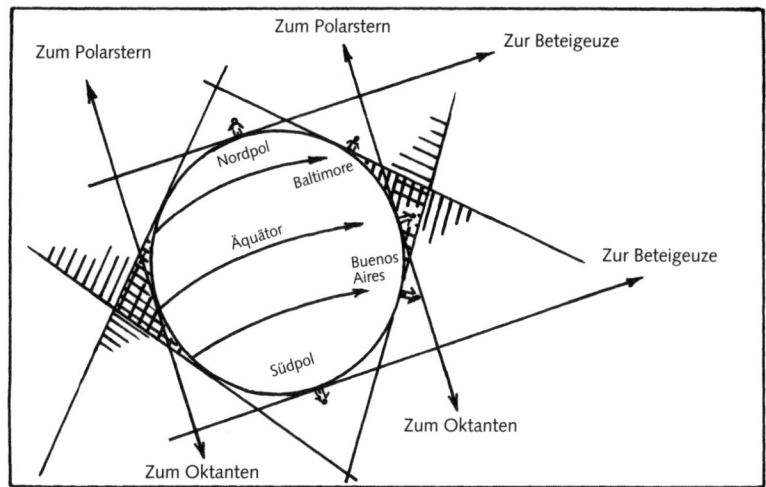

Die Wölbung des Äquators verdeckt südliche Sterne vor dem Betrachter in Baltimore und nördliche vor dem in Buenos Aires, während jeder auf dem Planeten äquatoriale Sterne wie Beteigeuze sehen kann. (Octans, der Oktant, ist das Sternbild, das dem Himmelssüdpol am nächsten liegt.)

breite näher an der Äquatorlinie als Beteigeuze (und gehört zufällig zu unseren Begleitern am Winterhimmel).

Die Unermeßlichkeit Beteigeuzes kann man sich an einem einfachen Modell begreiflich machen. Wenn wir uns diesen Leviathan als eine Kugel vorstellen, in die ein Gebäude mit zwanzig Stockwerken hineinpaßt – lassen Sie sich einen Moment Zeit für die Vorstellung – dann erscheint unser Planet Erde in der Größe des Punktes am Ende dieses Satzes.

Wenn dieser Stern ein leeres Marmeladenglas wäre und wir seinen Deckel abschrauben könnten, um pro Sekunde einhundert Kugeln von der Größe unserer Erde hineinzufüllen, würden wir Beteigeuze in dreißigtausend Jahren nicht voll bekommen.

Sie werden sicher denken, ein so kolossales Ding müsse schwerfällig sein, da uns fettleibige Menschen weniger leichtfüßig vorkommen als zum Beispiel Ballerinas, und Sportwagen wendiger als Lastwagen. Wir können uns diesen aufgeblähten Ball aus einer anderen Dimension kaum anders vorstellen als träge in einem Swimmingpool treibend. Wie könnte ein so riesiger Gegenstand

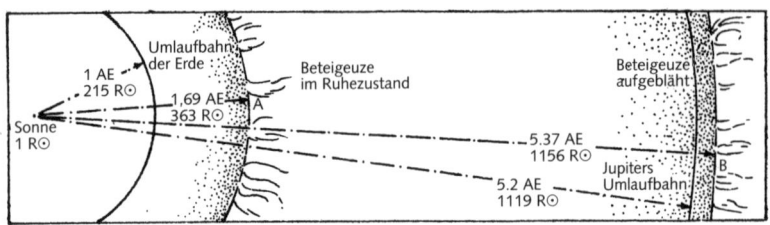

Der Durchmesser von Beteigeuze schwankt ständig zwischen A und B hin und her. Der Sonnendurchmesser (1 R ⊙) erscheint auf dieser Skala als bloßer Punkt.

muntere Beweglichkeit zeigen? Dennoch tut er es: Beteigeuze atmet ein und aus; sie verändert ihren Umfang in heftigen Bewegungen.

Gewöhnlich ist sie einfach nur riesig, etwa 200 Millionen mal größer als das Volumen der Sonne. Ein Energieausbruch in ihrem Kern treibt ihre Oberfläche dann nach außen, bis ein Durchmesser von eineinhalb Milliarden Kilometern erreicht ist, was soviel Raum einnimmt wie unser Sonnensystem bis zur Umlaufbahn des Jupiter. Doch wutsch! ist sie zu weit gegangen. Der Hochofen in ihrem Kern kann einen solchen Umfang nicht aufrechterhalten. (Aber wer könnte das überhaupt? Haben Sie je versucht, einen Teenager satt zu kriegen?) Die Schwerkraft läßt ihre Oberfläche zusammenstürzen, bis der Schrumpfungsprozeß seinerseits zu weit geht und zuviel Wärme freisetzt, was sie zurückschnellen läßt wie ein Trampolin. Dann geht es wieder nach außen, und das ganze Spiel beginnt aufs neue.

Viele Sterne führen ein so unstetes Leben, doch Rote Riesen wie Beteigeuze haben einen besonderen Hang zu dieser Art von Jo-Jo-Existenz. Es ist kein roter Superriese bekannt, der nicht wie Alice im Wunderland ständig wächst und schrumpft und dabei ununterbrochen seine Helligkeit verändert.

Beteigeuze flackert nicht nur ständig wie ein Lagerfeuer im Sturm, sondern weist auch eine unregelmäßige Periode von vierzehn Monaten auf, in der ihre Helligkeit stark ansteigt und wieder fällt wie ein kosmischer Gezeitenwechsel. Auf dessen Höhepunkt wird sie zum sechsthellsten Stern, während ihre mittlere Helligkeit sie immer noch auf den ehrenwerten elften Platz stellt.

An dieser Stelle können wir eine kleine Auszeit nehmen und uns ansehen, wie es uns die Roten Riesen ermöglichen, im Kosmos

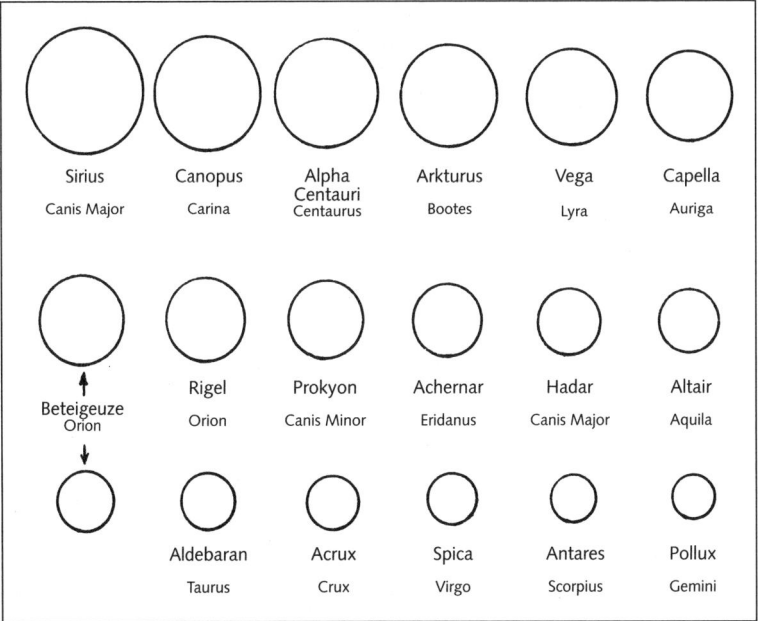

Die siebzehn hellsten Sterne, zusammen mit dem Sternbild, in dem sie stehen.
Wie ein unartiges Kind tanzt Beteigeuze ständig aus der Reihe.

Detektiv zu spielen. Dazu enthüllen wir tiefe stellare Geheimnisse
der scheinbar zufällig verteilten Flecken, aus denen der Sternhim-
mel besteht. Betrachten Sie es logisch:

Gewöhnliche rote Sterne sind so schwach, daß wir sie mit bloßem
Auge ausnahmslos überhaupt nicht sehen können.

Wenn wir aber doch einen rötlichen Stern sehen – und es gibt
Dutzende, deren rote Farbe mit bloßem Auge erkennbar ist –, können wir daraus schließen, daß es sich um einen Riesen handelt. Nur
ein Stern mit einer riesigen strahlenden Oberfläche kann seine
geringe Abstrahlungsrate pro Quadratzentimeter ausgleichen.

Nachdem wir nun zu dem Schluß gekommen sind, der von uns
ausgemachte Stern müsse ein Roter Riese sein, wissen wir auch, daß
er sich verändert. Wie er sich heute zeigt, unterscheidet sich von der
Helligkeit, mit der er bei anderer Gelegenheit in Erscheinung treten
wird. Wir haben ein Chamäleon aufgestöbert. Und all das nur, weil
wir die Farbe des Sterns bemerkt haben.

Da die gewaltige Oberfläche
der Beteigeuze so weit vom
Gravitationszentrum entfernt
ist, beult sich ihre Taille aus
wie bei jemandem, dessen
Diät erfolglos geblieben ist.

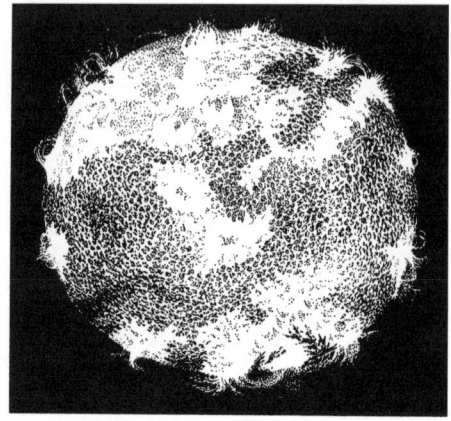

Die Wolke aus Kaliumgas, die
Beteigeuze umgibt (der Stern
befindet sich unsichtbar im
Zentrum des Kreuzes). Die
dunklen Linien sind die
Umrisse auf einem Compu-
terbild, das am Kitt Peak
National Observatory ent-
standen ist.

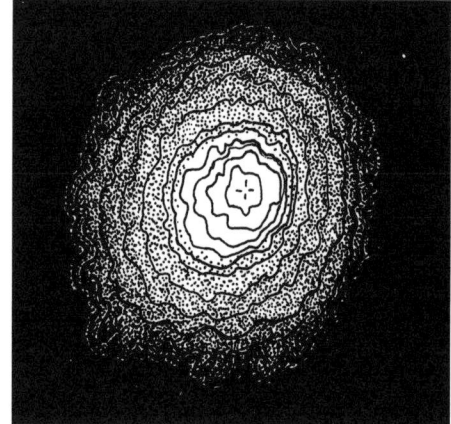

Zum Beispiel ist der Rote Riese Mira, der in den Nächten des
Frühwinters im Südwesten schwebt, zumeist überhaupt nicht da!
Seine Position ist auf Sternkarten verzeichnet, aber normalerweise
befindet sich dort nur ein leeres Stück Himmel, wie bei dem poli-
tischen Günstling auf der Lohnliste, der nie zur Arbeit erscheint.
Miras Veränderlichkeit ist extrem; jedes Jahr entwickelt sie sich
rasch, aber nur für wenige Monate, zu auffälliger Sichtbarkeit und
erreicht oft eine mittlere Helligkeit. Zweifellos hat dieses merkwürdige »Heute hier, morgen fort« auch Miras Namengebung inspiriert,
denn Mira bedeutet »die Wundervolle«. (Obwohl derselbe Charak-

terzug im Rahmen einer ehelichen Verbindung wahrscheinlich keinen so bewundernden Spitznamen angeregt hätte.)

Beteigeuze ist so groß, daß ihr Umfang trotz des großen Abstands von 500 Lichtjahren direkt gemessen werden kann. Dazu wird eine spezielle Teleskoptechnik namens Interferometrie benutzt, die nur bei einem kleinen Prozentsatz von Sternen anwendbar ist. Man hat sogar Details auf ihrer gewaltigen Oberfläche unterscheiden können – Sternenflecken ähnlich den Sonnenflecken unserer eigenen Sonne. Beteigeuze ist hinreichend groß, um durch das Hubble-Weltraumteleskop als Scheibe wahrgenommen zu werden, und das ist wirklich etwas besonderes; alle anderen Sterne bleiben unabhängig von der verwendeten Vergrößerung Lichtpunkte. Kein Wunder, daß Beteigeuze der erste Stern war, dessen Größe ermittelt wurde. Doch man sollte dabei nicht aus den Augen verlieren, wie die Auflösung dieses größten aller Sterne sogar die moderne Technik bis an die Grenzen ihres Leistungsvermögens bringt: Die Kugel der Beteigeuze erscheint in der Größe eines Basketballs, den man aus 1300 Kilometern Entfernung betrachtet.

Wenn Ihr Hunger nach Superlativen ein wenig erlahmt sein sollte und Ihre Vorstellungskraft für noch größere Dimensionen als die von Beteigeuze geschärft ist, sollten Sie die 1978 entdeckte dünne Materiehülle in Betracht ziehen, die den Stern wie ein Kokon umgibt. Sie besteht aus Kalium, als wäre es die mineralische Nahrungsergänzung eines hypochondrischen Bewohners von Brobdingnag, des Landes der Riesen in »Gullivers Reisen«. Diese gigantische Hülle erstreckt sich elftausendmal weiter um Beteigeuze, als wir von unserer Sonne entfernt sind. Das ist fast dreihundertmal der Durchmesser unseres gesamten Sonnensystems bis hinaus zur Umlaufbahn von Pluto. Wenn man ein maßstabgetreues Modell dieser Kaliumhülle konstruieren wollte, müßte man einen Ball von der dreihundertfachen Höhe des Empire State Building nehmen, eine Kugel, die sich fast bis in den äußeren Weltraum erstrecken und ein Gebiet von New York bis Philadelphia bedecken würde. Erst dann könnte man die Erde zum Vergleich anlegen – und wieder hätte sie nur die Größe des Punktes, der diesen Satz beschließt.

Groß heißt allerdings nicht zwangsläufig unübersehbar. Wenn Sie als Neuling Beteigeuze ausfindig machen wollen, brauchen Sie

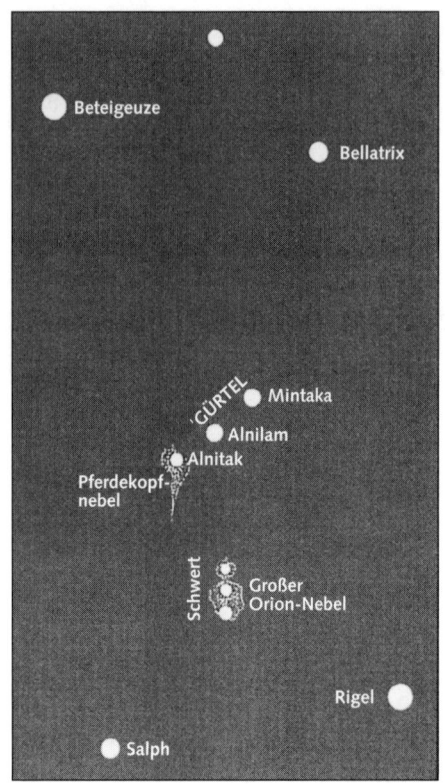

Orion der Jäger

Beteigeuze

Bellatrix

GÜRTEL

Mintaka

Alnilam

Alnitak

Pferdekopf-nebel

Schwert

Großer Orion-Nebel

Rigel

Salph

nur den einzigen orange-farbenen Stern oberhalb oder links des berühmten Gürtels zu suchen, der von den drei auffälligen Sternen im Orion gebildet wird. Wenn Sie ihn gefunden haben, sollten Sie Ihren Blick ein wenig nach unten lenken, bis Sie auf Rigel, den hell leuchtenden Stern in gleicher Entfernung *unterhalb* des Gürtels, stoßen. Diese beiden blendenden Sterne, Beteigeuze und Rigel, sind an allen Himmeln das berühmteste Paar mit kontrastierenden Farben.

Wir haben ihm zwar kein eigenes Kapitel reserviert, doch Rigel verdient zumindest den ehrenden Eintrag in eine Liste der Kategorie »höchst erstaunlich«. Dieses saphirblaue Leuchtfeuer zu Füßen des Orion stellt die perfekte Ergänzung zur Beteigeuze dar und ist wie seine rötliche Kameradin ein Superriese. Doch beim Rigel ist es eher die Helligkeit als die Größe, die seine erstaunliche Eigenschaft ausmacht.

Rigel ist höchstwahrscheinlich der lichtstärkste Stern, der mit bloßem Auge sichtbar ist. Wie der Lichtbogen eines Schweißgerätes in eisiger Winternacht scheint er mit der Kraft von fünfundachtzig-

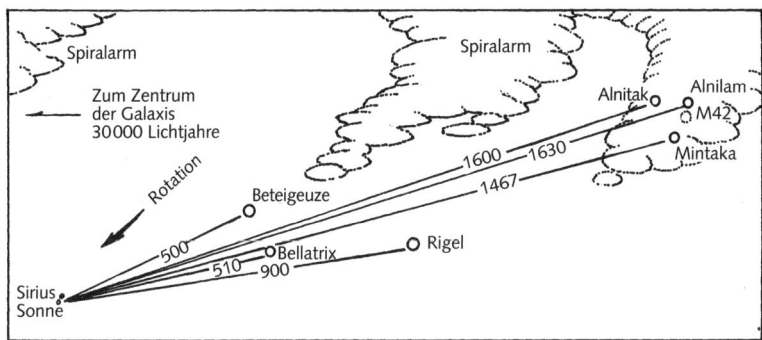

Die Sterne des Orion liegen in vielen unterschiedlichen Entfernungen (hier in Lichtjahren angegeben und maßstabgetreu gezeichnet).

tausend Sonnen, einer unvorstellbaren Intensität. Trotz seiner gewaltigen Entfernung, fast doppelt so weit wie Beteigeuze, übertrifft er mit seiner Helligkeit alle bis auf fünf Sterne des Nachthimmels. Vier davon – Sirius, Alpha Centauri, Arkturus und Capella – sind weniger als 50 Lichtjahre entfernt, doch Rigel auf seinem fast 1000 Lichtjahre weiter entfernt stehenden Hochsitz kann es mit ihnen aufnehmen – er befindet sich bereits auf dem nächsten Spiralarm der Galaxis! Wenn uns Rigel so nahe wäre wie die anderen, würden scharfe, außerirdische Rigel-Schatten über unsere nächtlichen Landschaften krabbeln, und der Nachthimmel wäre immer so hell wie in einer Vollmondnacht. Der größte Teil des Universums wäre unserem Blick entzogen.

Obwohl Rigel einen lebhaften Farbkontrast liefert, ist deutlich zu sehen, daß Beteigeuze im Gegensatz zum Mythos ganz und gar kein richtiger roter Stern ist. Da sie im astronomischen Sinne ein Roter Superriese ist, erwarten manche Fachleute, sie werde ihrer Bezeichnung eines Tages gerecht werden und das Rot einer Verkehrsampel oder zumindest eines glühenden Holzkohlestückchens annehmen. Aber wenn Sie Beteigeuze mit der Farbtafel eines Farbengeschäfts vergleichen könnten, würden Sie feststellen, daß sie sich gerade am Übergang von Gelb zu Orange befindet.

Einer Vertragsfirma des Verteidigungsministeriums mag die Vorstellung, die größte Oberfläche des bekannten Universums anstreichen zu dürfen, als Bombenauftrag erscheinen, doch die meisten von uns dürften dafür plädieren, Beteigeuze so zu lassen, wie sie ist. Schließlich ist sie der einzige große Stern des Orion, der nicht bläulich weiß ist. Der alte Jäger ist gewiß schön, doch seine Sterne scheinen alle aus demselben Farbtopf eingefärbt worden zu sein, als hätte das Weltall vor ein paar Millionen Jahren bei einem Räumungsverkauf zugeschlagen. Nur Beteigeuze bringt da Abwechslung. In einem Sternbild junger Sonnen ist sie die einzige stellare Seniorin. Sie trägt die Färbung eines Riesensterns »im besten Alter« seiner Entwicklung.

Wenn man so hell wie Rigel oder so groß wie Beteigeuze ist, muß man für diese Exzesse – oder den Ruhm – mit seinem Leben bezahlen. Unser Blick auf den Orion führt uns eine junge Region vor Augen, in der noch immer Sterne geboren werden, doch zugleich auch das Alter. Superriesen wie Beteigeuze existieren in einer merkwürdigen Unterwelt, wo Geburt und Tod im selben kosmischen Atemzug ablaufen. Ihre Jugend ist gleichzeitig ihr Alter. Beteigeuze ist zu einem frühen Verschwinden verurteilt; ihre Lebenserwartung beträgt weniger als eine Viertelmilliarde Jahre, 5 Prozent der Zeit, nach der sich unsere Sonne verabschieden wird.

Das ist immer noch lang genug – mehr als ausreichend, um uns jeden Winter unseres Lebens daran zu freuen und unseren Kindern und Enkelkindern die topasfarbene Flamme in der Schulter des Orion zu zeigen: den größten Gegenstand, den sie je sehen werden.

Die Wiege der Nacht

Früher oder später stößt jeder Himmelserkunder auf eine gewaltige Wolke aus Gas und Staub – den großen Orion-Nebel. Sein Reiz geht nicht allein von seinem geisterhaften, exotischen Fluoreszieren aus, das vom angeregten Neongas eines bemerkenswerten Systems aus sechs Sonnen in seinem Zentrum stammt. Hier haben wir etwas Urtümliches, Machtvolles und Mysteriöses: Die Geburt selbst.

Der Orion-Nebel ist eine kosmische Kinderstube, deren zahllose Babysonnen wie Senfkörner verstreut sind. Diese Gebärmutter im All ist so gewaltig – 30 Lichtjahre im Durchmesser –, daß unsere schnellsten Raketen eine halbe Million Jahre bräuchten, um sie zu durchqueren.

Doch jeder, der sein Teleskop darauf richtet, sieht sich einer seltsamen Apathie gegenüber; der Nebel scheint eingefroren und träge. Diese augenscheinliche Lethargie ist aber auf unseren eigenen Lebensrhythmus zurückzuführen, denn sein Leben entfaltet sich in einer Größenordnung, gegen die unsere irdischen Aktivitäten wie das aufgeregte Herumschwirren von Stechmücken erscheinen. Wie ein gigantisches himmlisches Rotkehlchen legt der Nebel strahlend blaue Eier und verändert dabei im Zeitraum von Äonen seine Gestalt, als wollte er seine Absichten vor den Augen kurzlebiger menschlicher Generationen verbergen. Wenn wir aber einen Film über den Orion-Nebel drehen könnten, bei dem vielleicht ein Einzelbild pro Jahrtausend gemacht würde, erhielten wir eine atemberaubende Zeitrafferaufnahme.

Wir würden diesen phantastischen, wirbelnden Ozean als lebendes Mosaik aus Purpur, Smaragdgrün und Blau sehen, das sich ständig mehr oder weniger verändert; in seinem Inneren könnten wir

Zusammenballungen bunter, tanzender Wirbel wahrnehmen, aus denen das Feuer neugeborener Sonnen sprüht.

Die schwersten jungen Sterne zünden mit einer intensiven saphirblauen Flamme, der Farbe, die das universelle Zeichen stellarer Jugend und letztlich eines frühen Todes ist. Wenn wir dem Nebel auf irgendeine Weise einen Besuch abstatten und uns auf Zehenspitzen in die Kinderstube schleichen könnten, um ein wenig genauer hinzusehen, würden wir außerdem Myriaden schwächerer Leichtgewichte unter den Sternen entdecken – die stilleren und gewöhnlicheren orangeroten Sonnen, die gewissermaßen die Meiers und Müllers der Galaxis darstellen.

Ein schlichtes Fernglas ermöglicht bereits den eigenen Blick auf den Orion-Nebel. Praktischerweise schwebt er mitten im »Schwert« des Orion, das am äußerst linken Stern seines berühmten Gürtels baumelt. Es ist ein gut sichtbarer graugrüner Fleck, der in unmittelbarem Kontrast zu den klaren Sternenpunkten des eigentlichen Sternbildes steht. In eisigen Winternächten tritt er deutlich hervor, ein rätselhaft verschwommenes Gebilde, das das Geheimnis der kosmischen Genesis beispielhaft symbolisiert.

Angesichts der neugeborenen Sonnen des Orion wäre an dieser Stelle eine gute Gelegenheit, uns der Frage unserer eigenen Geburt zuzuwenden.

Irgendwann fragen die meisten Kinder, wo sie herkommen, und je nach der Einstellung der Eltern wird die Antwort religiös oder wissenschaftlich begründet sein. Wenn wir dieselbe Frage in Bezug auf unser Sonnensystem stellen, verfügen wir heute mit hinreichender Gewißheit über eine wissenschaftliche Erklärung, die so schön ist, daß die Wissenschaft selbst in religiösem Licht erscheint.

Unsere frühesten Wurzeln, die eines jeden Menschen, Tieres, Pilzes und Moosfleckchens lassen sich auf die Atome einer einzigen kosmischen Wolke und eines unbekannten leuchtenden Sterns zurückverfolgen, aus deren Hochzeit wir hervorgingen. Damals lebten wir wie eine Medusa mit Billionen von Köpfen als eine Einheit.

Erstaunlicherweise begann alles mit dem Tod. Und das war kein x-beliebiger Tod. Kein stilles Sterben, das in den Weiten der Galaxis unbemerkt vorübergegangen wäre. Es war der explosive Zusam-

Der Orion-Nebel ist eine kompakte Wolke aus Gas und Staub mit einem Durchmesser von 30 Lichtjahren. Ultraviolette Strahlung junger, in der Wolke verborgener Sonnen läßt den Nebel wie eine Neonlampe glühen.

menbruch einer gewaltigen blauen Sonne, eine Supernova. Der plötzliche blendende Glanz ihrer letzten kosmischen Augenblicke übertraf für kurze Zeit die Helligkeit einer Milliarde Sonnen.

Dieser explodierende Stern, das waren wir. Sein Körper setzte sich aus unseren Atomen zusammen. Wir – in der Gestalt dieses Sterns – hatten strahlend hell gelebt, aber wir waren, wie alle blauen Sonnen, jung gestorben. Nach lediglich 100 Millionen Jahren, einem Fünfzigstel des gegenwärtigen Alters der Erde, hatte unser Stern zuviel von dem nuklearen Brennstoff in seinem Inneren verbraucht.

Für seinen verschwenderischen Verbrauch von Wasserstoff mußte er teuer und plötzlich bezahlen.

Durch die Explosion entstanden so hohe Temperaturen, daß die Trümmer des zusammenstürzenden Sterns mit der tausendfachen Geschwindigkeit einer Gewehrkugel nach allen Richtungen auseinanderflogen. Wie Phönix aus der Asche entstanden die Atome neuer

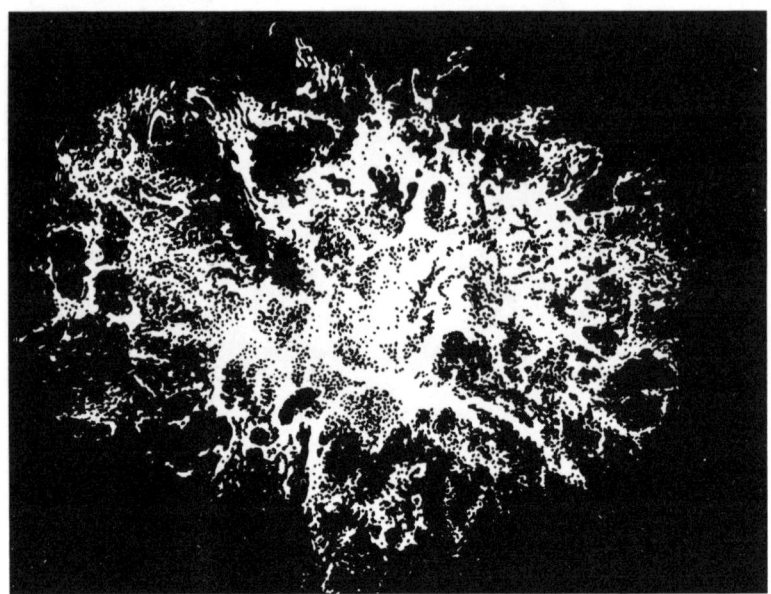

Die Supernova des Jahres 1054 n. Chr., wie sie uns heute erscheint. Wir stammen von einer ähnlichen Explosion ab.

Elemente. Der kurzlebige Hochofen brachte zustande, was das normale Innenleben eines Sterns nicht kann: Er schmiedete Elemente, die schwerer waren als Eisen – denn solche Dinge können nur in den phantastischen, aber launischen Temperaturen einer Supernova aufgebaut werden. Unsere eigene Sonne und die Erde und sogar unsere Körper enthalten diese Substanzen – Elemente wie das Jod in unserer Schilddrüse –, und diese Tatsache bildet gewissermaßen den Beweis für unsere Abstammung: Unser Erzeuger war eine Supernova.

Die Trümmerstücke des Sterns flogen durch das All, bis sie auf einen stillen Nebel, eine Gaswolke, trafen. Die beiden führten ein Hochzeitsmenuett auf, in dessen Verlauf sich ihre Massen vereinigten, was die Wirkung der Gravitationskräfte in Gang setzte. Langsam rotierten sie und stießen dabei zusammen, und jeder neue Aufprall steigerte den Sog der Gravitation. Der neu zusammengesetzte Nebel wurde kleiner und nahm Form an. Seine zunächst noch zögernde Bewegung wurde zu einer großen Rotation; wie eine Bal-

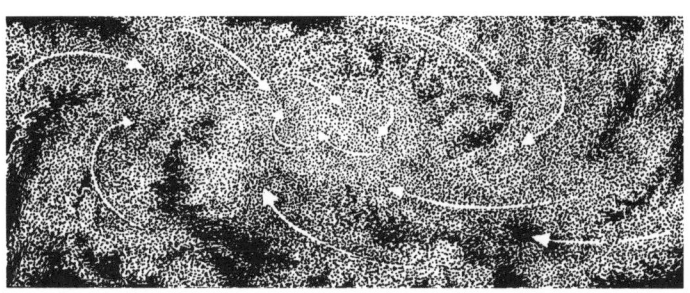

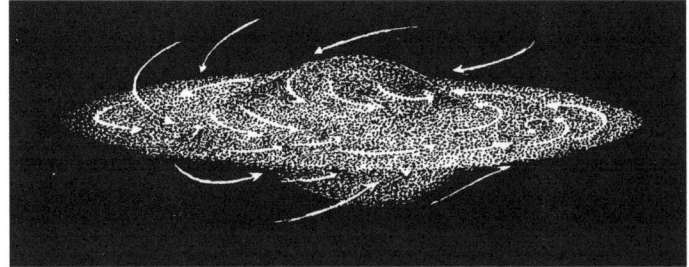

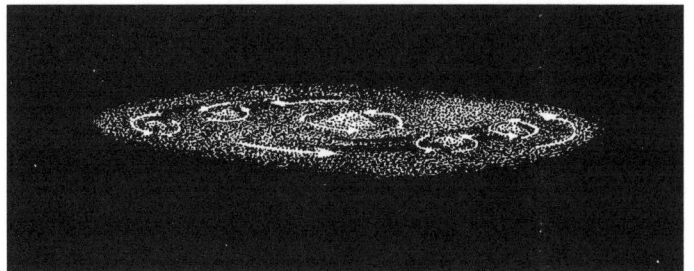

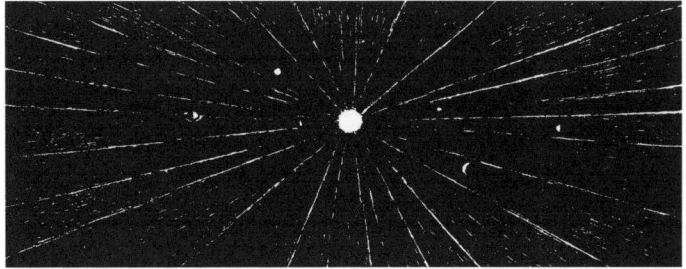

Die Geburt des Sonnensystems: Der Nebel zieht sich zusammen und flacht sich ab. Verbleibende Trümmer kondensieren zu Planeten.

lerina, die ihre Arme anlegt, entwickelte der zunehmend kompaktere Körper eine schnellere Umdrehung. In seinem Zentrum konzentrierte sich die Wärme der schwerkraftbedingten Zusammenballung, während sich der Nebel abflachte wie ein Gelatineklumpen auf einer rotierenden Drehscheibe. Die wirbelnde Scheibe war noch immer schwarz wie eine Langspielplatte, während Bruchstücke ihrer langsam abkühlenden Materie zu den Planeten wurden. Eines großen, wenn auch nicht genau überlieferten Tages – der wahren Morgenröte des Sonnensystems – war die zentrale Materieansammlung heiß genug für den Beginn der Kernfusion. Diese Sonnengeburt jagte die umgebende Embryonalflüssigkeit hinweg wie ein Ventilator, der den Rauch um sich herum wegbläst. Die planetaren Klumpen verblieben im Griff der Sonnenschwerkraft, die deren unangestrengten Gehorsam mit dem Versprechen ewigen Umlaufs belohnte.

So reichen unsere gemeinsamen Ursprünge weit über den Stammbaum auch der verschlungensten Ahnentafeln hinaus. Fragmente derselben verschwundenen Sonne gehen durch unsere Straßen und wohnen in unserer Nachbarschaft, während andere ihre Besorgungen machen oder ihren Kindern die Windeln wechseln. Jede ihrer Handlungen ist eine Bestätigung der Tatsache, daß der Tod jener unbekannten blauen Sonne nicht ganz ohne Folgen geblieben ist. Wir sind aus Sternenstaub gemacht.

Wenn wir unsere Augen nun auf den Orion-Nebel richten, der aus Bruchstücken von Sternen zusammengesetzt ist, sind wir erneut Zeugen eines solchen Vorgangs. Seit der Geburt der Babysonnen dieses Nebels ist noch nicht genug Zeit vergangen, als daß irgendeiner ihrer Planeten schon abgekühlt und bewohnbar sein könnte. Dort braucht man nicht nach Leben zu suchen – noch nicht. Es ist noch die Frühperiode, das Puppenstadium des Unbekannten. Falls sich auch dort auf geheimnisvolle Weise das Leben entfalten sollte, müssen wir nach einer weiteren Milliarde Jahren einen erneuten Blick riskieren.

Für den Augenblick reicht es uns, die schönen Lagerfeuer zu sehen, die in der Wolke des Orion verstreut sind, und das unsagbare Gefühl zu genießen, bei einer Geburt anwesend zu sein. Wenn wir mit Blick auf den Orion unsere eigene lokale Genesis betrachten haben, könnte uns das ja vielleicht anregen, uns in eines der Hauptanliegen aller Kosmologie zu vertiefen: zu verstehen, wie das Ganze entstanden ist.

Dieser ehrgeizige Sprung bringt uns jedoch in die Gefahr, an Argumente zu rühren, die seit langem von Philosophie, Religion und Metaphysik gebraucht werden. Zum Beispiel fordert die Vorstellung eines »Anfangs« die Frage heraus: Was war eine Minute zuvor? Die Antwort »Nichts« ist niemals befriedigend gewesen, da nicht einmal sicher ist, ob das »Nichts« überhaupt sein kann. (Das Verb *sein* in der Verbindung Nichtsein ist ein Widerspruch in sich.) So hätten wir nun also auch die Semantik mit hineingezogen.

Jede Disziplin hat ihre eigene Antwort oder ihren Ausweg. Metaphysiker würden sagen, da Ewigkeit oder Zeitlosigkeit mit dem rationalen Verstand nicht erfaßbar sind – ebensowenig wie ein Begriff von etwas, das »vor dem Anfang« existierte –, ist die Frage nach der Geburt des Universums mit irgendwelchen dualistischen Mechanismen, inklusive Vernunft und Wissenschaft, nicht lösbar.

Das mag sein. Doch es fällt in unseren Bereich und ist eine der Aufgaben der Kosmologie, eine zumindest annehmbare Lösung anzubieten, und das können wir mit ein paar einfachen Anschlägen auf der Tastatur erreichen. Wir fügen eine ordentliche Beschränkung ein. Wir sprechen vom Beginn des *gegenwärtigen* Universums.

»Gegenwärtiges Universum« heißt ganz einfach: Dasjenige, welches mit dem Big Bang oder Urknall anfing und sich nun nach allen Seiten ausdehnt. Denn nachdem sich, wie mittlerweile als gewiß gilt, alle Ansammlungen von Galaxien voneinander entfernen, ist es leicht, ihre Wege zurückzuverfolgen und so ihren Aufenthaltsort für jeden Zeitpunkt der Vergangenheit aufzuspüren. Dieser Rückschluß zeigt eindeutig, daß alles zur selben Zeit den selben Ort einnahm, und zwar vor etwa 15 Milliarden Jahren.

Unser gegenwärtiges Wissen läßt nur Vermutungen zu, weshalb dieses unvorstellbar kompakte embryonale Universum zu expandieren begann. Aber der erste Moment seiner Existenz als unendlich dichtes Ei kann in ganz realem Sinn als Geburtstermin des gegenwärtigen Universums angesehen werden. Vielleicht »kam es dorthin«, weil es aus einer vorherigen Existenz kollabierte. Vielleicht atmet das Universum im Rhythmus von 80 bis 100 Milliarden Jahren ein und aus, wie es die alte Hindulegende vom »Atem des Brahma« erzählt. Ein derart oszillierendes Universum würde jedesmal neue physikalische Gesetze, neue Abenteuer ermöglichen.

Eines ist sicher: Da die unvorstellbaren Temperaturen und Drücke des Big Bang alles und jedes wie in einem gigantischen Dampftopf verkocht haben, können wir keinerlei Spur eines vorangegangenen Universums finden. Nicht das kleinste Bruchstück eines atomaren Teilchens aus dem Vorreich, das uns einen schwachen Anhaltspunkt liefern würde, kann das überlebt haben. Jemand hat die »Entfernen«-Taste gedrückt. Das Gerät ist neu formatiert, eingeschmolzen, verdampft und wieder aufgebaut worden. Keine Dateien mehr, die wiederherstellbar wären.

Einige meinen, der Kosmos mit seiner Dynamik lebe in einer Art »statischen Zustandes« ständiger Re-Evolution, die weder Geburt noch Tod kennt. Wenn das so wäre, hätte die Frage nach dem Anfang keinerlei Bedeutung. Viele Kosmologen stimmen dieser Ansicht jedoch nicht zu, und ihr stärkstes Argument beruft sich auf das Gesetz der Entropie.

Nach Ansicht der meisten Physiker schraubt sich das Universum unaufhaltsam von der Ordnung zum Chaos hinab, von Strukturen zur Strukturlosigkeit, vom Energiegefälle zu einem ruhigen Gleichgewicht. Das weithin anerkannte Gesetz der zunehmenden Entropie läßt sich im Alltag beobachten.

Werfen Sie ein paar Eiswürfel in die Badewanne. Wenn Sie später zurückkommen, sehen Sie das Ergebnis des Zweiten Thermodynamischen Gesetzes, eines Eckpfeilers der Entropie. Die Eiswürfel sind geschmolzen; das Wasser hat eine ausgeglichene, stabile Temperatur angenommen. Sie haben mit Ordnung, Struktur und Abgrenzung begonnen und sind bei der Gleichförmigkeit gelandet, in der von einem Bereich zum anderen keine Bewegung mehr stattfindet, keine weitere Entwicklung. Diesen Zustand von Trägheit, in dem keine Energieübertragung mehr abläuft, kann man als eine Art Tod betrachten.

Sieht so das endgültige Schicksal des Universums aus?

Physiker, die sich der Standardinterpretation des Zweiten Gesetzes der Thermodynamik anschließen – und fast alle tun das –, sind der Meinung, diese trostlose Aussicht sei realistisch. Sie weisen darauf hin, daß Ordnung sich tendenziell immer zur Unordnung hin entwickelt, so wie in der Schublade, in der Sie Ihre Unterwäsche aufbewahren. In geschlossenen Systemen ohne Einflüsse von außen ist nichts anderes möglich. Und ist das gesamte Universum nicht letztlich ein geschlossenes System?

Diese Ansicht stützt den Big Bang und das Vorhandensein einer vergehenden Zeit. Tatsächlich sagt sie aus, daß wir uns von einer vergangenen Ära aus fortentwickelt haben, in der die Dinge einen höheren Grad von Ordnung einnahmen, und daß wir uns gegenwärtig im Zustand der Auflösung befinden. Dieser einseitig gerichtete Fluß der Ereignisse ist der einzige starke Beweis für die Existenz der Zeit; er legt sowohl einen Anfang als auch ein Ende nahe. Der Urknall war die Vergangenheit. Die Gegenwart ist die jetzige Epoche der Sterne, die Hitze in ihre kalte Umgebung speien. Dieser Vorgang endet letztlich in einem stabilen Gleichgewicht: der Zukunft, der Richtung, die vom Big Bang wegführt. Er ist nicht umkehrbar.

Das ist nicht gerade erheiternd – eine Zukunft, in der der Kosmos größer, aber weniger kreativ wird, so, wie es uns noch fast jede Bundesregierung vormacht. Wenn keine Energie mehr fließt, kommt es schließlich zur Einförmigkeit. Es werden keine neuen Sonnen mehr geboren. Alles ist unveränderlich gleichförmig und kalt. Nur noch die träge, dunkle Bewegung der erloschenen Glut toter Galaxien bleibt zurück; sie fliehen voreinander in immer abgeschiedenere leere Weiten.

Auf der Basis des gegenwärtigen Wissens ist dieses finstere Szenario das wahrscheinlichste Abbild der Zukunft. Doch es gibt eine große Zahl wissenschaftlicher Schlupflöcher, die zum Teil vielleicht einer Abneigung der Philosophie zu verdanken sind, sich mit endgültiger Nichtexistenz zu beschäftigen. Auch Theoretiker sind immer noch Menschen, und viele von ihnen teilen die Ansicht der Optimisten und Romantiker, das Universum sei nicht so vollkommen sinnlos, daß es sich zu einer toten und kalten Leere entwickeln werde. Tatsächlich könnte man die irgendwo zwischen Wissenschaft und Philosophie angesiedelte Behauptung aufstellen, die Natur zeige nachweislich große Fähigkeiten, neue, überraschende Szenarien zu entwerfen und sogar solche, die unserer Anschauung zuwiderlaufen; es könnte sein, daß wir von tausend Faktoren gerade die wenigen nicht erkennen, die unser vermutetes Schicksal um 180 Grad wenden würden.

Danach müssen wir nicht allzulang suchen. Der Nobeltreisträger Ilya Prigogine wies vor über einem Jahrzehnt darauf hin, daß das Zweite Thermodynamische Gesetz von den Theoretikern möglicherweise zu umfassend angewandt werde: Es berücksichtige dynamische Prozesse wie den Elektromagnetismus und die Gravitation nicht in hinreichender Weise. Vielleicht gelte es nur in begrenzten Anwendungsbereichen wie in unserer nicht sehr einladenden Badewanne mit dem schmelzenden Eis.

Vielmehr ist Prigogine der Überzeugung, das Universum gehe keineswegs dem Verderben entgegen. Im Gegenteil, es entwickle sich hin zu immer ausgeprägteren Strukturen und zu wachsender Komplexität! Unser Planet selbst zeigt, daß die Differenzierung zunimmt. Ein Blick vor die Haustür läßt Sie erkennen, wie die Umgebung im Vergleich zu vorgeschichtlichen Zeiten komplexer geworden ist. Der Grad der Entwicklung ist gestiegen und nicht gesunken; an die Stelle des schlichten geschmolzenen Gesteinsfleckens, der vor 4 Milliarden Jahren Ihre Garageneinfahrt gewesen ist, sind Pflanzen und Tiere, Briefkästen und Automobile getreten.

Es ist richtig, daß das Gesetz der Entropie, anders als bei der Erde, die ihre Energie von der Sonne bezieht, nur in geschlossenen Systemen anwendbar ist. Dennoch kann unsere Situation der interaktiven Art entsprechen, in der die belebte Natur funktioniert. Daher sollten wir daran denken, daß die komplizierten, übergreifenden Abläufe des Kosmos noch kaum verstanden werden. Es könnte sich als unangemessen erweisen, das gesamte Universum als isolierte Maschine zu betrachten und dann zu erwarten, es werde sich wie eine Dampfmaschine verhalten. Wir wissen einfach nicht genug, um so weitgehend verallgemeinern zu können.

Diese hoffnungsvolle Ansicht stellt unter den heutigen Kosmologen nur eine Minderheitenmeinung dar; viele würden dagegen darauf wetten, daß das Spiel in einem einsamen Reich aus Eis enden wird. Im Rahmen der Urknalltheorie von der Ausdehnung wird das seltsame Gleichgewicht zwischen dem beobachteten Auseinanderdriften des Universums und dessen Abbremsung durch die Schwerkraft, die alles vom ersten Tag an langsamer werden ließ, als weiterer Grund für diese Entwicklung angesehen. Wenn das zutrifft, wird sich das Universum in alle Ewigkeit, aber mit einer ständig kleineren Rate ausdehnen.

Dennoch würden die meisten Kosmologen auch einräumen, daß ihr noch immer im Jugendstadium befindliches Wissen fast ebenso schnell wächst wie ihr Gegenstand, was unvermeidliche Überraschungen bereithält.

Auf alle Fälle muß das Universum, wenn es sich tatsächlich zu einem Zustand entropischer Unordnung hinunterentwickelt, ursprünglich *stärker* strukturiert gewesen sein. War es das? Und wenn ja, wie konnte es zu Beginn einen so hohen Grad an Ordnung erreicht haben? Wieder führt uns die Betrachtung der Endzustände an den Anfang zurück.

Falls das Universum als »Quantenfluktuation« begann, einer größeren Version der Ereignisse, die im Reich der subatomaren Prozesse als Regel gelten, bringt der Schauplatz eine ziemlich hohe Ordnung mit sich. Diese »free lunch«-Hypothese leitet sich aus der Vorstellung ab, Paare aus Teilchen und Antiteilchen würden ständig in den Zustand der Existenz springen, um ebenso spontan wieder zu verschwinden. Es wäre zwar außerordentlich unwahrscheinlich, daß dabei genügend Material entsteht, um ein echtes Paar von Universen hervorzubringen, doch das Prä-Universum hatte vermutlich sehr viel Zeit zur Verfügung. Wenn davon genug vorhanden war, konnte sich eine massereiche Ansammlung neuer Teilchen materialisieren: unser Universum! Das liefert uns dann sogar noch ein *weiteres* potentielles Universum, das andere Mitglied des Paares; ein Anti-Universum, das gleichzeitig auf die Welt gekommen wäre! Vermutlich hätte es entgegengesetzte Eigenschaften wie das unsere, wie zum Beispiel schmackhafte Supermarkt-Tomaten und begreifbare Fernbedienungen.

»Quantenfluktuation« klingt eindrucksvoll und ist derzeit eine beliebte Erklärung für die Entstehung des Universums. Außerdem bietet sie einen Grund für das seltsame Gleichgewicht zwischen der Expansion des Universums und seinem gravitationsbedingten Drang an, wieder in sich zusammenzufallen. Vielen kommt dieser Ausdruck einer »Entstehung aus dem Nichts« allerdings wie bloßer Physikerjargon vor. Ob das Universum nämlich zu einem bestimmten Zeitpunkt begonnen hat oder schon immer als unendliche Ganzheit ohne Geburt vorhanden gewesen ist – in beiden Fällen bleibt sein *letzter* Ursprung ein Geheimnis, das noch immer so unergründlich ist wie zu der Zeit, als man sich zum ersten Mal mit der Frage befaßte. Wenn alle Schalen der Zwiebel entfernt sind, könnte es sein, daß die Wissenschaft nicht nur in bloße Luft greift, sondern in ein Vakuum, das sich in der falschen Dimension befindet. Wie bei einem Menschen, der einen Schraubenzieher als Hammer zu verwenden versucht, könnte unsere gegenwärtige Frustration auch daran liegen, daß wir für die Aufgabe das falsche Werkzeug benutzen. Es könnte sich sehr wohl herausstellen, daß der allererste Ursprung des Universums einen Grad an Wissen erfordert, der vollständig außerhalb der Mathematik und vielleicht sogar außerhalb des linearen Denkens liegt.

Dies ist kein Anti-Intellektualismus. Es ist eine realistische Bescheidenheit, da es unwahrscheinlich sein dürfte, daß wir mit unserer Art zu denken jeden Aspekt der Wirklichkeit des Universums aufnehmen können. Trotzdem springen wir nicht gleich über Bord: schließlich war es die Wissenschaft, die uns erst an diesen Ort gebracht hat. Alles, was wir über die nächtlichen Kinderstuben und die himmlischen Geburten wissen, die uns im All umgeben, wurde nur entdeckt, weil wir Fernrohre bauen und verstehen können, was wir damit sehen. Diese Fähigkeit hat uns in die Lage versetzt, Orion und die Myriaden seiner Schwesternebel von ihrer mittelalterlichen Bezeichnung als »Wolke« auf unser heutiges Verständnis zu heben: Vor unseren Augen liegt nicht mehr und nicht weniger als die Geburtsstätte von Planeten und Sonnen.

Am Ende des Jahrtausends verfügen wir also über gute Kenntnisse einer einzelnen Sternengeburt, haben aber noch kein vernünftig gesichertes Wissen über die Genesis des Kosmos erlangt. Wir greifen nach den Teilen, während das Ganze sich uns noch immer entzieht, und wir können nicht sagen, ob sich der lokale Vorgang möglicherweise auch auf das große Ganze übertragen läßt.

Und während solche Fragen unsere klügsten Köpfe herausfordern, durchquert Orion die eisige Nacht, eine kosmische Wiege, die der nächsten Generation des Lebens unserer Galaxie den ehrfurchtgebietenden Atem der Schöpfung verleiht.

Mondsüchtig

Der Mond beeinflußt die psychische Gesundheit. Der Mond wirkt anziehend auf unsere Körperflüssigkeiten. Der Mond ist größer, wenn er untergeht. Der Mond steuert den Menstruationszyklus. Der Mond kann sich auf das Wetter auswirken...

Wären all die dem Mond nachgesagten Kräfte Wirklichkeit, wären wir eine Gattung Mondsüchtiger, die vom Weltraum aus gesteuert wird. Zum Glück entsprechen nur wenige dieser den Mond betreffenden Überzeugungen den Tatsachen. (Von den angeführten Aussagen ist nur die letzte gültig.) Der wahre Charakter des Mondes ist allerdings noch immer erstaunlich genug und schließt einige überraschende Fähigkeiten ein, die ebenso machtvoll sind wie die alten Mythen, an deren Stelle sie getreten sind.

Weil der Mond den Nachthimmel beherrscht und weil er das einzige nächtliche Objekt ist, das die meisten Menschen identifizieren können, ist ihm stets eine Bedeutung beigemessen worden, die seinen bescheidenen Maßen nicht entspricht – einem Viertel der Erde. Wie ein charismatischer Schauspieler, dessen Anschauungen mehr Beachtung finden als sie verdienen, bekommt auch unser leuchtender Mond in Dichtung und Folklore eine ständig überhöhte Stellung zugewiesen.

In Wirklichkeit würde unser Mond fast überall im Universum kaum einen zweiten Blick wert sein. Obwohl er ein solider Trabant ist, stellt er mit seiner uninteressanten grauen Farbe, seiner seit langer Zeit erstorbenen Geologie und seiner vollkommen unbelebten Oberfläche doch keinen sehr eindrucksvollen Himmelskörper dar. Wenn die Planer der NASA über bemannte Missionen nachdenken, spricht keiner davon, den Mond zu kolonisieren.

Im Licht von Neil Armstrongs Worten, »ein kleiner Schritt«, die er auf der Oberfläche des Mondes äußerte und die die Erwartungen hinsichtlich einer weiteren Erforschung bestärkten, mag das überraschend erscheinen. Doch der Mond ist so bar aller wertvollen Bestandteile und enthält so wenig von dem eigentlichen Gold, das Kolonisten suchen – nämlich Wasser –, daß Mondmissionen im wesentlichen aus Übungen in unglaublich teurem Wasserschleppen bestehen. Wenn sich das Mondgestein nicht als einheitlich wasserfrei (was knochentrocken heißt – selbst auf chemischem Weg läßt sich kein Wasser aus ihm pressen) herausgestellt hätte und Menschen nicht außerordentlich große (und mit einem Kilo pro Liter auch gewichtige) Mengen von Wasser zum Überleben bräuchten, wäre die erste Mondlandung 1969 wirklich ein kleiner Schritt zu einem ständigen Honigmond dort drüben gewesen.

Übrigens sollten wir, was diese historische kleine Ansprache angeht, für Klarheit sorgen. Die tatsächlichen ersten Worte, die uns vom Mond erreichten, lauteten *nicht* so, wie sie heute dokumentiert sind. Bücher zitieren Armstrong mit den Worten: »Dies ist ein kleiner Schritt für einen Menschen (*for a man*), doch ein gewaltiger Sprung für die Menschheit.« Abgesehen von der Tatsache, daß *mankind* (Menschheit) für den Geschmack mancher Leute in Amerika

Menschliche Spuren auf dem Mond: Die sechs *Apollo*-Fähren waren bemannt, die russischen Landefahrzeuge der *Luna*-Serie dagegen nicht.

heute ein wenig zu geschlechtsspezifisch ist (*man*kind bezieht sich vornehmlich auf den *Mann*), waren es die passenden Worte für ein erhebendes Gefühl.

Nur hat er das nicht gesagt. Verschaffen Sie sich eine Aufnahme vom 20. Juli 1969, und Sie werden hören, wie er sagt: »That's one small step *for man*, one giant leap for mankind.« Kein »a« vor »man«. Diese kleine Auslassung Armstrongs führte zu großer Konfusion für die Menschheit – aber nicht unmittelbar. Als diese ersten Worte vom Mond ausgestrahlt wurden, schrien alle Hurra, wie sie es auch getan hätten, wenn er statt dessen die »Moonlight Serenade« gesungen oder eine Pizza bestellt oder was auch immer gesagt hätte. Wenige unterbrachen ihren Applaus, so wie das Kind im Märchen von des Kaisers neuen Kleidern, und fragten sich: »Was soll das heißen?« In diesem Kontext bedeutete *man* offenkundig »Menschheit«, aber dann sind die beiden Teile des Satzes widersprüchlich. Es war nicht das Ergebnis dichterischer Freiheit. Es war keine bildhafte Sprache. Es war einfach unverständlich!

Inmitten dieser triumphalen Begeisterung fragte keiner der Kommentatoren den Kaiser. Schließlich schien ein Fehler unvorstellbar. Armstrong hatte Monate Zeit gehabt, seine unsterblichen Worte zu planen. Die NASA behauptete, keinen Einfluß auf deren Auswahl gehabt zu haben; der Astronaut habe die freie Entscheidung gehabt, was er sagen wolle. Möglicherweise hatte er sie zu oft für sich allein geprobt, so wie unsere vorher zurechtgelegten Sätze für den Boß oder die Verlobte nie so richtig funktionieren. Keiner kam auf die Idee, er hätte sich einfach nur sinnloses Geplapper ausgedacht.

Es gab keine offizielle Fehlerkorrektur. Man fügte den ersten Worten vom Mond lediglich in aller Stille und ganz allmählich den ersten Buchstaben des Alphabets hinzu, und so wurde Geschichte gemacht. Oder ungeschehen gemacht.

Der erste Schritt des zweiten Menschen auf dem Mond, den Edwin A. Aldrin zwanzig Minuten nach Armstrong unternahm, verlief nicht viel besser. Als Aldrin gerade den ersten Fuß auf die Mondoberfläche setzte, riß der Urinbeutel, der im entsprechenden Stiefel befestigt war. Sein erster Schritt – und jeder darauf folgende – hätte auch als »ein kleines Plätschern für einen Menschen...« bezeichnet werden können.

Während solche Fehltritte ein natürlicher Bestandteil unserer ersten menschlichen Kontakte mit dem Mond waren, geschah der größte Sprung im Wissen über den Mond 359 Jahre früher, als das erste primitive Fernrohr auf ihn gerichtet wurde. Die aufregenden Entdeckungen Galileis im Januar 1610 können heute von jedermann mit einem einfachen Fernglas nachvollzogen werden. In Wirklichkeit sind die billigsten Feldstecher weit schärfer als Galileis erstes Gerät, das verschwommene, ungewollt mit psychedelischen Farben gesäumte Bilder lieferte. Wer meint, mit einem »schlichten Fernglas« könne man nichts wirklich Aufregendes sehen (wenn man die Fenster des Nachbarn einmal außer acht läßt), hat nie mit ihrer Hilfe den Halbmond betrachtet. Für jeweils einige Tage während der beiden Zeitabschnitte, in denen die Mondoberfläche vom Sonnenlicht optimal beleuchtet wird, liefert jede Vergrößerung blendende Ergebnisse.

Das billigste Kaufhausteleskop verschafft seinem Besitzer komplizierte lunare Entdeckungen wie die ständig wechselnden Schatten auf terrassierten Kratern und auf Bergspitzen. Der Mond ist tatsächlich so bequem zu betrachten und so zufriedenstellend, wie er einem vorkommt. Da ihm scheinbar die Eigenumdrehung fehlt, behält seine Ansicht sogar immer die gleiche Ausrichtung auf uns bei.

»Scheinbar«, weil der Mond während seines monatlichen Umlaufs um unsere Erde zunächst die eine Seite und dann die andere Hemisphäre zeigen würde, wenn er tatsächlich keinerlei Rotation aufwiese. Doch er dreht sich wirklich, und zwar mit der gleichen Periode wie sein Umlauf, so daß der Mond, ähnlich einem aufmerksamen Löwenbändiger, der den Käfig umkreist und dabei immer die Bestie im Auge behält, der Erde auf ewig dasselbe Gesicht zukehrt. Diese Art von synchronisierter Rotation hat keine mystische Bedeutung; die starke Anziehungskraft der irdischen Gezeiten hat die Umdrehung des Mondes aufgehalten, als hätte man ein Seil zwischen unserem Planeten und dem nächstgelegenen Punkt seiner Oberfläche befestigt. Dieses Phänomen, gebundene Rotation genannt, kommt auch in den Trabantensystemen anderer Planeten häufig vor.

Das heißt, die vertrauten Merkmale des Mondes verändern sich nicht wesentlich, eine merkwürdige Tatsache, die für vollkommen selbstverständlich gehalten wird. Der ständige Anblick ein- und der-

Ansicht des Mondes, etwa im ersten Viertel, mit geringer Vergrößerung.

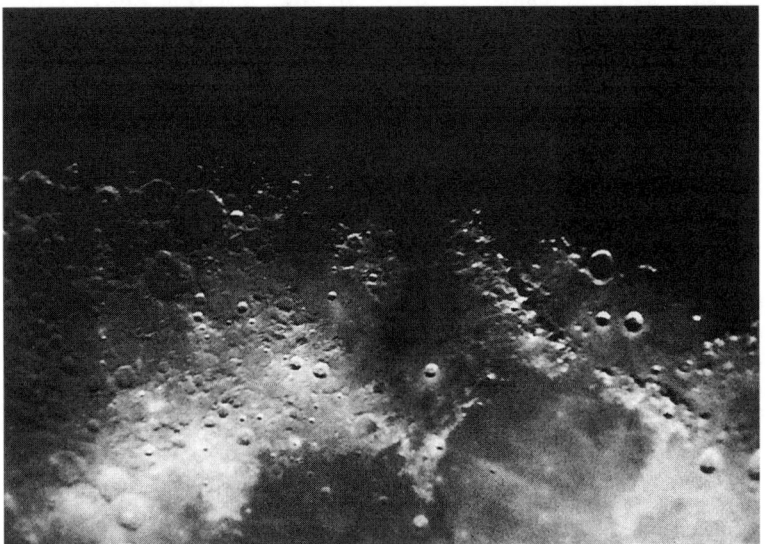

Ansicht mit mittlerer Vergrößerung, in derselben Nacht, mit Einzelheiten, die einem jedes kleine Fernrohr zeigt. (Fotografien vom Autor)

Der Vollmond im Fernglas.

Es ist leichter, eine Frau als einen
Mann im Mond zu sehen.

selben Hemisphäre ermöglicht es den Menschen, aus den zuverläs-
sigen dunklen Klecksen, den lunaren »Meeren« (Gebieten verfestig-
ter Lava), unveränderliche Figuren zu konstruieren. Der große
dunkle Fleck auf der rechten Seite zum Beispiel ist das Meer der
Ruhe, von dem aus jene erste kleine Rede gehalten wurde.

Das *scheinbare* Fehlen einer Umdrehung bringt es mit sich, daß
der Abfall, den die Mannschaft der *Apollo* zurückließ, für Sie als Betrachter immer in der rechten oberen Ecke des Mondes liegen wird.

Das eingefrorene Grinsen des Mondgesichts sorgt dafür, daß man
sich die Topographie des Mondes leicht einprägen kann. Die auffallendsten im Fernglas erscheinenden Formen, die sich enthüllen,
wenn der Mond optimal beleuchtet ist – als Halbmond oder ein
wenig dicker –, lassen sich in einem einzigen Absatz aufzählen:

Der Gebirgszug nahe der Mitte, dessen zerklüftete Spitzen sich
wie Haifischzähne in Richtung des Betrachters auftürmen, ist der
lunare Apennin, dessen tintenschwarze Schatten in Kaskaden auf
die ihn umgebende Ebene fallen. Der Krater in der Nähe des Zentrums mit den spektakulär terrassierten Wänden ist Copernicus, der
zwei oder drei Tage nach der ersten Viertelphase am besten zu sehen
ist. Wie Blasen in kochendem Haferbrei beherrscht eine wilde, endlose Flucht von Kratern die Südregion; es sind nur einige der
dreißigtausend von der Erde aus sichtbaren Krater, die alle von
früheren Meteoriteneinschlägen herstammen. Dunkle, seidig-glatte

Ebenen liegen als ausgedehnte Flecken da; dies sind die **Maria,** die
»Meere«.

Die Einzelheiten verblassen während des Vollmonds, wenn das
Sonnenlicht senkrecht auf ihn fällt und alle Schatten bis zur
Unkenntlichkeit ausbleicht. Dann scheint jeder Krater oder Berg zu
verschwinden. Nur blutige Anfänger haben die Vorstellung, der
Vollmond biete ein lohnendes Ziel für das Fernrohr. Die Astronomen begrüßen seine monatliche, den Himmel ruinierende Ankunft
mit derselben Begeisterung, die wir anderen dem Auftritt der
Steuerfahnder vorbehalten. Während dieser Phase beherrschen die
dunklen Kleckse (die »Meere«) das Bild. Aus ihnen besteht der
überlieferte »Mann im Mond«, der mit bloßem Auge zu erkennen
ist – obwohl er offensichtlich weit mehr einem Frauenprofil ähnelt
(und das im Zeitalter der Frauenemanzipation).

Sehen Sie sich vor: Gleich werden Sie verhext sein. Wie die Abbildungen auf der gegenüberliegenden Seite belegen, ist es unmöglich,
kein offenkundiges Frauenporträt (in Verbindung mit einer angemessen altmodischen Frisur) zu sehen, sobald man es erst einmal
bemerkt hat. Für den Rest Ihres Lebens werden Sie den Mond, ins-
besonders kurz vor Vollmond und vor allem durch ein Fernglas,
nicht mehr ansehen können, ohne diese Frau wahrzunehmen. Sie
wird Sie auf ewig verfolgen. Sie betrachten die Abbildungen also auf
eigene Gefahr.

Ansonsten ist es jedoch ungefährlich, den Mond durch ein Fernglas oder ein Fernrohr jeglichen Formats zu betrachten, selbst wenn
er voll ist. Während größere Teleskope die Helligkeit des Mondes
mehrtausendfach verstärken können (was dazu führt, daß der
Betrachter ein fleckiges Nachbild auf der Netzhaut zurückbehält,
wenn er sich vom Okular abwendet), stellt die asphaltdunkle Oberfläche des Mondes, die lediglich 12 Prozent des auf sie fallenden
Lichts reflektiert, niemals eine Gefahr für das Auge dar, obwohl es
sich im Grunde auch um Sonnenlicht handelt.

Für den Amateurbeobachter liefert der Mond im Fernrohr mehr
Einzelheiten als das ganze übrige Universum. Die durch das Fernrohr gewonnenen Kenntnisse über den Mond waren tatsächlich so
schwer zu überbieten, daß sie nach Galilei für dreieinhalb Jahrhunderte unübertroffen blieben. Das geschah schließlich im Jahre 1959,

als die russische Raumsonde *Luna 3* Bilder von der Rückseite des Mondes funkte.

Oft ist zu hören, daß von der *dunklen* Seite des Mondes gesprochen wird. Doch so etwas gibt es nicht, ebensowenig wie die Erde eine ständig dunkle Seite hat. Alle Teile des Mondes empfangen zwei Wochen Sonne und erleben dann eine ebenso lange Nacht, während der Sonnenaufgang mit einer Geschwindigkeit von weniger als fünfzehn Stundenkilometern über seine Oberfläche kriecht. (Ein Läufer mit ausreichendem Durchhaltevermögen könnte dem Einbruch der Nacht davonlaufen!) Dagegen *gibt* es, wenn wir von der Erde ausgehen, Vorder- und Rückseite des Mondes.

Jahrhunderte hindurch nahm man an, die verborgene Seite des Mondes sei so ähnlich wie die uns zugewandte Hemisphäre. Vor 1959 konnte das natürlich niemand sicher wissen. Es wäre auch *möglich* gewesen, daß der Mond eigentlich eine Halbkugel ist, eine Fassade, die von hinten durch ein Gerüst aus Kanthölzern gehalten wird. Das wurde jedoch für unwahrscheinlich erachtet. (Inzwischen für unmöglich, da wegen einer als Libration bezeichneten Schwankung im Lauf der Zeit ein wenig mehr als der halbe Mond betrachtet werden kann, was uns erlaubt, ein wenig über die Ränder hinauszusehen.) Niemand aber war auf die völlig andere Oberfläche der verborgenen Hemisphäre vorbereitet.

Die ersten Bilder waren ein Schock. Die beiden Seiten sind so unterschiedlich, daß man sie fast als Ansichten verschiedener Welten betrachten könnte. Wegen der von der Erde ausgeübten geringeren Gezeitenbelastung war die Rückseite in ihrer fernen Vergangenheit zweifellos weniger vulkanischen Aktivitäten ausgesetzt und weist folglich eine geringere Anzahl der dunklen Flecken auf, die auf der uns zugewandten Seite so auffällig sind. Dafür sind die Krater der Rückseite unversehrt erhalten geblieben, während die Krater auf der für uns sichtbaren Seite unter Lava begraben sind, was auch erklärt, weshalb der abgewandte Teil des Mondes so viel stärker mit Kratern übersät ist.

Die Sowjets verloren keine Zeit und belegten in einer Namensgebungsorgie alle erdenklichen Details mit russischen Bezeichnungen. Bis heute bleibt diese ausschließlich russische Hemisphäre eine stille Peinlichkeit in allen Lehrbüchern der USA, die nur durch die

Die Rückseite des Mondes: Von der Erde aus niemals zu sehen.

Die Vorderseite: Glatter und mit weniger Kratern.

Tatsache abgemildert wird, daß niemand auf Erden je etwas von ihr zu Gesicht bekommen wird.

Das Tempo, in dem neue Überraschungen auftauchten, begann sich zu steigern, als uns zunächst die Landungen von Robotern und dann von Astronauten vorführten, daß die über Jahrhunderte angefertigten künstlerischen Zeichnungen seiner Oberfläche – auf der Grundlage von Fernrohrbeobachtungen und Logik – falsch waren. Die spitzen Berge, die nach unserer festen Überzeugung jene Landschaft ohne Atmosphäre, ohne Wasser und ohne Erosion beherrschten, stellten sich als rund wie die Hügel Schottlands heraus. Offensichtlich hatten winzige Meteoriten, die wie Abermillionen von Thors Hämmern auf die Oberfläche geprasselt waren, über die Zeiten ihre eigene Form der Erosion ausgebildet. Sie hatten auch jenen seltsamen pudrigen Staub erzeugt, der an den Astronauten und an allem, was sie mitbrachten, haftete. Die Dicke dieser Staubschicht war bereits von automatischen Landefahrzeugen untersucht und als sicher für die menschliche Fortbewegung bewertet worden. Dieser unter den Füßen knirschende Babypuder mit einer Dicke von mehreren Zentimetern ließ Mondspaziergänge wie Wanderungen auf feinstem Schwemmsand am Seeufer erscheinen. Jeder Schritt hinterließ tiefe Eindrücke, die auf der windlosen Oberfläche des Mondes länger bestehen bleiben werden als die größten Bauwerke der Menschheit auf der Erde.

Die Pyramiden Ägyptens könnten zu Staub zerfallen, wieder aufgebaut werden und noch Tausende Male zu Staub zerfallen, ehe diese Fußabdrücke verschwinden. Die Abdrücke des Dutzends Astronauten, die auf dem Mond spazierengingen, sind Schritte in eine Ewigkeit jenseits von allem, was seit der Entstehung des Lebens aus dem Urschlamm hervorgegangen ist. Sie werden die menschliche Rasse überdauern.

Ebenso beständig sind die vergoldeten Metalltafeln, die von den Apollo-Mannschaften auf der Mondoberfläche zurückgelassen wurden. Auf Drängen des Weißen Hauses befinden sich deutlich sichtbar auf jeder von ihnen Name und Unterschrift des damaligen Präsidenten. Sollten in fünfhundert Millionen Jahren, wenn der *homo sapiens* und auch all unsere Spuren dahin sind (oder wir uns mit Glück zu etwas entwickelt haben, das für uns heute noch nicht zu erkennen ist), zufällig Außerirdische über unsere Ecke des Kosmos stolpern, werden die Metalltafeln und ihre Inschriften immer noch lesbar sein. Und falls die Außerirdischen die wiederholt erscheinenden Buchstaben irgendwie als menschlichen Namen entziffern sollten, würden sie sich vielleicht fragen: Aufgrund welcher glorreichen Errungenschaft wurde dieser einzelne Mensch für eine Unsterblichkeit auserwählt, die über die Spezies selbst hinausreicht?

Welcher Name die menschliche Rasse überdauern wird? Richard M. Nixon.

Wenn nur eine der berühmten Aussagen des früheren Präsidenten ebenfalls mitberücksichtigt worden wäre, zum Beispiel:»*I am not a crook*« (»Ich bin kein Gauner«), würde das der Sache noch den letzten Schliff geben. Vielleicht kann das ja bei einer künftigen Expedition nachgebessert werden.

(Auch andere Namen, wenn auch nicht mehrfach wiederholt, befinden sich auf den Metalltafeln, die auf der Oberfläche zurückgelassen wurden: Die Namen der Mondbesucher und die Namen der Astronauten aus den Vereinigten Staaten wie auch aus der UdSSR, die im Zuge des Raumprogramms ihr Leben verloren. Der Satz »Wir kamen in Frieden« erscheint an hervorgehobener Stelle. Diese Inschrift ihrerseits wird wahrscheinlich für eine hunderttausendfach längere Periode in Frieden gelassen werden, als seit dem Fall des Römischen Reiches bis heute verstrichen ist.

Eine weitere Überraschung erreichte uns mittels der Signale von Seismometern, die man auf der Mondoberfläche zurückgelassen hatte. Sie waren eigentlich dazu bestimmt, Mondbeben aufzuspüren, doch sie registrierten ihre höchsten Werte, als die nicht mehr benötigte Aufstiegsstufe der Mondfähre auf den Mondboden krachte, nachdem die Astronauten erfolgreich zur Kommandokapsel zurückgekehrt waren, die sie zurück zur Erde brachte. Mit jedem Einschlag bebte der Mond... und hörte nicht mehr auf. Der Mond vibriert wie eine Glocke!

Anders als Beben auf der Erde, die im Höchstfall nach einigen Minuten verebben, läßt der feste Mondkern offenbar zu, daß Schwingungen nachhallen wie bei einem riesigen orientalischen Gong. Der Mond »erklang« nach jedem Aufschlag für eineinhalb bis drei Stunden. Wenn der Raum nicht luftleer wäre, wären wir vielleicht sogar imstande gewesen, den Mond zu *hören*.

Zu den auffälligsten Fehlannahmen über den Mond gehören die Gleichnisse über die ihm unterstellte Affinität zum Wasser, angesichts seiner außerordentlichen Trockenheit ein interessanter Mythos. Der Fehler ist allerdings verständlich, da doch jeder Strandspaziergänger sieht, wie die Gezeiten von den unsichtbaren Fäden des Mondes abhängen und daraus folgert: »Wenn der Mond die riesigen Ozeane anziehen kann und mein Körper zum größten Teil aus Wasser besteht, warum sollte er dann nicht auch mich beeinflussen können?«

Diese falsche Logik wird auch bei der Anwendung auf die Menstruationszyklen benutzt. Die Abfolge der Mondphasen mit ihren 29,5 Tagen ist jedoch nie im Gleichtakt mit dem Zyklus der Mehrzahl der Frauen verlaufen. Darüber hinaus existiert nur bei einem einzigen anderen Säugetier, dem Opossum, ein ähnlicher Zyklus. Wenn der Mond in dieser Hinsicht wirklich einen Einfluß ausübt, wird dem ganzen Rest des Königreichs der Tiere diese zweifelhafte Ehre vorenthalten.

All diese falschen Annahmen kommen zustande, weil man die Wirkungen der Gezeiten und der Gravitation verwechselt. Offensichtlich sind sie nicht dasselbe. Unser Planet umkreist die Sonne und nicht den Mond, weil die Sonne die stärkere Gravitationskraft auf uns ausübt. Doch die Gezeiten der Ozeane folgen vorwiegend den Bewegungen des Mondes. Wie also kann ein Körper eine größere Anziehungskraft auf uns ausüben, während ein anderer einen stärkeren Tidenhub erzeugt? In unserer so gebildeten Gesellschaft könnte das nicht einer von tausend erklären, selbst wenn deren Leben von der Antwort abhinge.

Dabei ist die Antwort ganz einfach. Die Gravitation nimmt mit steigender Entfernung sehr schnell ab, so daß die Anziehungskraft des Mondes auf der ihm zugewandten Seite der Erde stärker ist als auf der 12000 km entfernten anderen Seite. Dieser Unterschied erzeugt nicht den Gezeiteneffekt, er *ist* der Gezeiteneffekt.

Da die Sonne so viel weiter entfernt ist, ist auch der Unterschied zwischen den Anziehungskräften auf beiden Seiten der Erde weniger ausgeprägt. Das ist die ganze Geschichte.

Da die Ozeane miteinander verbunden und flüssig sind, reagieren sie auf die unterschiedliche Anziehung des Mondes weltweit mit einer durchschnittlich 90 Zentimeter betragenden Anhebung und Senkung des Meeresspiegels, wobei die vielen örtlichen Abweichungen mit Resonanzwirkungen, Küstenformen und vielen anderen Faktoren zusammenhängen.

Demgegenüber ragen Menschen im Schnitt nur 170 bis 190 Zentimeter hoch auf, weshalb die Anziehung des Mondes auf jeden Abschnitt ihres Körpers praktisch gleich ist. Sie müßten auf Tausende von Kilometern Größe wachsen, bevor die Gezeiten mit Ihnen in Wechselwirkung treten würden. Was den Mond anbelangt, läßt Sie Ihre jetzige Größe als ausdehnungslosen Punkt erscheinen.

Da die Anziehungskraft an Ihrem Kopf mit der an Ihren Füßen übereinstimmt, verspüren Ihre Körperflüssigkeiten keinerlei Neigung, von ihren gewohnten Positionen abzuwandern, wie auch der Tee nicht versucht, am Rand der Tasse hochzusteigen, wenn der Mond darüber hinwegzieht.

Außerdem hat der Mond kein spezielles Interesse an Flüssigkeiten. Die feste Erdmasse reagiert auf die Anziehungskräfte ebenfalls mit einer etwa 20 cm betragenden Verformung. (Was, nebenbei gesagt, ein bemerkenswert kleiner Betrag ist. Es gehört zu den strukturellen Erfolgsstorys des Sonnensystems, daß unser Planet seine Form so perfekt beibehalten kann, obwohl sich ein Körper mit einem Viertel seines Durchmessers in seiner Nähe befindet. Wir sind außerordentlich gut konstruiert.)

Selbst die Luft wird von der Anziehung des Mondes beeinflußt. Die unterschiedliche Anziehungswirkung des Mondes auf die nahe und die ferne Seite der Erde sorgte für eine erst kürzlich entdeckte atmosphärische Tidenbewegung, die eine schwache Wechselbeziehung mit bewölktem Himmel und den Mondphasen erzeugt.

Also können wir den Kreis vielleicht schließen. Während Studien über die Einlieferungen in psychiatrische Kliniken keinen Zusammenhang mit den Mondzyklen belegen, ist die Stimmungslage tatsächlich mit dem Sonnenschein verbunden. Auf diese Weise haben wir schließlich doch noch einen Mechanismus gefunden, mit dem der Mond auf Gefühle oder zumindest auf deren Ausgangsbedingungen einwirkt – durch seinen Einfluß auf das Wetter wird der Tag entweder düster oder sonnig! (Allerdings wirkt sich der Sonnenschein sehr schwach auf die Psyche aus; das Ergebnis läßt sich nur statistisch feststellen.)

In meinen Astronomiekursen haben Krankenschwestern und Ärzte in all den Jahren übereinstimmend behauptet, es bestehe ein Zusammenhang zwischen Geburten und dem Vollmond. Viele erklärten, sie hätten es selbst beobachtet und seien sicher, daß die Zahl der Geburten während dieser Mondphase zunehme. Auch andere haben an dieser faszinierenden volkstümlichen Überlieferung bis in unsere Zeit festgehalten.

Aber sie ist falsch. Wenn sie wahr wäre, würden wir in Biologie alle gelernt haben, wie das menschliche Fortpflanzungssystem im Gleichtakt mit einem lunaren Rhythmus marschiert. Statt dessen zeigen uns Krankenhausakten und Daten der Versicherungsgesellschaften, daß Geburten gleichmäßig über den ganzen Mondzyklus verteilt sind. (Es gibt jedoch eine Verbindung mit der *Jahreszeit*. In den Vereinigten Staaten und in einigen anderen Ländern nimmt die Zahl der Geburten im September zu, was möglicherweise auf einen Zyklus der menschlichen Fruchtbarkeit hinweist – oder vielleicht auch den Gedanken nahelegt, während der langen, kalten Dezembernächte werde verstärkt gekuschelt. Aber es gibt keine Verbindung mit dem Mond.)

Außerdem müßte die Zahl der Geburten, wenn sie während des

Jahrhundertelange Fernrohr-Beobachtungen ließen uns glauben, die Mondberge
seien spitz . . .

. . . doch als wir dort ankamen, mußten wir uns eines anderen belehren lassen.

Vollmonds anstiege, während der anderen Phasen abnehmen. Die
Geburtstage der Menschen müßten dann jeden Monat das verläßli-
che Auf und Ab einer Sinuskurve zeigen; dieses Muster ist aber
nicht zu erkennen. Doch damit wird das Problem erst richtig interessant, weil sich dann nämlich die Frage stellt: Weshalb nehmen so
viele Menschen den Anstieg der Geburtenzahlen wahr, obwohl es

ihn gar nicht gibt? Aber schließlich ist ein hartnäckiger Mythos an sich schon faszinierend.

Auch wenn es sich dabei nicht um wissenschaftliche Daten handelt, bin ich überzeugt, daß die Antwort in folgendem Szenario liegt: Auf dem Weg zur Arbeit bemerkt das medizinische Personal den Vollmond. (Die meisten Menschen nennen ihn auch dann »voll«, wenn er nicht völlig rund ist, weshalb an mehreren Tagen des Monats ein Vollmond vorkommen kann.) Wenn es in jener Nacht nun zufällig zu einer ungewöhnlich hohen Zahl von Geburten mit dem entsprechenden hektischen Arbeitstempo kommt, hetzen die Mediziner mit dem Gedanken »Aha, ich wußte es ja, es ist Vollmond!« durch die Gegend, was die Verknüpfung verstärkt. Wenn es in der Nacht dagegen zu einer normalen oder niedrigeren Zahl von Geburten kommt, verschwendet das Personal keinen Gedanken an dieses Thema, da ja nichts Außergewöhnliches vorliegt, was auf den Sachverhalt aufmerksam machen könnte. Ähnlich verhält es sich, wenn in einer Nacht mit vielen Geburten kein Vollmond wahrgenommen wurde; auch hier stellt man keinen Zusammenhang her. Die bevorzugte Verstärkung verläuft immer über die Verknüpfung Vollmond/hohe Geburtenzahl, ohne daß man sich dessen bewußt wäre.

Nach meiner Überzeugung gilt das nicht nur für die unberechtigte Verbindung Mond/Geburt, an die das medizinische Personal glaubt, sondern für viele andere Irrtümer im Zusammenhang mit dem Mond, die die Jahrhunderte überdauert haben.

Damit soll nicht gesagt sein, der Mond habe keine Macht, unser Leben zu beeinflussen. Seine Wirkung auf das Leben im Meer ist unbestritten, und es könnte noch viele andere, bis heute unentdeckte Effekte geben. Beispielsweise fand man in einer neueren Studie heraus, daß Erdbeben schwach, aber erkennbar mit den Mondphasen in Wechselbeziehung stehen.

Das leuchtet ein. Wenn sich der Mond auf seiner elliptischen Umlaufbahn in die Nähe der Erde wagt, nehmen die Gezeitenbelastungen zu. Auch wenn Neumond- und Vollmondphasen sich in gleicher Richtung wie die Einflüsse der Sonne auswirken, werden die Belastungen stärker. Wenn sie genau zusammenfallen, wie es ein- oder zweimal pro Jahr geschieht, ist unser Planet außergewöhnlich starken Gezeitenkräften ausgesetzt, die an Stränden verheerende Erosionswirkungen auslösen und die Erdkruste durchdringen können. Im Vergleich zu den Kräften, die normalerweise im Gestein der Kruste auftreten, sind diese Verwerfungen relativ geringfügig (weniger als 0,1 Prozent). Sie können jedoch den Ausschlag geben, wenn ein Erdbeben kurz bevorsteht. Deshalb sollte man erwarten, daß die meisten Erdbeben unabhängig von der Stellung des Mondes einsetzen, aber ebenso sollte ihr Beginn insgesamt ein wenig vom absoluten statistischen Zufall abweichen. Kurz gesagt, wir sollten eine geringe Beziehung zwischen Erdbeben und Mondphasen feststellen können – und genau diese finden wir auch.

Auf dem Mond ist immer noch etwas zu entdecken, sogar für den gelegentlichen Sterngucker. Selbst mit bloßem Auge kann man die unterschiedlichen Größen beobachten, die der Mond auf seiner elliptischen Wanderung zeigt, wenn er näher bei uns oder weiter von uns entfernt ist. Auffallend ist auch seine veränderliche Helligkeit (er leuchtet stärker, wenn er höher am Himmel steht, näher bei uns ist und im Winter, wenn 7 Prozent mehr Sonnenlicht auf ihn fällt – zu dieser Jahreszeit befindet sich nämlich das System aus Erde und Mond um einige Millionen Kilometer näher an unserem Zentralgestirn).

Dann gibt es da noch die sonderbaren Effekte. Einer davon ist die berühmte **Mondillusion,** die den auf- oder untergehenden Mond riesengroß erscheinen läßt (siehe Seite 336). Außerdem kommt uns der Vollmond flach wie ein Teller vor und nicht wie ein dreidimensionaler Körper. Wenn man eine Kugel direkt von vorn beleuchtet, ist sie in der Mitte normalerweise heller, während der äußere Rand dunkler erscheint (siehe Farbtafel 3). Das kommt zustande, weil das Licht an den Rändern in einem flacheren Winkel auftrifft, und verleiht dem Gegenstand sein massives oder dreidimensionales Aussehen. Dagegen wirkt der Mond, wenn er voll ist, merkwürdig flach, als wäre er eine auf den Himmel *gemalte* Scheibe.

Der seltsame und schon seit dem Mittelalter bekannte Effekt wird, wie man heute weiß, durch die rauhe, pudrige Oberfläche des Mondes hervorgerufen, die das einfallende Sonnenlicht nach allen Richtungen streut und dadurch nicht zuläßt, daß das Licht wie bei einem glatten oder gasförmigen Körper reflektiert wird.

Derlei Merkwürdigkeiten, die man schon vor Galilei beobachtet hat, bleiben für jede neue Generation von Himmelsbetrachtern so erhellend wie in den verflossenen Jahrhunderten. Solange der Mond nicht, wie erwartet, in einigen Milliarden Jahren in einen verblüffenden, saturnähnlichen Ring zerbricht, wird uns die dunkelgraue Kugel, die uns auf unserer Odyssee durch das Weltall still begleitet, wohl immer faszinieren.

Schwarz wie die Nacht

Die dunkelste Zeit erleben wir als Bewohner der nördlichen Hemisphäre zwischen November und Januar. Im größten Teil Europas, Kanadas und der Vereinigten Staaten scheint die Sonne dann weniger als sieben Stunden täglich. Die daraus resultierende Finsternis jener Monate ist, wen wundert's, mit Depressionen verbunden. Doch diese langen Nächte sind genau die richtige Zeit, um das düstere Thema Dunkelheit zu erkunden.

Sie glauben bestimmt, eine grundlegende Erscheinung wie die Dunkelheit sei genauso simpel wie schwarz und weiß. In Wahrheit gibt es kaum echte Schwärze in unserem Ausschnitt des Kosmos. Fast die einzige Möglichkeit, sie zu erfahren, besteht darin, sich in einem lichtdichten Wandschrank einzuschließen. Wie wir noch sehen werden, führt uns die Suche nach der Dunkelheit und ihren düsteren Erscheinungsformen zu einigen der seltsamsten Orte im Universum.

Eines ist jedoch sicher: Die Nacht an sich ist nicht schwarz.

Während des größten Teils der letzten drei Jahrzehnte hat die künstliche Beleuchtung um jährlich zehn Prozent zugenommen – zusätzliche Straßenlaternen, Leuchtreklamen, Einkaufszentren, Parkflächen und Vorgartenbeleuchtungen sind die Ursache –, was dem Himmel unserer Tage ein ständiges künstliches Glühen verleiht. Der Blick durch ein Fünf-Dollar-Spektroskop (ein Instrument, über das sich jeder freuen wird, der sich für Wissenschaft interessiert) enthüllt uns schlagartig, daß dieses Licht aus spezifischen Farben zusammengesetzt ist; sie werden von den glühenden Gasen der Straßenlaternen emittiert. Doch selbst das unbewaffnete Auge kann hinreichend klar erkennen, daß der städtische Nachthimmel etwas unheimlich Geisterhaftes abstrahlt, dessen seltsame Färbung sonst nirgendwo im bekannten Universum vorkommt.

Ein Vierteljahrhundert zuvor zeigte sich dieses synthetische Himmelsleuchten noch als mattes Stahlblau, das von den weithin verwendeten Quecksilberdampflampen in Straßenlaternen erzeugt wurde. Diese intensiven Lampen mit ihrer kalten Farbe leuchten mit Hilfe eines effektiveren Verfahrens als die einfachen Glühbirnen, an deren Stelle sie getreten sind. Statt eines mit elektrischem Strom zur Weißglut erhitzten Glühfadens, einer Methode, die seit dem neunzehnten Jahrhundert nicht mehr geändert wurde, jagen die neuen Straßenlaternen eine weit höhere Spannung durch Quecksilberdampf, was dessen Atome auf ein höheres Energieniveau hebt. Wenn diese spontan wieder auf ihr bevorzugtes Niveau zurückfallen, emittieren sie Photonen (Lichtpartikel). In den sechziger Jahren wurden die städtischen Straßen in den gesamten Vereinigten Staaten mit Quecksilberlampen beleuchtet; ihr schauriges, geisterhaftes Blau-Weiß wurde zur nächtlichen Normalität.

Verwendet man Natrium anstelle von Quecksilber, braucht man weniger Strom und erhält Licht von angenehmerer Farbe. So war es nur eine Frage der Zeit, bis die Nacht anders eingefärbt wurde. Das Energiebewußtsein der Siebziger trug dazu bei, die Umstellung auf das Gelb-Rosa der Natriumdampflampen zu beschleunigen, die heute den Standard darstellen.

Straßenlampen werden im allgemeinen nur ausgewechselt, wenn sie ausgebrannt sind, weshalb sie noch auf Jahre hinaus allgemein verbreitet sein werden und uns so bläuliche Oasen zur Ansicht und zum Vergleich bereitstellen. Doch das Natrium-Zeitalter hat sich fest etabliert, was den gelben Lichtschirm erklärt, der nun über den meisten Städten schwebt. Es scheint fast, als würden die Menschen die Farbe der Nacht ändern, um das Heraufdämmern des neuen Jahrtausends zu feiern.

Der safrangelbe Widerschein in Wolken und atmospärischem Staub weist schon aus etwa hundert Kilometer Entfernung auf die Existenz bedeutender städtischer Ballungsräume hin. Die Leuchtkraft dieser durch Natrium erzeugten Lichthülle ist beeindruckend. Voll einschätzen könnte man sie allerdings erst dann, wenn man die verursachenden Lichtquellen am Boden irgendwie abschirmen würde. Mit einem Stromausfall wäre das hervorragend zu bewerkstelligen, nur verschwände dann auch das über der Stadt schwebende Leuchten innerhalb weniger Mikrosekunden (Millionstel Sekunden). Die Verzögerung resultiert dabei aus der Zeit, die das letzte abgestrahlte Licht auf dem Umweg über die Wolken zum Auge des Betrachters benötigt.

Es ist eine faszinierende Vorstellung, wie in einer Stadt plötzlich der Strom ausfällt, worauf einen Lidschlag später das milchige Glühen des Nachthimmels verschwindet. Beim Ausfall anderer Himmelskörper würden noch weit dramatischere Zeitverzögerungen auftreten. Wenn die Sonne zum Beispiel um zwölf Uhr mittags explodieren würde, würden wir diese unglückliche Wendung der Ereignisse erst um 12:08 Uhr wahrnehmen. Diese Gnadenfrist hätten wir der Zeit zu verdanken, die das Licht bis zur Erde unterwegs ist. Der Vollmond würde drei Sekunden später verschwinden, da sich das Licht, das uns nach dem Ausfall der Sonne passiert, noch bis zur Mondoberfläche weiterbewegt, wo es reflektiert wird und schließlich unsere Augen erreicht.

Weiter draußen würden Jupiter und Saturn etwa zwei Stunden nach dem Abschalten der Sonne unserem Blick entschwinden, die äußeren Planeten Uranus und Neptun noch ein paar Stunden später. Wie beunruhigend, zusehen zu müssen, wie diese nächtlichen Lichter eins nach dem anderen ausgeknipst würden, wenn die letzten Photonen des Sonnenlichts wie ein verspäteter Zug in die Weite davonrasen!

In kleineren Städten, wo weniger Licht benötigt wird als in den großen Metropolen, ist die nächtliche Veränderung der letzten Jahrhunderte natürlich weniger offensichtlich. Doch auch Städte mit weniger als hunderttausend Einwohnern brüsten sich inzwischen mit einem Himmel, der einen hochempfindlichen Film in weniger als einer Minute überbelichten oder vollkommen schwärzen kann. Oft ist es sogar hell genug, um zu lesen!

Ländliche Gebiete (insbesondere in den dünnbesiedelten Regionen im Westen der Vereinigten Staaten) können sich an einem unverschmutzten Himmel erfreuen, der sich seit dem letzten Jahrhundert kaum verändert hat. Dort ist der Himmel noch natürlich – wenn auch nicht schwarz. Eine mondlose Nacht in einer unberührten Gegend präsentiert uns ein Firmament in dunklem Blaugrau und keineswegs in Schwarz. Doch die Quelle dieses Lichts ist weder in den Sternen noch in menschlichen Einwirkungen zu suchen. Es ist der Himmel selbst, der leuchtet! Dieses natürliche Leuchten des Himmels heißt **Himmelsglühen**. Es wird von der unsichtbaren, aber mächtigen ultravioletten Strahlung der Sonne verursacht, die die Gase unserer Atmosphäre zum Leuchten bringt wie die Zeiger eines Leuchtzifferblattes. Dieses Hintergrundlicht ist veränderlich, aber gewöhnlich so hell wie das Licht aller Sterne zusammengenommen. Deswegen können Sie auch auf der finstersten Landstraße noch ausreichend sehen – wenn Ihre Augen sich vollständig an die Dunkelheit angepaßt haben – und sich sicher vorwärtsbewegen, außer wenn überhängende Bäume den Himmel verdecken. »Schwarz wie die Nacht« ist kein besonders treffender Ausdruck.

Wenn aber nun die Nacht nicht wirklich schwarz ist, was dann? Asphalt? Onyx?

Keines von beiden! Sie erscheinen nur im Verhältnis zu Dingen schwarz, die das Licht stärker reflektieren. Was uns schwarz oder weiß vorkommt, ist allein die subjektive Erfahrung des Auges, das Objekte vergleicht, wie sie unter normalen Lichtbedingungen gesehen werden. Im hellen Licht stellen sich unsere Augen auf die intensive Umgebung ein, indem sie die strahlendsten Anteile der Szene als »weiß« wahrnehmen, während sie alles unterhalb eines bestimmten Beleuchtungsniveaus als »schwarz« bestimmen. Dennoch erreicht uns auch von »schwarzen« Objekten noch eine enorme Lichtmenge.

In dunklerer Umgebung justieren die Pupillen zusammen mit chemischen Veränderungen in der Netzhaut die Werte für schwarz und weiß neu. Ein weniger reflektierendes Objekt wird zwar in jeder Umgebung beständig dunkler erscheinen, doch seine wahrgenommene Schwärze bleibt subjektiv. Sie können sich das so vorstellen: Ein schwarzes Objekt in hell ausgeleuchteter Umgebung würde verblüffend weiß wirken, wenn man es so, wie es ist, in ein düsteres Umfeld transportieren könnte. Zum Beispiel: Eine schwarze Katze im Sonnenlicht ist eigentlich zweitausendmal weißer und heller als Schnee im Licht des Vollmonds. Wenn diese sonnenbestrahlte »schwarze« Katze sich in eine nächtliche Umgebung schleichen könnte, würde sie in blendendem, übernatürlichen Weiß erstrahlen,

Eine schwarze Katze im hellen Sonnenlicht in heller beziehungsweise dunkler Umgebung.

wie die Katze, die die Mäuse aus dem Atomkraftwerk fernhielt. Ihre Leuchtkraft würde die umliegenden Gegenstände Schatten werfen lassen.

Die Frage, was heller ist – Schnee im Mondlicht oder Asphalt in der Sonne; Kohle in der Sonne oder ein Ei im Kerzenschein –, kann mit einem Photometer ganz leicht entschieden werden, einem Gerät, das ebenfalls auf die Wunschliste des Naturforschers gehört. Aber der Belichtungsmesser einer Kamera tut es auch. Beide können uns beweisen, daß nichts, was wir in einer nicht abgeschlossenen Umgebung antreffen, völlig schwarz ist. Daraus ergibt sich, daß uns jede ernsthafte Erkundung der Schwärze über die Erde hinausführen muß.

Hier und da enthält der Kosmos außerordentlich dunkle Objekte, die allgemein als schwarz gelten. Ein bekanntes Beispiel sind die Schwarzen Zwerge. Es handelt sich dabei keineswegs um seltene Kuriositäten. Schwarze Zwerge stellen den letzten Abschnitt im Leben der meisten Sterne dar; das schließt auch unsere Sonne in etwa zehn Milliarden Jahren ein. Diese Überreste kollabierter Sterne sind kaum größer als die Erde, aber so verdichtet, daß ein Täßchen ihrer Materie so schwer wäre wie ein voll besetzter Omnibus. Wahrscheinlich sind sie überall im Universum verteilt, aber das weiß niemand genau, weil sie für unsere Instrumente unsichtbar sind. In Lehrbüchern werden sie zwar als »schwarz« bezeichnet, doch in

Wirklichkeit würden sie uns nicht völlig dunkel erscheinen. Auch wenn ihr atomares Feuer längst erloschen ist und sie kein Licht mehr abstrahlen, so dürfte es ihnen dennoch keinerlei Probleme bereiten, einiges vom Licht der Sterne zu reflektieren, das sie trifft. Falls Sie einen Schwarzen Zwerg besuchen sollten, könnten Sie genauso durch die Dunkelheit an seiner Oberfläche tappen, wie wir das auf unserer finsteren Landstraße tun – im Licht des Himmels. Kalt und düster, ja – aber nicht schwarz. Wenn Sie Feuerholz mitbrächten, könnten Sie auf einem Schwarzen Zwerg zelten.

(Stellen Sie sich das mal vor: Sie sitzen auf einem Stern am Lagerfeuer. Eine reizvolle Vorstellung, wenn man einmal davon absieht, daß Sie wegen der starken Gravitation nicht in der Lage wären, ein Marshmallow ins Feuer zu halten. Aus diesem Grund könnten Sie ebensowenig stehen, sitzen oder auch nur atmen. Was nicht heißen soll, daß es überhaupt so einfach wäre, zu atmen. Es gibt dort nämlich keine Atmosphäre. Und wieviel Wärme würde das Lagerfeuer wohl ohne Luft abgeben? Die ganze Idee verliert allmählich ihren Reiz. Sagen Sie die Reise ab!)

Wir haben nun ein grenzenloses Himmelsgebiet betreten – das Reich der Objekte, die so schwach leuchten, daß sie mit dem Auge nicht mehr wahrgenommen werden können. Gegen Ende des Jahres 1609, als das erste Fernrohr auf den Himmel gerichtet wurde, wagten wir uns zum ersten Mal in dieses finstere Reich. Zu seiner Überraschung sah Galilei unzählige Sterne, die den Augen der Menschen bisher verborgen geblieben waren. In dem Augenblick, in dem die Erkundung des Himmels aus der Taufe gehoben wurde, wurde versehentlich auch ein hartnäckiger Mythos in die Welt gesetzt. Damals wie heute glaubten nämlich die meisten Menschen, ein Fernrohr sei dazu da, die Dinge zu vergrößern. Das ist aber nicht der Fall; seine wichtigste Aufgabe besteht darin, die Objekte heller zu machen.

Viele Ziele am Himmel sind durchaus groß genug für unsere Untersuchung und benötigen nur wenig oder gar keine Vergrößerung. Sie leuchten lediglich viel zu schwach, um sichtbar zu sein: Das ist das einzige Problem. Ein gutes Beispiel ist die nächste große Galaxie, Andromeda, die immerhin soviel Platz an unserem Himmel einnimmt wie acht aneinandergereihte Vollmonde. Um sie studieren zu können, ist nur eine sehr geringe Vergrößerung erforderlich. Was wir wirklich brauchen, ist verstärkte Helligkeit. Und selbst wenn wir eine Vergrößerung wünschen, müssen wir zunächst das Licht verstärken. Damit wird die Tatsache kompensiert, daß ein vergrößertes Bild auseinandergezogen und dadurch abgeschwächt ist.

Das häufigste Mißverständnis hinsichtlich der Teleskope ist die Vorstellung, die Vergrößerung mache ihren Wert oder ihre wichtigste Eigenschaft aus. Vergrößerungswahn ist die Krankheit der Anfänger. In Wahrheit verwenden selbst Astronomen an den größten Teleskopen der Welt selten eine mehr als dreihundertfache Vergrößerung. Gebräuchlicher ist eine fünfzig- bis zweihundertfünfzigfache Vergrößerung, selbst bei Amateuren mit sehr teurer Ausrüstung. Dagegen verstärken diese Instrumente die Helligkeit ihres Zielobjekts mindestens auf das Zweitausendfache. Teleskope sind Rheostaten, Lichtverstärker. Hauptsächlich mit dieser Eigenschaft ermöglichen sie es, daß Sterne und Galaxien in unserem Blickfeld erscheinen.

Wenn Sie ein Fernglas besitzen, können Sie sich eine umwerfende Demonstration dessen gönnen, was die Fähigkeit zur Lichtverstärkung vollbringt. Der beste Schauplatz für diese Vorführung ist der nächtliche Himmel.

Das unbewaffnete Auge kann auch in der klarsten Nacht nur weniger als dreitausend Sterne sehen – dabei sind schon all die unzähligen schwachen Sterne mitgerechnet, die den Himmel in ländlichen Regionen bevölkern. Das überrascht die Menschen immer, da sie sich allgemein vorstellen, der Nachthimmel sei von »Millionen« von Sternen überflutet. In Wahrheit könnten Sie alle mit bloßem Auge sichtbaren Sterne in weniger als zwanzig Minuten zählen! Richten Sie jetzt Ihr Fernglas zum Himmel. Für jeden Stern, den Sie zuerst gesehen haben, tauchen jetzt mindestens acht weitere in Ihrem Blickfeld auf. Die Fähigkeit des Instruments, Licht zu sammeln (und nicht seine Vergrößerung) hat auf magische Weise fünfundzwanzigtausend neue Sterne hervorgebracht.

Das Fernglas hat soeben auch eine grundlegende Tatsache über den Himmel enthüllt, die schon seit der Antike bemerkt worden ist: Es gibt nur wenige helle Sterne, sehr viel mehr mittlere und eine Unzahl schwacher Sterne. Unterhalb der Schwelle menschlichen

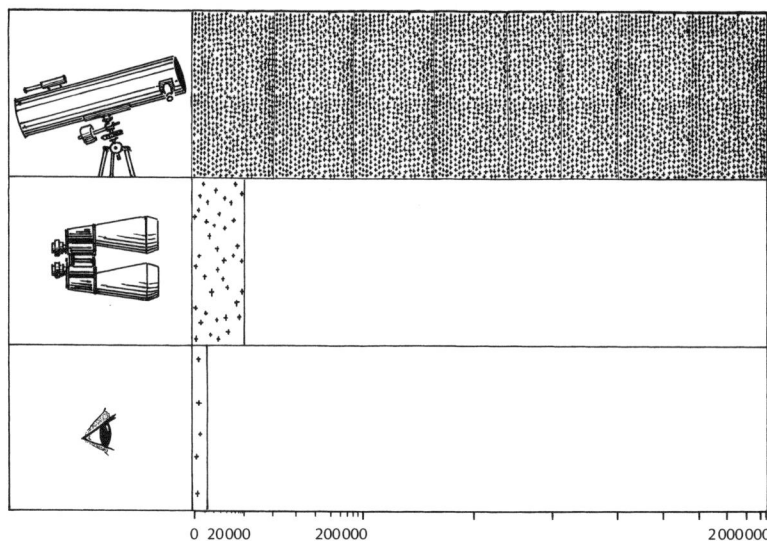

0 20000   200000   2000000

Optische Hilfen lassen die Zahl der sichtbaren Sterne dramatisch ansteigen.
Jedes Kreuzchen steht für fünfhundert Sterne.

Sehvermögens setzt sich diese Hierarchie in ungeheurem Ausmaß
fort. Wenn man größere Teleskope einsetzt, steigt die Zahl der
Sterne noch weiter an. Selbst die größten Instrumente spüren allerdings nur weniger als ein Zehntel Prozent der Billion Sonnen in
unserer Galaxie auf.

Die heutige Verbindung zunehmend größerer Teleskope mit elektronischen Verstärkern wie CCDs (»charge-coupled devices«, elektronische Lichtwandler) lotet die finsteren Tiefen jenseits des
menschlichen Sehvermögens eindrucksvoll aus und setzt sie in
konkrete Meßwerte um. Mit den neuesten Fortschritten bei den
Teleskopen ist es gelungen, Sterne der Größenklasse 29 zu entdecken – das ist mehr als eine Million Mal schwächer als alles, was
das bloße Auge sehen kann! Wie schwach dieses Licht tatsächlich
ist, mag folgendes Beispiel verdeutlichen: Es entspricht der Glut
einer Zigarette, die man aus einer Entfernung von 200000 Kilometern wahrnimmt, zwölfmal mehr als die Entfernung zwischen
Washington, D.C. und Tokio.

Wenn wir Objekte mit so atemberaubend schwacher Leuchtkraft
ausmachen, können wir 10 Milliarden Lichtjahre in den Raum hin-

ausspähen. Das wirft einen interessanten Gesichtspunkt auf: Diese Objekte müssen heller sein als ihr Hintergrund, damit man sie überhaupt sehen kann. Daraus läßt sich schließen, daß der kosmische Hintergrund noch dunkler ist. Ist also der Weltraum selbst völlig schwarz?

Üblicherweise stellen wir die Tiefen des Weltraums als Sinnbild der Schwärze schlechthin dar. Dabei vergessen wir, daß er eigentlich farblos wie Wasser sein muß, weil er ein Vakuum ist. Doch wenn wir uns in irgendein Gebiet fern von unserer Sonne teleportieren könnten, käme immer noch genug Licht aus dem übrigen Universum zu uns, um es nicht als vollkommene Schwärze erscheinen zu lassen. Dort wäre es ganz dunkel, das steht fest: Außerhalb der Erdatmosphäre ist die durchschnittliche Helligkeit des Himmels eine Million Mal schwächer als diese Buchseite, wenn man sie im Licht einer 100-Watt Birne liest. Sie entspricht einem Stern der Magnitudo zehn (wenn man ihn im Fernglas sehen wollte, müßte seine Leuchtkraft dreimal größer sein), den man auf den Umfang des Mondes auseinandergezogen hat, ehe man den gesamten Himmel damit bedeckt.

Doch wir müssen uns nicht bis hinaus zu den Sternen wagen. Das nächste und bekannteste »dunkle« Objekt ist der Planet Pluto, der seinen Namen dem Gott der Unterwelt verdankt.

Er ist nur kein Planet. Gewiß werden ihn die meisten Leute aus Gewohnheit weiterhin so nennen. Aber seit wir in den achtziger Jahren entdeckt haben, daß er nur halb so groß ist wie der Mond, können wir ihn nicht länger der Klasse der übrigen Planeten zurechnen. Er entspricht eher einem Asteroiden oder Kleinplaneten, und anders als Planeten bewegt er sich auch auf einer seltsamen, exzentrischen Umlaufbahn.

Man kann nicht einmal sagen, »er« sei kein Planet – »sie« sind nämlich zu zweit! Pluto ist ein Doppelobjekt, zwei Eisbrocken, die einander in jeweils sechs Tagen umkreisen, wobei der größere knapp zweimal so groß ist wie der kleinere. Möglicherweise ist Pluto das größere Mitglied einer neuen Klasse asteroidenähnlicher Objekte, die die Außenbezirke unseres Sonnensystems bevölkern.

Falsche Informationen über Pluto gibt es zuhauf. Einen oft wiederholten Irrtum findet man in Büchern wie *2201 Fascinating Facts*

von David Louis: »Einem Beobachter, der auf Pluto steht, würde
die Sonne nicht heller erscheinen als die Venus an unserem Abendhimmel.«

Solche Aussagen haben Pluto einen unverdient finsteren Ruf eingebracht. Dabei kann man ganz leicht ausrechnen, wieviel Sonnenlicht auf seine Oberfläche fällt, wenn man das **Gesetz der Abhängigkeit einer Größe vom Quadrat der Entfernung** anwendet,
das in der Astronomie immer wieder auftaucht. Es gilt sowohl für
die Schwerkraft als auch für die Lichtstärke und ist einfacher, als es
sich anhört: Wenn irgendein Objekt, zum Beispiel die Sonne – sich
dreimal näher bei uns befände als im Augenblick, würden sowohl
dessen Helligkeit als auch seine Anziehungskraft um den Faktor drei
hoch zwei anwachsen, also neunmal stärker sein.

Pluto ist durchschnittlich vierzigmal weiter von der Sonne entfernt als wir, also ist das Sonnenlicht dort vierzig mal vierzig oder
eintausendsechshundertmal schwächer als bei uns. Das heißt, die
Sonne erscheint dort mit einer Magnitudo von minus 20 oder mehr
als zweitausendmal heller als unser Vollmond! Oder, wenn Sie wollen, genau eine Million Mal heller als die Venus.

Stellen Sie sich das Ganze bildlich vor: Die Helligkeit von tausend
Monden, die nicht von einer Scheibe abgestrahlt wird – vom Pluto
aus würde die Sonne zu klein für eine flächige Auflösung erscheinen –, sondern von einem Lichtpunkt. Er würde uns blenden, erblin-
den lassen. Auf Plutos Oberfläche würden die Gegenstände scharfe
Schatten werfen. Also kaum der Ort für totale Schwärze.

Unsere eines Dracula würdige Besessenheit für die Dunkelheit
treibt uns nun dazu, den ganzen Kosmos zu durchkämmen. Vielleicht belohnt uns ja ein Schwarzes Loch mit der vollkommenen Schwärze, die wir suchen. Zu guter Letzt sind wir bei einem
Objekt gelandet, das weder Licht aussendet noch reflektiert. Absolut
kein Licht. Richten Sie einen Suchscheinwerfer auf ein Schwarzes
Loch, und der Strahl wird absolut nichts zeigen! Vollkommene
Schwärze…

…vielleicht. Denn es gibt noch eine Einschränkung: Schwarze
Löcher erscheinen nur schwarz, wenn man sie von außen betrachtet.
Innerhalb eines Schwarzen Loches könnte es sehr wohl eine Menge
Licht geben. Ein in sich zusammenstürzender Stern, der dabei die

Dichte eines Schwarzen Loches erreicht, kann weiterhin Energie emittieren, selbst wenn das Licht in seinem Inneren gefangen bleibt. Schwarze Löcher werden in einem eigenen Kapitel behandelt, deshalb soll hier nur erwähnt werden, daß das ganze Universum ein gigantisches Schwarzes Loch sein könnte. Wenn das der Fall sein sollte, sind wir hier in seinem Inneren offensichtlich überall von einer Menge Licht umgeben.

Hier auf Erden gibt es einen überzeugenden Beweis dafür, wie selten völlige Schwärze ist: Wir können fast ständig Farben sehen. Nachts schalten unsere Augen automatisch von den farbempfindlichen kegelförmigen Sehzellen auf die Schwachlichtausstattung der Netzhaut um: die Stäbchenzellen, deren einziger Fehler darin besteht, daß sie farbenblind sind. Wenn Sie Farben wahrnehmen wollen, muß das Umgebungslicht bei mindestens 0,03 Lambert (ein Maß für die Lichtstärke) liegen – das ist nicht hell, aber auch nicht richtig dunkel. Aus diesem Grund meiden Künstler alle hellen Farben, wenn sie nächtliche Szenen malen, und deshalb ist es auch ein Abenteuer in Schwarzweiß, wenn wir in einem finsteren Dach- oder Untergeschoß umhertappen. Ein schneller Blick nach draußen zeigt uns dann, daß nächtliche Vorstadt- oder Stadtszenen die Farben nicht verschwinden lassen.

Das Recht auf eine Nacht in natürlicher Dunkelheit gehört nicht gerade zu den bekannteren Anliegen der Umweltbewegung. Dagegen ist »Black is beautiful«, Schwarz ist schön, schon immer ein Wahlspruch der Astronomiefans gewesen. Heute protestieren sie lautstark, aber vergeblich gegen Leuchtreklamen und andere den Himmel erhellende Formen von »Lichtvergeudung«. Zum Beispiel machen sie darauf aufmerksam, daß Scheinwerfer mit Bewegungsmeldern wirksamer sind als ständig leuchtende Vorgartenlampen, wenn man Verbrecher abschrecken will. Dazu verschmutzen sie den Himmel nicht mit Licht, weil sie nach unten zielen, und sie schalten sich automatisch ab, anstatt die ganze Nacht hindurch zu leuchten. Stadtverwaltungen und Erschließungsfirmen haben ähnliche Auswahlmöglichkeiten. Anstelle von schirmlosen Lampen baut man versenkte Beleuchtungskörper ein, die alles Licht dorthin richten, wo es gebraucht wird: auf den Boden. Dadurch wird einerseits dem Himmel immer mehr *er*spart und andererseits Energie *ge*spart.

Der Verlust solcher Erscheinungen wie des Nordlichts oder der Milchstraße, die nur am dunklen Himmel zu sehen sind, ist den meisten Stadtbewohnern entweder nicht bewußt oder sie haben längst resigniert. Für diese Menschen sind sie zu bloßen Museumskuriositäten reduziert, die in Planetarien künstlich erzeugt und vorgeführt werden. Doch es wäre ein unnötiges Unglück für diese Erscheinungen, wenn sie auch vom Himmel ländlicher Regionen verschwänden.

Es ging übrigens nie um eine makabre Abneigung gegen das Licht, sondern vielmehr um die Wertschätzung der natürlichen Erscheinungen, die sich wie die Magie eines Rembrandt zart aus der Dunkelheit herausheben.

Wenn Sie indessen echte Schwärze sehen wollen, machen Sie doch einfach ein paar von diesen Schundlampen aus und stellen Sie sich in den Wandschrank.

Die Nacht der zwei Hunde

Wenn die Zeit des Abendessens durch die früh hereinbrechende Nacht in Dunkelheit gehüllt wird und sich kahle Bäume in den kalten Herbststürmen biegen, beginnt die winterliche Herrschaft des Sirius, des hellsten Sterns der himmlischen Gefilde.

Der bekannteste Stern aller Zeitalter hat seinen Ruhm verdient. Während ihm der Riese Canopus in tropischen Breiten halbherzig Paroli bietet, gibt es am Himmel über Europa, Kanada und den Vereinigten Staaten keine Konkurrenz für ihn. Der Sirius ist viermal heller als sein nächster Rivale.

So ist es denn auch keine Überraschung, daß Sirius im Lauf der Geschichte von vielen Kulturen als Gott verehrt worden ist. Man pries seinen Aufgang und seinen Untergang mit monumentalen Bauten, man ordnete Pyramiden oder Durchgänge so an, daß sie seine höchste Position in der Nacht bezeichneten. Seit der Antike ist er als Hundsstern bekannt, weil er das Sternbild Canis Major, den »Großen Hund«, dominiert, und er liefert Sagen und Legenden, die für zwanzig normale Sonnen ausreichen würden.

Heute erkunden wir den Sirius mit neuem Eifer, weil wir wissen, daß er auf seiner Reise durch das All von einem äußerst merkwürdigen Himmelskörper begleitet wird – dem nächstgelegenen Beispiel einer unglaublich winzigen Kugel aus hochverdichtetem nuklearen Feuer.

Sirius finden Sie jederzeit ohne Probleme, selbst wenn Sie das Muster seines Sternbilds nicht ausmachen können. Dazu waren die Menschen des Altertums anscheinend auch nicht in der Lage, denn die Leute, die die alten Sternkarten zeichneten, stellten den blendenden blauen Stern abwechselnd als Herz, Pfote, Brust oder Nase des Hundes dar. Selbst heute kann niemand mit Gewißheit sagen, welchen Teil der Hundeanatomie der Sirius eigentlich bezeichnet.

Doch das macht nichts. Wenn er um Mitternacht den südlichen Himmel beherrscht, gelingt es nur den Planeten Mars und Jupiter, ihn zu überstrahlen. Doch der Mars ist so rötlich und der Jupiter so sahneweiß, daß keiner von beiden fälschlicherweise für den Sirius mit seinem blauweißen Diamantenglanz gehalten werden kann. Überdies wird der Mars den Sirius nur während einiger Monate der Jahre 2001, 2003 und 2005 übertreffen, wenn unsere Welten für kurze Zeit in den Weiten der Nacht aneinander vorbeifegen.

Kurz gesagt, wenn wir den hellsten und blauesten Stern des Winterhimmels ausmachen, ist es mit Sicherheit immer der Sirius. Wird dann noch eine bombensichere Bestätigung benötigt, so zeigen die

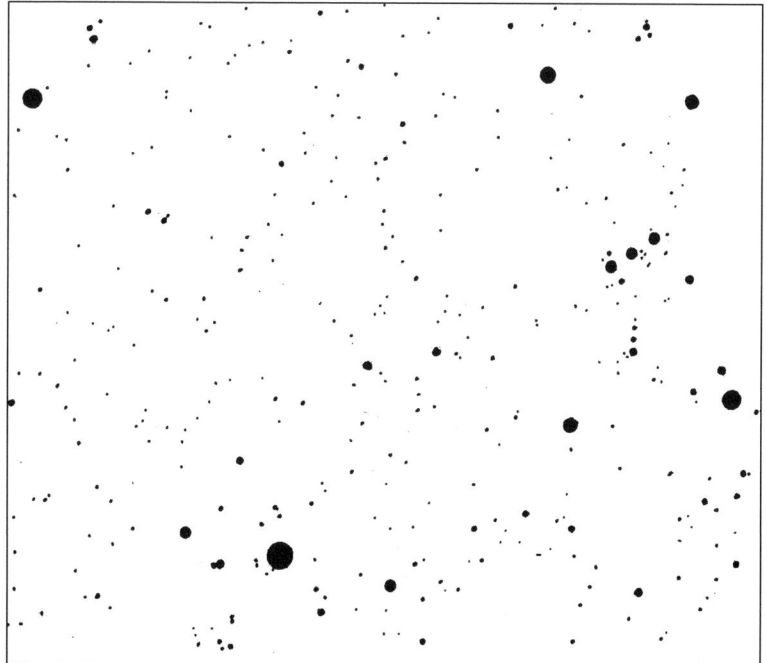

Das Sternbild des Orion befindet sich in der rechten oberen Ecke, die einzelnen Sterne sind entsprechend ihrer Helligkeit unterschiedlich groß gezeichnet. Der Gürtel des Orion zeigt etwa in die Richtung des Sirius links unten. Prokyon, ein weiterer heller Stern in der Nähe, liegt links oben.

drei Sterne von Orions Gürtel für alle Ewigkeit nach links unten auf den Hundsstern.

Wahrscheinlich werden Sie, nachdem Sie Sirius gefunden haben, bei dieser Gelegenheit keinen Hund opfern. Die alten Römer allerdings taten genau das. Für sie galt der »Einfluß« des Sirius damals als ungünstig, ja sogar unheilvoll, was aber selbstverständlich nicht rechtfertigt, daß sie Hundekiller beschäftigten. Sein geringes Ansehen wird mit einem Wort Vergils verdeutlicht. Er schrieb, »der Hundsstern betrübt den Himmel mit unheilträchtigem Licht« – eine Ansicht, die für Jahrtausende bestehen blieb. Dante, offenbar nicht gerade Schirmherr eines Hundezüchtervereins, schrieb von der »Geißel der Hundstage«.

In anderen Kulturen wurde dem Sirius jedoch eine ganz andere Einschätzung zuteil. Im alten Ägypten wurde Sirius zum Beispiel als Manifestation der Isis verehrt. Damals im zweiten Jahrtausend vor Christus befanden sich die Sternbilder wegen der langsamen Torkelbewegung (Präzession, siehe S. 113) der Erdachse an anderer Stelle. Der Hundsstern erschien jedes Jahr gegen Ende Juni, während der Hitzeperiode, die dem Nilhochwasser voranging. Die Ägypter sahen diese Erscheinung als günstig an, weil sie kurz vor den Regenfällen auftrat, von denen ihr Leben abhing. Seine gottähnliche Stellung wurde außerdem durch den hier wie im alten Griechenland

Die alten Ägypter begrüßten den Aufgang des Hundssterns kurz vor dem Nilhochwasser.

verbreiteten Volksglauben bestärkt, die sengende Hitze werde eigentlich vom Sirius *verursacht*. Das blendende Licht des Sirius sollte sich dazu mit den Strahlen der Sonne verbünden. Selbst heute verwenden wir für heißes Wetter noch die Bezeichnung *Hundstage* – doch nur wenige wissen, daß der Ausdruck nur ein Nachhall jener entschwundenen Jahrhunderte ist, aus denen sie stammt.

Die frühere Verbindung des Sirius mit Hitze mag dafür verantwortlich sein, daß so unterschiedliche Leute wie Cicero, Horaz und Ptolemäus den Sirius verblüffenderweise ständig als »roten« Stern angesprochen haben. Diese Beschreibung hat jahrhundertelange Auseinandersetzungen zur Folge gehabt. Auf der einen Seite standen Wissenschaftler, die darauf beharrten, Sterne könnten sich nicht in einem so kurzen kosmologischen Augenblick verändern. Auf der anderen Seite wurde angeführt, so viele Autoren der Frühzeit könnten nicht alle falsch liegen. Was hätte denn Homer anderes meinen

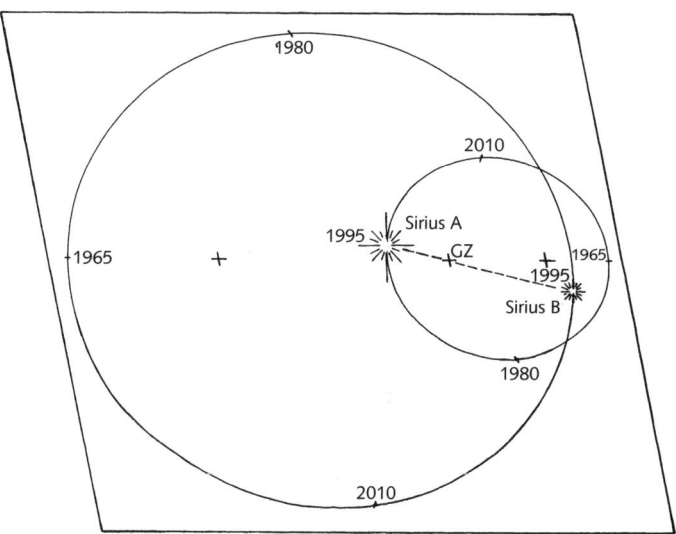

Sirius A und B umkreisen ein gemeinsames Gravitationszentrum (GZ). A ist zweieinhalb Mal schwerer als B. Seine daraus resultierende kleinere Umlaufbahn liegt ständig mehr als zweimal näher am GZ als die seines weißen Zwergbegleiters. (Die anderen Kreuze bezeichnen die übrigen Brennpunkte der Kreisbahnen beider Sterne.) Beachten Sie den geringen Abstand des Paares im Jahre 1995 und die große Entfernung fünfzehn Jahre später.

sollen, geben sie zu bedenken, als er den Schild des Achilles mit der Farbe des Sirius verglich? Einige weisen allerdings darauf hin, daß Sirius oft rot aussieht, wenn er auf- oder untergeht, wie das auch bei Sonne und Mond der Fall ist. Und die Rituale, die den Hundsstern betrafen, wurden just zu diesen Tageszeiten vollzogen.

Einige äußerten die Vermutung, der Begleitstern des Sirius sei möglicherweise zunächst ein roter Riese gewesen, der schnell kollabiert sei. In diesem Fall hätte er roten Glanz in ihre vereinte Helligkeit eingebracht. Nach allgemeiner Übereinstimmung der Astronomen erfordert eine solche Umwandlung jedoch weit mehr Zeit als die wenigen Jahrtausende, die seit dem römischen Imperium vergangen sind. Und die alten Griechen bezeichneten auch andere Sterne als rot, die sicher weder damals noch heute einen warmen Farbton zeigten.

In Wirklichkeit spielt sich der Aufgang des Sirius oft wie eine psychedelische Lichtshow ab. Wenn dieser blendende Sternenpunkt durch die dicken Luftschichten am Horizont scheint, zeigt er sich häufig als blinkendes Kaleidoskop mit schnell wechselnden Farben. Im Lauf der Jahre erhielt unser Observatorium vielleicht ein halbes Dutzend Anrufe, in denen uns Leute von einem »Ufo« berichteten. Wenn wir die Angaben überprüften, stellte sich regelmäßig heraus, daß es sich um den so verrückt changierenden Hundsstern handelte. Dieses verbreitete Phänomen tritt auf, wenn das Licht des Sterns von prismenähnlichen Luftschichten gebrochen wird, die unterschiedliche Anteile seines mehrfarbigen Spektrums weiterleiten. Es kann sogar vorkommen, daß für kurze Zeit ein leuchtendes Grün vorherrscht – eine Farbe, die man bei Sternen niemals beobachtet –, was das Auf- oder Untergehen des Sirius zum erinnernswerten, discoähnlichen Erlebnis werden läßt. Während der Sirius höher steigt, beruhigt er sich gewöhnlich und läßt alles Licht zugleich an unserem Auge ankommen. Dann zeigt er seine echte blauweiße Farbe, die auf gewaltige Temperaturen hinweist, doppelt so hoch wie die unserer eigenen Sonne.

Wenn wir den Sirius betrachten, sehen wir eigentlich das vereinte Licht zweier verschiedener Sterne. Wie die Einzelpunkte eines Fernsehbildes liegen sie jedoch sehr nahe beisammen, weshalb das menschliche Auge sie nicht getrennt wahrnehmen kann. Selbst

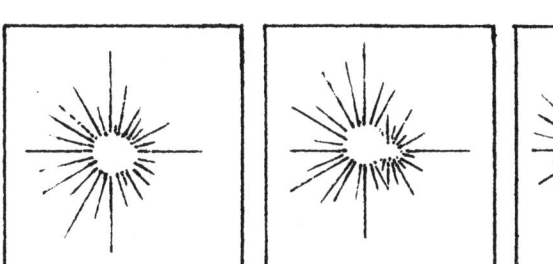
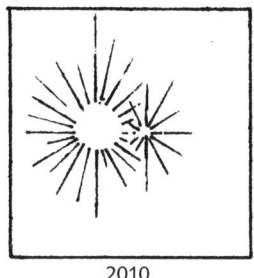

1993   1999   2010

Die Trennung von Sirius A (links) und Sirius B (rechts).

durch ein großes Teleskop ist diese Aufgabe nicht leicht zu bewerkstelligen. In den dreißiger Jahren des letzten Jahrhunderts kam
erstmals die Vermutung auf, es könne sich um einen Doppelstern
handeln. Sorgfältige Messungen zeigten damals, daß Sirius wie be-
trunken durch das All torkelte, so als stolperte er, weil ihn die
Schwerkraft eines Reisegefährten im Griff hielt. Man konnte Masse,
Entfernung und die fünfzig Jahre dauernde Umlaufzeit des vermuteten Begleiters exakt berechnen. 1862 machte der renommierte
Fernrohrbauer Alvan Clark den rätselhaften Stern plötzlich aus, als
er routinemäßig ein neues Instrument erprobte, das damals das
größte der Welt war.

Der Begleiter, Sirius B, verschwindet allerdings oft im blendenden Glanz des intensiv leuchtenden Hauptsterns Sirius A, was es
schwierig macht, ihn zu sehen. Entscheidend für ihre getrennte Auflösung sind konstante Verhältnisse in der Atmosphäre, bei denen die
Sterne am Ort des Beobachters nicht funkeln.

Mitte der neunziger Jahre flogen sie durch den Teil ihrer schiefen
Umlaufbahn, in dem sie sich am nächsten kommen. Obwohl sie
gewöhnlich etwa 3,2 Milliarden Kilometer voneinander entfernt
sind – das entspricht dem Abstand des Uranus von der Sonne –, ist
diese Entfernung derzeit auf die Hälfte geschrumpft. Von der Erde
aus schienen sie zu jener Zeit so nahe beieinanderzuliegen wie Pfen-
nige, deren Ränder sich berühren, während man sie aus 1,6 Kilometer Abstand betrachtet. Das ließ ihre Bilder zu einem einzigen
blendenden Lichtpunkt verschmelzen, was für die Beobachtung un-

günstig war. Gegen 1999 wird es leichter werden, den schwachen Begleiter aufzuspüren, und während der zwanzig Jahre dauernden Periode ab 2010 werden die Bedingungen dann ideal sein.

Die Helligkeiten der beiden Sterne unterscheiden sich extrem voneinander, und diese Differenz stellt eine der Schwierigkeiten dar, wenn man sie beobachten will. Die bemerkenswerte Lichtschwäche des Begleiters stiftete zunächst Verwirrung; wegen seiner hohen Oberflächentemperatur müßte er eigentlich sehr viel Licht abstrahlen. Die Erklärung für den Widerspruch ist verblüffend: Sirius B ist eine kleine Kugel – ein ungefähr erdgroßer Stern, allerdings mit einer 350 000 mal größeren Masse. Schwach leuchtet er, weil seine Oberfläche 7000 mal kleiner ist als die der Sonne.

Die Verbindung von Spielzeuggröße und großer Masse bedeutet, daß sein Material so dicht gepackt ist, daß es unser Begriffsvermögen fast übersteigt. Ein Eimer voll Sirius B wiegt mehr als 2,7 Millionen Kilogramm, ebenso viel wie die Saturn-5-Rakete mit ihren sechsunddreißig Stockwerken Höhe, die die Astronauten zum Mond brachte. Ein Tasse voll entspricht dem Gewicht von zwei Betonlastern. Eine derart hohe Verdichtung ist schwer zu begreifen; ein Lutscher aus der Materie von Sirius B würde immer noch so viel wiegen wie ein Auto.

So ist es also der enorme Größenunterschied zwischen Sirius A und seinem winzigen Kumpel, der die bemerkenswerte Abweichung ihrer Helligkeiten hervorbringt. A emittiert dieselbe Lichtmenge wie dreiundzwanzig Sonnen, während B nur ein schwaches Fünfhundertstel einer einzigen Sonne abstrahlt. Andersherum ausgedrückt ist Sirius A elftausendmal heller als sein Begleiter: ein Scheinwerfer gegen eine Kerze.

Allmählich dämmerte es den Astronomen des neunzehnten Jahrhunderts, daß Sirius B, auch wenn er phantastisch ist, dennoch kein verrücktes Huhn ist. Als Weißer Zwerg gehört er zu einer erstaunlich verbreiteten Gemeinschaft von Sternen. Ihre Lichtschwäche macht alle außer den nächstliegenden zu hoffnungslos unsichtbaren Fällen, selbst mit Hilfe der größten Instrumente unserer Tage. Trotzdem hat man inzwischen mehr als tausend solcher Sterne katalogisiert.

Sie sind in jeder Hinsicht merkwürdig. Normalerweise bestehen sie ausschließlich aus Wasserstoff: keinerlei Spur anderer Elemente.

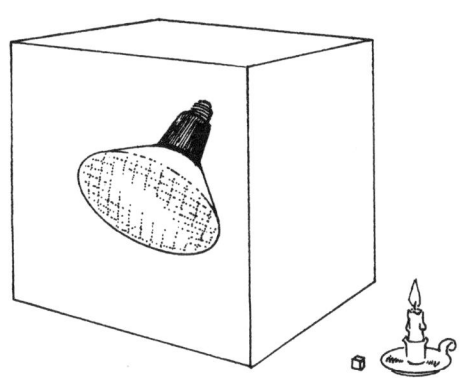

Vergleich der Lichtmengen von Sirius A und Sirius B. Das Volumen des linken Würfels ist elftausendmal größer als das des rechten Würfels.

Nachdem die Schwerkraft dort 150000mal größer ist als die Anziehung, die wir auf der Erdoberfläche erfahren, würden Sie bei einem irdischen Gewicht von 70 Kilo auf Sirius B 10,5 Millionen Kilo auf die Waage bringen. Es könnte sich als ziemliche Aufgabe erweisen, aus dem Bett zu kommen, wenn Sie mehr wiegen als ein Güterzug. Für den Stern selbst stellt es allerdings kein Problem dar, sich umzudrehen. Ein typischer Weißer Zwerg rotiert in einer Stunde um sich selbst (im Vergleich dazu dreht sich die Sonne einmal in fünfundzwanzig Tagen).

Am Ende kühlen diese Kugeln aus verdichtetem Feuer so weit ab, daß sie eine feste Struktur annehmen, sie werden sogar zu einem einzigen Kristall! Da dieser Vorgang ungefähr zehn Milliarden Jahre dauert, werden diese undurchdringlichen, schwebenden Juwelen allerdings erst im hohen Alter der Galaxis zu einer allgemeinen Erscheinung werden.

Unter den bisher identifizierten achtundfünfzig Sternen innerhalb eines Radius von 15 Lichtjahren um die Erde sind fünf Weiße Zwerge. Diese Häufigkeit ist aufschlußreich. Wenn sie in unserer Umgebung in solcher Zahl auftreten, läßt sich daraus ableiten, daß sie allgemein verbreitete Mitglieder unserer Galaxis sind. Heute zieht man daraus den Schluß, daß diese zusammengestürzten, ultradichten Sterne das normale späte Lebensstadium aller Sterne darstellen, die ungefähr das Gewicht unserer Sonne oder weniger haben. 97 Prozent aller Sterne, so glaubt man heute, werden am Ende zu Weißen Zwergen kollabieren. Wenn wir unseren Blick auf

Sirius B richten, sehen wir die Zukunft unserer Sonne als eine winzige Kugel aus komprimiertem Feuer.

Sirius B kann wie andere weiße Sterne praktisch für Milliarden von Jahren unverändert weiterexistieren, da das kleinste zusätzliche Zusammenstürzen sich sofort in neue Hitze und Licht umsetzen würde. Im Lauf der Zeit wird er sich aber abkühlen und dabei fortschreitend rötlicher und schwächer werden, bis er eine Temperatur erreicht hat, bei der man theoretisch auf seiner Oberfläche landen könnte. Leider würde sich das als schwere Fehlentscheidung erweisen, da die ursprüngliche hohe Dichte und die überwältigende Schwerkraft des Weißen Zwergs erhalten blieben. Das Raumschiff und seine Besatzung würden dieser zermalmenden Anziehung sofort erliegen. Gegen diese ungeheure Gewalt würde jede Bewegung einfrieren wie ein Bild in einem blockierten Filmprojektor. Kein einziger Atemzug wäre mehr möglich, man könnte nicht einmal mehr den kleinen Finger heben, um andere zu warnen. Und der Strahl eines nach oben gerichteten Leuchtfeuers würde sich rötlich verfärben, weil die Lichtstrahlen, die gegen die Kraft der Gravitation ankämpfen, in die Länge gezogen und dadurch ihre Farbe ändern würden. Eine so seltsame **schwerkraftbedingte Rotverschiebung** – die Einstein 1916 vorhersagte – wurde durch Veränderungen im Spektrum Weißer Zwerge wie Sirius B bestätigt. Einfach ausgedrückt verliert das Licht bei seinem Kampf gegen die Schwerkraft des Sterns an Energie. Während die konstante Geschwindigkeit des Lichts erhalten bleibt (der Kampf kann das Licht nicht verlangsamen), wird seinen Wellen Energie entzogen. Dadurch werden sie länger und erscheinen entsprechend rötlicher. Einige Theoretiker haben sogar (bisher allerdings erfolglos) versucht, die fast universelle Rotverschiebung der Galaxien ganz oder teilweise aus einer solchen Gravitationswirkung zu erklären. Sie wollten damit die übliche Interpretation ersetzen, nach der sich das Phänomen aus der Expansion des Universums ergibt.

Ende der siebziger Jahre stand Sirius B erneut im Mittelpunkt des Interesses, unter anderem in einem Buch und einer Reihe populärwissenschaftlicher Artikel, die sich mit den religiösen Praktiken der Dogon in Westafrika befaßten. Dieser Stamm verehrte wie so viele Kulturen in der Geschichte den Sirius, allerdings mit einem erstaunlichen Unterschied: Die Bräuche der Dogon verrieten, daß sie nicht nur von der Existenz seines Begleiters, des Weißen Zwerges, wußten, sondern sogar dessen Umlaufzeit kannten! Da der Stern auf keinen Fall ohne die Segnungen einer Technik entdeckt werden kann, die weit über die Möglichkeiten des Stammes hinausgeht, kam man zu einer oft wiederholten Schlußfolgerung: Der Stamm mußte von Außerirdischen besucht und erleuchtet worden sein, die aus dem System des Sirius stammten. Die Reaktion der Astronomengemeinde war der Spruch: »You can't be Sirius!«[1] Man bot andere Erklärungen an, die jedoch weit weniger Aufsehen erregten als die ersten Schlagzeilen über Außerirdische in Afrika. Zum Beispiel schlugen Skeptiker als Erklärung vor, der Stamm sei schon Jahrzehnte früher als angenommen von Weißen besucht worden. Es hätte sich um Missionare handeln können, die das Interesse der Dogon an dem hellsten aller Sterne bemerkten und ihnen daraufhin Informationen gaben, die am Ende in ihre Sagenwelt eingingen.

Diese kleine Debatte war ein Beispiel für die Art von »Kontroverse«, die man nur zu oft in der Sensationspresse findet. Wahrscheinlich würden nur wenige, die derlei wilde Spekulationen aufgreifen, in ihrem eigenen Leben so unlogische Argumentationen gelten lassen. Wenn zum Beispiel das Familienauto am Morgen nicht anspringt, würden die meisten von uns einen leeren Tank oder eine schwache Batterie vermuten, bevor sie die Möglichkeit eines Schadens durch einen nächtlichen Meteor in Betracht ziehen. Viele scheinen jedoch nicht fähig, dieselben Wahrscheinlichkeitskriterien auf bestimmte Geschichten anzuwenden, die auf Papier gedruckt wurden. In diesem Fall könnte man auch anführen, es sei höchst unwahrscheinlich, daß außerirdische Eindringlinge die ganze übrige Welt zugunsten eines einzigen Stammes ignorierten, ehe sie wieder in der Nacht verschwanden.

Wenn uns aber Sirianer besuchen wollten, müßten sie nicht weit reisen. Sirius ist der nächstgelegene Stern unter allen, die vom größ-

---

1 Das Wortspiel macht sich den im Englischen übereinstimmenden Klang von Sirius und »serious« (ernsthaft), zunutze. Daher die Doppelbedeutung »Das kann doch nicht dein Ernst sein!« und »Du bist bestimmt nicht der Sirius!« [Anm. d. Ü.]

ten Teil der entwickelten Welt aus mit bloßem Auge gesehen werden können. (Von den Tropen und der Südhalbkugel aus kann man Alpha Centauri sehen, der nur halb so weit von uns entfernt ist wie der Sirius.) Das saphirblaue Licht des Hundssterns braucht kaum mehr als zwei präsidiale Amtsperioden, um die $8\,^1/_2$ Lichtjahre luftleeren Raums bis zu uns zurückzulegen. Sein Glanz stammt also aus zwei Quellen. Er ist wirklich eine leuchtende Sonne, und er ist die allernächste, die unser Auge erblicken kann.

Wenn unsere Galaxie so groß wäre wie Nordamerika, läge Sirius nicht weiter als 150 Meter von uns entfernt. Der funkelnde Hund und sein erstaunliches Junges sind direkte Nachbarn. Wenn seine Vorherrschaft nicht vorübergehend durch eine Supernova in seiner Nähe abgelöst wird, wird er der treueste Hund unter all den leuchtenden Sternen der Nacht bleiben, solange Menschenaugen zum Himmel blicken.

Rätsel des Polarsterns

Kein Stern ist berühmter oder leichter zu finden – verursacht aber auch mehr Verwirrung – als Polaris, der Nordstern. Führen Sie eine Gruppe von astronomischen Laien hinaus unter den nächtlichen Himmel und zeigen Sie ihnen den Polarstern, so ist die Reaktion vorauszusehen. Grundtenor: »Aber ich dachte, der Nordstern sei der hellste Stern am Himmel!«

Der Nordstern ist in der Tat erstaunlich; er widersetzt sich aller Logik und Wahrscheinlichkeit. Er will verstanden und geschätzt sein. Seine Helligkeit aber ist nicht gerade seine Visitenkarte.

Unter den sechstausend mit bloßem Auge sichtbaren Sternen nimmt Polaris mit seiner Helligkeit den beachtlichen – allerdings nicht einmal für einen Trostpreis ausreichenden – fünfzigsten Rang ein. Er ist zwar hell genug, um auch am verschmutzten Himmel der Städte in Erscheinung zu treten, aber er leuchtet nicht so stark, daß er ins Auge fällt. Größenklasse 2 – das ist ein mittlerer Stern ohne große Leuchtkraft.

Nein, was ihn so bemerkenswert macht, ist die Tatsache, daß er für einen irdischen Beobachter das einzige Himmelsobjekt darstellt, das sich nicht bewegt. Schauen Sie einmal nach oben, und wenden Sie sich dann nach einer Stunde wieder dem Himmel zu. Alles hat sich verschoben. Mond, Sterne, Planeten – alle sind nach Westen gewandert. Die unablässige Drehung unseres Planeten hat Objekte im Westen tiefer sinken oder gar unter dem Horizont verschwinden lassen, während der östliche Himmel, die ewige Bühne für neue Auftritte, jetzt Sterne bietet, die zuvor noch nicht da waren. Im Süden verlagert sich die himmlische Szenerie alle zwei Stunden um drei Faustbreiten (am ausgestreckten Arm) nach rechts.

Der Nordstern bleibt dagegen an seinem Platz. Wenn er von

Eine genau nach Norden ausgerichtete Aufnahme von einer Stunde Belichtungszeit zeigt deutlich die Bewegung der Sterne. Der Fleck in der Mitte ist der Polarstern. Der Kleine Bär liegt direkt darunter; der Große Bär befindet sich rechts unten.

Ihnen zu Hause aus über dem Kamin eines Nachbarn zu hängen scheint oder genau über einem bestimmten Telefonmast, so wird er jenen Punkt die ganze Nacht hindurch einnehmen, das ganze Jahr hindurch – und tatsächlich Ihr ganzes Leben lang. Wenn die scharf gezeichneten Wintersternbilder den verschwommenen Mustern des Sommers weichen, wenn die Milchstraße ihren sanften Schein zu neuen Winkeln und Strukturen verwirbelt und die verschiedenen Planeten zeigen, was sie zu bieten haben, dann im Sonnenglast untertauchen und bis zur nächsten Saison verschwinden: Polaris bleibt wie angewurzelt an Ort und Stelle. »Beständig wie der Stern des Nordens«, sagte Julius Cäsar bei Shakespeare; vielleicht wollte er sein eigenes Streben nach Unsterblichkeit mit ihm gleichsetzen.

Was den Nordstern demnach einzigartig macht, ist seine Unbeweglichkeit. Vom einzigen stationären Objekt zu fordern, es solle *außerdem* der hellste Stern sein, wäre ein bißchen viel verlangt. Ein solches Wunder würde fast schon eine religiöse Erklärung erfordern.

Dabei kommt er diesem Wunder schon ziemlich nahe. Denn während der gesamten Geschichte, in der sich im Verlauf der Jahrtausende die Nordsterne langsam änderten, hatten wir niemals einen, der zugleich so hell war *und* so nah an der exakten Nordposition lag wie Polaris.

An einem Januarabend liegt der große Wagen in der Nähe von Kingston im Staat New York oberhalb des Hudson River. Die »Zeigersterne« sind unter dem Polarstern auf halbem Weg in den Himmel senkrecht aufgereiht.

In Clearwater in Florida geht der Bär baden, nur der dubiose Dubhe am Horizont kann Ihnen helfen, den Polarstern zu finden, der sich weniger als drei Faustbreiten darüber befindet.

Der Nordstern sitzt nicht aus eigenem Verdienst so bewegungslos am Himmel, sondern weil die Rotationsachse unseres Planeten auf ihn weist. Dieses Prinzip können Sie sich verdeutlichen, wenn Sie in einem Raum, dessen Decke und Wände mit Farbtupfen bespritzt sind, eine Pirouette drehen. (Warum nicht? Haben Sie heute abend vielleicht etwas Interessanteres zu tun?) Während Sie sich drehen, scheinen die Tupfen in einer verschwommenen Bewegung vorbeizuwischen. Nur der Punkt an der Decke direkt über Ihnen bleibt offenbar am selben Ort, während Sie sich drehen, denn nur er liegt in der Verlängerung Ihrer Rotationsachse.

Unser Planet Erde tanzt auf ewig weiter. Wenn wir am Nordpol stünden, brauchten wir nur senkrecht nach oben zu schauen, um den Polarstern zu sehen, wie er bewegungslos dahängt. Alle anderen Sterne würden ihn im Verlauf von annähernd vierundzwanzig Stunden träge gegen den Uhrzeigersinn umkreisen. Je weiter sich ein Beobachter vom Nordpol wegbewegt, desto schräger und weiter vom Zenit entfernt scheint der Polarstern für ihn am Himmel zu stehen. Am Äquator schließlich sitzt er genau am Horizont. Doch sogar hier, wo die Menschen auf dem »seitlichen« Teil des Planeten leben, kreisen die nächtlichen Objekte um den Polarstern. Unabhängig von Ihrem Aufenthaltsort erscheint der Nordstern wie der fest-

Der Südhimmel oberhalb von Kapstadt in Südafrika. Wie kann man dort ohne einen Polarstern die exakte Südrichtung bestimmen? Es gibt dafür drei Hilfen: (1) Das Kreuz des Südens (Mitte oben in der Milchstraße); (2) die große Magellansche Wolke sowie die kleine Magellansche Wolke (die Lichtflecken über dem Tafelberg, rechts die GMW, links die KMW); und (3) Canopus, der zweithellste Stern am Himmel (gegenüber von der KMW auf der anderen Seite der GMW)

stehende Mittelpunkt einer Schallplatte oder CD, während alles andere sich unermüdlich im Kreis dreht.

Die Höhe des Polarsterns über dem Horizont entspricht der geographischen Breite Ihrer Position. (Sie kennen sie nicht? Das wissen die wenigsten; schauen Sie im Atlas nach.) Wenn Sie in Miami auf 26 Grad nördlicher Breite leben, steht der Polarstern genau 26 Grad über dem Horizont. Von New York aus, das auf 41 Grad liegt, erscheint Polaris unter einem Winkel von 41 Grad, fast auf halber Höhe des Zenits. Am Äquator, auf der Breite 0, schmiegt er sich an den Horizont, während er am Nordpol auf einer Breite von 90 Grad, wie wir gesehen haben, senkrecht über Ihnen steht – 90 Grad.

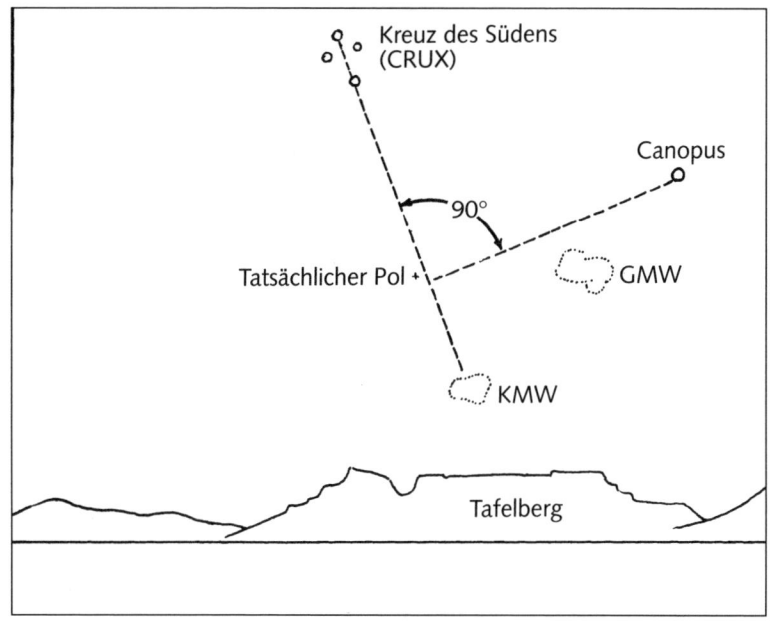

Die Längsachse des Kreuzes weist auf den Himmelssüdpol und auf die KMW hinter dem Pol. Die Senkrechte von Canopus auf die Gerade zwischen dem Kreuz und der KMW schneidet diese auf der Position des Pols. Selbst wenn Wolken eine oder zwei unserer Hilfen verdecken, können wir den Pol durch eine einfache Übung finden: einen Hauch weniger als vier Faustbreiten von Canopus, einen Hauch weniger als deren drei vom Kreuz des Südens, und ein-einhalb von der KMW.

Wenn Sie sich verirrt haben, können Sie deshalb die geographische Breite Ihres Standorts bestimmen, indem Sie einfach die Höhe des Nordsterns messen. Da eine geballte Faust auf Armeslänge einen Winkel von ziemlich genau 10 Grad abdeckt, fehlt es Ihnen nie an einem Meßinstrument. So können Sie immer ihre Position (den Abstand vom Äquator) mit einer Genauigkeit von ein oder zwei Grad herausfinden.

Es ist wirklich eine seltsame und unwahrscheinliche Angelegenheit, daß ein so heller Stern wie Polaris ganz zufällig mit einem Grad Abweichung am Himmelspol sitzt, genau an dem Punkt, um den sich alles andere dreht. Ihre Wahrscheinlichkeit läßt sich leicht

Bestimmung der exakten
Nordrichtung mit Hilfe des
Polarsterns und eines
Senkbleis.

berechnen. Die Gradeinteilung des Himmels ergibt 41 253 Quadrate, und nur fünfzig Sterne sind heller als der Polarstern oder genauso hell. Die Chance, daß ein so auffälliger Stern genau den richtigen Punkt besetzt, liegt deshalb annähernd bei eins zu tausend: Der Nordstern ist ein sehr unwahrscheinliches Objekt.

Für die Menschen südlich des Äquators wird der hinter dem nördlichen Horizont liegende Polarstern auf ewig von der Wölbung der Erde verdeckt. Er ist nur für die Bewohner der nördlichen Hemisphäre da. Die Menschen des Südens haben nicht einmal einen mit bloßem Auge sichtbaren Stern, der den Himmelssüdpol in ähnlicher Weise erhellt. (Die Wahrscheinlichkeit für eine Besetzung *beider* Pole mit je einem Stern mittlerer Helligkeit läge fast bei eins zu einer Million.)

Wenn Australier ihren Pol bestimmen wollen (um den sich alles *im Uhrzeigersinn* dreht), wenden sie sich dem Kreuz des Südens zu. Wenn man den senkrechten Balken des Kreuzes fünfmal um sich selbst verlängert, stößt man auf den genauen Punkt, der allerdings nichts weiter als ein leerer Fleck des himmlischen Grundstücks ist.

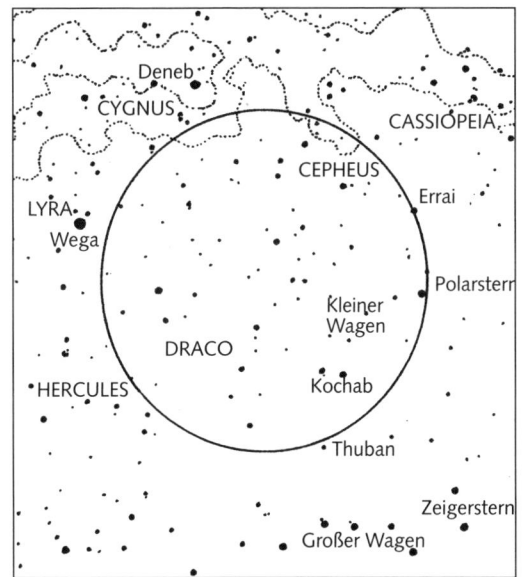

Dieser große Kreis schreibt die Punkte in den Himmel, die im Verlauf des Präzessionszyklus von sechsundzwanzigtausend Jahren jeweils stationär erscheinen. Der Abstand zwischen Polarstern und Wega ist ein guter Anhaltspunkt für den Durchmesser des Kreises, den der Nordpol der Erde wegen dieser Bewegung der Erdachse beschreibt.

Natürlich ist der Nordstern mehr als nur stationär; er zeigt uns auch die exakte Nordrichtung. Wenn wir uns ein Senkblei vorstellen, das vom Polarstern herabhängt, berührt es den nördlichen Horizont mit einer Abweichung von weniger als einem Grad. Ein Kompaß richtet sich dagegen lediglich nach dem magnetischen Pol und zeigt an den meisten Orten übel daneben. Von Boston aus weicht der Kompaß gewaltige 16 Grad nach links von der exakten Nordrichtung ab, während Geräte an der Pazifikküste fast genauso weit in die andere Richtung weisen.

Der Nordstern mag vielleicht konstant sein, doch er ist es nicht für alle Zeit. Für eine menschliche Lebensspanne bleibt er recht genau an derselben Stelle, doch über längere Zeiträume ergibt sich eine merkliche Abweichung, die einer faszinierenden Torkelbewegung unseres Planeten zu verdanken ist. Man nennt sie **Präzession**.

Wie ein Kreisel, dessen Spitze in einer langsamen Kreisbewegung schwankt, wenn er langsamer wird, vollführt auch die Erde innerhalb von jeweils 25 780 Jahren eine solche Torkelbewegung. In dieser Zeitspanne zeigt unsere Achse auf verschiedene Punkte am Himmel, die einen gigantischen Kreis mit einem Durchmesser von

47 Grad bilden. Von allen Sternen, die höchstens ein Grad von diesem Kreis entfernt liegen, ist der Polarstern der hellste! Das bedeutet, während der gesamten Torkelbewegung dieser Präzession von sechsundzwanzig Jahrtausenden können wir keinen helleren und genaueren Nordstern als den jetzigen haben.

Der Himmelspol, der Punkt, auf den die Erdachse genau zeigt, wandert immer noch näher zum Polarstern hin. Zur Zeit ist er 1 Grad vom Pol entfernt, was sich bis auf weniger als ein halbes Grad verringern wird, wenn er ihm am nächsten kommt. Das wird im Jahr 2106 der Fall sein. (Einige meinen, bereits 2012, aber warum kleinlich sein?)

Dann wird der Abstand langsam wieder größer werden, und ein paar Jahrhunderte später wird der Polarstern erste kleine Bewegungen zeigen und im Lauf einer Nacht merkliche Kreise beschreiben. Das wird mit der Zeit stärker werden, und so wird die Epoche des Polarsterns langsam zu Ende gehen. Danach müssen wir zweihundert Jahrhunderte warten, bis der Polarstern wieder zum Gastgeber der nächtlichen Talkshows wird.

Es ist faszinierend und auch einfach, mit Hilfe der Rückverfolgung dieser Torkelbewegung in der Zeit zurückzugehen. Bis in die nicht so weit zurückliegende Epoche des sechsten Jahrhunderts nach Christus war Kochab der Polarstern. Er ist etwa so hell wie Polaris, befand sich aber nie wirklich in der Nähe des exakten Pols. Selbst zu seiner besten Zeit wies er bei seiner Wanderung um den unbesetzten Himmelspunkt, um den die Sterne rotierten, eine deutliche nächtliche Bewegung auf.

Wenn wir noch weiter zurückgehen, stoßen wir auf Thuban, der zum Sternbild des Drachen gehört. Vor achtundvierzig Jahrhunderten war er der Polarstern. Thuban saß tatsächlich genau im Himmelspol und war deshalb ein hervorragender Nordstern, auch wenn Polaris viermal heller ist als er. Moses hätte ihn vollkommen bewegungslos am Himmel stehen sehen, wenn er zum Wüstenhimmel hinaufgeblickt hätte, allerdings könnten seine vierzig Jahre dauernden Wanderungen darauf hindeuten, daß er nicht allzusehr auf die Richtung achtete.

Mit Thuban treffen wir auf ein Geheimnis, das noch immer nicht alle für zufriedenstellend gelöst halten. Das Rätsel hat mit der

großen Pyramide zu tun, dem massivsten und am genauesten aus-
gerichteten Bauwerk der Welt. Auch sie wurde während der Herrschaft des Thuban erbaut. Der Hauptgang der Pyramide zeigt auf
einen Punkt am Himmel, den Thuban etwa sechs Jahrhunderte vor
oder nach seiner nächsten Annäherung an den exakten Nordpunkt
eingenommen hatte.

Wenn wir annehmen, die Erbauer der Pyramiden hätten diesen
Gang auf Thuban ausgerichtet, können wir die Bauzeit des Gebäudes entweder auf 3500 v. Chr. oder auf 2200 v. Chr. datieren. Das
Problem ist nur, die Gelehrten sind sicher, daß keine der beiden Zeiten zutrifft. Wenn das wahr ist, bleibt uns nur der verblüffende
Schluß, die Architekten der Pyramide hätten den Gang mit voller Absicht auf einen leeren, bedeutungslosen Punkt am Himmel
gerichtet. Thuban hätte ihn dann erst irgendwann in ihrer Zukunft
eingenommen oder in der Vergangenheit besetzt gehabt. Warum
hätten sie das tun sollen?

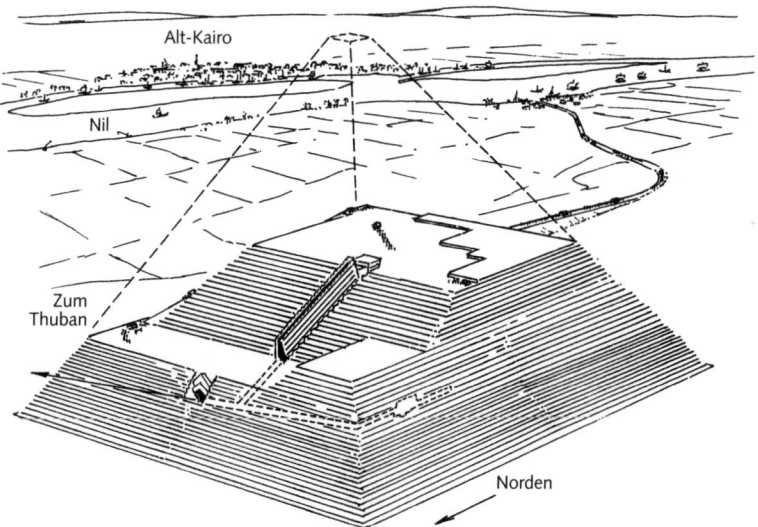

Die große Pyramide von Gizeh während des Baus. Die Pyramide ist exakt nach
Norden ausgerichtet. Der abwärtsführende Gang (gestrichelte Linien) zeigte
vermutlich in die Richtung von – jedoch nicht exakt auf – Thuban, den Nordstern jener Ära.

Schlamperei oder Fehler scheinen nicht in Frage zu kommen. Die Seiten der Pyramiden sind mit einer Genauigkeit von weniger als einem Zehntel Grad an den Himmelsrichtungen orientiert. Weshalb sollte der abwärtsführende Gang auf einen Punkt weisen, der 3 Grad vom Nordstern jener Zeit entfernt lag?

Zwischen Archäoastronomen und Historikern tobte die Debatte mehr als ein halbes Jahrhundert lang. Eine der neueren Theorien stellt die Hypothese auf, der Gang sei nie auf den Nordstern seiner Erbauer ausgerichtet gewesen. Nach einer anderen Anschauung lag dem Entwurf keine bewußt esoterische Absicht zugrunde. Auch wenn es prosaisch erscheinen mag, entspricht der Winkel des Gangs zufällig genau der Neigung, die man erhält, wenn mehrere Steinblöcke waagrecht gelegt werden, bis jeweils einer senkrecht gesetzt werden kann. Kurz, die Erbauer haben sich möglicherweise nur für die einfachste Methode interessiert, mit der man eine Rampe bauen konnte!

Siebentausend Jahre vor den Pyramiden lösten sich die hellen Sterne Wega und Deneb als Nordstern ab, was sie nächstes Mal in etwa zwölftausend Jahren erneut tun werden. Auch wenn sie bei weitem die hellsten Sterne sind, die sich in die Nähe des Himmelspols wagen, werden sie ihm doch nie besonders nahe kommen oder während der Nacht stillstehen. Und zwischen unserer Zeit – dem Polaris-Zeitalter – und jenen fernen Jahrtausenden wird kein Stern vorherrschen. Dieses unwahrscheinliche Polaris-Zeitalter, in dem wir uns befinden, ist also wirklich eine bemerkenswerte Ära.

Wenn wir den Stern selbst mit den Augen der Wissenschaft untersuchen, erfahren wir, daß jenes ferne Gestirn, auf das die Erdachse durch Zufall zeigt, auch an sich bemerkenswert ist.

Zunächst einmal ist er kein gewöhnlicher Stern, sondern ein Riese. Mit 600 Lichtjahren liegt er etwa sechsmal weiter entfernt als die »Zeigersterne« des Großen Wagens, die unseren Blick zu ihm hinführen. Wenn er so weit weg ist und sich dennoch unter den Sternen der Nacht behaupten kann, sollte es sich um einen sehr lichtstarken Stern handeln, und tatsächlich strahlt Polaris mit dem Licht von sechzehnhundert Sonnen.

Diese Helligkeit schwankt innerhalb einer Periode von vier Tagen um einen kleinen Betrag, der mit dem Auge nicht zu erkennen ist.

Das minimale Flackern war zunächst ungünstig, da man Polaris ursprünglich als Bezugsgröße des ganzen Meßsystems für die Helligkeit der Sterne herangezogen hatte. Polaris definierte die Größenklasse 2^m, doch einen unzuverlässigen Bezugsstern kann man nicht gebrauchen, und so entwickelte man das System weiter und stufte Polaris in der Folge auf $2,1^m$ zurück.

Neuere Beobachtungen zeigen, daß die Schwankungen nachlassen, weshalb einige die Theorie geäußert haben, sie könnten noch vor dem Jahr 2000 vollständig und für immer aufhören. »Beständig wie der Stern des Nordens« könnte dann mit Beginn des neuen Jahrtausends eine zusätzliche Bedeutung bekommen.

Da jeder Himmelskörper im Kosmos rotiert, müßten wir nicht unbedingt auf der Erde geboren sein, um Sterne um einen Himmelspol kreisen zu sehen. Der Vorgang ist universell. Natürlich hat keine andere bekannte Welt eine Achse, die auf Polaris weist, und die Geschwindigkeit, mit der der Himmel kreist, ist auf keinem Planeten außer auf dem Mars annähernd dieselbe wie bei uns. Dort lassen sich die Sterne jeden Tag eine halbe Stunde länger Zeit, wenn sie den Himmel umrunden.

Der trägste Planet in unserem Sonnensystem ist die Venus, wo ein Stern nicht vierundzwanzig Stunden, sondern 225 Tage benötigt, um einmal über den Himmel zu ziehen, unterzugehen und wieder zu erscheinen. Dagegen wäre der schnellste Himmel über dem Jupiter zu sehen, wo die Sterne den Himmel in weniger als zehn Stunden umrunden. Doch das ist reine Theorie: Beide Welten sind durch eine dichte Wolkendecke verhüllt.

Wenn Sie nach einer wirklich flotten Umdrehung Ausschau halten, können Sie außerhalb des Sonnensystems bei einem winzigen kollabierten Pulsar im Krabbennebel fündig werden. Dort überqueren die nächtlichen Sterne den Himmel innerhalb einer Drittelsekunde in Form schwindelerregender Wischer. Die verrückten Spuren der Sterne, die um ihren nördlichen Himmelspol wirbeln, würden scheinbar eine Reihe solider konzentrischer Kreise formen. Andere ultradichte kristalline Sterne rotieren so hektisch, daß alles an ihrem Himmel etwa *hundertmal* in der Sekunde aufgeht, den Himmel überquert, unter- und erneut aufgeht.

Polaris aber stellt die Antithese einer so zappeligen Bewegung dar.

Wenn man ihn mit dem Fernrohr betrachtet, hat man das einzigartige Vergnügen, ihn mit Muße ansehen zu können. Alle anderen Himmelsziele verschwinden wegen der Erddrehung schnell aus dem Blickfeld. Wenn wir uns dagegen Polaris ansehen, so gewährt er uns die einmalige Gunst, ein Exemplar bewundern zu dürfen, das auf dem Tisch befestigt zu sein scheint.

Er ist das einzige Objekt am Himmel, für das man keine Ausrüstung zur Bahnverfolgung benötigt, und diese fehlende Bewegung legt dem mäßig ehrgeizigen Naturfan ein paar lässige Unternehmungen nahe. Am einfachsten ist es, eine Kamera auf ein Stativ zu montieren und den Verschluß für einige Stunden zu öffnen. Die wirbelnde Bewegung der Sterne gegen den Uhrzeigersinn um den Polarstern herum ergibt ein dramatisches Photo. Einzige Bedingung: Das Bild muß fern der Lichter einer Großstadt aufgenommen werden, da der Film sonst in wenigen Minuten geschwärzt, d. h. überbelichtet ist.

Leser, die über ein kleines Teleskop mit einer Linse oder einem Spiegel von mindestens 8 Zentimetern Durchmesser verfügen, können einen kleinen Begleitstern von Polaris aufspüren, ein wundervoller Anblick. Untersuchungen des Lichts von Polaris weisen auf einen dritten, nicht sichtbaren Stern hin, so daß der Nordstern eigentlich ein Triplett ist.

Dann gibt es noch eine weitere, außerordentlich gemütliche Möglichkeit. Richten Sie Ihr Instrument auf Polaris und lassen Sie es einfach da stehen. Nehmen Sie einen Forschungsurlaub – er kann auch zwanzig, dreißig oder vierzig Jahre dauern. Voll der Freuden, Enttäuschungen und voll des angesammelten Wissens eines ganzen Lebens kommen Sie dann zurück, und der ortsfeste Stern wird noch immer auf Sie warten.

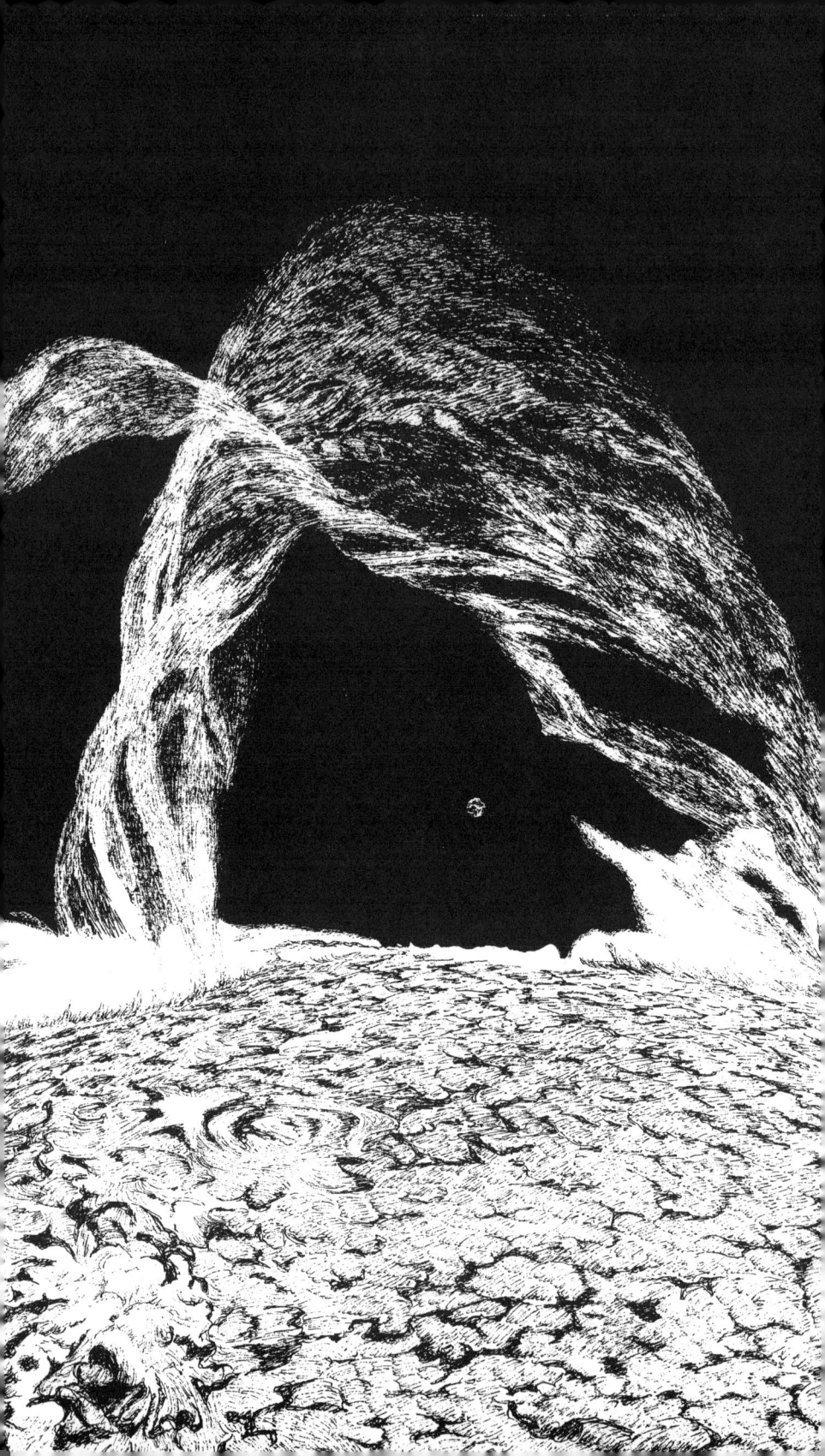

Frühling

Eine überwältigende Sonnenprotuberanz, im ultravioletten Bereich des Lichts beobachtet (siehe das Kapitel »Die Lieblingsfarbe des Universums«). Unter dem Bogen schwebt zum Größenvergleich die Erde.

Ein ungebetener Besucher vom Arkturus

Der hellste Stern des Frühlings erinnert mich an einen nur wenige Jahre zurückliegenden Skandal in Woodstock, New York. In einer Stadt, wo man sich über nichts wundert, zog ein berühmter »Übersinnlicher« die Massen an, weil er behauptete, von einem Wesen bewohnt zu sein, das vom Arkturus stammte. Nichts besonderes, meinte er, das Gehirn vieler Menschen sei von Arkturianern besetzt. Derlei unsichtbare Berater wurden *walk-ins,* ungebetene Besucher, genannt, und dieser spezielle Besucher kündigte eine ehrgeizige Reihe von Lesungen in den ganzen Vereinigten Staaten an. Es muß nicht eigens erwähnt werden, daß die Zuhörer Eintritt bezahlten – in irdischer Währung.

Astro-Betrügereien dieser Art sind leicht zu entlarven. Wie den meisten Menschen war dem »Übersinnlichen« anscheinend nicht bewußt, daß nur ein paar Dutzend Sterne geläufige, allgemein gebräuchliche Namen haben. Eine Million anderer katalogisierter Sterne trägt Bezeichnungen wie HD212710. Wenn *tatsächlich* Außerirdische zu uns kommen, ist es verdächtig unwahrscheinlich, daß sie zufällig ausgerechnet von einem der wenigen Sterne kommen, die einen einprägsamen Namen wie Arkturus tragen.

Wenn ich allerdings ein ungebetener Besucher wäre, wäre ich froh, von dort zu stammen. Und nicht bloß, weil es der hellste Stern ist, den wir von unserem Teil der Welt aus hoch über uns sehen. Arkturus ist ein einzigartiges, merkwürdiges Objekt, der einzige Himmelskörper, mit dem man eine Weltausstellung eröffnet hat. Und der einzige große Stern, der bald verschwinden wird!

Selbst für Anfänger ist er leicht zu finden: Die Deichsel des Großen Wagens biegt sich zu ihm hin. »Schlag einen Bogen zum Arkturus« ist jungen Sternguckern fast ebenso oft geraten wor-

den wie »Laß deine Finger von der Linse.« (Siehe Zeichnung auf
S. 142.)

An Frühlingsabenden, wenn das Juwelenheer des Orion im
Westen dahinschwindet, während sich hoch am nördlichen Himmel
der schönste Ausblick des Jahres auf den Großen Wagen bietet,
gehört der Osten dem einsamen Arkturus. Seine kürbisfarbenen
Strahlen gehen von einer Kugel aus, in die 25 Milliarden Erden hineinpassen würden.

Diese schwindelerregende Größe trägt zusammen mit seiner
relativ geringen Entfernung dazu bei, Arkturus zum zweithellsten
Stern zu machen, der von unserem Teil der Welt aus zu sehen ist.
Am Himmel wird er nur vom Hundsstern Sirius sowie von den
beiden Edelsteinen übertroffen, die ausschließlich in tropischen und
südlichen Breiten zu sehen sind: Canopus und Alpha Centauri.

Trotzdem ist zu vermuten, daß der leicht auszusprechende und
gut zu merkende Name Arkturus eine große Rolle bei seiner
Berühmtheit spielt. Die meisten Sternennamen sind uns aus dem
Altarabischen überliefert und deshalb viel leichter zu finden als
auszusprechen (wann hat einer von uns das letzte Mal den Namen
Zubeneschamali in einer Unterhaltung fallen lassen?). Arkturus
dagegen ist lateinischen Ursprungs und für uns im Westen leichter nachvollziehbar. Sein Name bedeutet »Wächter des Bären« (als
ob Meister Petz eine Leibwache benötigte!), eine Anspielung auf
seine Nähe zu seinem Mitbürger am Frühlingshimmel, dem Großen Bären.

Wir können ruhig ein wenig abschweifen und uns mit der
Namensgebung der Sterne befassen. Das bringt uns auf die bestür-
zende Tatsache, daß eingängige Namen wie Orion oder Arkturus
zu den Mitgliedern einer sehr kleinen Minderheitspartei gehören.
Der größte Teil des Himmels ist von schwer nachvollziehbaren
Mustern besetzt, die nur wenig Assoziationsmöglichkeiten bieten
und sich dafür mit völlig esoterischen Namen brüsten. In dieser
Versammlung zusammenhangloser Namen bildet Arkturus eine
erfreuliche Ausnahme.

Wenn man völlig nüchtern an die Sache herangeht, gelingt es
einem auch mit dem Einsatz höchster Vorstellungskraft nicht, aus
den schwachen Sternen der Konstellation Vulpecula einen Fuchs zu

konstruieren. Oktans (der Oktant), eines von vielen Sternbildern, das leichtsinnigerweise von Seeleuten des sechzehnten und siebzehnten Jahrhunderts benannt wurde, ist so schwach, daß man es fast überhaupt nicht findet. Aquarius (der Wassermann), ist eine planlose, sinnlos durch die Gegend führende Verbindungslinie irgendwelcher Punkte. Capricornus (der Steinbock), brüstet sich mit dem Umriß des Staates New York. So ist es kaum ein Wunder, daß man sich die meisten Sternbilder schwerer einprägt als eine Versicherungspolice entziffert. Die wenigen vernünftigen Figuren und Namen von der Art des Arkturus erscheinen uns wie willkommene Häfen in einem Meer von Hieroglyphen.

Vielleicht wäre es ganz schön, wenn wir mit neueren, zeitgemäßeren Bezeichnungen ganz neu anfangen könnten. Doch unsere modernen Gegenstände, Tiere und Berufsbezeichnungen scheinen fast ebenso absurd zu sein wie Ophiuchus (der Schlangenträger), der jeden Sommer zu sehen ist. Auch wenn das Herumtragen von Reptilien kein Beruf mehr ist, der gebraucht wird (im Vergleich zu ihrer einstigen Stärke ist die Schlangenträgergewerkschaft heute nur noch ein Schatten ihrer selbst), scheinen die typischeren Laufbahnen unserer Zeit für den Himmel fast ebenso ungeeignet zu sein. Der Chiropraktiker? Der Pfandleiher? Der Versicherungsvertreter?

Das geht alles nicht. Vielleicht ist das der Grund, weshalb wir unsere Kinder in sternklaren Nächten weiterhin lehren, zu den alten Sternbildern aufzublicken, auch wenn diese lächerlich klingen oder im wesentlichen aus leeren Himmelsgebieten bestehen.

Wer von uns auf der Nordhalbkugel lebt, hat zumindest das Glück, Sternbilder zu sehen, die ihre Namen zum größten Teil in klassischen Zeiten erhalten haben. Obwohl manche unklar oder schwach erscheinen, haben sie doch wenigstens den Vorteil, von hundert Generationen auf ihre Tauglichkeit geprüft worden zu sein. Von den Sternfiguren der südlichen Hemisphäre kann man das nicht behaupten. Die Entdecker der Renaissance, die unter fremden Himmeln segelten und die südlichen Sternbilder zum ersten Mal erspähten, ehrten die fremdartigen Vogel- und Tierarten und die Navigationsinstrumente, mit deren Hilfe sie dorthin kamen, in einer Orgie von Sterntaufen. So haben wir nun Tucana (den Tukan), und Volans (den fliegenden Fisch), und dazu noch eine Lagerhalle voller antiker Instrumente wie Sextans (der Sextant) und Antlia (die Luftpumpe). Anscheinend sahen die Seeleute von einst nicht voraus, daß ihre Liebe zu allerlei Gerätschaften die künftigen Himmelsbeobachter zum Wahnsinn treiben würde, die heute versuchen, in den zufällig herumliegenden Sternen von Norma das »Winkelmaß« ausfindig zu machen. Es ist dasselbe, als würden wir heute neue Sternbilder prägen und ihnen Namen wie »Schnurloses Telefonium« oder »Satellitenschüsselium« geben. Die Technologie unserer Tage bietet eine armselige Vorlage für himmlische Unsterblichkeit: Ihr fehlte nicht allein die Prüfung durch die Zeit, sondern legte künftigen Generationen auch noch nahe, wir hätten technische Spielereien vergöttlicht.

Arkturus dagegen gehört zu einem Sternbild, das aus leicht aufzufindenden Sternen besteht und ein wenig wie eine menschliche Gestalt aussieht, wenn nicht gar wie der besondere *Hirte*, als den man es ansieht. Aber noch ist nicht alles paletti: Das Sternbild Bootes hat Anfänger wegen seiner verschlungenen Aussprache für Jahrtausende abgeschreckt. Wenn wir erst einmal den Dreh raushaben und ihn in drei Silben zerlegen, so daß Bo-o-tes herauskommt, ist es schon ganz gut. Noch besser ist es allerdings, die stumpfsinnigen Sterne, die den glänzenden Arkturus wie Speichellecker umschwänzeln, einfach zu vergessen – kurz, das ganze Sternbild nicht wahrzunehmen – und uns einfach auf den schönen orangegelben Riesen selbst zu konzentrieren. Das ist leicht zu schaffen, da er von März bis Mai nach Einbruch der Dunkelheit den gesamten östlichen Himmel beherrscht und im Frühsommer hoch über uns steht.

Arkturus ist eine orangefarbene Riesensonne. Normale Sterne dieser Farbe bleiben hoffnungslos unsichtbar, weil ihre Lichtstärke pro Quadratzentimeter so gering ist. Das ist auch beim Arkturus so, doch er gleicht das mit seiner Größe aus und prahlt mit einer gigantischen strahlenden Oberfläche, die soviel Licht abgibt wie tausend normale Sterne dieser goldenen Farbe.

Gegen einen blauen Himmel bilden seine Helligkeit und seine feurige Tönung einen auffallenden Kontrast. Vielleicht erklärt das, weshalb Arkturus für eine alles andere als vergessene Auszeichnung ausgewählt wurde: Er war der allererste Stern, der bei vollem Tageslicht durch ein Fernrohr betrachtet wurde. Das geschah vor vier Jahrhunderten. In Frühlingsnächten ist er der erste Stern, den Sie am Himmel erscheinen sehen. Gegen das zunehmende Azurblau der Halbdämmerung ist das mit einem Fernglas ein bemerkenswerter Anblick. In solchen Momenten ist es nicht schwer, sich die heiße Glut seines atomaren Feuers vorzustellen, ein einsamer rötlicher Glutofen, der mehr als das hundertfache des Glanzes unserer Sonne abstrahlt.

Könnten Sie etwas von dieser Hitze spüren, wenn Sie ihre Handflächen dem Himmel im Osten zukehren? Wahrscheinlich nicht. Dem Astronomen Robert Burnham zufolge entspricht die Wärme, die wir von Arkturus empfangen, einer einzigen Kerze in acht Kilometern Entfernung.

Doch damals, 1933, bediente man sich dieser Energie für einen guten Zweck, als man die berühmte Weltausstellung in Chicago eröffnete. Das Licht des Arkturus wurde von einem Teleskop gebündelt und auf eine Photozelle geleitet (damals ein neumodischer Apparat). Diese schaltete dann das Licht ein, um die Festlichkeiten zu eröffnen. Arkturus war ausgewählt worden, weil man annahm, er sei 40 Lichtjahre entfernt. Dadurch wäre mit dem Licht, das ihn vor vierzig Jahren – als in Chicago eine vorangegangene Ausstellung zu Ende gegangen war – verlassen hatte, die nächste eröffnet worden.

Ein wundervoller, romantischer Einfall, eine Reverenz an die Kontinuität, die in unserer schnellebigen modernen Zeit nur noch selten zum Ausdruck kommt. Da scheint es nicht einmal sonderlich zu stören, daß man die Entfernung des Arkturus falsch gemessen hatte. Wie wir heute wissen, liegt er um 10 Prozent näher, 36 Lichtjahre von uns entfernt. Die Lichtstrahlen, mit denen die berühmteste aller Weltausstellungen eröffnet wurde, waren also am Ende bloß ein kleiner Teil des ganz alltäglichen Lichts von Arkturus.

Doch Arkturus wird nicht da bleiben, wo er ist. Ohne Rast marschiert er zum Takt eines anderen Trommlers als die anderen Sterne und folgt einem besonderen Weg um den Mittelpunkt unserer Galaxis. Dabei meidet er die galaktische Hauptebene, in der unsere Sonne

Die Umlaufbahn von Arkturus (durchgezogener Kreis) steht senkrecht zur Ebene der Galaxis und der Umlaufbahn der Sonne (gestrichelter Kreis). Beide sind 30 000 Lichtjahre vom Mittelpunkt der Galaxis entfernt.

und die meisten anderen Sterne kreisen. Als einziger unter den hellen Sternen der Nacht erhebt er sich aus der flachen Spirale der Milchstraße, in die er 100 Millionen Jahre später beim Abstieg wieder eintauchen wird. Anstatt wie ein benachbartes Pferd auf dem Karussell mit uns gemeinsam herumzureisen, senkt sich Arkturus von oben auf uns herab.

Daraus ergeben sich schnelle Veränderungen seiner Helligkeit und seiner Position. Vor fünfhunderttausend Jahren – ein Wimpernschlag der Zeit – war Arkturus unsichtbar. Seither hat er sich uns ständig genähert, und seit Sie angefangen haben, dieses Kapitel zu lesen, ist er uns um weitere 1600 Kilometer nähergerückt. Während er so durch unsere Nachbarschaft fliegt, wird er bald den sonnennächsten und hellsten Punkt seiner Bahn erreicht haben. In einer halben Million Jahren dann, wenn unsere Erde samt der Sonne noch nicht einmal ein Zweihundertstel des Weges um den Mittelpunkt der Galaxis zurückgelegt hat, wird Arkturus für immer in der Vergessenheit versunken sein.

Wenn wir das nächste Mal an diesem Punkt unserer Umlaufbahn

ankommen, werden Arkturus und seine umtriebigen ungebetenen Besucher irgendwo anders sein. Grüßen Sie ihn also herzlich während dieses einen Umlaufs in der Zeit, auf dem sich unsere Wege kreuzen.

Denn wir werden ihn nie wiedersehen.

Andere Universen

Das ganze Universum langweilt Sie?

Nehmen Sie sich doch ein paar andere vor. Wolkennächte, in denen der Himmel verhüllt ist, sind genau die richtige Zeit, gedankliche Erkundungen durchzuführen und Ausblicke auf parallele Dimensionen zu sondieren. Lehnen Sie sich zurück. Wir begeben uns auf einen atemberaubenden Ausflug, der an den Rändern der Wirklichkeit beginnt und endet.

Früher, als alles noch einfacher war, bedeutete das Wort *Universum* nur »alles«, dann war schon Schluß. Doch wie alles andere hat auch dieses Wort eine Entwicklung durchgemacht. Heute bedeutet es oft »alles, was tatsächlich und potentiell beobachtbar ist«, weshalb ein Bereich, der aus unterschiedlichen Gründen außerhalb der Reichweite unserer Sinne oder Instrumente liegt, dennoch als eigenes Universum betrachtet werden kann.

Mit dieser Definition läßt sich gut arbeiten, da sie es uns ermöglicht, eine fröhliche Erkundungsreise durch parallele, Tachyonen-, zeitweilige, und andere hypothetische Universen zu unternehmen, ohne das Fünkchen eines Beweises zu benötigen, daß es sie tatsächlich gibt.

Werfen wir zunächst einmal Licht auf ein Gebiet, wo kein Licht je hinreichen kann: das Reich der Tachyonen. Es ist das Land, in dem sich *alles* schneller als das Licht bewegt, was seine Bilder daran hindert, mit uns in Verbindung zu treten.

Jede Erkundung einer derartigen superluminalen oder überlichtschnellen Dimension muß bei der 1905 formulierten speziellen Relativitätstheorie Albert Einsteins beginnen. Sie besagt, daß nichts, was über Masse verfügt, jemals Lichtgeschwindigkeit erreichen kann – 299972 Kilometer in der Sekunde. Seit fast hundert Jahren haben Experimente die Gültigkeit der Theorie bestätigt. Wie in einem der merkwürdigen Abenteuer von Alice im Wunderland wächst Ihre Masse, wenn Sie beschleunigen. Selbst wenn Sie Ihre Odysee leichter als ein Wölkchen Weihrauch begännen, würden Sie – schlimmster Alptraum eines Diätfanatikers – so schwer werden wie das gesamte Universum, noch ehe Sie Lichtgeschwindigkeit erreicht haben. Kein noch so großer Energiebetrag könnte Ihren nunmehr schwergewichtigen Leib näher an superluminale Geschwindigkeiten heranbringen – und schon gar nicht darüber hinaus.

Doch die Relativität läßt ein merkwürdiges Schlupfloch offen, so als hätten es Lobbyisten aus einer anderen Dimension geschafft, sich in die gesetzgebende Versammlung zu schmuggeln: Die Relativitätstheorie gilt nur für Reisende, die ihre Fahrt mit einer Geschwindigkeit unterhalb der des Lichts *beginnen*. Das hört sich zunächst keineswegs so an, als würde es uns weiterhelfen, da alles im Kosmos in diese Kategorie fällt. Doch genau da liegt der Haken: Nichts verbietet die Existenz einer anderen Wirklichkeit, in der *immer* alles schneller als das Licht ist. Diese überlichtschnellen Objekte werden **Tachyonen** genannt.

Als (und falls) das jetzige Universum aus dem Urknall hervorgegangen ist, kann gleichzeitig auch eine besondere Dimension aus Tachyonen entstanden sein – zumindest ist das mathematisch zulässig. Da das Abbremsen einer Bewegung ebensoviel Energie erfordert wie deren Beschleunigung, erscheint Bewohnern dieser tachyonischen Welten die Lichtgeschwindigkeit genau wie uns als unüberwindliche Barriere. Keiner von beiden kann sie überschreiten. Während wir nicht über sie hinaus beschleunigen können, sind sie auf der anderen Seite. Für sie gibt es keine Möglichkeit, sich auf Lichtgeschwindigkeit abzubremsen. Wir werden einander nie treffen. Wir können einander nicht einmal sehen.

Gibt es tachyonische Elementarteilchen, tachyonische Planeten oder tachyonische Menschen? Das weiß keiner. Jedenfalls wäre es nicht zu empfehlen, sich auf eine tachyonische Beziehung einzulassen: zu flüchtig. Wir könnten einander nicht einmal zuwinken. Dennoch könnte es möglich sein, ihren Einfluß auf subatomarer Ebene nachzuweisen. Bislang sind einschlägige Versuche ergebnislos verlaufen, und für die meisten Physiker sind Tachyonen etwa das, was für uns Normalverbraucher die Geschichten in den Supermarktpostillen darstellen. Doch die Tachyonen haben nach wie vor Fans in der Wissenschaft, und in Wahrheit wissen wir einfach nichts darüber.

Falls es Sie kribbelig macht, auf der Überholspur zu leben, dann wählen Sie doch einfach eine andere Strecke – hin zum Quantenschaum, der im Reich des Winzigen lauert.

Quantenschaum ist kein Verhütungsmittel, obwohl er mit Empfängnis zu tun hat. Er ist an der Geburt junger Universen beteiligt.

Obwohl diese Vorstellung sich ebensowenig auf Beobachtungen stützen kann wie die Tachyonen, ist sie im obskuren Reich der spekulativen Physik zulässig. Immerhin ist sie theoretisch möglich.

Mittlerweile glauben die meisten Physiker, daß der Raum als solcher in sehr kleinem Maßstab, nämlich in einem Bereich, der eine Million Mal kleiner ist als ein Milliardstel eines Atomkerns, eine Art verwirbelter Seifenschaum ist, etwa wie ein leichtsinnigerweise stark überdosiertes Schaumbad. Stephen Hawking vertrat die Ansicht, aus dieser schaumigen »Oberfläche« würden sich möglicherweise ständig Blasen der Raumzeit ablösen, die nur durch äußerst dünne Wurmlöcher mit ihr verbunden blieben – enge Nabelschnüre, die nicht einmal von subatomaren Teilchen durchwandert werden könnten.

Unmittelbar nach ihrer Entstehung erlebt jede dieser winzigen Blasen ihren eigenen Urknall und wächst rasch zu einem vollständigen, unabhängigen Universum heran, das mit dem unseren nur durch diese nutzlosen engen Fäden verbunden ist. Wie in Disneys »Zauberlehrling« (nach Goethes Gedicht), wo sich die Besen wie wild vermehren, bildet jedes Universum eifrig eigene Ableger. Wie bei einem heftig aufgehenden Hefeteig entstehen so, Verzweigung für Verzweigung, Blase für Blase, endlose Folgen von Universen.

Das kommt nicht einmal selten vor. Jeder Ausschnitt der Wirklichkeit, auch die Werbeflut in unseren Briefkästen, erzeugt ständig neue, vollständige Universen. Wieviele genau? Der Theorie zufolge bringt jedes zuckerwürfelgroße Stück unseres Universums in der Sekunde hundertbillionenmal mehr als eine Billion Billion Billion

Billion Billion Billion Billion Billion Billion Billion Billionen neue
Universen hervor.

Allein im Verbrennungsraum eines Rasenmähermotors werden
in jeder Sekunde ständig 100 000 000 000 000 000 000 000 000
000 000 000 000 000 000 000 000 000 000 000 000 000 000 000
000 000 000 000 000 000 000 000 000 000 000 000 000 000 000
000 000 000 000 000 vollständige Universen erzeugt; jedes einzelne
von ihnen enthält alle die Galaxien, Planeten und das potentielle
Leben unseres eigenen Universums. Das ist am Ende doch ein wenig
mehr als unsere Staatsverschuldung.

Leider muß diese kosmische Schöpfung auf ewig unsichtbar bleiben, da selbst die Wellenlängen des energiereichsten Lichts nicht in
der Lage sind, die Reise durch die verengten Wurmlöcher anzutre-
ten, um uns einen Blick auf das Leben der Leute dort drüben zu
erlauben.

Wenn einer immer nur die Kirschen in Nachbars Garten für besser hält, könnte es ihn ziemlich verdrießen, wenn er an die verborgenen Universen denkt, die (zumindest) in den Köpfen der Kosmologen sprießen.

Gibt es in dieser verschwenderischen Fülle alternativer Wirklichkeiten wenigstens einen *zeitlichen* Zusammenhalt? Kurz, gilt über-

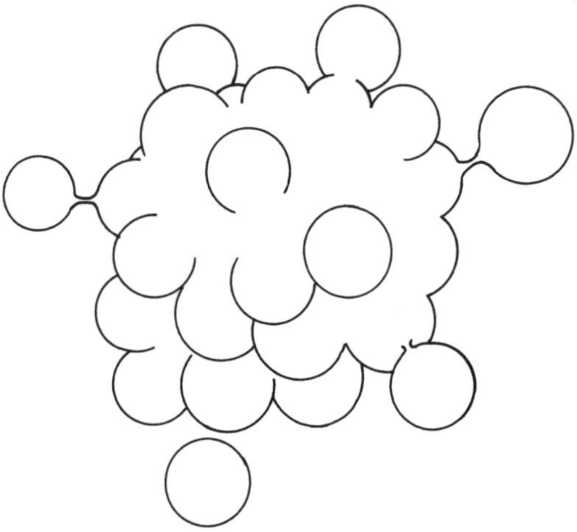

In einer extrem kleinen
Größenordnung
könnte die Wirklichkeit
wie Seifenschaum sein.
Jede sich ablösende
Blase könnte zu einem
vollständigen, unab-
hängigen Universum
werden.

all dieselbe Zeit? Kann sie in anderen Dimensionen auch in eine andere Richtung fließen? Wir haben uns zwei mögliche räumliche Alternativen für unser Universum angesehen. Gibt es auch welche, die in *zeitlicher* Hinsicht von uns getrennt sind?

Das Thema ist sehr wichtig, da wir selbst bei der Erkundung unserer eigenen kleinen Ecke des Kosmos und ihrer Abläufe gezwungen sind, die Zeit in Rechnung zu stellen. Gewiß erfordern Ursache und Wirkung eine Richtung oder Strömung in der Abfolge von Ereignissen. Doch gilt das immer und überall? Allein die Frage riecht schon nach einem Paradoxon. Doch die Antwort bestimmt das Schicksal des Universums – oder zumindest unsere Vorstellung davon.

Es gibt viele Bereiche, in denen die Zeit *keinen* Richtungspfeil zu haben scheint. Fast alle Gesetze der Physik sind zeitsymmetrisch, und das schließt die Quantenmechanik, die Relativitätstheorie sowie die Newtonschen Gesetze ein. Bei ihnen spielt die Zeit keine Rolle. Ob sie nun vorwärts oder rückwärts läuft, es kommt immer dasselbe dabei heraus. Zum Beispiel würde ein Film, der den Umlauf von Planeten um die Sonne zeigt, nicht falsch erscheinen, wenn man ihn rückwärts ablaufen ließe. Man könnte nicht einmal feststellen, ob der Film rückwärts abgespult wurde: Die aus dem Norden des Sonnensystems gesehen gegen den Uhrzeigersinn erfolgenden Umläufe wirken wie eine zeitlich umgedrehte Videoaufnahme der Umlaufbewegungen von Süden aus, der gegenüberliegenden Seite. Die Wechselwirkungen der Schwerkraft gelten in beide Richtungen, sind also keine Einbahnstraße.

Diese universellen Gesetze widersprechen sowohl unserem angeborenen Empfindungsvermögen als auch unserer Alltagserfahrung, wo sich die meisten Ereignisse nur in einer Richtung zu entfalten scheinen. Wenn Sie den Film eines Autounfalls oder eines Vulkanausbruchs rückwärts laufen lassen, merken Sie sofort, daß da etwas nicht stimmt. Die Science-fiction hat oft mit der Vorstellung der rückwärts laufenden Zeit gespielt, und Hawking erklärte einmal, die Zeit werde in die andere Richtung fließen, wenn das Universum beginnt, sich wieder zusammenzuziehen. (Als wollte er den Vorgang illustrieren, hat er seine Meinung allerdings später geändert.)

Es ist schwierig, sich die umgekehrte Zeit bildlich vorzustellen. Niemals könnte die Wirkung der Ursache vorausgehen – das ist so definiert. Schauen wir uns den Fall zweier Flugzeuge an, die in der Luft zusammenstoßen: Könnten wir je akzeptieren, daß auf dem Boden herumliegende Metalltrümmer sich plötzlich in den Himmel erheben, sich nahtlos zusammenfügen und dann als zwei perfekt funktionierende Flugzeuge rückwärts davonfliegen?

Enige haben versucht, das Problem zu umgehen und vorgebracht, daß dann auch unsere eigenen geistigen Prozesse rückwärts verliefen, weshalb wir nichts Außergewöhnliches bemerken würden. Es ist auch möglich, daß sich die Zeit auf verschiedenen Ebenen einheitlich verhält. Und vielleicht können neben Realitätsebenen, auf denen Zeit von Bedeutung ist, auch andere Ebenen existieren, auf denen es überhaupt keine Zeit gibt.

Mit jeder Dimension, die sich in einem anderen Zeitrahmen vollzieht als die unsere, gibt es schwerwiegende Probleme. Selbst Tachyonen erzeugen ständig Kausalitätskonflikte, und was *eigenständige* Reiche der Zeit angeht – man kann sich nur schwer vorstellen, wie wir je damit in Kontakt treten könnten. Natürlich wurden sie deshalb von Anfang an als abgetrenntes Universum betrachtet.

Wenn Sie keine Zeit für all diese Zeitspekulationen haben, können wir schnell auf ein weiteres Gebiet überwechseln; wir stürzen uns einfach in ein Schwarzes Loch, was manchmal auch für enttäuschte Liebende die höchste Gefahr darstellt. (Schwarze Löcher werden in einem eigenen Kapitel behandelt, deshalb beschränken wir uns hier auf den Einfluß, den sie auf andere Dimensionen haben.)

In der unmittelbaren Umgebung eines Schwarzen Loches sind Raum und Zeit erheblich verzerrt, verhalten sich aber noch immer in vertrauter (wenn auch gestörter) Weise. Für einen Beobachter, der Ihren Sprung in das ungeheuer verdichtete Objekt betrachtet, werden Sie scheinbar langsamer, wenn Sie sich dem **Ereignishorizont** nähern, der Grenze, wo sich Raum und Zeit wie eine sich brechende Welle in sich selbst zurückkrümmen. Wenn Sie ihn erreichen, spaltet sich die Wirklichkeit in zwei säuberlich getrennte Realitäten auf. Es gäbe Sie, wie Sie von den anderen gesehen werden und Sie, wie Sie sich selbst wahrnehmen. Das mag ein wenig so klingen wie ganz normale Alltagserfahrung, doch in der Nähe eines solchen kollabierten Sterns reicht die Schizophrenie viel tiefer.

Sie würden erleben, wie Sie immer schneller ins Zentrum des Schwarzen Loches stürzen; die Anziehung wäre so gewaltig, daß Ihre vorne liegenden Gliedmaßen sehr viel stärker beschleunigt würden als die nachfolgenden. Auf gut deutsch: Sie würden in Ihre Einzelteile zerrissen. Wenn Ihr Geist oder Ihr Bewußtsein solche Mißhandlungen irgendwie überstehen könnten, würden Sie rasch die Singularität in der Mitte des Schwarzen Loches erreichen. Eine **Singularität** ist ein Ort, wo ein ganzer Stern mit dem Gewicht von zwei Millionen Planeten vom Format der Erde auf weniger als die Ausmaße eines Atoms verdichtet worden ist.

Eigentlich ist eine Singularität sogar viel, *viel* kleiner als ein Atom. Im Vergleich zu einer Singularität wäre ein Atom so etwas wie der Grand Canyon. Eine Singularität nimmt überhaupt keinen Raum ein. Und Sie – Ihr glückloses, spontanes Selbst – besitzen ebenfalls keinerlei Volumen mehr. Und da reden Sie jetzt schon manchmal davon, sich klein zu fühlen.

Wie sieht das Leben in der Dimension Null aus? Physiker zögern da keinen Augenblick mit der Antwort. Sie sagen: Wir haben keine Ahnung. Denn dort versagen die Gesetze der Physik, und keiner hat für dieses Land des Nichts andere vorgeschlagen. Unser Universum endet einfach. Möglicherweise beginnt etwas anderes. Es müßte ein »Etwas« sein, das in unserer Dimension keinen Raum einnimmt.

Wie Einstein und der Mathematiker Nathan Rosen vorgeschlagen haben, könnte ein Tunnel, ein Wurmloch, für das Schwarze Loch und seinen Inhalt (in diesem Fall Sie) einen Übergang darstellen. Durch diesen können Sie dann an einem anderen Ort oder in einer anderen Zeit wieder auftauchen. Einen solchen geysirähnlichen Eingang, der in unser eigenes Universum zurückführt, hat man als **Weißes Loch** bezeichnet. Noch gegen Ende der sechziger Jahre haben einige Theoretiker spekuliert, daß Quasare, die man mittlerweile als die explodierenden Mittelpunkte junger Galaxien versteht, eigentlich Weiße Löcher seien. Durch sie würde sich Materie in unser Universum ergießen, nachdem sie irgendwo in einem anderen Universum oder auch einer anderen *Zeit* unseres eigenen Universums in ein Schwarzes Loch gestürzt und damit von dort verschwunden ist.

Doch inzwischen hat man, wie gesagt, eine Erklärung für Quasare gefunden; sie sind mit Sicherheit keine Shuttleflüge Außerirdischer durch fremde Regionen. Falls ein Schwarzes Loch eine Brücke in eine andere Zeit ist – was mittlerweile von den meisten Theoretikern als unwahrscheinlich verworfen wird –, sehen wir seine Materie bei uns nicht wieder auftauchen. Sie befindet sich auf der anderen Seite, was oder wo (oder wann) das auch sein mag.

Doch unterdessen sollten wir Ihre bessere Hälfte nicht vergessen, jenes andere Bild von Ihnen, das immer langsamer wurde, während Sie in den Ereignishorizont des Schwarzen Loches eintraten. Die Leute, die Ihnen aus sicherer Entfernung zugesehen haben (vielleicht weil sie wissen wollten, ob auch sie diesen kühnen Schritt wagen und sich an einen Ort begeben sollten, den kein vorsichtiger Reisender je betreten hat), könnten glauben, Sie hätten Ihre Meinung geändert und seien zur Vernunft gekommen. Denn sie würden sehen, wie Sie sich dem Schwarzen Loch nähern, nur um sich am Ende festzufahren und am Übergang zu erstarren, anstatt noch weiter voranzukommen. Dort würden Sie dann bleiben, zeitlebens bewegungslos, und Ihr Bild würde langsam verblassen wie eine alte Photographie. So gesehen scheint kein Teil Ihrer gespaltenen Persönlichkeit mehr Spaß zu haben als der andere.

Nun ist es aber an der Zeit, eine weitere Dimension auszuprobieren, die ein größeres Unterhaltungspotential verspricht: eine zweite Erde! In Astronomiekursen taucht die Frage nach ihrer Existenz immer wieder auf. Sie ist vor allem durch einen Science-Fiction-Film von 1969 angeregt worden, der unsere Erde als einen von zwei Zwillingsplaneten darstellt.

Das übliche Szenario beschreibt eine zweite Welt, die sich auf unserer Umlaufbahn befindet, allerdings auf der anderen Seite der Sonne. Damit wäre sie, wie argumentiert wird, unseren Blicken auf ewig entzogen. Man unterstellt, sie sei mit umgekehrten Entsprechungen unserer selbst bevölkert; sie hätten ihre Stärken dort, wo wir Schwächen haben. Das Leben dort ist ganz anders: Am Abend räumen Sie Ihre Socken anständig auf, anstatt sie achtlos irgendwo hinzuwerfen, solches Zeug eben.

Fragen nach dieser Phantasiewelt werden sehr häufig gestellt. Das zeigt, wie beliebt die Vorstellung ist, doch man kann leicht beweisen, daß ein unerkannter Planet im inneren Sonnensystem nicht möglich ist. Neben vielen anderen Gründen würde er sich allein schon durch den Einfluß seiner Gravitation auf andere Planeten, Kometen und auf das halbe Dutzend Raumfahrzeuge, die durch jene Region gerast sind, verraten.

Zuletzt kommen wir wieder auf die älteste Vorstellung zurück, wonach unser vertrautes Universum mit seinen Planeten, Sternen und Fast-Food-Restaurants das einzige ist, was es gibt. Einstein machte es uns leichter, als er die althergebrachte Endlich-oder-Grenzenlos-Debatte dadurch beendete, daß er unsere Dimension als endlich, aber grenzenlos bezeichnete.

Dies bedeutet, das Universum enthält eine festgelegte Menge an Materie und Energie, wenn auch in der Matrix eines gekrümmten Raumes, die alles und auch jeden Reisenden dazu zwingt, einem in sich gekrümmten Pfad zu folgen. Welchen Weg er auch wählt, er wird nie auf ein Ende, eine Grenze oder eine Schranke stoßen. Aber auch nicht auf die Unendlichkeit. Es ist endlich, aber unbegrenzt. Wenn Sie genug Zeit, Geduld und Einkommen mitbringen, können Sie alle Sterne abzählen. Wenn Sie sich von Sheboygan aus hundert Milliarden Jahre in scheinbar gerader Linie fortbewegen, landen Sie wieder an diesem Ort.

In Wirklichkeit sind die Gleichungen nicht so einfach, und Ihr gigantischer Bogen würde wahrscheinlich nicht in Ihrem Ausgangspunkt gipfeln. Doch das wäre nicht so schlimm. Eine Tour rund ums Universum würde so lange dauern, daß sich in der Zwischenzeit der ganze Kosmos weiterentwickeln würde. Sie müßten annähernd mit Lichtgeschwindigkeit unterwegs sein, um sich der Vorzüge der relativistischen Zeitdilation (siehe auch Seite 310) erfreuen zu können, die das Alter hinausschieben. Dann würde Ihr Körper lange genug erhalten bleiben, um diese erhellende Rundreise möglich zu machen. Allerdings kämen Sie dabei in eine unfaßbar fortgeschrittene Epoche; der Planet, den Sie verlassen haben, wäre nicht mehr wiederzuerkennen, wenn es ihn überhaupt noch gäbe. (Siehe auch das Kapitel »Die einstige und künftige Vergangenheit«). Um das Universum, wenn wir es in realen Zahlen ausdrücken, einen Lidschlag unterhalb der Lichtgeschwindigkeit zu umrunden, würde man 100 Millarden Jahre benötigen. Auch wenn dabei in Ihrem eigenen Bezugsrahmen weniger als die Lebensspanne eines Menschen abgelaufen sein mag, hätte unsere Sonne innerhalb dieses Zeitraums ein halbes Dutzend ihrer Lebenszyklen von der Geburt bis zum Zusammenbruch in die Erstarrung durchlaufen. Am Ende Ihrer Reise würde der Tod des Sonnensystems 90 Millarden Jahre in der Vergangenheit liegen.

Unser ausgedehntes Universum von Galaxienhaufen und Quasaren, das Reich des Bekannten und des Erforschbaren, könnte tatsächlich schon die ganze Geschichte sein. Es könnte allerdings auch bloß ein Elektron des Zahnstochers sein, der bei einem Abendessen in einem Seitensträßchen einer unglaublich viel größeren Welt benutzt wird.

Doch wie dem auch sei, einer seiner seltsamsten Entwürfe dürfte der Mechanismus sein, der die ganze Angelegenheit betrachtet. Es handelt sich um das menschliche Gehirn, das passenderweise aus Wasser, der häufigsten Verbindung im Kosmos, aufgebaut ist und ein Universum für sich darstellt.

Die Lieblingsfarbe des Universums

Wenn nun das Grau des Winters der Vielfalt des Frühlings weicht und das Tageslicht um fast vier Minuten pro Tag zunimmt, sehen wir zu, wie rund um uns wieder die Farben erwachen. Doch wie ist das beim nächtlichen Himmel?

Handelt es sich dabei, wie viele glauben, lediglich um Lichtpunkte auf dunklem Hintergrund? Oder umgekehrt, ähnelt der Raum wirklich dem atemberaubenden Farbspektrum, das wir in Illustrierten oder auf den Photos der Lehrbücher sehen? Die Antwort ist in beiden Fällen nein. Planeten, Sterne und das Universum erscheinen in Wahrheit ganz anders, als es sich die meisten Menschen vorstellen. Und was die Farben angeht, so herrscht keineswegs Ausgewogenheit. Das Universum zeigt eine starke Vorliebe für eine besondere Farbschattierung, die sich wie ein musikalisches Rondo in Zeit und Raum wiederholt.

Blicken Sie in einer Märznacht hinauf zu den auffälligen drei Sternen in einer Reihe, die den Gürtel des Orion bilden. Sie führen uns zur glänzenden Beteigeuze genau darüber und zu dem noch strahlenderen Rigel, der in gleicher Entfernung darunter liegt. Schauen Sie einfach auf die wunderbar kontrastierenden Farbtöne dieser beiden Edelsteine. Beteigeuze hat (wie wir auf den Seiten 51–53 gesehen haben) den Goldton der Ringelblume, während Rigel blauweiß strahlt wie die meisten der fernen Sonnen des Orion. Ein Fernglas kann die Farben der Sterne sehr schön herausarbeiten, doch selbst das unbewaffnete Auge entdeckt in den Sternen ein Spektrum von Pastelltönen, denn die Sterne der Nacht zeigen sich in Rot, Orange, Gelb, Blau, Violett, Braun und sogar Schwarz. Alle Farben außer Grün.

Auch die Existenz grüner Sterne ist eine ungelöste Frage. Der berühmte Rote Riese Antares, der das Herz des Skorpions bildet und in dieser Zeit kurz vor der Morgendämmerung aufgeht, ist ein Beispiel für die Verwirrung, die um die Farben der Sterne herrscht. Fernrohre weisen ihn als Doppelstern aus; zwei Sonnen, die einander umkreisen. Während der hellere der beiden eindeutig rötlich ist, wird der andere in vielen Lehrbüchern als grün geführt. Andere behaupten dagegen, das Auge reagiere einfach auf die rosige Farbe des helleren Sterns und zwinge einer danebenliegenden weißen Fläche die Komplementärfarbe auf, ähnlich wie es einen halluzinatorischen grünen Fleck auf Ihrer Netzhaut erzeugt, wenn Sie lange auf eine rote Verkehrsampel starren und dann wegschauen. Man verweist darauf, daß das unterstellte Grün des Begleiters verschwindet, wenn unser Mond den helleren Stern des Paares verdeckt. Solche Auseinandersetzungen unterschätzen, wie subjektiv die Farbwahrnehmung ist. Und da es keine letzte Autorität, keinen obersten Gerichtshof für Farbentscheidungen gibt, widersprechen sich die verschiedenen Nachschlagewerke weiterhin, was die Farbnuancen vieler Sterne angeht.

In manchen Fällen wird das Problem noch vergrößert, wenn man ein Teleskop zwischen den Betrachter und das Betrachtete schaltet. Einer dieser Fälle ist Cor Caroli, der hellste Stern der Konstellation Canes Venatici (Jagdhunde). Schon der Versuch, die überlieferten »zwei Hunde« dieses winzigen Sternbilds auszumachen, verlangt einem eine recht anspruchsvolle Übung in kreativer Abstraktion ab, doch mit jedem Teleskop kann man noch ein weiteres Rätsel hinzufügen: Bereits bei geringer Vergrößerung teilt sich Cor Caroli in einen riesigen bunten Doppelstern. Und wieder die Frage: Welche Farbe haben die Bestandteile?

Der hellere der beiden ist eindeutig blauweiß. Der Begleiter dagegen wird in verschiedenen angesehenen Lehrbüchern als rosa, orange, bernsteinfarben, gelb, weiß, blau und violett verzeichnet. Welcher von all diesen verehrungswürdigen Autoren hat recht? Im Laufe der Jahre habe ich Hunderte von Besuchern meines Observatoriums im Norden des Bundesstaates New York gebeten, durch das Okular zu blicken und ihre Meinung zu äußern. Ergebnis? Ein glattes Unentschieden. Persönlich habe ich ihn immer in pastellartigem Violett gesehen, doch ich wurde von einer großen Mehrheit überstimmt; vermutlich von Leuten, die meine lebenslange Begeisterung für Lila nicht teilen.

Vielleicht gibt es ja keine grünen Sterne, doch für Planeten ist Grün (oder zumindest Blaugrün) eine beliebte Farbe. Erde, Neptun und Uranus stellen diese Tönung zur Schau; Uranus zeigt sich in einem kleinen Teleskop so lebhaft smaragdgrün, daß man ihn in einem dichtgedrängten Sternengefilde am leichtesten dadurch ausfindig macht. Andere Planeten basteln allerdings weiterhin daran, eine Fülle farblicher Verwirrung zu stiften.

Mars, dessen klassische Verknüpfung mit Kriegen zweifellos aufkam, als die abergläubischen Babylonier seine rötliche Farbe mit Blut oder Feuer in Verbindung brachten, hat eigentlich eine schokoladenbraune Oberfläche, wenn man die Photos des Raumfahrzeugs *Viking* heranzieht, das 1976 dort landete. Hätten die Vorfahren die Wahrheit gekannt, wäre der Mars heute vielleicht eher mit dem Muttertag oder dem Valentinstag verbunden als mit dem Krieg.

Jupiters berühmter, schon Jahrhunderte andauernder Sturm mit dem Namen »Großer Roter Fleck« ist ein weiteres Beispiel für eine Farbe, die gar nicht vorhanden ist. Dank der mit Computerhilfe auf-

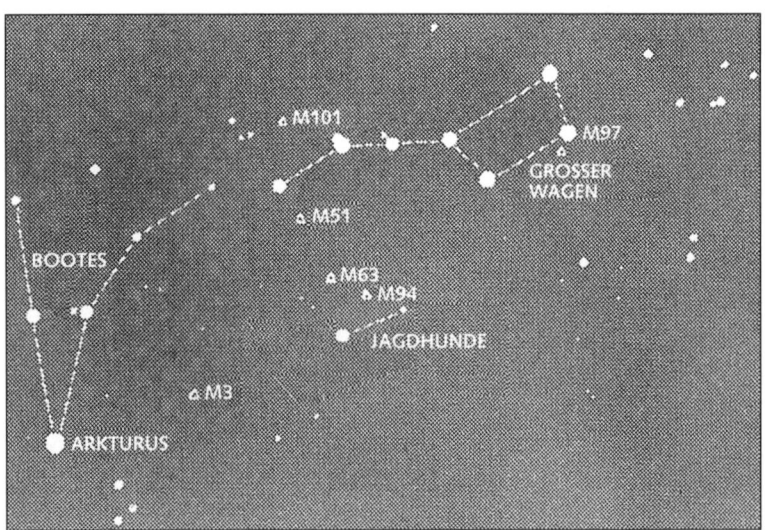

Farbkontraste: Die Sterne des Großen Wagens sind weiß, Arkturus ist orangegelb und Cor Caroli ist lila. Vielleicht.

bereiteten Bilder (die mit einer weit größeren Breite an Farben wiedergegeben wurden, als die viel langweiligere rosa-graue Wirklichkeit zeigt) unterstellen selbst manche Astronomen irrtümlicherweise, die lebhaften Farbtöne der stürmischen Wolkenoberfläche des Jupiter seien echt. Lehrbücher und Illustrierte zeigen regelmäßig Photos von Jupiter, ohne zu erwähnen, daß das Bild falsch aufbereitet wurde. Tatsächlich ist die retuschierte Version inzwischen zur eigentlichen Wirklichkeit geworden; die zutreffende Wiedergabe ist seit den siebziger Jahren kaum mehr erschienen.

Was die Venus angeht, so stammten die deutlichsten Bilder dieser höllisch brodelnden Welt von der *Mariner 10*-Mission von 1973, ehe 1991 der Forschungssatellit *Magellan* mit seiner Radarkartierung dort aufkreuzte. Doch selbst aus der nahen und günstigen Beobachtungsposition der Sonde erschien der Planet außer im ultravioletten und infraroten Licht als Scheibe ohne besondere Merkmale. Seither ist ständig ein bestimmtes Photo aus dem ultravioletten Bereich veröffentlicht worden. Da Ultraviolett unsichtbar ist, gibt es schlicht und einfach keine »richtige« Farbe. Dieses berühmte Agenturphoto ist in Gelb und Blau (und was Sie sonst noch wollen) reproduziert worden, was Millionen von Lesern mit einer Palette willkürlicher und widersprüchlicher Farbtöne der Venus versorgt hat. Dem bloßen Auge erscheint die Venus, wie Jupiter und Saturn, eigentlich in einem warmen Weiß.

Da wir gerade von Ultraviolett sprechen: Wenn es für unser Auge sichtbar wäre, würde es die häufigste Farbe im Universum sein, da jenes Reich mächtiger Energie, das hinter dem blauen Horizont liegt, alle Galaxien durchdringt. Wenn Sie weitere unsichtbare Anteile des Spektrums hinzufügen – Röntgenstrahlen, Gammastrahlen, Infrarot, Mikrowellen und alle anderen – dann haben Sie den größten Teil der Energie beisammen, die es gibt, basta. Wir sehen nichts davon. Das können Sie den Beschränkungen unserer Sonne ankreiden. Menschen sind nur auf die Wellenlängen abgestimmt, die die Sonne am stärksten abstrahlt. Unsere Sonne emittiert nur sehr wenig Gammastrahlen, und so ist es ganz klar, daß wir für sie blind sind. Das kann kein Zufall sein. Offenkundig hat sich unser Sehvermögen entwickelt, um im Tageslicht zu funktionieren. Wir nehmen das Universum mit den Augen der Sonne auf.

Wenn wir schon über die Sonne nachdenken: Sie ist nicht wirklich der gelbe Stern, den man sich gern vorstellt. Ihre flachsblonde Tönung wird erst durch unsere Atmosphäre hervorgebracht. Wenn ihre Strahlen durch die Luft dringen, werden die kürzeren (blauen) Wellenlängen von der Atmosphäre gestreut, was uns den blauen Himmel beschert. Nachdem dieses Blau erst einmal vom Licht der Sonne abgezogen worden ist, bleibt von der Sonne selbst eine wärmere, mehr ins Gelbliche gehende Erscheinung übrig, als ihr eigentlich zukommt. Wenn sie tief am Himmel steht und ihr Licht viele zusätzliche Kilometer der Atmosphäre durchdringen muß, wird dieser Effekt so ausgeprägt, daß die Sonne in tiefem Gelb oder sogar Orange erstrahlt.

Ihre wahre Farbe enthüllt sich im Schnee, der es recht gut schafft, alle Wellenlängen des Lichts gleichmäßig zu reflektieren. Die Farbe des Schnees an einem bewölkten Tag (wenn das Blau des Himmels nicht vom Boden zurückgeworfen wird) zeigt uns die eigentliche Farbe der Sonne. Das tatsächliche Weiß der Sonne wird auch offensichtlich, wenn sie außerhalb der niedrigen, dickeren Schichten unserer Atmosphäre von Astronauten im All oder von Ballonfahrern in großer Höhe betrachtet wird. Sie berichten, die Sonne sei ein Stern in reinem Weiß.

Doch selbst dieses Weiß ist eine Illusion! In Wahrheit strahlt die Sonne ein Pfauenrad aus blauen, roten, grünen und violetten Tönen ab – die Farben, die ein Prisma erzeugt. Wie wir uns erinnern sollten, bringen Prismen und Regenbogen nicht auf irgendeine Weise Farben hervor, sondern bilden nur die tatsächlich von der Sonne abgestrahlten Wellenlängen ab. Doch während Prisma oder Spektroskop sie zwangsläufig nebeneinander ablegen, damit wir sie untersuchen können, werden sie vom bloßen Auge alle zusammen aufgenommen und zu dem gemischt, was subjektiv als Perlweiß erscheint. Es ist dasselbe Licht, das auf magische Weise erscheint, wenn bunte Bühnenscheinwerfer alle gemeinsam eingeschaltet werden. So sitzen wir einem Räderwerk ineinandergreifender chromatischer Täuschungen auf: Die Sonne kommt uns gelblich vor, ist aber in Wirklichkeit weiß. Und dieses Weiß ist seinerseits nur eine Farbe, die von unserem Auge fälschlicherweise so aufgenommen wird, weil es die echten Farben der Sonne vermischt. Was für ein Schwindel!

Es ist kein Fehler der Evolution, wenn wir den großen Anteil an ultraviolettem Licht nicht sehen, den die Sonne abstrahlt. Zu unserem Glück schirmt die Atmosphäre mehr als 99 Prozent dieser gefährlichen Strahlung ab. Und weil sie auf der Erdoberfläche relativ selten ist, sind wir für sie so blind wie ein Maulwurf.

Ein anderer weitverbreiteter Mythos betrifft die Aurora borealis, das Nordlicht. Obwohl man in weiten Kreisen glaubt, Nordlichter würden eine Regenbogenfülle an Farben zeigen, ist auch hier die Wirklichkeit blasser als die Vorstellung: Ein Nordlicht ist gewöhnlich fahlgrün. Wenn noch eine Farbe auftritt, ist es normalerweise ein kräftiges Rubinrot, aber das ist schon alles.

Selbst der Nachthimmel, den jeder schon Tausende von Malen gesehen hat, wird weitgehend falsch eingeschätzt. Die meisten Menschen stellen ihn sich als schwarz vor und nicht in seiner eigentlich offensichtlichen Farbe, einem dunklen Blaugrau.

Und was ist mit dem Mond? Trotz vieler romantischer, aber nur durch die Atmosphäre eingefärbter Mondaufgänge in Orange und Gelb ist er eines der grauesten Objekte des Universums. Astronauten, die um ihn kreisen oder auf ihm landeten, vergeudeten bloß ihre Farbfilme, als sie seine einfarbige Oberfläche photographierten.

Wie wir gesehen haben, gibt es im Sonnensystem Farbillusionen im Überfluß. Lassen Sie uns nun einen großen Schritt nach draußen tun, in das Universum jenseits der Planeten.

Die Überraschung fängt in dem Augenblick an, in dem ein Teleskop in den Himmel gerichtet wird. Der junge Astronom, der farbenfrohe, wirbelnde Nebel wie auf den Photographien in den Illustrierten erwartet, ist irritiert und enttäuscht, wenn er die fast unveränderliche Einfarbigkeit sieht. Doch weder mit seinen Augen noch mit den Instrumenten ist etwas nicht in Ordnung. Da Menschen unter Schwachlichtbedingungen keine Farben wahrnehmen können, erscheinen all die zahllosen Galaxien und Sternhaufen des Universums selbst durch die größten Teleskope grau. Niemand hat je Objekte in den Tiefen des Alls in den Farbtönen gesehen, die auf Photos abgebildet sind. Ein Film enthüllt die Farbe schwach leuchtender Objekte, weil er etwas kann, wozu das Auge nicht in der Lage ist: Er kann Licht *sammeln*.

Doch dieser Vorgang läuft weder genau noch ständig gleich ab. Jede Emulsion hat andere Eigenschaften und bildet rotes, blaues oder grünes Licht in einer bestimmten Weise ab, die sich sowohl von der des menschlichen Auges als auch von der anderer Filme unterscheidet. Wenn wir Familienschnappschüsse erhalten, die ein unfähiges Photolabor entwickelt hat, erkennen wir falsche Farben, weil wir wissen, welches die korrekten Farbtöne von Haut, Bergen und Himmel sein sollten. Doch im Falle ferner Himmelsobjekte, die dem menschlichen Auge niemals Farbinformationen geliefert haben, kann sich jeder die »richtige« Farbe selbst aussuchen.

Selbst die wenigen Objekte im Weltall, die hell genug sind, uns irgendeine gedeckte Färbung zu zeigen, erlauben uns nicht, ihre wahren Farben genau zu bestimmen. Wenn wir die hellste Gaswolke am Himmel – in diesen Nächten kann man sie mit bloßem Auge in der Mitte von Orions Schwert erkennen (das sind die drei schwachen Sterne, die vom äußerst linken Stern seines Gürtels herabhängen) – mit einem großen Teleskop direkt betrachten, zeigt sie uns ein schwaches grünliches Leuchten. Auf Photographien dagegen stellt der Orionnebel Purpur- und Rottöne, aber keinerlei Grün zur Schau. Wir müssen uns also fragen, was vertrauenswürdiger ist, das visuell wahrgenommene Grün oder das vollständige Fehlen dieser Farbe auf der Abbildung.

Der Augenschein ist verdächtig, weil das Auge bei schwachen Lichtverhältnissen für Grün besonders empfindlich ist. Das fehlende Grün in den Photos ist verdächtig, weil diese Farbe in der helleren Zentralregion des Nebels auftritt, die der Film möglicherweise ausgebleicht hat, weil er zu lange belichtet wurde.

Keine davon entspricht der Wirklichkeit. Wenn ein Reisender in der Zukunft die 1500 Lichtjahre zum Orionnebel zurücklegte, würde dieser anders als die beiden Versionen aussehen und sich auch von allen Photos unterscheiden, die je davon aufgenommen wurden (siehe die Farbtafeln 1 und 2).

Die meisten Nebel, die eigenes Licht aussenden, sind jedoch rot. Und das ist nicht irgendein Rot. Es handelt sich immer um dasselbe mittlere Dunkelrot, das bei einer Wellenlänge von genau 6,563 Ångström auftritt. Das ist die häufigste Farbe des Universums, denn sie entsteht, wenn das Elektron des häufigsten Elements, des Wasser-

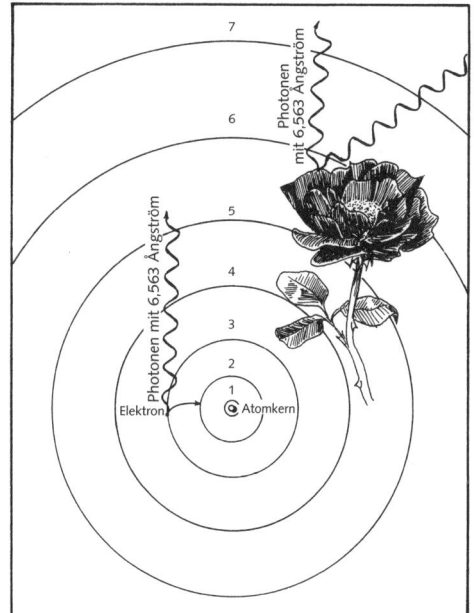

Ein 265 millionenmal vergrößertes Wasserstoffatom. Die Kreise 1 bis 7 stellen die Kugelschalen dar, die sein Elektron besetzen kann. Schale 1 ist der Grundzustand, in dem das Elektron mit der geringsten Energie verbleibt. Wenn das Elektron Energie absorbiert, springt es auf eine höhere Schale. Wenn es dann wieder auf eine niedrigere Bahn zurückspringt, emittiert es ein Photon. Falls der Sprung von Schale 3 auf Schale 2 erfolgt, hat das Photon eine Wellenlänge von 6,563 Ångström (1 Å = 10^{-10} m), genau wie die Photonen, die von einer dunkelroten Rose reflektiert werden.

stoffs, ausreichend angeregt wird, um auf eine höhere Umlaufbahn zu springen, und anschließend zurückfällt, wobei es ein Photon (ein »Lichtteilchen«) abgibt.

Das Elektron springt bevorzugt vom zweiten auf das niedrigste Energieniveau, was keiner bemerken würde, weil dabei unsichtbares ultraviolettes Licht entsteht. Doch der Sprung vom dritten auf das zweite Energieniveau ist fast ebenso häufig, und der erzeugt jene roten Photonen, die das Universum durchdringen. Wie ein unendlich weiträumiger Rotlichtbezirk ziert dieses besondere Rot unzählige Sternenphotos, denn man findet es überall im Kosmos. In einem vorwiegend mit Illusionen eingefärbten Universum stellt es einen unwandelbaren scharlachroten Schrein der Beständigkeit dar.

Nicht etwa Orange, das außer bei einigen wenigen Sternen äußerst selten ist, und auch keine andere Variante von Rot, sondern genau dieses eine Rot: Das unvergleichliche Purpurrot unserer irdischen Rosen ist die bevorzugte Farbe des Universums.

Das Reich der Galaxien

Der Taxifahrer dreht sich um und fragt: »Wo wollen Sie hin?« Das ist eine gute Frage. Wo befinden wir uns gerade, und wohin geht die Reise? Rund um die Sonne? Dehnt sich alles weiter ins Unendliche aus? Angezogen von einem Großen Attraktor (siehe Seite 161)? Rasen wir auf Wega zu? Steuern wir einem Zusammenstoß mit Andromeda entgegen? Nehmen Sie astronomische Zeitschriften zur Hand, wird es Ihnen schwerfallen, in all dem einen Sinn zu finden. Wir könnten dem Fahrer genausogut sagen »Fahren Sie uns einfach ein wenig herum«, und dann aus dem Fenster schauen, örtliche Anhaltspunkte ausfindig machen und versuchen, unser Schicksal zu enträtseln.

Leben wir in der Nähe eines großen Verkehrsknotens oder irgendwo draußen auf dem Land? Wenn ein Raumschiff der Außerirdischen unseren Abschnitt des Universums besuchen sollte, gäbe es irgend etwas besonderes bei uns, etwas, das die Aufmerksamkeit auf sich zöge?

Wahrscheinlich nicht – wenn die Neugier der Außerirdischen nicht zufällig durch die Zeichen fragwürdiger Intelligenz geweckt würde, die von unseren Fernsehsignalen übermittelt werden. Denn unsere Sonne funkelt in einem abgelegenen Spiralarm der Galaxis; würden *Sie*, wenn Sie auf eine glitzernde Stadt zuflögen, die Sie noch nie zuvor besucht haben, als erstes eine unscheinbare Vorstadt ansteuern?

Wenn Sie ein normaler Außerirdischer wären, der gerne Spaß hat, würden Sie sich an den Lichtern der Stadt orientieren. Sie würden in der größten, hellsten, belebtesten und aktivsten Region niedergehen und dort mit Ihrer Suche nach Leben beginnen. Wo würden wir also in unserem Winkel des Kosmos den Broadway und die

42. Straße finden? Wenn wir unsere Aufmerksamkeit auf unsere eigene Galaxie richten, zeigt sich deren hellster Bereich im Zentrum der Milchstraße, die in Sommernächten traumhaft am südlichen Himmel schwebt. Doch wenn wir unseren Blick nicht auf den heimischen Kirchturm beschränken, sondern die Perspektive unserer außerirdischen Besucher einnnehmen, die vielleicht aus einer fernen Region der Wirklichkeit kommen, so stammt der größte Lichterglanz in dem ganzen Sektor ...

... vom Virgo-Galaxienhaufen. Diese phantastische Region, fast ein Universum für sich, ist in Frühlingsnächten bequem auf halber Höhe des südlichen Himmels auszumachen. Ehe Sie aber versuchen, auf das Summen von Neonröhren zu lauschen oder nach hellen Lichtern Ausschau zu halten, sollten Sie sich gesagt sein lassen, daß sich diese Region zunächst nur als enttäuschend dunkler Ausschnitt des Himmels bemerkbar macht. Doch diese Dunkelheit ist wichtig: Um in die weiter entfernte intergalaktische Umgebung blicken zu können, müssen wir über die Ränder unserer Milchstraße hinausschauen, das heißt, wir müssen uns vorsätzlich

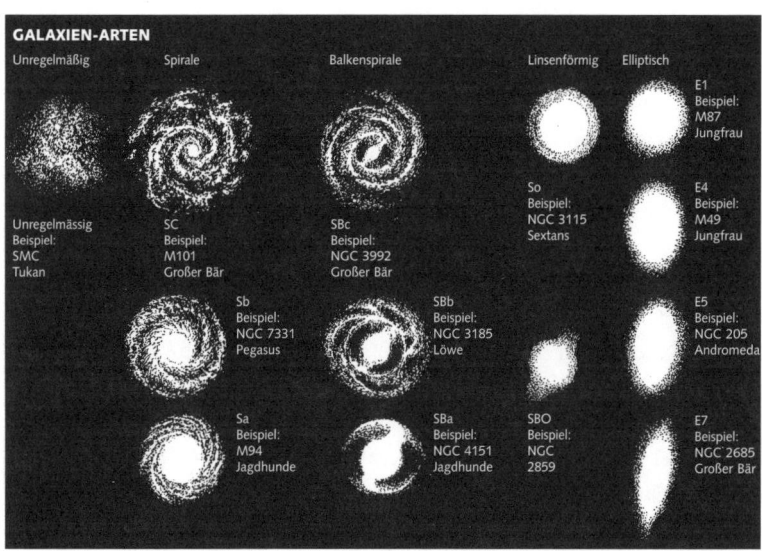

Für alle, die die Dinge gern in Klassen einteilen, haben wir hier die verschiedenen Kategorien von Galaxien aufgeführt. Jede besteht aus vielen Milliarden Sonnen. Unsere eigene Milchstraße gehört zum Typ SBc.

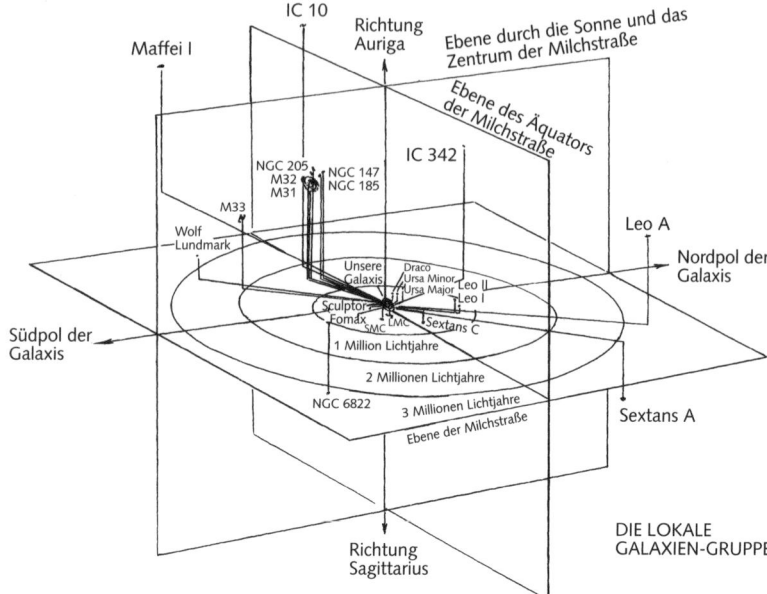

Um den dreidimensionalen Raum auf einer Ebene darstellen zu können, haben die Astronomen die drei hier gezeigten Ebenen eingerichtet. M31 ist die Andromeda-Galaxie.

von den reichen Sternengefilden und dem sahnigen Glanz der Ebene der Galaxis abwenden, die sich über das Firmament des Sommers ergießt. Der Frühlingshimmel ist nicht auf diese örtliche Aktivität gerichtet, sondern zeigt auf einen spärlich besetzten, dünnen Schleier unserer Milchstraße – ein offenes Fenster in die gähnende Leere des außergalaktischen Raumes.

Wir sind die erste Generation, die die Architektur des Universums erfaßt. Noch während des ersten Viertels des zwanzigsten Jahrhunderts glaubten viele Astronomen, eine einzige Galaxis sei schon die ganze Veranstaltung. Als das wahre Bild in den Blick geriet, standen wir da wie Rip Van Winkle; allerdings hatte unser Schlaf Jahrhunderte gedauert.

Als wir unsere Umgebung zunächst wie benommen erfaßten, stellten wir fest, daß uns Galaxien – riesige Sternenansammlungen – umgeben, die in drei Formen auftreten. Es gibt kugelförmige oder elliptische (die im allgemeinen eine gewaltige Anzahl

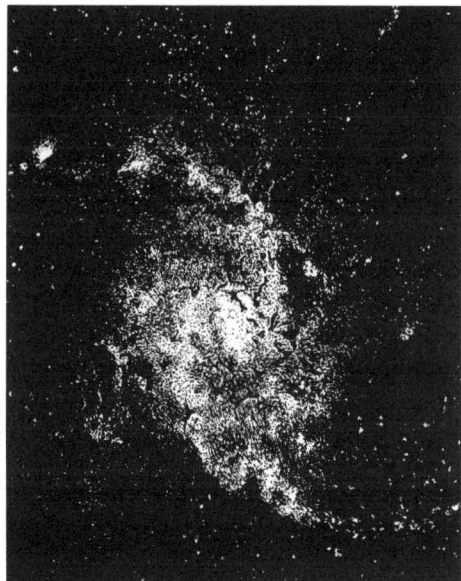

M33, die Feuerrad-Galaxie, ist die kleinste der drei Spiralen in unserer Lokalen Gruppe von Galaxien.

von Sternen enthalten), schöne Spiralen wie die unsere, die wie erstarrte Feuerräder aussehen und dazu noch seltsame, unregelmäßige Galaxien, die überhaupt keine besondere Form haben und meist winzig sind.

Kleine Galaxien sind so häufig wie Eintagsfliegen. Oft segelt eine große Spirale wie die Milchstraße oder Andromeda in Begleitung mehrerer dieser kleinen unregelmäßigen Gebilde durch das All. Der größte Teil dieser Zwerggalaxien ist so dünn und lichtschwach, daß man noch in den letzten Jahrzehnten einige neue in unserem eigenen Hinterhof entdeckt hat. Wenn es schon so schwierig ist, die benachbarten aufzuspüren, muß das große freie Universum von zahllosen unbemerkten Zwergen nur so wimmeln; unsere Sternenkataloge sind dann bloß eine einseitige Sammlung der größeren Galaxien, die wie Leuchttürme über die Ozeane der Leere blinken.

Unsere Galaxis ist Teil einer Versammlung, die wir mit einem erheblichen Mangel an Vorstellungskraft die »Lokale Gruppe« nennen. Diese kleine Ansammlung von Galaxien wird vom gewaltigen und majestätischen Andromedanebel beherrscht. Das zweitgrößte

Mitglied ist unsere Milchstraße, gefolgt von einer hübschen kleinen, blauen Spirale namens M33 – der Feuerrad-Galaxie.

Wenn Sie diesem Trio von Spiralen noch die irregulären Mitglieder wie die Magellanschen Wolken und zwei Dutzend weitere Zwerge hinzufügen, haben Sie schon die ganze hiesige Mannschaft beisammen. Die Lokale Gruppe teilt sich nicht bloß dasselbe Viertel; wir sind so dicht gepackt, daß wir im Netz unserer gemeinsamen Gravitation gefangen sind. Vielleicht bildeten wir kurz nach der Geburt des Universums sogar denselben protogalaktischen Nebel (eine Gaswolke). Unsere Lokale Gruppe von Galaxien, etwa dreißig an der Zahl, besetzt ein himmlisches Grundstück mit einem Durchmesser von ungefähr 4 Millionen Lichtjahren.

Ganz in der Nähe gibt es andere merkwürdige Galaxien, wie zum Beispiel eine Spirale mit dem Namen Maffei 1, die sich hinter der anderen Seite unserer Milchstraße sowie jenseits der Sterne von Cassiopeia verbirgt und erst vor ein paar Jahren entdeckt wurde. (Man stelle sich vor: Direkt nebenan schwebte ständig ein unbekanntes Sternenreich! Es war von nahegelegenen Staubwolken verdeckt und deshalb die ganze Zeit hindurch verborgen geblieben, bis unsere technische Ausrüstung endlich mit unserer Neugier Schritt halten konnte.) Solche schäbigen Allerweltsgalaxien mögen unsere Aufmerksamkeit vielleicht vorübergehend auf sich ziehen, doch fällt uns der Unterkiefer erst herab, wenn wir in einer Entfernung von 50 Millionen Lichtjahren, jenseits der Sterne der Jungfrau, eine Ansammlung von Galaxien erspähen, deren Mitgliederzahl sich auf mindestens zweitausendfünfhundert beläuft.

Da stellt sich doch sofort die Frage: Wie ist es möglich, daß der eine Haufen nur dreißig Galaxien enthält, ein anderer aber Tausende? Die Antwort könnte vielleicht lauten, wir sind gar keine eigenständige Gruppe. Möglicherweise ist unsere Lokale Gruppe nichts als ein abgelegener Außenposten des Virgo-Galaxienhaufens!

Inzwischen ist diese Abwertung unserer Lokalen Gruppe von fast allen Astronomen akzeptiert worden. Tatsächlich ist das Gebiet um Virgo mit weiteren vorstädtischen Galaxienknoten gesprenkelt; unsere eigene Stellung ist also nicht einzigartig. Deshalb müssen wir unsere Loyalität verlagern. Wir gehören zur Jungfrau! *Diese* Region in einem dunkleren Abschnitt des Frühlingshimmels ist

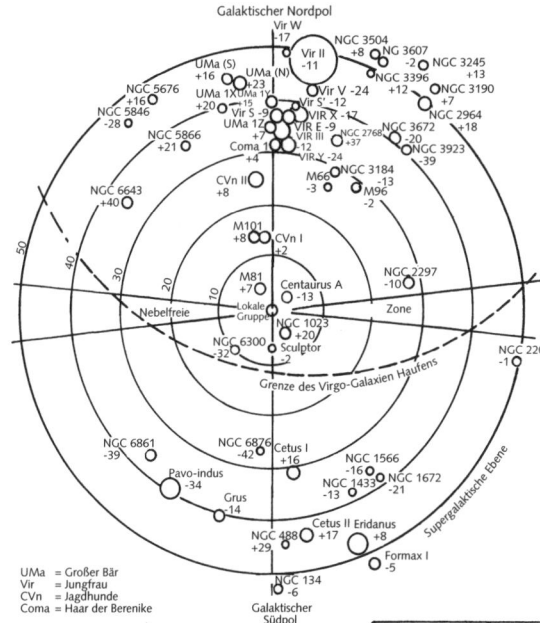

Ansicht vom Weltraum aus: Unsere Galaxis befindet sich im Mittelpunkt dieser Illustration.

Von der Erde aus gesehen: Innerhalb des Sternbilds Jungfrau und in seiner Umgebung ist der Frühlingshimmel mit Galaxien übersät.

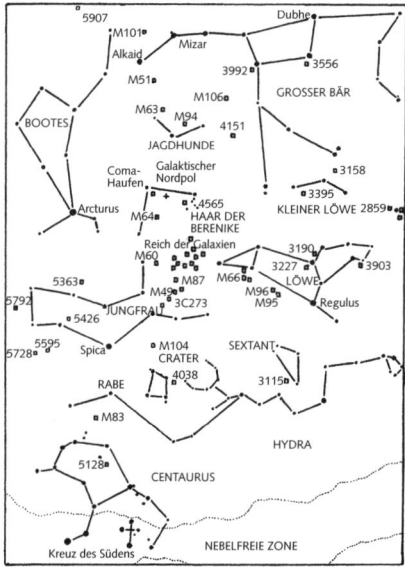

Die faszinierende »Nebelfreie Zone« erstreckt sich in dem Bereich, wo die Ebene der Milchstraße unseren Blick auf ferne Galaxien verdeckt. Die Zone der geringsten Beeinträchtigung liegt im Umkreis der galaktischen Pole, die auf einer Senkrechten zur Milchstraßenebene liegen.

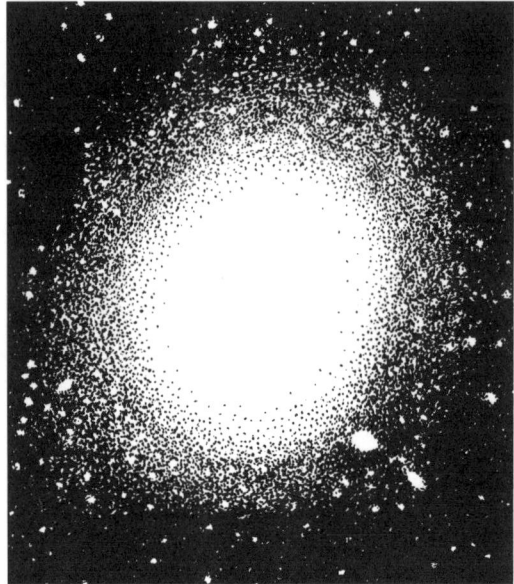

Die gewaltige ellipti-
sche Galaxie M87 im
Zentrum des Virgo-
Haufens. Die kleine-
ren Sphären gehören
zu den fünfzehntau-
send kugelförmigen
Haufen, die das helle
Innere der Galaxie
wie ein Schwarm
Leuchtkäfer umrin-
gen.

der Times Square in diesem Quadranten des Universums. Dort ist
»Downtown«, dort ist was los.

Deshalb würden die ankommenden Außerirdischen unserem
kleinen abgelegenen Weiler keinen zweiten Blick zukommen lassen. Sie würden sich den hellen Lichtern der Jungfrau zuwenden.
Übrigens wußten wir schon immer, daß dort etwas Seltsames im
Gange war. Alte Sternkarten bezeichneten den Himmelsausschnitt
um Virgo interessanterweise als »Reich der Nebel«, weil durch die
Fernrohre so viele verschwommene Wirbel zu sehen waren. Natürlich hielt man die undeutlichen Flecken damals für nahegelegene
Gaswolken, örtliche Sonnensysteme im Frühstadium ihrer Entwicklung. Das stand in Gegensatz zu den breiten Schwaden in der
Himmelsgegend, die 90 Grad davon entfernt liegt und durch die
Milchstraße definiert wird. Sie wurde als »Nebelfreie Zone« bezeichnet, weil sie seltsamerweise *keine* verschwommenen Wirbel
enthielt. Heute ist die Lösung des Rätsels offensichtlich: Entlang
der Milchstraßenregion des Himmels sind keine äußeren Galaxien
zu finden, weil die Ebene unserer eigenen Galaxis den Blick auf alle
Hintergrundgalaxien verhindert, ähnlich wie ein dichter Bienen-

schwarm, der die Felder dahinter verdeckt. Deshalb entzog sich auch Maffei so lange unserer Wahrnehmung, ehe Radioteleskope und Satellitenbeobachtungen auf unsichtbaren Wellenlängen seine Anwesenheit enthüllten. Mittlerweile wissen wir, was entlang dieser rätselhaften »Nebelfreien Zone« ausgespart worden war: das ganze übrige Universum!

Das Reich der Galaxien – der Virgo-Haufen – ist ein Atlas willkürlich verstreuter und in alle möglichen Ebenen ausgerichteter Galaxien. Sein größtes Mitglied – dessen Name, M87, nicht unbedingt inspirierend wirkt – hockt ziemlich genau im Zentrum.

Es erscheint fast schon komisch, daß ein so ehrfurchtgebietendes Gebilde wie eine Galaxie, die Abermilliarden von Sonnen und Planeten beherbergt, eine Bezeichnung tragen soll, die eher einem Nummernschild entspricht. Andererseits befinden sich heute mehr als 10 Milliarden Galaxien in unserem Sichtbereich. Die Aufgabe, jeder von ihnen einen eigenen Namen zuzuweisen, hätte ihren Zauber schnell verloren.

M87 gehört zu den größten Galaxien, die wir kennen, ein gewaltiger elliptischer Fleck, der wohl nie einen Schönheitspreis gewinnen wird. Doch immerhin ist es die größte Zusammenballung des Universums. Sie besteht aus mehreren Billionen Sonnen, da kommt es auf eine mehr oder weniger nicht an, und wahrscheinlich der gleichen Anzahl an Planeten. Das bedeutet, wenn man Sie mit der Aufgabe betrauen würde, ihre Sterne zu zählen – nicht sie zu besuchen oder ihre Eigenschaften aufzulisten, sondern nur zu zählen – und Sie es schaffen würden, in jeder Sekunde zehn abzuhaken, würde die Mission von der letzten Eiszeit bis zum heutigen Tag dauern.

Im Zentrum von M87 befindet sich ein riesiges Schwarzes Loch. Tausende kugelförmiger Sternhaufen, jeder aus Hunderttausenden von Sonnen bestehend, umkreisen es. M87 stellt praktisch einen Kosmos für sich dar. Für alle seine eventuellen Bewohner wäre es mehr, als sie je erkunden könnten. Das übrige Universum einschließlich unserer lokalen Gruppe würde ihnen ausgesprochen uninteressant und vollkommen überflüssig vorkommen.

Fast mit Lichtgeschwindigkeit rast aus M87 ein gewaltiger glühender Doppelstrahl aus Materie heraus. Diese seltsame zweifache Struktur gibt Strahlung und Energie von ungeheurer Gewalt ab.

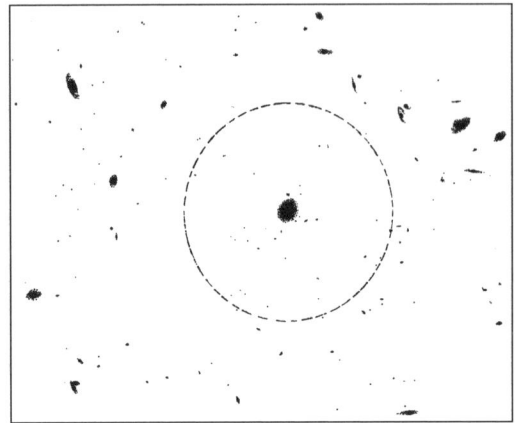

Mit ihrer Masse von zwanzig Milchstraßen liegt M87 schwer inmitten des Virgo-Galaxienhaufens. Ihre 30 Millionen Grad heiße Gashülle erstreckt sich bis zu dem gestrichelten Kreis – sein Durchmesser beträgt 1 Million Lichtjahre.

Mit Radioteleskopen kann man sie noch über die Kluft von 50 Millionen Lichtjahren, die uns in sicherem Abstand von ihr hält, laut hören. Der Ursprung davon könnte das kolossale Schwarze Loch in ihrem Kern sein.

Das zentrale Schwarze Loch von M87 ist nicht bloß ein kollabierter Stern. Seine Masse beträgt, wie man berechnet hat, zwischen 10 und 100 Millionen Sonnenmassen. Weil ein derartig schweres Schwarzes Loch paradoxerweise nicht die alles zerquetschenden Anziehungskräfte der kleineren besitzt (weil es von Anfang an weniger verdichtet ist, was den Effekt abschwächt), könnte es möglicherweise einen gangbaren Tunnel in eine andere Zeit oder zu einem anderen fernen Ort im Universum darstellen. Ein geschickter und wagemutiger Pilot könnte ein Raumschiff durch dessen Ereignishorizont (siehe Seite 136) rasen lassen und es genau durch diese außerirdische Unterführung in Regionen steuern, die jenseits unserer Vorstellung liegen.

Allerdings wird niemals jemand die Gelegenheit erhalten, es zu versuchen. Falls wir eines Tages in der Lage sein sollten, annähernd mit Lichtgeschwindigkeit zu reisen, würde die Fahrt zum Virgo-Haufen dieselbe Zeitspanne erfordern, wie seit dem Zeitalter der Dinosaurier verstrichen ist. Selbst die hellsten Galaxien von Virgo sind zu weit entfernt, als daß man sie ohne optische Hilfen sehen könnte. Ein normales Fernglas zeigt sie kaum als Dunstflecken. Erst in größeren Amateurteleskopen gibt Virgo widerwillig Einzelheiten preis, und selbst dann nur über ein paar unverwechselbare Mitglieder wie die berühmten Galaxien mit den Bezeichnungen »Sombrero« und »Black-Eye« (»Schwarzes Auge«). Selbst die Auszeichnung, der nächstliegende große Galaxienhaufen zu sein, hat nicht ausgereicht, der Jungfrau die Aufmerksamkeit des Publikums zu verschaffen. So schwebt sie, aus den Augen, aus dem Sinn, unsichtbar in den traumhaften Tiefen der Nacht.

Wenn wir noch tiefer in den Raum hineinschauen, zu entfernteren Gruppen von Galaxien, erscheinen deren Mitglieder zu klein und zu schwach, um noch irgendwelche bedeutsamen Einzelheiten zeigen zu können, und zwar unabhängig vom Instrument. Es mag eindrucksvoll klingen, wenn man von einer Galaxie spricht, die, sagen wir mal, 500 Millionen Lichtjahre entfernt ist. Doch die großartigsten Bilder galaktischen Glanzes stammen alle aus unserer eigenen Region des Weltalls. Bei den überwältigenden Photos der letzten Zeit, die in Illustrierten oder teueren Bildbänden abgedruckt worden sind, handelt es sich fast immer um Darstellungen von Virgo, der Lokalen Gruppe und den dazwischen verstreuten Galaxien.

Während die Mitglieder der Lokalen Gruppe das Gelübde der Schwerkraft abgelegt haben, um für alle Zeit vermählt zu bleiben, liegt der Virgo-Haufen weit genug entfernt, daß der dazwischenliegende Raum durch die **Hubble-Fluchtbewegung**, eine der Bezeichnungen für die Expansion des Universums, gedehnt wird. Da der Kosmos größer wird, verabschieden sich jene Tausende von Galaxien mit einer Geschwindigkeit von 180 Kilometern in der Sekunde. Wenn wir eine Rakete abschießen wollten, um eine der Virgo-Galaxien zu besuchen, müßten wir noch 180 Kilometer pro Sekunde extra zulegen, nur um mit der Ausdehnung des Weltalls, das zwischen uns liegt, Schritt halten zu können.

Das scheint direkt aus einem Alptraum zu stammen, den man von zuviel Pizza vor dem Schlafengehen bekommt: Sie versuchen, einen Flur hinunter zu rennen, doch während Sie ihre Beine bewegen, wird der Korridor vor Ihnen immer länger. Da unsere besten Raketen derzeit nur ein Zehntel dieser Geschwindigkeit schaffen, liegt noch ein langer Weg vor uns, ehe wir auch nur mit der Expan-

Das »Schwarze Auge« der Galaxie M64 in der Konstellation *Coma Berenices* (Haar der Berenike) wird von großen Staubwolken verursacht, die über ihrem Zentrum liegen.

sion des Universums in unserem engen Winkel des Kosmos mithalten können.

Das bringt uns zum zweiten Teil der Frage, die wir vorhin im Taxi erwogen haben: Wohin geht die Reise, und mit welchem Tempo? Wie vor einem Jahrhundert gezeigt wurde, ist absolute Bewegung ein untaugliches Konzept. Und da es im Raum kein festes Raster gibt, an dem wir unseren Standort ablesen könnten, sind wir stets gezwungen, unsere Geschwindigkeit relativ zu irgend etwas anderem auszudrücken.

Wir wissen zum Beispiel, daß unsere Erde die Sonne mit 29 Kilometern pro Sekunde umkreist. Doch wenn die Leute daraufhin unterstellen, sie flögen mit dieser Geschwindigkeit durchs All und kämen nach dem Jahr des Umlaufs wieder an den Ausgangspunkt zurück, so vereinfacht das den Sachverhalt so weit, daß Vorstellungen an die Stelle der Tatsachen treten. Zusammen mit der Sonne, soviel für den Anfang, bewegt sich unser Planet mit fast 20 Kilometern pro Sekunde (das sind 72 000 Kilometer pro Stunde) auf den hellen Stern Wega zu, weshalb wir keinen Umlauf jemals wirklich in dem Sinn »vollenden«, daß wir wieder an den Ausgangspunkt zurückkehren. Unser Weg durch das Weltall ist kein geschlossener Kreis, sondern eine Spirale, die einer endlosen Bettfeder gleicht.

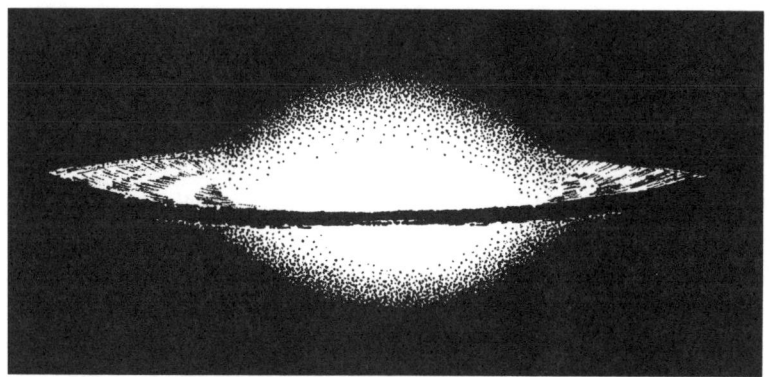

Die Sombrero-Galaxie ist eine enge Spirale, die etwa 60 Millionen Lichtjahre entfernt in der Richtung des Sternbilds Virgo (Jungfrau) liegt.

Überdies befinden wir uns auch auf einer noch schnelleren Reise um den Mittelpunkt der Galaxis, mit mehr als 300 Kilometern in der Sekunde. Das ist eine wahrhaft rasende, ungeheure Vorwärtsbewegung, etwa vierhundertmal schneller als eine Gewehrkugel. Dennoch übersieht man sie sehr leicht, weil alle anderen Sterne unserer Umgebung in dieselbe Richtung fliegen. Diese schnelle galaktische Fahrt, die unsere ganze himmlische Nachbarschaft einschließt, ändert aber das Erscheinungsbild der nächtlichen Konstellationen im Lauf der Jahrhunderte nicht sehr einschneidend. Im allgemeinen nehmen wir sie nicht zur Kenntnis und konzentrieren uns auf kleine Veränderungen innerhalb dieser Strömung. Der banale Spaziergang zur Wega mit 20 km/s ist nichts als eine kleine Seitenströmung im großen, vorwärtstreibenden Fluß – und doch verkünden manche Lehrbücher lediglich, wir bewegen uns auf Wega zu, und Punkt, als ob die Geschichte damit abgetan wäre.

Dabei vollzieht unser lebhafter Planet allein innerhalb unserer Galaxis drei große Bewegungen. Und außerdem ist da noch die Odyssee, an der wir als Teil dieser Galaxis teilnehmen, die ihrerseits mit etwa 80 Kilometern pro Sekunde in Richtung Andromeda rast.

Oder stehen wir still, und Andromeda kommt auf uns zu?

Hier kommen wir an den Punkt, wo wir nicht sagen können, wer sich denn eigentlich bewegt. Da es keinen entsprechenden äußeren

Bezugspunkt gibt, können wir über die Bewegung unserer Galaxis keine gültige Aussage machen. Man benötigt immer ein drittes Objekt, wenn man die Bewegungen zweier anderer Körper beschreiben will, genauso, wie man zwei braucht, um die Bewegung *eines* der beiden Objekte sinnvoll angeben zu können.

Das ist nicht klar? Betrachten Sie es einmal so: Wenn es im Universum nichts außer der Erde gäbe, wäre es sinnlos, von Bewegung zu sprechen. Sie könnten Raketentriebwerke an ihrer Unterseite anbringen und sie damit beschleunigen, und die Erde würde weiterhin unverändert schnell fliegen – nämlich überhaupt nicht. Denn welche Bedeutung sollte es haben, sich durch das Nichts zu bewegen? Sobald Sie allerdings ein zweites Objekt (sagen wir, den Mond) hinzufügen, könnten Sie plötzlich sagen, die Erde sause mit der und der Geschwindigkeit auf den Mond zu. Sie sollten sich jedoch klarmachen, daß dies noch nicht genug Anhaltspunkte liefert, um erklären zu können, wer sich eigentlich bewegt. Es könnte sich auch der Mond bewegen, während die Erde an Ort und Stelle bleibt, und Sie wären nicht in der Lage, einen Unterschied festzustellen. Man kann lediglich sagen, »die Erde bewegt sich *im Verhältnis* zum Mond mit der Geschwindigkeit x«. Um feststellen zu können, wer sich denn nun bewegt hat, die Erde oder der Mond, würden Sie zumindest einen weiteren Körper als äußeren Bezugspunkt benötigen.

Deshalb sagen wir einfach, der Abstand zwischen uns und Andromeda verringert sich in jeder Sekunde um 80 Kilometer. Wir können nicht angeben, wer sich auf wen zubewegt, solange wir keine anderen Galaxien in unserer Gruppe als Bezugspunkt heranziehen. Doch es gibt zu wenige von ihnen, und außerdem sind sie ebenfalls alle in Bewegung, was die ganze Angelegenheit ziemlich ins Wackeln bringt.

Eine »absolute Bewegung« können wir noch am ehesten wahrnehmen, wenn wir uns Unregelmäßigkeiten in der Hintergrundstrahlung des Urknalls, die den ganzen Weltraum durchdringt, ansehen. Ihre Temperatur von 2,735 Grad Celsius (in der Kelvin-Skala, die am absoluten Nullpunkt beginnt, wo alle Molekularbewegungen erstarren) weist etwas höhere oder tiefere Werte auf, wenn man sie in entgegengesetzten Himmelsrichtungen mißt. Das muß an einer im Verhältnis zur gesamten Ausdehnung des Universums abweichenden Eigenbewegung unseres Systems liegen.

Endlich – ein »äußerer« Bezugspunkt! Er besagt, daß wir auf das Sternbild Hydra zufliegen, das ganz nah bei der Jungfrau liegt. Wir – und der ganze Virgo-Galaxienhaufen – werden demnach von einem unbekannten, ungeheuer massiven Etwas, das jenseits des Virgo-Haufens liegt, schräg zur Hubble-Fluchtbewegung angezogen. Man hat diesen »Großen Attraktor«, als der das Etwas bekannt wurde, in Frage gestellt, und seit Mitte der neunziger Jahre gilt er entweder als ein gigantisches Objekt oder als ein gigantischer Fehler.

Doch selbst damit können wir nur ein Gefühl für unsere Abweichung von der gleichmäßigen Ausdehnung des Universums bekommen, aber nicht erfahren, wo wir uns absolut gesehen befinden. Auch die Unwirklichkeit der absoluten Bewegung sollte uns nicht rätselhaft vorkommen. Wenn Sie zum Beispiel in einem Flugzeug sind, vermeiden Sie den Zusammenstoß mit der überlasteten Flugbegleiterin und ihrem Wagen deshalb, weil Sie sich auf deren Bewegung in Bezug auf Ihre eigene konzentrieren. Sie machen sich jedenfalls nicht die Mühe, die jeweiligen Flugbahnen beider Teilnehmer durch den Raum zu berechnen. Wenn Sie nämlich Ihre *wahre* Bewegung (die 800 km/h des Flugzeugs, die 105 000 km/h der Erde und alles andere) in die Kalkulation aufnähmen, dürfte es unmöglich sein, die Bewegungen und Ereignisse zu berechnen, durch die es Ihnen letztlich gelingt, die Diätlimo genau auf den Passagier im Sitz 16 C zu schütten. Und schon gar nicht, wie Sie es vermeiden könnten. Sowohl auf Erden wie auch in himmlischen Gefilden kommt es nur auf örtlich begrenzte Handlungen an, die sich auf ein zeitweilig bedeutsames Objekt richten.

Um das Ganze abzurunden, könnte man behaupten, im tiefsten Grund der Wirklichkeit bewege sich niemand irgendwohin. Wie uns die Relativitätstheorie erklärt, verändert sich die Entfernung in Abhängigkeit von der eigenen Geschwindigkeit; demnach liegt selbst die fernste Galaxie nur ein paar Straßenzüge entfernt, wenn man knapp unterhalb der Lichtgeschwindigkeit reist. Wir können auf die Sterne blicken und angesichts ihres ungeheuren Abstands tiefe Ehrfurcht empfinden, doch wie Alice in einem ihrer Abenteuer könnte die Entfernung zwischen zwei Objekten ganz leicht schrumpfen, wenn sich Ausgangsbedingungen wie Gravitation und Geschwindigkeit verändern.

Wenn Sie den Abstand zwischen sich und der gegenüberliegenden Seite des Zimmers ausmessen, lesen Sie auf dem Zollstock vielleicht 4,2 Meter ab. Wenn Sie aber mit der absolut zulässigen Geschwindigkeit von 297000 Kilometern pro Sekunde (99 Prozent der Lichtgeschwindigkeit) unterwegs wären und am selben Punkt, den Sie jetzt gerade einnehmen, die gleiche Messung durchführen würden, würden Sie auf dem Maßband 60 *Zentimeter* ablesen! Ihr Meßgerät wäre nicht etwa durch irgendeinen unerklärlichen Vorgang beeinträchtigt worden; der Raum ist in diesem Fall tatsächlich nur 60 Zentimeter lang. Länge und Entfernung sind austauschbare Größen.

Wenn Sie die Lichtgeschwindigkeit *erreicht* hätten, würden Sie sich überall im Universum gleichzeitig befinden! Im letztgültigen Sinn – wenn man dieselbe Wahrnehmung hätte wie ein Photon – gibt es nur einen einzigen Ort im Kosmos, und dieser Ort ist schlicht und einfach »hier«.

Es gibt also wirklich örtliche Orientierungspunkte, und der größte davon ist das Heer von Galaxien, die hinter den Sternen der Jungfrau aufgereiht sind. Unser *Ort* im Kosmos ist ziemlich eindeutig. Doch was unsere Bewegung und unser Ziel angeht, können wir nur feststellen, daß wir uns nirgendwohin begeben – und zwar schnell!

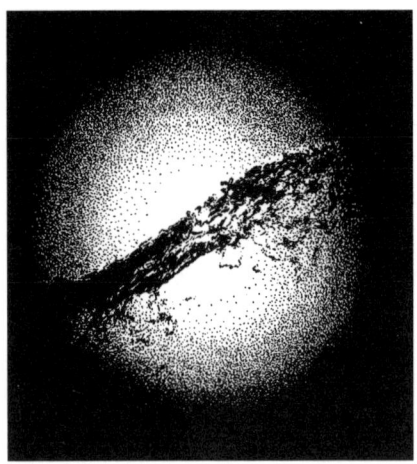

Nur selten ist der Kern einer elliptischen Galaxie von einem Staubgürtel umgeben, doch das ist nur eines der Geheimnisse um Centaurus A in der Konstellation Virgo. Sie weist auch zwei gigantische Auswüchse aus ionisiertem Gas auf, die sich über 2,5 Millionen Lichtjahre erstrecken. Sie würden sowohl Andromeda als auch unsere Galaxis einhüllen, wenn sich Centaurus A zwischen uns befände.

Jupiters Geheimnisse

Auch wenn wir es genießen, in begriffliche Bodenlosigkeiten wie den gekrümmten Raum oder fünfte Dimensionen einzutauchen, hat der richtige Nachthimmel doch einen besonderen Zauber. Ein schneller Schritt nach draußen bringt uns die besänftigende Ruhe des bestirnten Gewölbes, und plötzlich finden wir da etwas ganz Schlichtes: den hellsten »Stern« des mitternächtlichen Himmels – den Planeten Jupiter. Doch da ist noch mehr – weit mehr –, als sich dem Auge erschließt. Denn auf jeden Roboter, den wir als Abgesandten zu ihm schicken, antwortet Jupiter, indem er uns mit immer noch tieferen Geheimnissen neckt. Einst hatte man ihn für das schlichte Beispiel einer kolossalen Kugel aus Wasserstoff und Ammoniak gehalten, doch dieser gewaltige, lebhafte Ball aus wirbelnden Farben versetzt uns in zunehmend größeres Staunen.

Schauen Sie ihn an. Außer dem Mond und der Venus in der Dämmerung strahlt nichts so hell wie er. Behütet von mächtigen Magnetfeldern, die ihn mit tödlicher Strahlung umgeben, ist Jupiter zwar auffallend leicht zu finden, aber nichtsdestoweniger rätselhaft. So ist es auch kein Wunder, daß ihn die Menschen des Altertums für den »König der Götter« hielten, ein Rang, den ihm sowohl die Griechen als auch die Römer zuteil werden ließen, wobei er für letztere der allmächtige Jupiter war. Sie glaubten, er habe die absolute Gewalt über ihr Leben und versuchten darüber hinaus nicht einmal, ihm irgendwelche Eigenschaften zuzuschreiben. Jupiter war der Herrscher über alles, Punktum. Und jene alten Kulturen lagen nicht allzuweit daneben: Unser heutiges Wissen bestätigt Jupiters königlichen Rang.

Jupiter ist so groß, daß ihn eintausenddreihundert Planeten von der Größe der Erde nicht ganz füllen könnten. Seine Masse beträgt mehr als das Doppelte der Gesamtmasse aller anderen Planeten. Unser Sonnensystem besteht im wesentlichen aus der Sonne und Jupiter. Alles übrige ist Zugabe.

Doch selbst in unserer in den Superlativ verliebten Kultur würde Größe allein nicht ausreichen, ihn als einen der wirklich erstaunlichen Schätze des Museums der Nacht zu bewerten. Er strotzt auch vor Kraft, jener Art roher Gewalt der Schwerkraft, die Monde und Kometen an sich reißt und sie achtlos in neue Richtungen schleudert. Dazu kommt noch die Kraft in seinem Inneren – ein Mahlstrom aus Magnetfeldern und ständigen Blitzen, die mit tödlicher Stärke und unbekannten Auswirkungen aufleuchten. Und genug Schönheit, um es mit einem Dutzend Uranussen oder Neptunen aufnehmen zu können. Die meisten Astronomen würden ihn ohne zu zögern als den ehrfurchtgebietendsten Planeten des bekannten Universums bezeichnen.

Um ihn mit unserem Verstand zu erkunden, sollten wir ihn zunächst am Himmel aufspüren; diese Aufgabe ist ganz einfach, weil wir nur auf den hellsten »Stern« am mitternächtlichen Himmel zeigen müssen.

Wenn wir uns die untenstehende Tabelle mit den hellsten Daten des Jupiter ansehen, erkennen wir das einfache Muster sofort: Der Zeitpunkt der größten Auffälligkeit Jupiters verschiebt sich jedes Jahr um einen Monat.

Sie können seine Wirkung noch um ein paar Stufen steigern, wenn Sie einen gewöhnlichen Feldstecher auf ihn richten. Da Jupiter lediglich 640 Millionen Kilometer von uns entfernt ist, befindet er sich nahe genug bei uns, um sich als Scheibe, als Umriß zu zeigen, selbst wenn man ihn durch das billigste Fernglas betrachtet. Eine

Jupiter auf dem Höhepunkt

In diesen Nächten ist Jupiter um Mitternacht der hellste und höchste »Stern«:

1999: 23. Oktober	2002: 1. Januar	2005: 3. April
2000: 28. November	2003: 2. Februar	2006: 4. Mai
2001: 31. Dezember	2004: 4. März	2007: 5. Juni

solche mit einem Feldstecher hervorgerufene Verwandlung von einem Punkt in eine erkennbare Scheibe entfaltet sich nur bei zwei Objekten des Universums; das andere ist die Venus. All die Tausende von Sternen und die wenigen verbleibenden Planeten sind immer nur als bloße Lichtpunkte zu sehen. (Na schön, im Fernglas sieht Saturn aus, als wäre er ein wenig länglich, doch seine Ringe sind nicht erkennbar.)

Außerdem führt uns Jupiter ein aufregend gut sichtbares Gefolge von Monden vor, die wie in einer Lichterkette aufgereiht sind. Die vier kleinen Flecken, die den Jupiter umringen, ändern jede Nacht ihre Anordnung: drei auf der einen und einer auf der anderen Seite des Planeten, oder zwei und zwei, und die anderen Möglichkeiten eines unaufhörlichen Reigens, der so leicht zu beobachten ist, daß man leicht seine Bedeutung für die Menschheitsgeschichte vergißt.

1610 beobachtete Galilei, der ein Fernrohr von wahrhaft mitleiderregender Stärke verwendete, den Jupiter und stieß sofort die gängige Vorstellung vom Universum um. Die Trabanten, die den glänzenden Planeten so auffällig umkreisen, lieferten den ersten Beweis, daß die Erde nicht der Mittelpunkt aller kosmischen Bewegung ist. In einem einzigen Augenblick waren die philosophischen Diskussionen von Jahrtausenden zu einem Ende gekommen.

Oder hätten es zumindest müssen. Während Galilei naiverweise unterstellte, ein so lebendiger Beweis werde sich von selbst durchsetzen, mußte er bald erfahren, daß die meisten Menschen, damals wie heute, in philosophischen Überlegungen nicht besonders beweglich sind und langgehegte Meinungen nicht so schnell über Bord werfen. Die Priester, die einige Jahre später durch sein Okular blickten, behaupteten nämlich in einem der frustrierendsten Augenblicke, die je überliefert worden sind, einfach: »Ich sehe nichts!« Als sie die Doktrin von der Erde als Mittelpunkt des Universums, die man verblüffenderweise zu einem religiösen Grundsatz erhoben hatte, hätten umstoßen müssen, gaben sie vor, absolut nichts sehen zu können.

Heute können Sie die kaum faßbare Entdeckung Galileis nachvollziehen, selbst wenn Sie kein Teleskop besitzen. Ein schlichtes Fernglas liefert weit größere Klarheit als das erste Instrument Galileis,

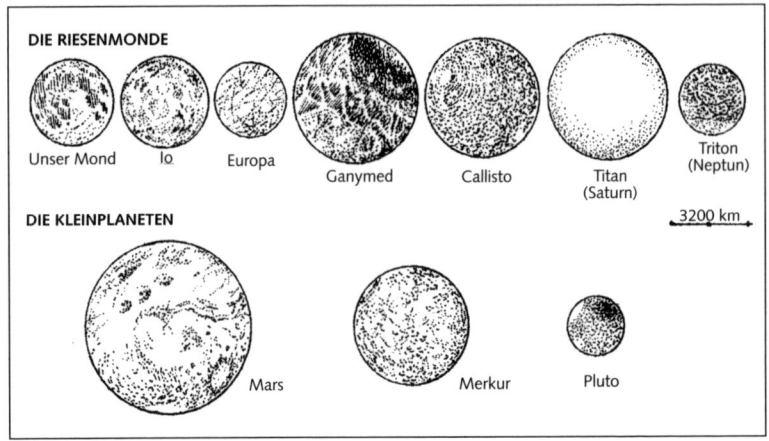

DIE RIESENMONDE

Unser Mond   Io   Europa
Ganymed   Callisto   Titan (Saturn)   Triton (Neptun)

DIE KLEINPLANETEN

3200 km

Mars   Merkur   Pluto

Die Größe der Monde und der Planeten überschneiden sich zum Teil.

dessen Bilder durch falsche Farben stark verschmiert waren. Die Optiker waren noch nicht auf den simplen Trick gekommen, zwei verschiedene Glassorten zu kombinieren. Damit kann man die Neigung der Linsen ausgleichen, jeden der Farbbestandteile des Lichts auf einer anderen Ebene scharf abzubilden, was das Bild verschmiert. Die Optiken unserer Tage liefern uns einen kümmerlichen Eindruck dieser chromatischen Abweichung, wenn sie gelbe oder violette Ränder um helle Objekte erzeugen, doch im siebzehnten Jahrhundert war der Blick durch ein beliebiges Teleskop eine psychedelische Erfahrung.

Sie können noch mehr tun, als bloß jene vier kleinen »Sterne« zu sehen, die den Jupiter umringen. (Da sind nur drei? Dann ist einer vorübergehend vor oder hinter dem Planeten. Bleiben Sie dran, und er wird wieder auftauchen.) Ihre Freunde können Sie wirklich beeindrucken, wenn Sie sie beim Namen nennen.

Es könnte scheinen, als wäre es eine unmöglich schwierige, esoterische Unternehmung, die einzelnen Jupitermonde zu unterscheiden. Doch wenn man den Dreh erst einmal heraus hat, braucht man nur ein oder zwei Minuten dafür.

Der innere Mond, Io (Sie können ihn als I-o oder auch als Jo aussprechen), flitzt in genau 1,77 Tagen um den Jupiter und verändert seine Stellung so schnell, daß man zusehen kann. Selbst wenn Sie

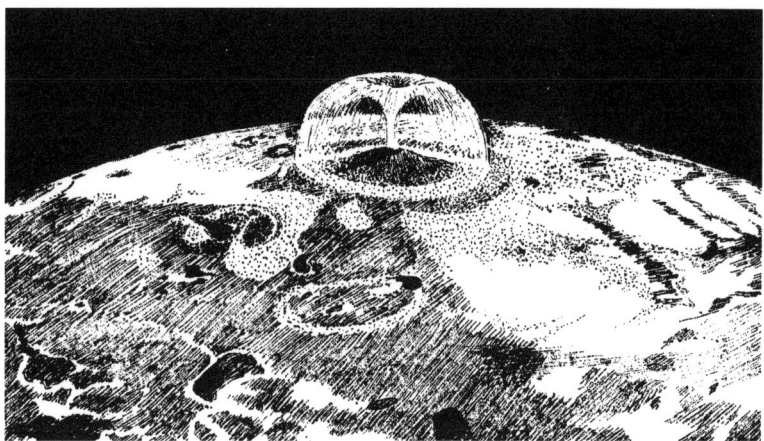

Die Magnet- und Anziehungskräfte des Jupiter bringen das Innere von Io
zum Kochen, bis es in Eruptionen durch die Kruste dringt und die Oberfläche
mit verschiedenen Formen von Schwefel übersät. Abgebildet ist der Vulkan
Prometheus auf dem Äquator von Io.

sich Jupiter nur durch das kleinste Fernrohr ansehen, ist die Bewegung von Io im Verlauf einer Stunde deutlich sichtbar. Das ist der
Trabant, auf dem die fabelhafte Raumsonde *Voyager* zehn aktive
Vulkane entdeckt hat – das heißt, die Oberfläche von Io ist die ver-
änderlichste und aktivste des bekannten Universums. Ihre leicht
orangefarbene Tönung verdankt sie dem in verschiedenen Verfesti-
gungsstufen vorliegenden Schwefel aus der Unterwelt.

Der zweitnächste Mond, Europa, ist der glatteste bekannte Himmelskörper im Kosmos. Die Streifen und Muster seiner Oberfläche
sehen wie aufgemalt aus, als hätte jemand ein mondgroßes abstrak-
tes Wandgemälde in Auftrag gegeben. Ein Umlauf von Europa
dauert mit 3,55 Tagen genau doppelt so lang wie der von Io – was
immer noch beeindruckend schnell ist, wenn Sie sich daran erinnern, daß unser eigener Mond fast einen Monat braucht.

Weiter draußen folgt Ganymed, mit einem Durchmesser von
5246 Kilometern der größte Trabant des Sonnensystems. Sie können
ihn schnell ausfindig machen, weil er der hellste von allen vieren
ist. Sehen Sie ihm dabei zu, wie er eine Woche für jeden Umlauf
benötigt, zweimal so viel wie Europa und viermal soviel wie Io.

Es ist eigenartig, daß diese drei in einem so einfachen 1:2:4-Verhältnis ihrer Umlaufzeiten um ihre Mutterwelt wandern, also jeweils doppelt so lang brauchen wie der nächstinnere Trabant. Das bedeutet, die Monde wirken wechselseitig aufeinander ein und sind durch die Schwerkraft synchron miteinander verkoppelt wie eine Gruppe von Soldaten beim Drill.

Der Riese Callisto schließlich ist am weitesten von Jupiter entfernt. Wie Ganymed besteht er zum größten Teil aus Eis, blankem Wassereis. Sie könnten mehr als tausend Kilometer tief graben und würden immer noch Eis zutage fördern, vielleicht ein Fingerzeig auf eine möglicherweise einträgliche Eiswürfelindustrie im zweiundzwanzigsten Jahrhundert. Callisto ist nur um Haaresbreite kleiner als Ganymed, und beide sind größer als die Planeten Merkur und Pluto. Die vier gigantischen Himmelskörper um Jupiter werden in Erinnerung an ihre vier Jahrhunderte zurückliegende Entdeckung als **Galileische** Monde bezeichnet.

Denken Sie daran: Die scheinbare Anordnung der vier Monde kann sich mit ihrem Umlauf ändern. Obwohl Io immer als innerster und Callisto als äußerster Trabant auftritt, kann es manchmal so scheinen, als wäre Callisto, wenn sie gerade vor oder hinter dem Planeten auftaucht, dem Jupiter am nächsten. Doch uns muß das nicht aus der Bahn werfen: Io ist immer die schnellste, Ganymed der hellste; wenn einer ziemlich weit vom Jupiter entfernt scheint, dann ist es eher Callisto als Europa. Ein paar Sekunden Detektivarbeit, und die Sache ist erledigt; plötzlich wird Ihre Familie zu Ihnen aufsehen, als seien Sie ein Newton, der die Monde einer anderen Welt benennen kann.

Man hat noch ein Dutzend weiterer Jupitermonde entdeckt, doch sie sind nichts als Geröllbrocken, die zu schwach sichtbar sind, um mit Amateurfernrohren aufgespürt werden zu können – sie spielen nicht in derselben Liga wie die vier Galileischen Schwergewichte, die vor schlichten Ferngläsern in 800 Millionen Kilometern Entfernung paradieren. Die fünf kleinsten, erst vor kurzem entdeckten Trabanten, keiner mehr als ein unregelmäßiger Gesteinsbrocken, den man innerhalb der Grenzen von Rhode Island unterbringen könnte, wurden erst von der Raumsonde *Voyager* aufgespürt, die in nächster Nähe herumschnüffelte.

Wären sie dem blendenden Glanz Jupiters nicht auf ewig nah, würden sich die Galileischen Kugeln ohne jede optische Hilfe deutlich abzeichnen! Anders gesagt, nicht einer, sondern fünf Monde sind so hell, daß man sie mit bloßem Auge an unserem Himmel finden kann: unser eigener und dazu das Quartett um Jupiter. Menschen mit scharfen Augen, besonders Kinder, haben sie seit Jahrhunderten gesehen. Typisch dafür ist die Geschichte von einem Vater, der durch das kleine Teleskop der Familie schaut und seiner siebenjährigen Tochter sagt, sie solle, wenn sie an der Reihe sei, auf die vier kleinen Pünktchen »rechts vom Jupiter« achten. Worauf das Kind in den Himmel guckt und entgegnet: »Nein, Daddy, sie sind links davon!« (Fernrohre liefern ein spiegelverkehrtes Bild.)

Vor Zeiten, als Britannien die Meere beherrschte, dienten die Galileischen Monde als raffinierte Uhr und als Navigationseinrichtung, die in der ganzen Welt verwendet wurde. Es gehörte zu den vordringlichsten Aufgaben der königlichen Astronomen Englands zu berechnen, wann sie herausragende Konfigurationen bildeten; zum Beispiel, wenn sich alle vier auf einer Seite versammelten oder

Britische Marineoffiziere vergleichen die Stellung der Jupitermonde mit ihren von der Admiralität zur Verfügung gestellten Tabellen, um die Greenwich-Zeit zu bestimmen. Das Chronometer war damals noch nicht erfunden.

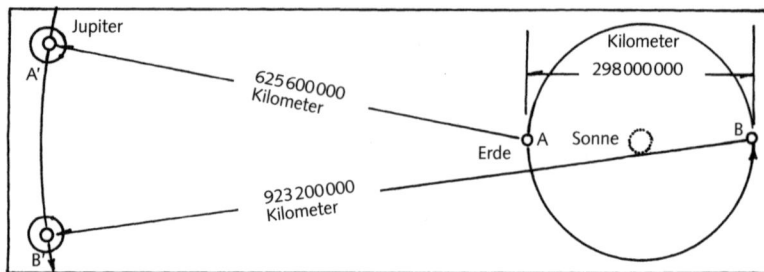

Während der sechs Monate, in denen die Erde von A nach B wandert und Jupiter von A′ nach B′, vergrößert sich der Abstand zwischen den beiden Planeten um 274 Millionen Kilometer. Das Licht der Jupitermonde braucht sechzehn Minuten länger, um uns in der Position B zu erreichen, was ihre Bewegungen verspätet erscheinen läßt.

wenn sich zwei so nahekamen, daß sie miteinander zu verschmelzen schienen. Auf hoher See konnten dann britische Seeleute mit Hilfe ihrer tragbaren Fernrohre und der unschätzbaren (und geheimen!) Tabellen, die ihnen ausgehändigt wurden, bevor sie Segel setzten, die Uhrzeit bestimmen, denn die genaue Kenntnis der Tageszeit war erforderlich, um ihre Längenposition zu berechnen. Mehr als ein Jahrhundert lang fanden die Menschen ihren Weg rund um unseren Planeten, indem sie die Monde eines anderen beobachteten.

Schon immer hatte man bemerkt, daß die Jupitermonde während der einen Hälfte des Jahres schneller wurden und sich während der anderen Hälfte verlangsamten, eine verwirrende Eigenschaft, die man entsprechend in die Navigationstabellen einarbeitete. Immer wenn wir uns dem Jupiter näherten, schienen die Monde ihre Positionen vor der vorausgesagten Zeit zu erreichen; wenn wir uns von ihm entfernten, trafen sie später dort ein. Was ging da vor sich?

Im siebzehnten Jahrhundert folgerte Ole Roemer, ein dänischer Astronom, völlig korrekt, die positive oder negative Abweichung von der erwarteten Stellung müsse mit der Geschwindigkeit des Lichts zu tun haben. Wenn sich Jupiter näher bei uns befand, mußten die Bilder der Galileischen Monde eine kürzere Strecke zurücklegen, um unser Auge zu erreichen; umgekehrt war die Strecke länger, wenn sich Jupiter auf der anderen Seite der Sonne befand. Im letzteren Fall kam ihr Licht sechzehn Minuten »zu spät« und erzeugte den verschleppten Schritt im Tanz der Monde. Aufgrund

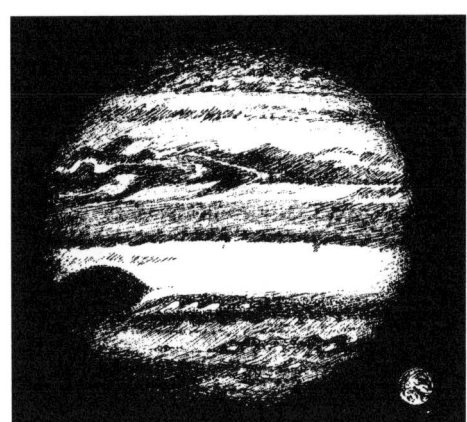

In diesem Maßstab ist die äquatoriale Ausbuchtung des Jupiter zu erkennen – sein Durchmesser ist am Äquator um 6,8 Prozent größer als an den Polen und beträgt das 11¼fache des Durchmessers der Erde (rechts unten).

dieses Gedankengangs berechnete er die Geschwindigkeit des Lichts in korrekter Weise und auf 25 Prozent genau, was bei weitem die früheste zuverlässige Schätzung der Lichtgeschwindigkeit war. Erst mehr als ein Jahrhundert nach seinem Tod konnte man diesen Wert verbessern.

Wenn sich unsere Anschauung des Universums allein schon durch die Monde Jupiters verändert hat, die uns bei der irdischen Navigation geholfen und uns die geheime Geschwindigkeit des Lichts verraten haben, was werden wir dann erst finden, wenn wir unseren Blick auf den Mutterplaneten selbst richten?

Das unbewaffnete Auge sieht nur einen blendenden, sahneweißen »Stern«, der wenig Neigung zeigt zu funkeln. Die alte Weisheit, wonach man Sterne von Planeten unterscheiden könne, weil letztere niemals glitzerten, ist ein ausgezeichneter Rat. Sterne erscheinen eindimensional – bloße Lichtpunkte, deren unbeständige Strahlen beim Durchgang durch unsere Atmosphäre leicht abgelenkt werden. Planeten dagegen, auch wenn sie wie Sterne wirken, haben Umfang und Ausdehnung; sie erreichen uns als breiter Strom aus zahlreichen Lichtstrahlen, die für atmosphärische Taschenspielereien weniger empfänglich sind.

Mit einem gewöhnlichen Fernglas zeigt sich Jupiter schon besser, und selbst mit dem billigsten Teleskop wird er zu einer wundervollen Darbietung. Jedes Instrument enthüllt Jupiter als abgeplattete Scheibe, da sein Durchmesser am Äquator erkennbar größer ist als seine Ausdehnung an den Polen. Die ovale Form kommt von seiner raschen, nach außen zerrenden Rotation: Der Riesenplanet dreht sich in nur neun Stunden und fünfzig Minuten einmal um sich selbst. Das ist eine eindrucksvolle Vorstellung; der größte Planet kann sich auch der schnellsten Umdrehung rühmen. Sein Äquator rast mit der Wahnsinnsgeschwindigkeit von 45 000 Kilometern pro Stunde dahin (fünfundzwanzigmal schneller als unser Äquator!) und sorgt so für eine Achterbahnfahrt mit einer Zentrifugalkraft, die die stärkere Schwerkraft des Jupiter mehr als ausgleicht. Diese heftige äquatoriale Rotation zieht das lockere Stoffgemenge Jupiters, das nicht viel dichter als Wasser ist, um zusätzliche 9000 Kilometer auseinander. Schon mit dem ersten Blick durch ein Teleskop erschließt sich diese Demonstration von Kraft.

Selbst das kleinste Fernrohr zeigt uns auch die Streifen oder Bänder, die parallel zum Äquator verlaufen wie die Zeichnung auf dem Körper einer Hummel. Bessere Instrumente und beständige Beobachtungsvoraussetzungen (wenn die Sterne nicht funkeln) liefern uns eine Welt faszinierender Einzelheiten. Dunkle und weiße ovale Formen, Wirbel, Girlanden – unendlich vielfältige Arabesken machen Jupiter zur detailliertesten Welt, die für irdische Instrumente sichtbar ist. Dort befindet sich auch ein einzelner ovaler Fleck in grauem Rosa...

Der Rote Fleck! Hat man je einen einfallsloseren Namen vernommen? Dieses alte Merkmal, manchmal auffällig, manchmal unmöglich aufzufinden, sieht aus wie ein elliptischer rosa Ozean. Doch Jupiter hat keine feste Oberfläche. Folglich muß es sich bei diesem Phänomen um eine Art Sturm handeln, einen wie ein Zyklon kreiselnden, wirbelnden Strudel inmitten der Stromschnellen, die von den Turbulenzen zweier nahe beieinanderliegender, mit unterschiedlichen Geschwindigkeiten um den Jupiter kreisenden Strömungen erzeugt werden.

Der Rote Fleck ist schon seit Jahrhunderten sichtbar, ein stürmisches Gebiet, das wie ein gigantischer Hurrikan von der doppelten Größe der Erde in der Atmosphäre schwebt. Zuckende Blitze, milliardenfach stärker als in unserer irdischen Ausführung, verleihen der Schattenwelt in der Umgebung des Roten Flecks (und tatsächlich dem ganzen riesigen Planeten mit all seinen anderen

Die Wolken auf Jupiter weisen Muster von Wirbelstürmen und Strudeln auf, wie sie Wetterbeobachtern auf der Erde vertraut sind, doch sie unterscheiden sich in ihrer Größenordnung. In den Roten Fleck auf der rechten Bildseite würde die Erde glatt zweimal hineinpassen.

wirbelnden, ständig wechselnden Formen) den Anschein eines verwirrenden, komplizierten Gemäldes, das sich in ununterbrochener Bewegung befindet. All seine Merkmale, Flecken, Ovale und Schnörkel, aus Wasserstoffverbindungen wie Methan und Ammoniak zusammengesetzt, flitzen dahin wie rasende New Yorker Taxis, denn seine flotte Rotation macht Jupiter zu einem Ort, wo alles in Eile ist.

Wenn man durch einen Behälter mit den Bestandteilen der Jupiteratmosphäre elektrische Funken schickt, entstehen innerhalb einer Woche alle Aminosäuren, die Bausteine des Lebens. Was mag also unter jenen farbenfrohen, gefrorenen Wolkengipfeln liegen? Könnten 4 Milliarden Jahre kraftvoller chemischer Vorgänge Geschöpfe zusammengekocht haben, die heiter durch die Suppe der Flüssigkeiten in den unteren Etagen schwimmen? Die Raumsonde *Galileo*, die in den Jahren 1995 und 1996 den Jupiter wie vorgesehen umkreist und sogar in den Roten Fleck hineingeschaut hat, war nicht hinreichend ausgestattet, um Antworten über ein mögliches Leben auf dem Jupiter liefern zu können. Die Frage wird zumindest bis in die ersten Jahre des nächsten Jahrzehnts ein Geheimnis bleiben, in denen vielleicht ein raffinierterer Roboter in der Lage sein wird, den gewaltigen Drücken und den heftigen Blitzentladungen standzuhalten.

Natürlich besetzte Jupiter die Schlagzeilen, als im Juli 1994 einundzwanzig Bruchstücke des zerbrochenen Kometen Shoemaker-

Jupiter hat Unmengen von Atmosphäre! Die oberste Wolkenschicht besteht aus Ammoniak-Kristallen. Die untere Lage ist aus Ammoniumsulfid zusammengesetzt, das mit Schwefelmolekülen eingefärbt ist. Hier ist es oft stürmisch – mit Blitz und Donner und heftigen Winden.

Levy 9 gnadenlos auf ihn einprasselten. Eine merkwürdige kosmische Choreographie sorgte dafür, daß die gewaltigen Einschläge die Woche des Silberjubiläums der *Apollo*-Mondlandung wie ein festliches Feuerwerk begleiteten; sie verursachten zeitweilig dunkle Muster, die auch mit Amateurausrüstung auszumachen waren. Es war das planetarische Jahrhundertereignis für Hinterhofastronomen. Der Komet war sogar rücksichtsvoll genug, sich die Jahreszeit auszusuchen, in der Jupiter überall auf der Welt zu vernünftigen Beobachtungszeiten zu sehen war.

Während die Merkmale, die wir von der Erde aus erkennen können, nichts als die gefrorenen obersten Wolkenschichten sind, steigen die Temperaturen weiter unten kontinuierlich an. Anders als die Erde benötigt Jupiter keine äußere Wärmequelle. Er erzeugt selbst zweimal mehr Hitze, als er von der Sonne empfängt. Diese beneidenswerte Unabhängigkeit ist ihm als Erbe vermacht worden, weil er beinahe eine Sonne geworden wäre. Wenn seine Masse nur hundertmal größer wäre, hätten Druck und Temperatur in seinem Kern vielleicht ausgereicht, die Kernreaktionen zu zünden, die eine Sonne kennzeichnen. Wie es aussieht, wurde der Jupiterkern zwar heiß, aber nicht heiß genug, um die Kernfusion einzuleiten. Nach planetaren Maßstäben bleiben die Temperaturen aber eindrucksvoll genug: Abgesehen von der Sonne ist der Kern des Jupiter der feurigste Ort unseres Sonnensystems. Die Wärme steigt auf und sorgt dafür, daß in der dicken Suppe der Jupiterumwelt eine Zone existiert, in der angenehme Zimmertemperatur herrscht.

Auch wenn es keine Beweise gibt, die das stützen würden, kann man sich leicht Lebensformen vorstellen, die darin schwimmen oder treiben; der Kohlenstoff, den es dort, wie wir wissen, gibt, könnte ihre Lebensgrundlage sein, und der Mangel an Sauerstoff müßte ihnen überhaupt nichts ausmachen. Selbst auf der Erde gibt es anaerobe Bakterien, die keinen Sauerstoff brauchen. Alle uns bekannten Lebensformen benötigen jedoch Kohlenstoff.

Egal ob mit bloßem Auge, Fernglas oder Teleskop, für alle Planetenbeobachter bleibt Jupiter der Preisträger. Seine gigantische Welt allein ist es schon wert, sich ein Teleskop zu kaufen. Probieren Sie es aus. Wenn Sie mit dem Anblick nicht zufrieden sind, geben Sie das Instrument zurück. Galilei mußte leugnen, was er sah, weil er um sein Leben fürchtete. Die Rücknahmebedingungen Ihres Photoladens sind wahrscheinlich nicht ganz so furchterregend.

Alle Fragen über die Mondsichel, die Ihnen selbst nie eingefallen wären

Nur für eine Handvoll himmlischer Ansichten gibt es keine entsprechende irdische Erfahrung. Für Galilei zum Beispiel kamen die Ringe des Saturn so unerwartet, daß er nie genau herausfand, was er da eigentlich sah. Bis zu seinem Todestag hat er sie in seinen besten Zeichnungen als am Saturn angebrachte »Handgriffe« dargestellt, so als würde er eine Zuckerdose zeichnen. Es gab auf der Erde einfach kein Beispiel für einen Globus, der von frei schwebenden Ringen umgeben war.

Dasselbe gilt auch für die Mondsichel. Wir können leicht eine künstliche Sichel erzeugen, wenn wir einen von hinten beleuchteten Ball betrachten. Doch obwohl es vertraute sichelähnliche Formen gibt (das französische Croissant, Bananen und manche Strände), eine richtige Sichel ruft uns allein der Mond in Erinnerung.

Selbst durch die mächtigsten Teleskope können nur zwei Objekte im ganzen Universum – Merkur und Venus – Sichelform annehmen. Diese Seltenheit ist lediglich unserer Lage zuzuschreiben; es ist, als hätten wir den himmlischen Grundstücksmakler nach einem ruhigen, wenig besichelten Viertel gefragt. Andere Himmelsreviere präsentieren dagegen einen vollkommen anderen Nachthimmel. Wenn wir auf der anderen Seite, auf Jupiter oder Saturn lebten, wären wir in der Lage, auf ein phantastisches Aufgebot von mehr als einem Dutzend verschieden großer Sicheln zu blicken. Das einzige Beispiel, das die Erdlinge mit bloßem Auge sehen können, stellt eine besondere Situation dar, denn im ganzen Universum müssen Kugeln (die bevorzugte Form der Natur) sichtbar sein, die von der dem Betrachter abgewandten Seite her beleuchtet sind. Es gibt gewiß Welten, die niemals einen Würfel oder eine Pyramide erblickt haben – die Sichel dagegen ist ein universelles Motiv bis hinaus in die fernsten Galaxien.

Man könnte meinen, die mehr oder weniger einzigartige Erscheinung der Sichel würde ihr eine Sonderstellung einräumen. Also, ja und nein. Einerseits erscheint die Mondsichel auf vielen frühen Höhlenzeichnungen und ziert zusammen mit einem glänzenden Stern, der die Venus darstellen dürfte, das Banner des Islam. Doch was College-Kurse über Astronomie angeht, so wird dort kaum von ihr geredet oder über sie nachgedacht. So ist es kein großes Wunder, wenn ihr Auf- und Abtreten so rätselhaft erscheint.

Nur sehr wenige von uns sind sich beispielsweise der schlichten Tatsache bewußt, daß der Mond immer dann als Sichel erscheint, wenn er sich näher an der Sonne befindet als wir selbst. Das zieht sich fast den halben Monat hin.

Etwa ein Drittel dieser Sicheln ist allerdings fast unmöglich zu sehen. Die schmalsten von ihnen stehen annähernd in einer Linie mit der Sonne und gehen deshalb etwa gleichzeitig mit ihr unter. Solche hauchdünnen Phantome lauern insgeheim, in der hellen Dämmerung verborgen, in der Nähe des Horizonts. Wie andere mit der Sonne verbundene Erscheinungen sind sie bereits untergegangen, wenn die Sonne weit genug unter dem Horizont verschwunden ist. Auch wenn Karikaturisten oft einen mitternächtlichen Himmel mit einer schlanken Mondsichel zeichnen, ist ein solcher Anblick unmöglich. Mitten in der Nacht kann keine dünne Sichel am Himmel stehen.

Jeder lunare Zyklus beginnt offiziell mit dem Neumond. Diese Mondphase setzt uns davon in Kenntnis, daß bald wieder Sicheln in unser Leben treten werden. Neumond bedeutet eigentlich »kein Mond«; es ist eine unsichtbare Nichtphase (außer wenn seine rabenschwarze Scheibe direkt vor der Sonne vorbeizieht und eine Sonnenfinsternis verursacht). Doch außerhalb der astronomischen Bürokratie definieren viele Menschen in der ganzen Welt den »Neu«-Mond als das erste Erscheinen der dünnen Sichel ein oder zwei Tage danach. Für den Islam jedenfalls beginnt der Monat und auch mancher Feiertag mit einem sichtbaren neuen Mond – ein wesentlicher Zweck der Minarette besteht darin, diesen Augenblick festzustellen.

Den sichelverrückten Zeitgenossen können wir den Saturn anbieten. Hier präsentieren sich neun Monde als ausreichend große Scheiben, die man als Sicheln ausmachen kann. Das reicht Ihnen nicht? Nehmen Sie Ihr Teleskop und halten Sie nach den anderen acht Monden Ausschau, oder richten Sie es auf die Ringe: Sie setzen sich aus Milliarden winziger Sicheln zusammen. (Der Mond im Vordergrund ist Mimas.)

Wenn der Mond nach seiner einige Tage dauernden Abwesenheit erstmals wieder auftaucht, manifestiert er sich in einem zarten, haarfeinen Bogen, der tief in den Glanz der Dämmerung eingetaucht ist, eine Herausforderung für den Beobachter. Das ist vielleicht der Grund, weshalb Millionen von Menschen (von denen die meisten gar keine Muslime sind) das esoterische Hobby pflegen, den »jüngstmöglichen« Mond zu entdecken.

Wahrscheinlich haben Sie noch nie von diesem eigenartigen, wenn auch harmlosen Hobby gehört. Doch astronomische Zeitschriften veröffentlichen regelmäßig Briefe und Artikel, in denen von immer noch dünneren Mondsicheln berichtet wird, die jemand aufgespürt haben soll. Das gelingt Mondbetrachtern mit Scharfblick unter den trockenen Bedingungen des Mittleren Ostens möglicherweise noch besser, auch wenn sie ihre Beobachtungen nicht an westliche Zeitschriften weitergeben.

In jedem Sport gibt es ein Zahlenkriterium. Beim Golf sind es die Schläge, bei Läufern die Sekunden und beim Schach die Punkte. Sichelgucker interessieren sich für das »Alter« des Mondes. Das ist

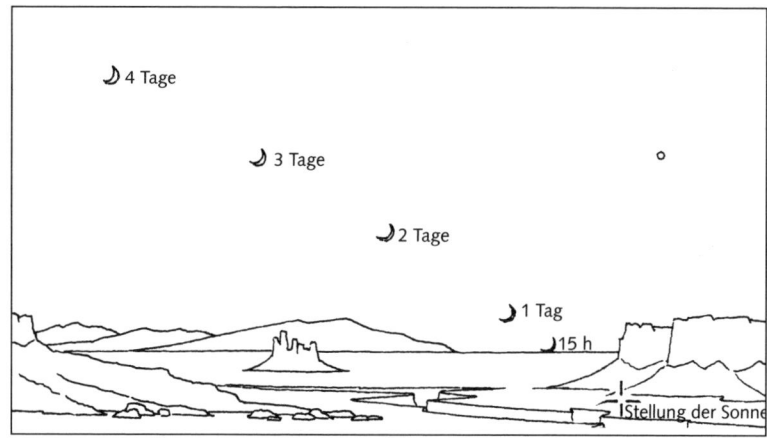

☽ 4 Tage

☽ 3 Tage   ○

☽ 2 Tage

☽ 1 Tag
☽ 15 h

Stellung der Sonne

Bei seinem Umlauf um die Erde wandert der Mond täglich um 13 Grad nach Osten, pro Stunde entspricht das etwa seinem Durchmesser. In dieser Skizze wurde der Mond größer dargestellt, um zeigen zu können, wie sich die Erscheinung der Sichel verändert. Der eigentliche Durchmesser des Mondes ist oben rechts eingetragen. Die einzelnen Sicheln zeigen die Stellungen des Mondes bei Einbruch der Nacht innerhalb der ersten vier Tage nach Neumond.

ganz einfach die Zeit, die seit dem Zeitpunkt vergangen ist, als er »neu«, also am genauesten mit der Sonne in einer Linie gestanden war. Ein zwei Tage alter Mond, darin sind sich alle einig, ist leicht ausfindig zu machen. Außerdem wird allgemein eingeräumt, daß ein Mond, der jünger als 14 Stunden ist, unmöglich auszumachen ist. Ein Mond von 24 Stunden fordert den Beobachter, wird aber oft gesehen. Irgendwo zwischen 15 und 20 Stunden liegt also die wahre sportliche Herausforderung; das sind die monatlichen Jagdgründe der Sichelfans in aller Welt.

Ferngläser machen die Aufgabe sehr viel leichter; wirkliche Enthusiasten teilen die Wettbewerbsteilnehmer deshalb in zwei Gruppen auf: Jene, die Ferngläser verwenden, und die Puristen, die nur das unbewaffnete Auge einsetzen. Mit Ferngläsern liegt der Rekord bei $13^{1}/_{2}$ Stunden; ohne sie ist es bisher noch keinem gelungen, einen Mond aufzuspüren, der jünger als 15 Stunden war. In den gemäßigten Breiten besteht nur in den Monaten Februar, März und April eine realistische Chance, einen sehr jungen Mond am Abendhimmel zu entdecken, weil die Umlaufbahn des Mondes mit dem

Mit der geographischen Breite ändert sich die Ausrichtung der Mondsichel.

westlichen Horizont einen steilen Winkel bildet. Nur dann erstreckt sich der Abstand von 13 Grad zwischen der Sonne und dem einen Tag alten Mond direkt oberhalb des Sonnenuntergangs und nicht links daneben, wo die haarfeine Sichel im Dunst des Horizonts verschwindet.

Dieser veränderliche Winkel zwischen der Umlaufbahn des Mondes und dem Horizont ist auch für die verschiedenen Ausrichtungen der Sichel selbst verantwortlich. In den meisten Gebieten der entwickelten Welt liegt die Sichel während der bewußten Sonnenuntergänge zwischen Februar und April wie ein schwimmendes Boot »auf dem Rücken«. Das übrige Jahr hindurch scheint sie aufrecht zu stehen wie der Bogen eines Bogenschützen. Aus der Sicht der Regionen um den Äquator bildet die Bahn des Mondes mit dem Horizont für alle Zeiten annähernd eine Senkrechte; eine lächelnde Sichel ist deshalb das unveränderliche Kennzeichen der Tropen. Umgekehrt ist eine aufgerichtete Sichel der einzige Mond, der jemals von den Polargebieten aus zu sehen ist.

Kurz, aus der Neigung der Mondsichel können Sie die Jahreszeit oder Ihren Standort ablesen.

Der Mond ist ein ewiger Optimist. Niemals, nirgendwo auf der Welt oder zu irgendeiner Zeit der Nacht, zeigt seine helle Seite nach oben, als würde er schmollen, auch wenn er von Künstlern oft so dargestellt wird. Falls seine Persönlichkeit eine traurige Seite haben sollte, verbirgt er sie nur im vollen Tageslicht nicht hinter einer Maske; es scheint, als wäre er unglücklich über die

Nur bei vollem Tageslicht können
Sie einen schmollenden Mond
sehen.

Konkurrenz durch die Sonne. Sein kummervoller Ausdruck tritt nur
vor blauem Himmel auf, wenn der Mond während einiger Stunden
am Mittag sichtbar ist.

Auch in der Morgendämmerung herrschen eigene Bedingungen,
die sich von denen des Abendhimmels unterscheiden. Hier ist die
Situation umgekehrt, denn die einzige Zeit, in der die morgendliche
Sichel ein Lächeln zeigt, ist in unserem Teil der Welt nicht der Frühling, sondern August bis Oktober.

Wenn die Abenddämmerung dunkler wird und die Sichel des
Mondes heller, leuchtet dessen unbestrahlter Abschnitt auf über-
natürliche Weise. Dieses unheimliche Phänomen, von dem man
herkömmlich sagte, es sei »der alte Mond in den Armen des Neumonds«, wird inzwischen einfach als **Erdenschein** bezeichnet. Und

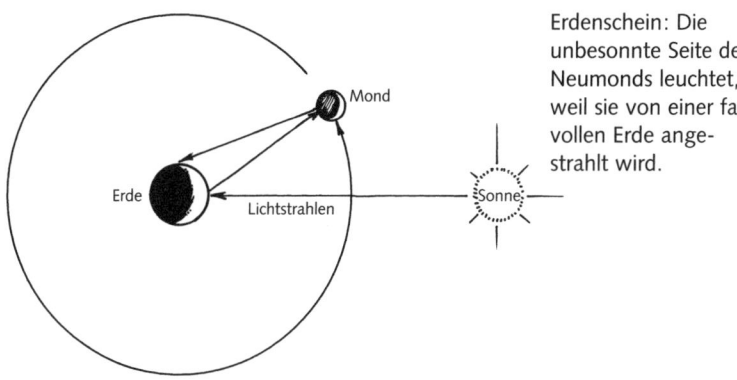

Erdenschein: Die
unbesonnte Seite des
Neumonds leuchtet,
weil sie von einer fast
vollen Erde ange-
strahlt wird.

Der Erdenschein beleuchtet die
unbesonnte Seite des Mondes zu
Beginn des ersten Viertels und
gegen Ende des letzten Viertels des
lunaren Monats.

genau das ist es auch – ein Ebenbild des Lichts unseres eigenen Planeten, das wieder in unser Auge zurückgeworfen wird.

Unter den Billionen Himmelskörpern des Universums befindet sich nur der Mond nahe genug bei unserer Welt, um als Spiegel dienen zu können und zu unserem narzißtischen Vergnügen unseren eigenen Glanz zurückzuwerfen. Diese zuverlässige Eigenschaft tritt jedoch nur auf, wenn der Mond eine Sichel ist. Dann leuchtet sein dunkler Anteil so deutlich, daß auf seiner unbeleuchteten Oberfläche Einzelheiten klar hervortreten. Durch ein Fernglas sehen sie sogar noch dramatischer aus, allerdings auch ein wenig gespenstisch.

Diese Ehre wurde der Mondsichel zuteil, weil die Phasen unserer beiden Welten reziprok aneinandergekoppelt sind. Wenn Sie auf dem Mond lebten, würden Sie wahrnehmen, wie die schöne Erde mit ihren ständig wechselnden Wolkenformen und Phasen den Nachthimmel beherrscht. Das Licht, das von der viermal größeren Erde ausgeht, ist dazu noch mindestens fünfmal heller, als der Mond von der Erde aus erscheint; es taucht den Mondboden in fast blendende Helligkeit. Diese Leuchtkraft verändert sich natürlich mit den Erdphasen, die ihre Formen komplementär zu denen des Mondes zeigen. Je schlanker der Mond von uns aus wirkt, desto dicker und heller erscheint unser Planet von dort aus.

Sie können sich den Erdenschein auch als Sonnenlicht vorstellen, das eine dreifache Reise unternimmt. Wenn Sie ihn erblicken, sehen Sie Sonnenschein, der zunächst auf unsere eigene Welt aufgetroffen ist, zum Mond zurückgeworfen wurde und von dort

Am Mondhimmel bewegt sich die Erde kaum. Um die Erde nahe beim Mondhorizont sehen zu können, muß man sich an die Pole oder in den West- oder Ostteil begeben. Hier der Blick vom Rand des Östlichen Beckens.

schließlich wieder in unser Auge gelangt. Wegen dieser zusätzlichen Reisezeit ist der Erdenschein »älter« als das Licht der helleren, sonnenbestrahlten Sichel. Sollte die Sonne explodieren und plötzlich dunkel werden, würde gleichzeitig auch die Mondsichel verschwinden. Der vom Mond kommende Erdenschein dagegen würde noch ein paar Sekunden länger leuchten. Wenn Sie das sehen, sollten Sie sich das Telefon schnappen und Ihre Aktienbestände verkaufen.

Während die Sichel des Mondes jeden Abend dicker wird (zunimmt), zeigen ihre Spitzen oder Hörner immer nach links. Jede Nacht entfernt sie sich um das sechsundzwanzigfache ihres Durchmessers von der Sonne und wird immer mehr zu einem Bewohner des dunklen als des dämmrigen Himmels. Gleichzeitig wird der von der Erde beleuchtete Anteil dunkler, da die Erde am Mondhimmel zu einer immer dünneren Phase schrumpft. Wenn der Mond vier Tage alt ist, hat er sich um mehr als 45 Grad von der Sonne entfernt und folgt ihr erst nach Einbruch der Nacht in den Untergrund. Von diesem Tag an ist er wieder ein Bewohner der Nacht und nicht mehr der Dämmerung.

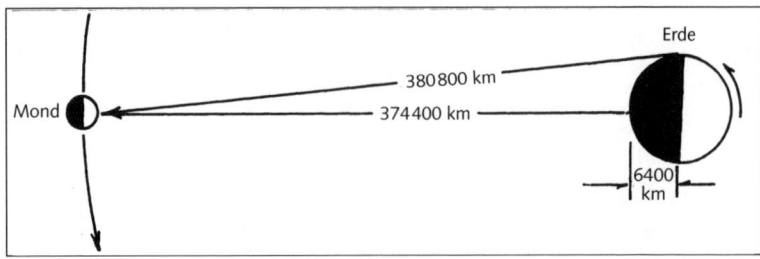

In der Nähe des Horizonts ist der Mond 6400 Kilometer weiter vom Betrachter entfernt als an seinem höchsten Punkt am Himmel. Im Gegensatz zur berühmten Mondillusion ist er also kleiner, wenn er aufgeht.

Nun, da er leichter zu sehen ist, können wir in aller Ruhe seine Größe abschätzen. Die berühmte »Mondillusion« läßt den Mond immer als viel größer erscheinen, wenn er tief am Horizont steht, und als kleiner, wenn er sich weiter oben befindet (siehe Seite 336). Der Effekt ist so ausgeprägt, daß Künstler regelmäßig mit Darstellungen der Mondsichel durchkommen, die mindestens fünfzigmal größer sind als in der Wirklichkeit.

Wie die Zeichnung oben zeigt, stehen beim aufgehenden Mond Schein und Wirklichkeit in einem Gegensatz zueinander. Wenn der Mond tief steht, ist er am weitesten von unserem Auge entfernt und damit am kleinsten. Wenn er hoch oben steht, sind wir von unserer sich drehenden Erde über ihre Wölbung um 6400 Kilometer in seine Richtung befördert worden, was ihn um fast 2 Prozent größer macht. Sie könnten das bestätigen, wenn Sie den Mondumfang am Himmel messen würden – doch das Gegenteil scheint unbezweifelbar wahr zu sein, womit die Mondillusion die mächtigste und beständigste Illusion am Himmel ist. Selbst für Menschen, die den imaginären Charakter des Effekts vollkommen verstanden haben, sieht der tiefstehende Mond weiterhin riesig aus.

Merkwürdiger und noch schwerer zu verstehen ist es, weshalb die Größe des Mondes unabhängig von seinem Standort am Himmel immer übertrieben wird. Sie haben ihn Ihr ganzes Leben lang gesehen; machen Sie also den folgenden Test, um herauszufinden, wie Sie die Ausmaße des Mondes wahrnehmen:

Wenn man Vollmonde aufeinander stapeln könnte, wieviele

davon würde man benötigen, um die Linie vom Horizont bis zum Zenit abzudecken? Wählen Sie eine der Antworten: (A) 20; (B) 40; (C) 75; (D) 100; (E) mehr als 150.

Die meisten Menschen wählen B. Stellen Sie anderen die Frage, und Sie werden finden, daß praktisch alle sich den Mond größer vorstellen, als er tatsächlich ist. So klein, wie der Mond an unserem Himmel erscheint, benötigt man in Wahrheit einen Stapel von 180 Stück, um vom Horizont bis zum Zenit zu gelangen. Wenn Sie den ganzen Himmel mit Monden vollpacken wollten, bräuchten Sie 105 050 davon, so winzig ist er.

Um den Mond direkt, von Angesicht zu Angesicht, schätzen zu lernen, wie es unsere Vorfahren jahrtausendelang getan haben, verfügen wir über den unvergleichlichen Vorteil, ihn durch preisgünstige und dennoch spektakulär leistungsfähige Instrumente betrachten zu können. Wenn die Sichelphase in den Halbmond übergeht, ist die ideale Zeit gekommen, ihn direkt zu beobachten. Eine Party zu diesem Zweck sollten Sie demnach zwischen dem fünften und dem zehnten Tag nach Neumond veranstalten – in dieser Periode wirkt er durch jedes Instrument und mit jeder Vergrößerung überwältigend. Auf diesem Abschnitt seines Zyklus wird er auch in einer bequemen Höhe am Himmel stehen, sobald die Nacht hereinbricht, darauf können Sie sich verlassen.

Wir übergehen jetzt die Vollmondphase um den fünfzehnten Tag herum, in der der Mond (anders als man glauben könnte) im Teleskop am uninteressantesten ist. Am dreiundzwanzigsten Tag, dem Abschnitt seines Umlaufs, in dem er erst nach Mitternacht aufgehen kann, taucht dann wieder die Sichel auf. Diese in jedem Monat für fünf Tage sichtbare Erscheinung der abnehmenden Sichel ist daher ein Privileg der Menschen, die entweder an Schlaflosigkeit leiden oder in der Nachtschicht arbeiten. Die Hörner (Spitzen) der Sichel weisen nach rechts, und aus ihrer Dicke können Sie ablesen, wie weit die Nacht fortgeschritten ist. Eine ziemlich dünne Sichel geht unmittelbar vor Beginn der Morgendämmerung auf; eine extrem dünne Sichel ist nur *in* der Morgendämmerung zu sehen und steht so tief am Himmel, daß man ihr einen Fußtritt geben könnte.

Weil die abnehmende Sichel sich erst in der zweiten Hälfte der

Nacht zeigt, gewährt uns die Woche ihrer Existenz in den Stunden vor Mitternacht Dunkelheit. Im Zeitraum zwischen dem ersten Viertel und den ersten paar Tagen nach Neumond herrscht mondloser Himmel vor, womit er für alle praktischen Zwecke geeignet ist. Das ist der Moment, in dem wir die himmlischen Geschenke auspacken, für die die Schwärze der Nacht erforderlich ist, wenn sie in vollem Glanz erstrahlen sollen.

Dann wartet der *Rest* des Universums.

Ein unbekannter fliegender Planet

Das hellste Objekt der Nacht ist natürlich der Mond. Doch welches ist das zweithellste?

Sie wissen es nicht? Ab in die Ecke.

Das wahrhaft einzige schwarze Loch, das unsere Welt umgibt, ist die umfangreiche Lücke bei den elementaren Himmelskenntnissen. Deshalb kann eine strahlende Erscheinung, die den Himmel beherrscht, Ufo-Berichte auslöst und hundertmal heller leuchtet als die hellsten Sterne, trotz allem inkognito reisen. Es handelt sich um die Venus – allgemein auch Abendstern genannt.

Alle neunzehn Monate, wenn der Abendstern seinen größten Glanz erreicht und wie ein Suchscheinwerfer die Dämmerung im Westen erhellt, stürzen sich die Erdbewohner in eine Orgie von falschen Identifizierungen. Einem bekannten Ufo-Autor und -Forscher zufolge sind helle Planeten (mit der Venus an der Spitze) für mehr als die Hälfte aller Ufo-Berichte verantwortlich, und solche Phänomene werden nicht nur von Schwachköpfen gesichtet. Als Jimmy Carter noch Gouverneur von Georgia war, rief er die Polizei an und berichtete von einem Ufo, das sich als die Venus herausstellte. Einige Jahre darauf zeigten die *CBS Evening News* die Bildsequenz eines Ufos, das von einem australischen Kamerateam aufgenommen worden war; auch dieses Ufo erwies sich schließlich als der wolkenverhangene Planet. Und die Leute einer alliierten Bomberschwadron, die im Zweiten Weltkrieg von einem Einsatz über Japan zurückkam, erblickten ein glänzendes Licht, das mit ihnen auf gleicher Höhe zu bleiben schien. Sie ballerten mit ihren Kanonen darauf und versuchten, wenn auch erfolglos, den Abendstern abzuschießen.

Vorbeiziehende Wolken erzeugen manchmal die Illusion, die

Venus sei in Bewegung. Ihr sahneweißes, flimmerfreies Leuchten, sehr merkwürdig für ein so niedrigstehendes Objekt, ist hell genug, um auf weißen Flächen, die man von einer nicht lichtverschmutzten Stelle aus betrachtet, Schatten zu werfen. Venus ist das fesselndste Objekt der Nacht.

Über Schatten denken die Menschen nicht besonders viel nach, doch ich erinnere mich, als Kind von ihren wechselnden Eigenschaften überrascht gewesen zu sein. Es kam mir rätselhaft vor, weshalb Schatten klar und scharf gezeichnet waren, wenn sie auf einen Gegenstand in der Nähe fielen, aber verschwommene Ränder bekamen, wenn sie weiter entfernt auftrafen. Sie können es überprüfen: Halten Sie Ihre Hand in der Sonne ein paar Zentimeter über ein Blatt Papier. Der Schatten ist hart und klar. Wenn Sie sich dagegen den Schatten eines Baums oder eines Gebäudes auf der Straße oder dem Gehweg betrachten, so ist sein Umriß verschwommen.

Die wechselnden Eigenschaften der Schatten gingen mir gewaltig auf die Nerven, doch das verriet ich niemals irgendeinem Menschen. (Wie viele solcher fixer Ideen schlüpfen durch die Ritzen der schulpsychologischen Beurteilung von Kindern? Dabei bräuchte man nur eine einzige zusätzliche Frage zu stellen – »Lassen dir Schatten keine Ruhe?« – und die Schulen wären in der Lage, Kindern wie mir zu helfen.) Die Erklärung: Die Lichtquelle, unsere Sonne, ist kein Punkt, sondern ein ausgedehnter Gegenstand. Sie hat eine bestimmte Größe. Der Schatten eines Gebäudes hat einen verschwommenen Rand, weil der Rand die Übergangszone zwischen voller Sonne und keiner Sonne darstellt, den Bereich, in dem die Sonne ein wenig abgehalten wird. Eine Ameise, die über die Schattengrenze spazierte, würde eine *teilweise* Sonnenfinsternis sehen!

Das ist auch der Grund, weshalb diese strahlend hellen Halogenleselampen eine so grelle Beleuchtung hervorbringen. Da der Glühfaden der Birne winzig ist, gibt es nur scharfe Schatten. Die Schattengrenzen der normalen Glühlampen sind weit verwaschener, und Leuchtstofflampen sind so lang, daß sie es beinahe fertigbringen, überhaupt keinen Schatten zu erzeugen!

Das heißt, ein Ausflug zum Beispiel zum Pluto, auf dem die Sonne ein intensiver sternähnlicher Punkt ist, würde uns überall spektakuläre, harte Schatten liefern, die Art von außerirdischer Erfahrung,

Auf dem Merkur geht die Sonne sehr langsam auf. Sie benötigt achtundachtzig Tage, um von einer Seite des Horizonts zur anderen zu wandern und erscheint dreimal größer als auf der Erde, was seltsam undeutliche Schatten erzeugt.

die wir auf einer weit entfernten Welt anzutreffen *wünschen*. Hier auf der Erde sehen wir uns nur während der Augenblicke unmittelbar vor und nach einer totalen Sonnenfinsternis scharfen natürlichen Schatten gegenüber, weil die Sonne dann auf einen stecknadelkopfgroßen Punkt reduziert ist. Doch ereignet sich dieses Phänomen bei uns nur einmal innerhalb von einigen Jahrhunderten.

Es gibt nur eine einzige weitere Möglichkeit, so seltsame Schatten zu erfahren – mit dem Licht von der Venus. Ich habe diese rasiermesserscharfen Schatten erst einmal gesehen, im Sand einer entlegenen Insel im Südpazifik. Ich hatte erwartet, die Venus-Schatten seien sehr schwach und hatte deshalb nicht mit ihren rasiermesserscharfen Kanten gerechnet, einem natürlichen Ergebnis der punktförmigen Lichtquelle, als die sich die Venus darstellt.

Wenn wir es andersherum angehen, so malen nur wenige astronomische Künstler korrekte Szenen vom Merkur mit den stark verschwommenen Schatten, die dort auftreten würden, weil die Sonne vom innersten Planeten aus so riesig wäre.

(Auch aus anderen Gründen ist der Merkur eine merkwürdige Gegend. Die Temperaturschwankungen zwischen Tag und Nacht betragen dort 540 Grad Celsius, das ist weit mehr als auf jedem anderen Planeten. Während des Tages herrscht eine solche Gluthitze, daß

Blei, Zinn und sogar Zink zu Pfützen schmelzen würden. Doch geschützte Täler an den Polen sind zur selben Zeit mit Eis bedeckt!)

Selten wird auch wahrgenommen, daß Mondschatten auf einer Schneelandschaft dieselben Eigenschaften wie die der Sonne haben, da beide Scheiben in derselben Größe erscheinen.

Was den Erdschatten im Weltraum angeht, so ist er zugleich verschwommen und *rot*, ein Ergebnis der Brechung des Sonnenlichts auf seinem Weg durch die Atmosphäre, die uns umgibt. Die Luft projiziert das gebrochene Licht aller Sonnenauf- und -untergänge der Welt in unseren Schatten. Das erklärt, weshalb der Mond während einer totalen Mondfinsternis – er fliegt dabei durch den Erdschatten – eine seltsam kupferfarbene Tönung annimmt.

Die Venus ist das einzige sternähnliche Objekt, das Schatten wirft; ihre Helligkeit ist einige dutzendmal größer als die des Sirius, des hellsten Sterns der Nacht. Diese Art strahlender Helligkeit, durch die die Venus für das unbewaffnete Auge so spektakulär wirkt, wendet sich gegen uns, wenn wir sie durch Teleskope betrachten wollen. Vor einem dunklen Himmel ist ein so blendender Kontrast mehr, als das Auge verarbeiten kann, wodurch die Form verschmiert. Die beste Lösung ist es, die Venus in der Dämmerung oder gar bei Tageslicht zu betrachten, wobei sie dann auch noch höher am

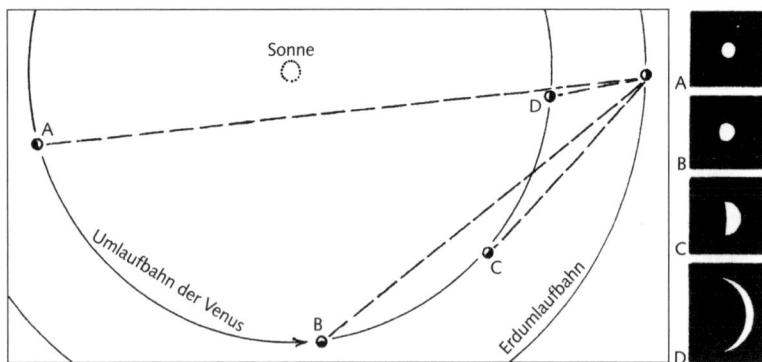

Die Venus bewegt sich schneller als die Erde und fliegt alle 584 Tage an uns vorbei. Am fernsten Punkt beträgt ihr Abstand zu uns 256 Millionen Kilometer, aber nur etwa 42 Millionen Kilometer, wenn sie uns am nächsten kommt. Die Bilder rechts zeigen, wie der Planet an den angegebenen Positionen mit einem kleinen Teleskop zu sehen ist.

Himmel steht. Doch auch in der Dämmerung ist sie im Teleskop nur dann eindrucksvoll, wenn sie nah bei der Erde steht und die Sonne sie von hinten beleuchtet; dann bildet sie eine faszinierende Sichel, die ausreichend groß ist, um selbst in den kleinsten Teleskopen einen atemberaubenden Anblick zu bieten.

Die Sichel der Venus, weiß wie Sahne und so frei von allen Details wie die Rede eines Politikers, kann bis zu einem Zehntel des scheinbaren Monddurchmessers anschwellen. Während dieser Zeiten (siehe Seite 194) ist sie schon durch ein simples Fernglas sehr auffällig. Es gibt sogar Menschen, die die Sichel der Venus allein mit dem unbewaffneten Auge ausmachen können. Wer ein Fernrohr benutzt, kann ihre sich wandelnden Phasen beobachten und vielleicht einen Blick auf das merkwürdige **fahle Leuchten** erhaschen, ein Halo, der sich um den ganzen Planeten zieht und einen geschlossenen Ring bildet, wenn die Sichel sehr dünn ist. Er wird durch die dichte, giftige Atmosphäre aus Kohlendioxid und Schwefelsäuretröpfchen verursacht.

Mehrere Raumsonden haben die Venus besucht und als den unwirtlichsten Planeten des bekannten Universums entlarvt. Fegefeuer? Nein, viel schlimmer: Es ist der Ort der Verdammnis, die Endstation für Leute, die schlimme Dinge tun und zum Beispiel mit den Fingern auf Linsen herumtappen. Die Temperaturen auf ihrer Oberfläche bleiben immer gleich höllisch, als würden sie durch den Thermostaten einer unterweltlichen Sauna geregelt. Ob Tag oder Nacht, die Wettervorhersage bleibt immer gleich; auf der Venus könnte ein Meteorologe auf ewig dasselbe Band abspielen: bedeckt, Höchsttemperaturen um 470 Grad, Tiefsttemperaturen bei 470 Grad.

Auf der Venus herrscht eine viel schlimmere Gluthitze als auf dem näher um die Sonne kreisenden Merkur, weil ihre dichte Atmosphäre die Wärme einfängt. Dies ist der Ort, der uns das Modell für den **Treibhauseffekt** geliefert hat; durch die Venus wurde der Begriff schon lange vor der Zeit berühmt, in der man ihn auf die globale Erderwärmung anwandte und ihm so zu seiner jetzigen Bekanntheit verhalf.

Das hört sich schrecklich an? Es kommt noch schlimmer. Auf der Oberfläche der Venus herrscht ein neunzigmal höherer Luftdruck als auf der Erde, was sie zum besten Dampfkochtopf im Sonnensystem macht. Eine Kuh würde hier in wenigen Sekunden in Rindereintopf verwandelt. Die erste Raumsonde, eine russische *Venera*, hielt gerade zwanzig Minuten durch, ehe sie die Übertragung ihres alptraumhaften Berichts von der Oberfläche einstellte.

Obwohl die Venus manchmal als unser »Schwesterplanet« bezeichnet wird, weil sie fast denselben Durchmesser und dieselbe Dichte besitzt wie der unsere, sind wir damit auch schon am Ende aller familiären Ähnlichkeiten. Göttin der Liebe, gewiß – als hellster »Stern« der Nacht ist es durchaus angemessen, wenn die Venus für immer mit der Liebe in Verbindung gebracht wird, aber es ist eine Liebesaffäre nach dem Motto: »Schauen, aber nicht anfassen.«

Doch wenn wir den Abendstern beobachten, wie er über die schwindende Dämmerung herrscht, kommen unsere Sinne nicht mit diesen unangenehmen Dingen in Berührung. Ganz im Gegenteil, seine Erscheinung strahlt eine seltsame Heiterkeit aus, eine zeitlose Gegenwart. Das war eindeutig schon immer so; das Bild der Venus in Kunst und Dichtung zieht sich durch alle Zeiten und Kulturen.

Die Venus ist der einzige »Stern«, der für das unbewaffnete Auge während des Tages auffallend sichtbar erscheint. Wenn Sie ihn nach Tagesanbruch leicht ausfindig machen wollen, können Sie die Tabelle verwenden; sie zeigt an, wann die Venus als Morgenstern deutlich zu sehen ist und vor der Sonne aufgeht. Wenn sich die Dämmerung dann aufhellt, sollten Sie sie im Auge behalten, und Sie werden feststellen, daß sie sogar nach Sonnenaufgang sichtbar bleibt.

Oder versuchen Sie es am späten Nachmittag gegen den blauen Himmel, wenn die Venus als Abendstern am hellsten ist. Achten Sie darauf, daß Ihre Augen im Schatten sind, damit sich Ihre Pupillen nicht zusammenziehen. Zum Beispiel könnten Sie sich hinter einer Hausecke verstecken und so die Sonne verdecken, während Sie den Himmel absuchen. Und dabei hoffen, daß ein möglicherweise vorbeikommender Polizist Ihre Geschichte glaubt.

Wie viele andere Himmelskörper werden dem Anspruch, während des Tages sichtbar zu sein, in gleicher Weise gerecht? Sicherlich der Jupiter. Und glaubwürdige Berichte deuten darauf hin, Sirius, der Hundsstern, sei ganz schwach zu erkennen. Alles andere ist zweifel-

Zwei Observatoriumsaufnahmen des Großen Orion-Nebels, einer aktiven Sternkinderstube. Obwohl man sich bemüht hat, die Farben richtig wiederzugeben, stimmen die Farbtöne der beiden Fotografien nicht überein. In Wahrheit zeigt keines der beiden Bilder, was man mit dem Auge wahrnehmen würde. (Siehe das Kapitel »Die Lieblingsfarbe des Universums.«)

Links: Vom Autor fotografiert
Unten: NASA

Jupiter aus der Sicht von *Voyager I*. Im Bild sind zwei seiner merkwürdigen, planeten-großen Monde sichtbar: Io, der sich über dem Roten Fleck befindet, und Europa.
NASA

Die Andromeda-Galaxie. Bei den vielen Sternen, die sie zu umgeben scheinen, handelt es sich eigentlich um Sterne im Vordergrund, die zu unserer Milchstraße gehören. Wie Schneeflocken, die an eine Fensterscheibe geweht wur-den, stehen sie in keiner Beziehung zu jener gewal-tigen Stadt aus Sonnen in der Ferne.
Palomar-Observatorium, NASA

Ein dynamischer Planet, den ein gewöhnlicher Stern am Leben erhält. Sonne und Erde: Der tropische Sturm bei Australien wurde von der Mannschaft des zweiunddreißigsten Fluges der *Space Shuttle* im Jahre 1990 fotografiert. *NASA*

Oft wird gefragt, weshalb in Fernsehbildern oder auf Fotografien aus dem Weltraum niemals Sterne zu sehen sind. Die einfache Antwort lautet, bei korrekter Belichtung der Erde sind die Sterne unterbelichtet. Doch auf diesem seltenen Bild der Erde im Mondlicht hat die Mannschaft der Raumfähre *Discovery* mit hochempfindlichem Film ein wunderschönes Nordlicht, Sterne und den überbelichteten Mond (oben rechts) eingefangen. *NASA*

Die – allerdings nicht durch den Mond – verfinsterte Sonne. Auf dem Weg zur zweiten Mondlandung bewunderten die Astronauten die Schönheit des Anblicks, als in einer seltenen Konstellation die schwarze Scheibe der Erde die Sonne verdeckte.
NASA

Die Meteoriten der Perseidenschwärme treten kurz vor der Morgendämmerung am häufigsten auf.
David Nunuk

Der größte mit bloßem Auge sichtbare Stern ist die orangefarbene Beteigeuze (Mitte links), die ebenso wie der Orion im Spätsommer kurz vor der Morgendämmerung aufgeht.
David Nunuk

Auf dieser Langzeitbelichtung ist Polaris, der Polarstern, beinahe stationär, während alle anderen Sterne einen Kreis um ihn beschreiben.
David Nunuk

Wenn man die Sonne entlang einer der genau in westöstlicher Richtung verlaufenden Straßen von Salt Lake City betrachtet, geht sie nur zur Tag- und Nachtgleiche exakt im Westen unter (oberes Foto). Nur zwei Tage zuvor lag sie noch deutlich daneben.
Keith Finlayson

Die Hörner der Mondsichel zeigen mit ihrer Ausrichtung Tageszeit, Jahreszeit und die geographische Breite am Standort des Beobachters an: In diesem Fall ist es die sommerliche Morgendämmerung über Fire Island im Staate New York.
Larry Landolfi

Der Große Wagen, wie er sich im Winter zeigt. In dieser Aufnahme von Nordlichtern über Wyoming sind die beiden häufigsten Farben der Aurora zu sehen.
Dewey Vanderhoff

Auf Wunsch des Autors schuf der Weltraumkünstler Brian Matthews diese realistische Szene von der Oberfläche des Merkur, in der auch die unvergleichlich weichen Schatten zu erkennen sind, die man dort vorfinden würde. Die Schatten auf der Erde sind weit härter. (Siehe das Kapitel »Ein unbekannter fliegender Planet.«)

Die Erde ist der einzige bekannte Planet, dessen Himmel blau erscheint. Hier zeigt Brian Matthews den Himmel einer anderen Welt: Das rosa Firmament des Mars.

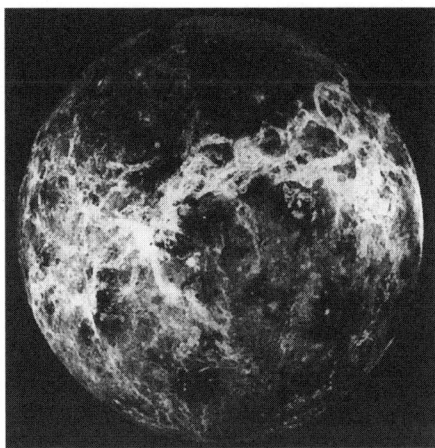

Eine Gesamtansicht der
Venusoberfläche, die 1991 mit
dem die Wolken durchdrin-
genden Radar der Magellan-
Sonde aufgenommen wurde.

haft. Fast zwei Jahrhunderte lang wurde von vielen Leuten behauptet, zahlreiche Sterne würden tagsüber erscheinen, wenn man
sie vom Grund eines Kamins, eines Bergwerksschachts oder eines
ähnlichen Tunnels aus beobachtete. Ich werde regelmäßig nach
diesem umstrittenen Phänomen gefragt, und zwar immer von äl-
teren Leuten. Das weist darauf hin, daß ein großer Teil der allgemeinen Aufmerksamkeit für dieses Thema zu Beginn des zwanzigsten Jahrhunderts auftrat. Heutige Forscher dagegen bezeichnen es
als Märchen.

Wenn Sie aus irgendeinem besonderen Grund das Gefühl haben
sollten, zur Klärung des Sachverhalts beitragen zu müssen, werden Sie dabei kaum auf Schwierigkeiten stoßen, falls Sie zu den
zig Millionen gehören, die zwischen 38 und 40 Grad nördlicher
Breite leben. Diese Zone schließt einige große Städte ein: Philadelphia, Baltimore, Kansas City, Indianapolis, Denver und San Fran-
cisco[1], um nur ein paar zu nennen. In diesem Streifen zieht der
strahlende Stern Wega täglich mitten über den Himmel. Zwar er-
glüht Wega in Sommernächten am schönsten, doch in diesem Experiment wird sein Erscheinen als *Tagesstern* erkundet; eine **Plani-
sphäre** (oder Astrolabium, ein radähnliches Gerät, das den Ort von
Sternen an jedem gewählten Datum und zu jeder gewählten Zeit

---

1 In Europa allerdings nur Athen, Palermo und Sevilla. (Anm. d. Ü.)

anzeigt) kann Ihnen verraten, wann Wega genau über Ihnen steht. Eine passende Gelegenheit ist zum Beispiel der Halloween-Tag um 16 Uhr. Schauen Sie doch einmal, ob Sie sie an einem solchen Tag ausmachen können, wenn Sie durch einen Kamin nach oben blicken. Sie werden voller Ruß sein, doch das ist ein geringer Preis dafür, daß Sie vielleicht einen schwachen Fleck am Himmel sehen. Und außerdem helfen, einen alten Streit beizulegen.

Es besteht allerdings kein Zweifel darüber, ob die Venus bei blauem Himmel sichtbar ist. Die einzige Herausforderung besteht darin, den genauen Punkt zu finden, auf den man schauen muß. Wenn unser Schwesterplanet annähernd am hellsten ist (siehe unten), brauchen Sie vom linken oberen Rand der untergehenden Sonne nur mit ausgestrecktem Arm drei Faustbreiten abzumessen – und schon haben Sie ihn gefunden!

Weil der Mond und die Planeten auf ihrer »Autobahn« am Himmel, dem Zodiak oder Tierkreis, regelmäßig an der Venus vorbei-

---

Venus auf dem Höhepunkt

Die Daten verweisen auf die *größten Elongationen* der Venus, d. h. die Entfernungen, in denen die Sonne und der Planet am Himmel durch den maximalen Winkelabstand – 45 Grad – voneinander getrennt sind. M = Morgenhimmel; blicken Sie vor Sonnenaufgang nach Osten. Normalerweise ist die Venus jeweils sechs Wochen vor und nach den angegebenen Daten gut zu sehen. Für Leute, die ein Fernglas benutzen: Hier liegt die beste Sicht sechs bis neun Wochen *vor* diesen Daten. A = Abendhimmel; schauen Sie nach Sonnenuntergang nach Westen. Für Leute, die ein Fernglas benutzen: Die beste Sicht liegt sechs bis neun Wochen *nach* den angegebenen Daten.

1999:	30. Okt. M*		2003:	11. Jan. M
2001:	17. Jan. A		2004:	29. März A*
2001:	8. Juni M		2004:	17. Aug. M*
2002:	22. Aug. A		2005:	3. Nov. A

Die größte Helligkeit der Venus tritt einen Monat vor den abendlichen Elongationen (A) und einen Monat nach den morgendlichen Elongationen (M) auf.

* Höchster Punkt: So erscheint die Venus im Idealfall

kommen, sind wir in wiederkehrenden Zeitabständen zu blendenden Konjunktionen eingeladen, die den Morgen- oder den Abendstern einschließen. Wenn die Venus in nächster Nähe des Mondes steht, der bei diesen schönen Rendezvous in der Dämmerung immer als Sichel auftritt, zeigen sich die häufigsten und aufsehenerregendsten Muster, an denen sie beteiligt ist.

Nicht alle Auftritte der Venus gleichen sich. Wegen der Neigung der Erdachse ist die Venus für Beobachter auf der Nordhalbkugel weit auffälliger, wenn sie die größte westliche Elongation im Frühling erreicht und wenn die größte östliche Elongation im Herbst auftritt. Interessanterweise ereignen sich jeweils beide herausragenden Auftritte immer im selben Jahr, wie 1999 und das nächste Mal 2004. Sowohl für den Morgen- als auch für den Abendstern sind das außergewöhnlich günstige Jahre.

Sie können die künftigen Auftritte der Venus auch ganz allein berechnen. In dem Zeitraum, den die Erde für acht Umläufe um die

Mons Sapas ist ein 4200 Meter hoher, erloschener Vulkan in der Nähe des Venus-Äquators. Diese Aufnahme der Raumsonde Magellan überzeichnet die dargestellten Höhen um das Zehnfache und zeigt einen schwarzen Himmel. Der eigentliche, bedeckte Himmel der Venus ist grau.

Sonne benötigt, vollendet die Venus dreizehn Umrundungen. Das heißt also, von uns aus gesehen kehrt die Venus alle acht Jahre an ihren Ausgangspunkt zurück. Immer dann zeigt sie dieselbe Helligkeit und tritt in derselben Konstellation und derselben Höhe über dem Horizont auf. Der Tabelle können Sie entnehmen, wie die Venus im Oktober 1999 am weitesten von der Glut der Sonne entfernt und somit am besten sichtbar ist. Wir addieren ganz einfach acht Jahre und schon ist sie wieder da, nämlich im Juni und im Oktober des Jahres 2007.

Ein wahrhaft ehrfurchtgebietendes, wenn nicht sogar esoterisches Erlebnis in Verbindung mit der Venus können Sie sich verschaffen, wenn Sie mit ihrer Hilfe die Ebene des Sonnensystems bestimmen, was Ihrem Alltagsleben eine neue Perspektive geben wird. Und das geht so:

Gestehen Sie zunächst, wie bei einem Treffen der Anonymen Alkoholiker, ehrlich ein, beim Anblick des Himmels stets den *Horizont* als wichtigsten Bezugspunkt verwendet zu haben. Diese Linie, die die Erde vom Himmel trennt, ist uns immer wichtig erschienen, während andere Bezugsgrößen bloße Abstraktionen blieben. Die Darstellungen der Planetenbahnen zum Beispiel schienen nur in Lehrbüchern einen Sinn zu ergeben; im Alltagsleben dagegen kann man die Umlaufbahnen von Planeten nirgends erkennen. Doch in Wahrheit *können* sie vorhanden sein, man *kann* sie sehen. Die Venus gibt uns die Möglichkeit dazu.

Kurz nach Sonnenuntergang merken wir uns den hellsten Punkt in der Dämmerung, der uns zeigt, wo die Sonne hinter dem Horizont lauert. Dann ziehen wir in Gedanken eine Linie zwischen der Stellung der Sonne und der Venus, und wir stellen fest, *diese* Verbindung bezeichnet die Umlaufbahn der Venus im Weltall. Und da alle Planeten annähernd auf derselben Ebene kreisen, sehen wir nun auch die Ebene des gesamten Sonnensystems! Wenn wir uns dann ruhig vom Horizont lösen, bleibt die Vorstellung des eigentlichen Sonnensystems übrig, das sich uns zum ersten Mal in seiner ganzen Majestät erschließt. Plötzlich taucht am Himmel eine umfassendere Perspektive, ein tieferer Bezugsrahmen auf. Es ist ein wundersames Erlebnis.

Sie können die Tabelle zu Rate ziehen und vorsätzlich nach der

Finden Sie die Venus genau nach dem Untergehen der
Sonne...

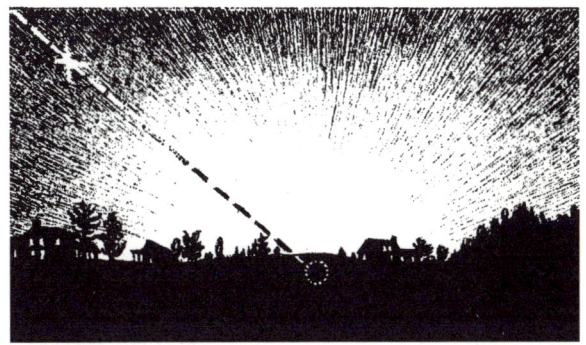

...verbinden Sie die beiden...

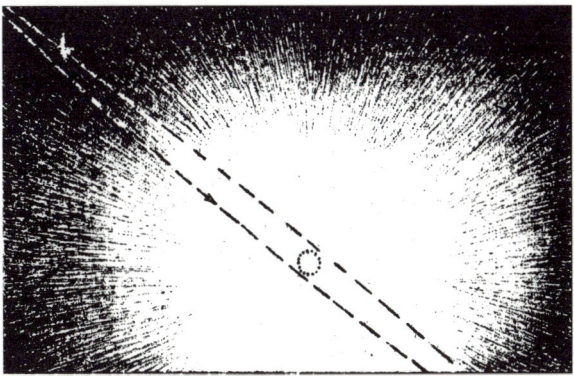

...und denken Sie sich den Horizont weg. Zurück bleibt
eine Ansicht der Ebene des Sonnensystems.

Venus Ausschau halten. Doch die ehrwürdigere Methode besteht darin, ganz einfach über den Abendstern zu stolpern, während Sie einen Spaziergang in der Dämmerung unternehmen. Früher oder später wird Ihr Blick von seinem Glanz wie von selbst nach oben gezogen werden. Da die Venus so ins Auge fällt, ist es nicht nötig, nach ihr zu suchen.

Sie ist es, die Sie finden wird.

Geschichten vom Wagen

Viele von uns betrachten den Großen Wagen als alten Freund aus der Kindheit und können sich an die Nacht erinnern, in der irgendein weitsichtiger Erwachsener zum ersten Mal auf dessen sieben Sterne wies. Der vertraute Umriß wird im Verlauf der Jahrtausende immer stärker verzerrt erscheinen: Die fünf mittleren Sterne bewegen sich in die eine Richtung, während die beiden übrigen in eine andere treiben. Doch aus unserer Sicht hat er sich kein bißchen verändert, seit wir Kinder waren.

Stimmungsvoll erreicht der Wagen seinen höchsten Punkt jedes Jahr im Frühling, der Jahreszeit der Erneuerung. In diesen Nächten schwebt er hoch im Norden, fast senkrecht über unseren Köpfen, ein ferner Nachhall der den Horizont streifenden Position, die er im Herbst einnimmt.

Während uns der Südwesten nun verwöhnt und uns zum Auftakt eine Ansammlung blendender Sterne bietet, sehen wir, wenn wir nach Norden schauen, eine Gruselgeschichte. Dort treibt der Wagen verloren in einer dunklen und trostlosen Himmelsgegend. Dieses Reich liegt weit von der Milchstraße entfernt, weitab von der Ebene unserer Galaxis. Damit lenkt der Wagen unseren Blick von den Lichtern der Stadt unserer eigenen himmlischen Nachbarschaft hin zu den weit hingebreiteten Reichtümern des übrigen Kosmos.

Wir können uns unser Sonnensystem als ein Fleckchen vorstellen, das in einen Pfannkuchen aus einer halben Billion glühender Körnchen eingebettet ist. Wenn wir am dicken Teil dieser Scheibe entlangschauen (was wir tun, wenn wir uns im Spätsommer nach Süden wenden), sehen wir ausschließlich die Materie unserer eigenen Galaxie: zahllose Sterne, einen Vordergrund aus Gas- und Staubwolken und den sahnigen Glanz endloser,

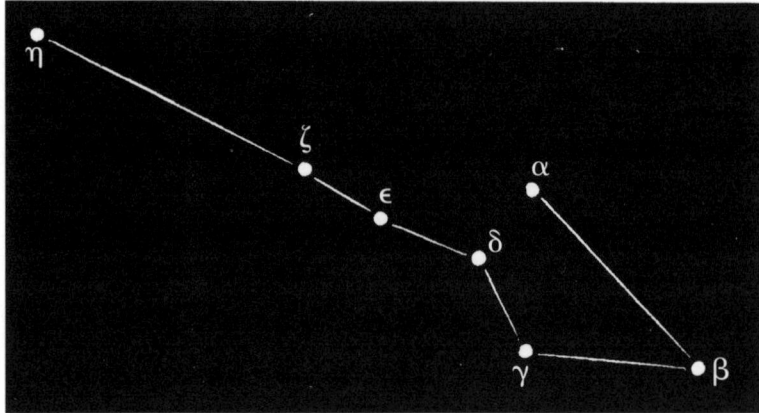

Vor 250 000 Jahren

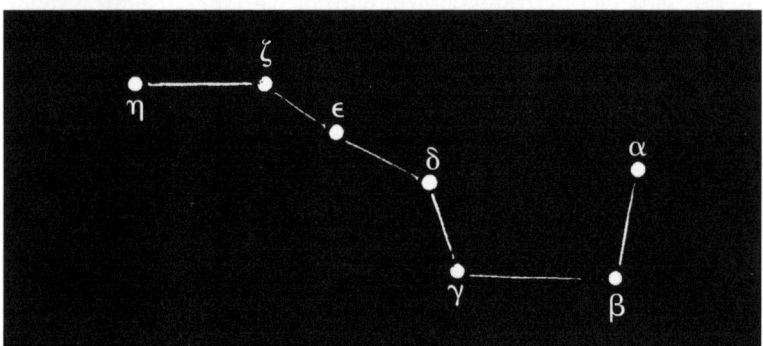

Heute

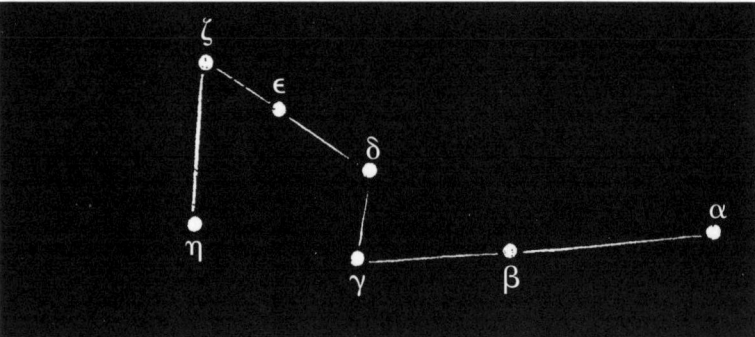

In 250 000 Jahren

Vom Großen Durcheinander zum Großen Wagen – und wieder zurück.
Der Große Wagen verändert mit der Zeit seine Form. Alpha (α) und Eta (η)
bewegen sich in eine andere Richtung als die anderen fünf Sterne.

M81 ist eine der uns am nächsten liegenden und schönsten Galaxien. Sie scheint zwischen den Sternen des Großen Wagens zu stehen, ist aber in Wahrheit hunderttausendmal weiter entfernt.

optisch nicht auflösbarer Sonnen – das sanfte Leuchten der Milchstraße. Wenn wir jedoch zur Jungfrau oder zum Großen Wagen schauen, richten wir unseren Blick nach oben durch den dünnsten Teil des Pfannkuchens. Im Vordergrund verdecken nur wenige Sterne und kein Staub die Aussicht, weshalb sich uns in dieser Richtung ein kristallklares Fenster aus unserer Galaxis in die gähnende Leere des Weltalls bietet.

In diesem Bereich enthüllen sogar Amateurteleskope ein außergalaktisches Potpourri, das die seltsame, wilde Galaxie M82 und die ehrfurchtgebietenden Spiralnebel M101 und M81 einschließt. Jeder von ihnen weist mehr Sterne auf, als man seit der Erfindung des Teleskops ohne Unterbrechung hätte abzählen können – und die Entfernungen zwischen jeder von ihnen und ihr Abstand zu uns liegt fast außerhalb unseres Verständnisses. Zum Zeitpunkt, an dem ihre zu uns kommenden Bilder die Sterne des Wagens passieren, hat das Licht aus jenen Galaxien schon 99,999 Prozent der Reise zu unserem Auge hinter sich und muß dann nur noch weitere 100 Lichtjahre überwinden.

Die schönen Galaxien M81 und M82 liegen etwa 10 Millionen Lichtjahre jenseits der Sterne des Wagens. Wenn Sie schnell genug unterwegs wären, um in einer Zwanzigstelsekunde von New York nach Tokio zu fliegen, würden Sie 10 Millionen Jahre benötigen, um diese gewaltigen Gebilde aus Sonnen zu erreichen. Dennoch gehören sie zu unseren nächsten galaktischen Nachbarn; weniger als ein Hundertstel eines Prozents der 10 Milliarden Galaxien, die

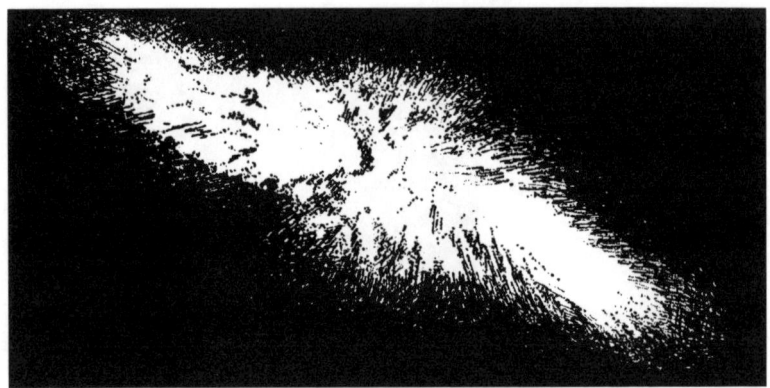

M82 sieht wie eine Spiralgalaxie aus, die infolge einer Explosion auseinander-
fliegt. Tatsächlich erzeugt sie aus einer riesigen Wolke, mit der sie kollidiert, Milliarden neuer Sterne. Mit einer Entfernung von 10,5 Millionen Lichtjahren ist sie
die nächste »merkwürdige« Galaxie.

durch ein heutiges Teleskop auszumachen sind, stehen näher bei
uns als sie.

Vergleichen Sie sie zum Beispiel mit der phantastischen Ursa
Major-Gruppe, die in der gleichen Richtung, jedoch noch viel weiter
entfernt liegt. *Dieser* Galaxienhaufen ist so weit weg, daß der Schein
seiner Trillion Sonnen, der dort zu einer Zeit aufbrach, als bei uns
die letzten Dinosaurier zum Himmel guckten, uns erst in weiteren
700 Millionen Jahren erreicht haben wird. Sein altes Licht, rötlich
wie ein betagter Sepiadruck und durch die Expansion des Universums verändert, bringt uns letzte Nachrichten von Ereignissen und
Objekten, die es nicht mehr gibt.

All diese alte und ferne Schönheit befindet sich in gestaffelten
und atemberaubenden Abständen jenseits der spärlichen, einsamen
Sterne des Wagens. Die dunkle und stille Ecke des Himmels um den
Großen Wagen ist somit eine Illusion, eine bloße Wegmarke, eine
Boje im Ozean der Nacht.

Sie zeigt uns, wohin wir unsere Instrumente richten müssen, um
die Schätze auszuloten, die sich in jenen Tiefen abzeichnen.

Merkwürdigerweise ist der Große Wagen nicht einmal ein eigen-
ständiges Sternbild. Er ist eine **Sterngruppe,** ein Ausschnitt aus
Ursa Major, dem Großen Bären. *Groß* ist das zutreffende Eigen-

M101 findet man genau über dem Ende der Deichsel des Wagens. Die Sternkinderstuben in ihren äußeren Spiralarmen sind so hell, daß sie im *New Galactic Catalogue* mit einer eigenen Nummer verzeichnet sind.

schaftswort; der Bär ist das drittgrößte Sternbild des Himmels. Den ersten Platz hat er knapp verpaßt, denn es gibt einen virtuellen Dreierbund für das größte Sternmuster. Ebenso wie Hydra (die Schlange) breitet sich Virgo (die Jungfrau) wollüstig über ein paar Himmelsgrade mehr aus. Demgegenüber würde das Kreuz des Südens als kleinstes Sternbild fast zwanzigmal in die Umrisse des Bären hineinpassen.

Es ist zumindest eigenartig, daß so viele alte Kulturen in dieser Himmelsregion die Gestalt eines Bären ausgemacht haben. Schön, wenn einer ein paar Drinks zuviel hat, kann ihm schon mal ein alter Brummbär erscheinen. Ein weit vernünftigeres Muster ist dagegen der »Pflug«, den die Briten darin sehen oder auch die »Schöpfkelle« der Amerikaner. Ein Bär ist eine ziemlich großzügige Auslegung, doch genau das haben die Ureinwohner Amerikas, die alten Griechen, die germanischen Stämme Mitteleuropas und andere in dieser Formation gesehen.

Weshalb all diese so unterschiedlichen Kulturen denselben unwahrscheinlichen Meister Petz auf jene Sterne des Nordens projiziert haben, bleibt ein Rätsel. In jedem Fall bringt eine so ehrwürdige Tradition die heutigen Sterngucker dazu, diesem Vorbild zu folgen und die Sterne von Ursa Major in ihrer Vorstellung zur Gestalt eines Bären zu verbinden, auch wenn sie damit eine milde Form kollektiven Wahns fortführen.

Da es stets Freude bereitet, wenn einer vorführt, was er alles weiß, kann das Kind in jedem von uns praktisch jedermann beeindrucken,

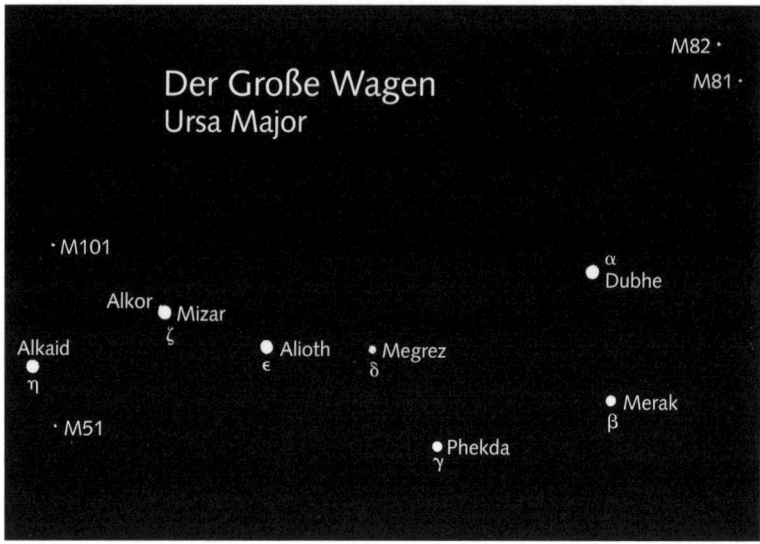

wenn es die Namen der Sterne herunterrattert, die den Großen Wagen bilden. Das funktioniert, weil sich ungeachtet der allgemeinen Vertrautheit des Großen Wagens nur wenige die Mühe gemacht haben, sich mit seinen einzelnen Mitgliedssternen anzufreunden. Außer den wenigen schneeweißen Zwergsonnen gibt es dort keine weiteren Sterne; es ist also keine große Aufgabe, selbst wenn einige der Namen für westliche Ohren ein wenig bekifft klingen.

Dubhe zum Beispiel bringt Kinder zum Kichern, während Merak ein guter Name für einen außerirdischen Besucher scheint. Doch dieses Paar, das in den Frühlingsnächten an der äußerst linken Ecke des Wagens liegt, gehört zu den berühmtesten Sternen am Himmel – es sind die »Zeigersterne«, die den Himmelsanfänger zum Nordstern hinführen. Eine nach unten verlängerte Verbindungslinie der beiden leitet unseren Blick zu Polaris, der für das nächste Jahrtausend der Polarstern sein wird.

Wenn wir unterstellen, Polaris und die Zeigersterne bildeten einen Uhrzeiger, so wird dieser in der ersten Märzhälfte um Mitternacht genau nach oben weisen und damit die genaue Uhrzeit verkünden. Als eine Art riesiger nächtlicher Big Ben stellt die Konstel-

Es ist nicht leicht, die Sterne von Ursa Major mit einem anatomisch korrekten Bären in Deckung zu bringen. Während der Renaissance mogelten die Europäer und machten den Schwanz des Bären so lang wie den eines Löwen.

lation eine billige Methode dar, die Zeit zu erfahren, auch wenn sie jedes Jahr nur für vierzehn Tage funktioniert. (Sie kriegen eben genau das, was sie bezahlt haben.)

Wir setzen unsere Runde um den Wagen fort und kommen dabei an Megrez vorbei, dem schwächsten der sieben Sterne, ehe wir Phekda (auch Phachd genannt) an der Verbindungsstelle von Wagenkasten und Deichsel erreichen. Schließlich kommen noch die drei Sterne der Deichsel: Alioth, Mizar und Alkaid (auch Benetnasch) an der Spitze.

Beachten Sie, daß *Al* die häufigste Vorsilbe dieser Sternbezeichnungen ist. Sie ist nicht von *Alexander, Alan* oder *Albert* abgeleitet. Alle Namen des Großen Wagens sind uns aus dem Arabischen überliefert, und *Al* ist dabei begünstigt, weil *Al* in dieser Sprache für »der«, das heißt, für den bestimmten Artikel, steht. *Alkaid* läßt sich beispielsweise als »der Führer« übersetzen (obwohl er bei den nächtlichen Runden des Wagens der Schlußstern ist).

Leser, denen die nächtlichen Sterne vertraut sind, werden an viele andere berühmte »Als« denken, die über den Himmel verstreut sind, wie Aldebaran, Algol, Altair, Alphard und so weiter, die alle ursprünglich die Bedeutung »der« oder »jener« gehabt haben.

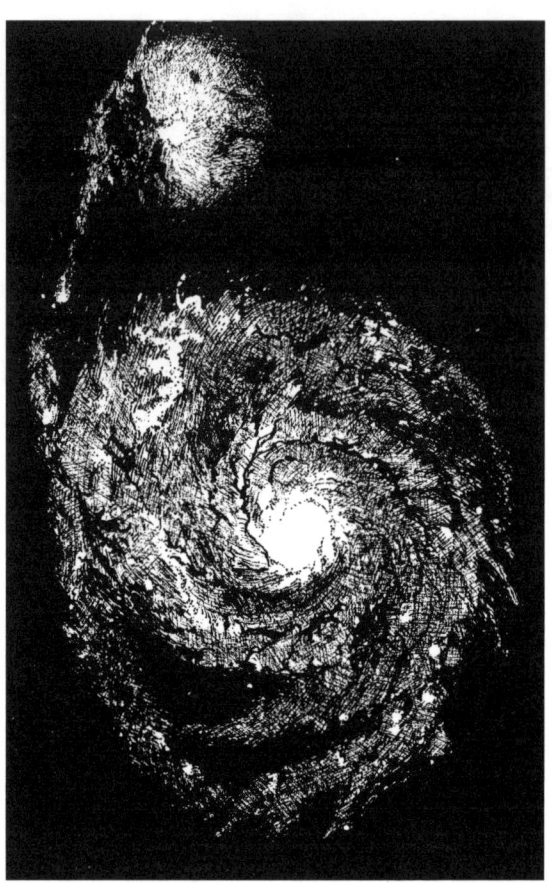

M51, die Whirl-
pool-Galaxie, ist
ein Spiralnebel
direkt unter dem
Ende der Deichsel
des Großen
Wagens. Die
kleinere Galaxie
NGC 5195 hat
M51 gestreift und
mit ihren Anzie-
hungskräften die
Spiralarme gestört.
1994 hat man im
Zentrum des Stru-
dels eine Super-
nova beobachtet,
die in Wahrheit
jedoch vor 35 Mil-
lionen Jahren
explodiert ist.

Ein weiterer *Al* des Großen Wagens ist Alkor, (»der Verlassene«),
der nahe bei Mizar, dem zweiten Stern der Deichsel, schwach zu
sehen ist. Dieses Paar bildet den berühmtesten Doppelstern am
Himmel und wird oft noch mit seinem alten Namen »Pferd und
Reiterlein« bezeichnet. Die alten Araber überprüften mit diesem
Duo oft ihre Sehkraft, da sie glaubten, wenn man Alkor sehen
könne, sei das ein Zeichen für einen scharfen Blick. Arabische
Schriften aus dem vierzehnten Jahrhundert sprechen in der Tat von
diesem Stern als dem »Rätsel«.

Dieser Titel ist heute so angebracht wie damals – wenn auch aus
einem anderen Grund. Entweder ist »der Verlassene« im Lauf der

Jahrhunderte heller geworden, oder die alten Wüstenbewohner hatten Sehprobleme, denn selbst am lichtverschmutzten Himmel der Städte ist Alkor gut zu erkennen. Das Rätsel besteht eher darin, wie es irgend jemand schafft, ihn *nicht* zu sehen.

Wenn Sie ein Teleskop auf die beiden richten, springt ein dritter Stern ins Blickfeld, der sich unmittelbar rechts neben Mizar befindet. Alle drei liegen nicht bloß auf einer Sichtlinie, sondern sind physikalisch aneinander gebunden. Es handelt sich demnach um ein Dreifach-Sonnensystem und um den ersten Mehrfachstern, der je photographiert worden ist (1857).

Spektraluntersuchungen zufolge wird Mizar noch von zwei weiteren, nicht sichtbaren Sonnen umkreist, was ein System aus fünf Sternen daraus macht; drei von ihnen liegen zu dicht beisammen, als daß man sie mit dem Teleskop ausfindig machen könnte. Sie umtanzen einander auf komplizierten Wegen; ihre Umlaufzeiten reichen von $20^{1}/_{2}$ Tagen über sechs Monate bis zu vier Jahren oder gar (im Fall der beiden hellsten) bis zu mehreren tausend Jahren – eine großartige und komplexe Choreographie.

Tatsächlich sind die meisten Sterne des Wagens durch Gravitationskräfte untereinander verbunden. Anders als fast alle anderen Sternbilder liegen sie nicht einfach in einer zufälligen Anordnung innerhalb einer gedachten Umrißlinie beisammen, sondern gehören zu einer Familie, die einen großen und grenzenlosen Haufen, eine **Sternassoziation,** bilden. Von den Tausenden bekannter Sterngruppierungen befindet sich der Wagen am nächsten bei der Erde, weshalb er uns so groß vorkommt. Die Entfernung zur Bruderschaft der Großen Bären beträgt etwa 80 Lichtjahre, was relativ gesehen ganz in der Nähe ist, aber immer noch ein gewaltiges Stück, wenn man dort hinreisen wollte. Selbst wenn Sie als Anhalter auf einem Space Shuttle mitfahren würden, würde eine Reise zum Bären 2 Millionen Jahre dauern.

Bei den Namen der Sterne des Großen Wagens können Sie auch im großen Stil mogeln und die Namen des »Bayer-Systems« herunterrattern, wenn Sie die ersten Buchstaben des griechischen Alphabets kennen (siehe die Tabelle auf Seite 17). Dubhe ist Alpha, und dann folgen nacheinander einfach die nächsten Buchstaben des griechischen Alphabets im Kreis um das Sternbild, ohne Rücksicht auf ihre Helligkeit. So können Sie ganz schön Eindruck schinden, wenn Sie Alpha, Beta, Gamma, Delta, Epsilon, Zeta und Eta Ursae Majoris herunterhaspeln und sich einfach nicht um ihre alten arabischen Namen scheren.

Sie wollen sich nicht mit Namen und Fakten herumärgern? Es ist mehr als genug, wenn Sie den Wagen einfach nur so betrachten, wie Sie es in jener lang zurückliegenden Nacht getan haben, als Sie ihn zum ersten Mal sahen. Ein derart zuverlässiger nächtlicher Führer, der weder auf- noch untergeht, sondern ohne Ende um den Nordstern kreist, hat einen Frühlingsgruß verdient.

Sommer

An keinem anderen Ort unserer Galaxis hat man einen Stern gefunden, der intensiver brennt als Eta Carinae (links in der Bildmitte). Er ist dreimillionenmal lichtstärker als unsere Sonne; die heftigen Sternenwinde Etas und ihrer riesigen Nachbarn haben Gas und Staub in der Umgebung zu einem verdrehten Nebel verwirbelt.

Im Inneren eines Schwarzen Loches

Was ist das seltsamste Ding im Universum?

Dazu hat noch niemand eine Untersuchung durchgeführt, doch wahrscheinlich dürfte ein Schwarzes Loch die Liste anführen. 1798 hat man sich zum ersten Mal Schwarze Löcher vorgestellt, doch bis vor wenigen Jahrzehnten wurden sie nicht ernst genommen. Heute sind sie zur Obsession geworden; wie kein anderes je bekanntgewordenes Objekt verkörpern sie Mysterium und Gefahr. In Zeit und Raum sind sie die einzigen Gegenstände, deren Wesen von der Wissenschaft absolut nicht erklärt werden kann und die sich in den unzugänglichen Passagen jenseits unseres Verständnisses herumtreiben.

Außerdem gibt es da noch folgendes kleines Problem: Niemand hat je eines gesehen oder wird es je sehen können. Es ist nicht einmal gewiß, ob es sie überhaupt gibt. Doch diese unsichtbaren, möglicherweise existierenden Dinge, die geheimnisvollsten Orte des Kosmos, könnten Übergänge zu anderen Dimensionen darstellen, die den Schlüssel zur Zukunft des Universums selbst in sich tragen.

Wir können uns leicht einen Zugang zu diesem zweifelhaften Reich verschaffen, indem wir im Hochsommer um Mitternacht senkrecht nach oben schauen, dann, wenn die am zuverlässigsten verbürgten Schwarzen Löcher direkt über uns stehen. Zu dieser Stunde teilt die Milchstraße den Himmel sauber in zwei Hälften, und das hübsche Sternbild des Schwans fliegt an ihrem sahnigen Leuchten entlang. Eine Mondbreite östlich des Sterns Eta, der den Hals des himmlischen Schwans markiert, liegt ein blauer Stern, gerade hell genug, um im Fernglas sichtbar zu sein. Er läuft unter dem eingängigen Namen HDE226868 und ist etwa so schwer wie ein Dutzend Sonnen.

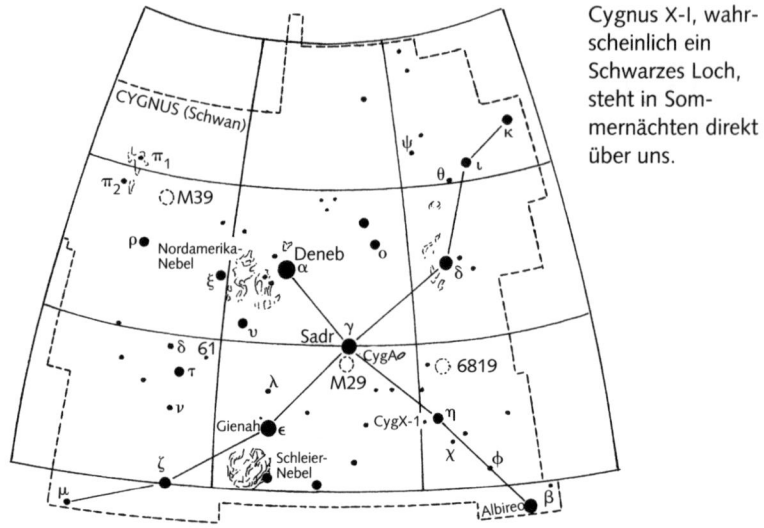

Cygnus X-I, wahrscheinlich ein Schwarzes Loch, steht in Sommernächten direkt über uns.

Hier spielt sich etwas sehr Verdächtiges ab. Erstens wirbelt diese aufgeblähte blaue Sonne in 5,6 Tagen einmal im Kreis herum, als wäre sie im Griff der Schwerkraft eines ungeheuren Objekts gefangen, doch der himmlische Sumo-Ringer, der HDE226868 wie eine Puppe herumschleudert, ist seltsamerweise unsichtbar. Massereiche Sterne sind stets sehr hell, also sollte diese Sternschleuder leuchten. Statt dessen verraten uns auch die mächtigsten Teleskope an dieser Stelle keine Spur von irgend etwas. Deshalb bleibt uns nur Beweisstück A: ein schweres Objekt mit zu geringer Lichtstärke.

Zweitens geht von diesem Ort eine ungeheure Röntgenstrahlung aus, eine seltene und mächtige Energieform, die immer ein Anzeichen für gewaltige Kräfte ist. Physikalische Gesetze besagen, daß alles, was um ein Schwarzes Loch kreist, zu so aberwitzigen Geschwindigkeiten gepeitscht werden sollte, daß es Röntgenstrahlen emittiert; ganz bestimmt können Sie praktisch Ihre Knochen sehen, wenn Sie die Hand in seine Richtung heben. Könnte diese gewaltige Röntgenstrahlung von der Materie des sichtbaren blauen Sterns gespeist werden, während er hilflos dem gewaltsamen Zugriff des Schwarzen Loches ausgesetzt ist? Da das geheimnisvolle Leuchtfeuer aus Röntgenstrahlen ein so bedeutsames Merkmal ist, wird dieses wahrscheinliche Schwarze Loch normalerweise einfach unter

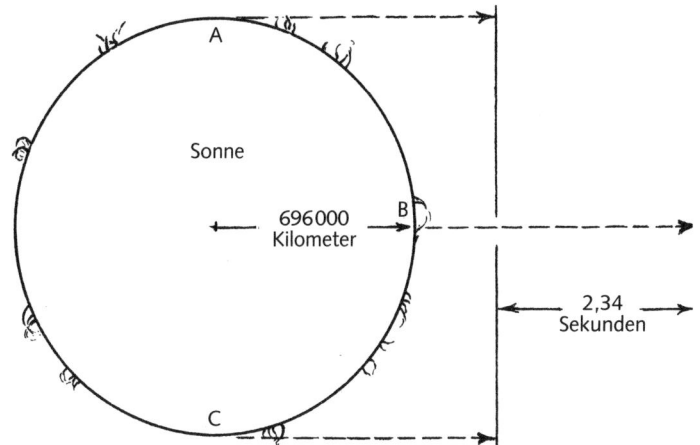

Das Licht der Sonne wird gleichzeitig von den Punkten A, B und C abgestrahlt, doch die Strahlen von der Mitte der Sonne (B) haben einen Vorsprung von 2,34 Sekunden.

dem Namen geführt, den es in den Katalogen der Röntgenquellen trägt: Cygnus X-I.

Doch da ist noch mehr: Innerhalb von weniger als dem fünfhundertsten Teil einer Sekunde, einem Wimpernschlag, treten ungeheure Veränderungen in der Intensität der Röntgenstrahlung auf. Wie diese rasenden Änderungen beweisen, handelt es sich um ein winziges Objekt. Warum? Überlegen Sie: Wenn unsere Sonne versuchen würde, zu flackern oder ihr Licht zu verändern und es irgendwie fertigbrächte, ihrem ganzen riesigen Körper auf einen Schlag eine andere Gestalt zu geben, würden die Änderungen dennoch einige Sekunden benötigen, um sich auszuwirken. Das Licht von der uns am nächsten gelegenen Oberfläche würde nämlich eher bei uns ankommen als die Energie von ihren Rändern, weil Licht fünf Sekunden braucht, um die Sonnenscheibe zu passieren. Die blitzschnellen Änderungen von Cygnus X-I beweisen, daß er nicht größer als 160 Kilometer im Durchmesser sein kann – ein Zwanzigstel der Größe des Mondes! Das wirft ein anderes Wunder auf: Wie kann ein so kleines Objekt einen derart starken Energiestrahl zu den Röntgendetektoren unserer Satelliten schicken?

Wenn Sie alle Beweise zusammen werten, haben Sie überzeugende Argumente für ein Schwarzes Loch. Würden sie vor Gericht standhalten? Wahrscheinlich nicht; es ist ein Indizienbeweis. Bestenfalls können wir sagen, ein Schwarzes Loch erklärt alles, was wir in diesem bizarren Himmelsausschnitt wahrnehmen. Falls Cygnus X-I *kein* Schwarzes Loch ist, haben wir nicht die geringste Vorstellung, was dieses winzige, schwere, gewalttätige und dunkle Etwas vielleicht sein könnte.

Die Dimension, in die uns Schwarze Löcher mitnehmen, ist verwirrender als eine Straßenkarte vom Mars. Viele Merkmale dieser den Verstand überfordernden Objekte sind allerdings ganz simpel; es ist nicht besonders schwer zu verstehen, wie sie sich bilden, was sie sind und ob sie für uns eine Gefahr darstellen. Dennoch sollten wir der Versuchung widerstehen, sie alle in einen Topf zu werfen, als hätte man sie alle im selben Werk gebaut; Schwarze Löcher müssen nicht auf Einheiten von der Größe von Sternen beschränkt sein. Möglicherweise ist das Universum mit mikroskopischen Ausführungen übersät, während im Mittelpunkt vieler Galaxien wahrscheinlich kolossale Schwarze Löcher liegen, die so schwer sind wie 100 Millionen Sonnen.

Schwarze Löcher haben eine schlechte Presse, das ist nicht zu leugnen. Wie ihr schlechter Ruf vermuten läßt, mißtrauen ihnen die Leute und verdächtigen sie, sie würden den Rest des Universums verschlingen, wenn man ihnen eine Chance böte. In Wahrheit sind Schwarze Löcher normalerweise so klein, daß Sie schon ein Spitzenpilot sein müßten, wenn Sie mit Ihrem Raumschiff überhaupt eines treffen wollten. Außerdem sind sie keineswegs irgendeine Art von »Löchern«. Während der Ausdruck *Schwarzes Loch* Leere suggeriert – und dazu noch ein schlecht ausgeleuchtetes Stück Leere –, ist es eigentlich genau das Gegenteil. Ein Schwarzes Loch ist ein Ort, an dem die Materie so intensiv vorhanden und so zusammengepreßt ist, daß ein Stahlbarren im Vergleich dazu wie ein Nebelhauch wirken würde.

Am einfachsten stellt man sich ein Schwarzes Loch vor, indem man die Fluchtgeschwindigkeit eines vertrauten Objekts, zum Beispiel unseres eigenen Planeten, betrachtet. Hier auf der Erde liegt sie bei etwa 11,2 Kilometer pro Sekunde, das heißt, wenn Sie sich mit dieser Geschwindigkeit bewegen, können Sie der Anziehungskraft entkommen und ihre Gläubiger für immer hinter sich lassen.

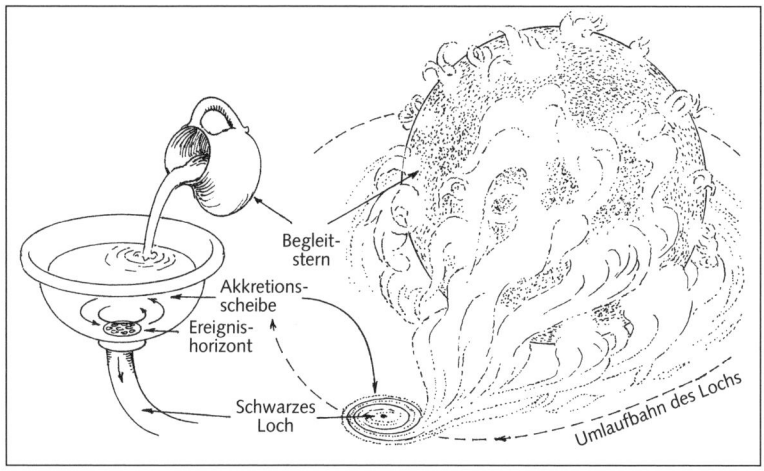

Begleit-
stern

Akkretions-
scheibe

Ereignis-
horizont

Schwarzes
Loch

Umlaufbahn des Lochs

Ein Schwarzes Loch könnte man mit einem Badewannenabfluß vergleichen.

Wenn die Erde jedoch plötzlich auf ein Zehntel ihrer gegenwärtigen Größe schrumpfte (und die Immobilienwerte damit gründlich durcheinanderbrächte), würde die Fluchtgeschwindigkeit dramatisch ansteigen. Alle Gegenstände auf ihrer neuen Oberfläche befänden sich dann nämlich zehnmal näher an ihrem Mittelpunkt als zuvor. Zehnmal näher bedeutet (unter Anwendung des Gesetzes der Abhängigkeit vom Quadrat der Entfernung, das im ganzen Universum gilt), daß alles um zehn im Quadrat oder *hundertmal* schwerer ist als vorher. Damit würde eine weit höhere Geschwindigkeit erforderlich werden, um von der neuen, geschrumpften Erde wegfliegen zu können. Wenn man die Erde immer kleiner zusammenpressen könnte, würde man an einen Punkt kommen, wo die Fluchtgeschwindigkeit gleich der Lichtgeschwindigkeit wäre, also 300000 Kilometer pro Sekunde. Dann könnten Sie sie nie mehr verlassen: Wenn schon das Licht, das Schnellste, was es im Universum gibt, nicht mehr wegfliegen könnte, wäre auch nichts anderes mehr dazu imstande.

Demnach könnte jeder Gegenstand zu einem Schwarzen Loch werden, wenn man ihn nur dicht genug zusammenpreßt. Damit die Erde die Dichte eines Schwarzen Lochs erreichte, müßte man sie auf den Umfang einer Murmel zusammendrücken. Können Sie sich eine Murmel vorstellen, die 6000000000000000000000000 Tonnen wiegt? Damit etwas zum Schwarzen Loch wird, muß es tatsächlich nur eine einzige Bedingung erfüllen: Es muß hinreichend kompakt sein, damit die Schwerkraft groß genug wird und nur noch mit einer höheren Geschwindigkeit als der des Lichts überwunden werden kann. Der Mount Everest würde unter diesen Voraussetzungen zum Schwarzen Loch, wenn alle Felsblöcke und Lastwagenfuhren seiner Materie in eine Kugel vom Durchmesser eines Atomkerns gepackt würden.

Schwarze Löcher sind rar, weil sich die Materie normalerweise nicht freiwillig so fest zusammenballt. Zu den vielen Kräften, die sich dem Vorgang widersetzen, gehört auch Wärme – als atomare Bewegung verstanden –, die sich nur ungern einengen läßt. Dann sind da auch noch die äußeren Schalen der Atome, von Elektronen gebildet, die alle eine negative Ladung tragen; wie wir schon seit der Kindheit wissen, stoßen sich gleiche Ladungen ab, während sich entgegengesetzte anziehen. So lassen die Atome einander auf natürliche Weise Raum. In einem noch viel kleineren Maßstab gibt es eine Form von Druck, die das Ganze »entarten« läßt; selbst wenn man Atome aufbricht, benötigen ihre inneren Elektronen ein wenig Platz zum Atmen und leisten Widerstand, wenn man sie dichter zusammenquetschen will. All das bewahrt die Dinge im Universum davor, allzu dicht gepackt zu werden, ein Verfahren, das im New Yorker U-Bahn-Netz irgendwie nicht richtig zum Tragen kommt.

Es könnte scheinen, als sähe sich ein Hersteller Schwarzer Löcher vor unüberwindliche Probleme gestellt, wenn er Muster verschicken wollte. Keine Maschine wäre je in der Lage, Gegenstände so dicht zusammenzudrücken und einzuquetschen, und ganz gewiß würde es die Materie nicht aus eigenem Antrieb erledigen. Wie also können sich überhaupt Schwarze Löcher bilden?

Der einfachste Mechanismus betrifft fettleibige Sterne, die mehr als $3^{1}/_{2}$ mal schwerer sind als die Sonne und im hohen Lebensalter eine Krise durchmachen. Solche Objekte sind relativ selten und machen weniger als ein Prozent aller Sterne aus. Doch das sind allein in unserer Galaxis immerhin noch eine halbe Billion Sterne; es gibt also eine Menge Kandidaten.

Wenn ein Stern ein hohes Alter erreicht hat (der nukleare Hochofen in seinem Inneren verliert dann seinen Schwung und liefert

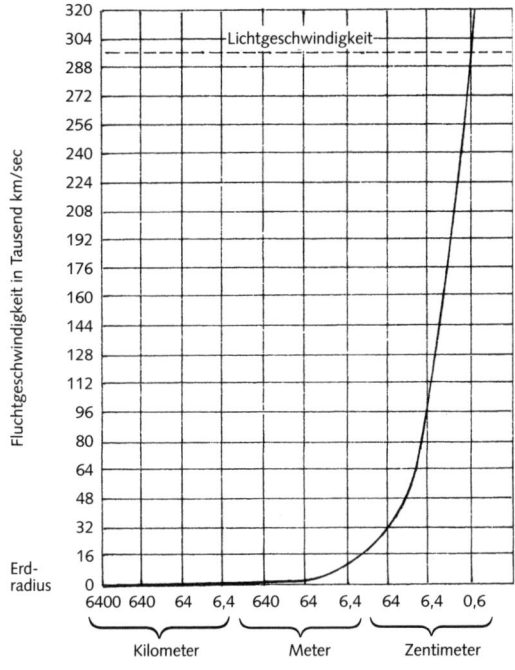

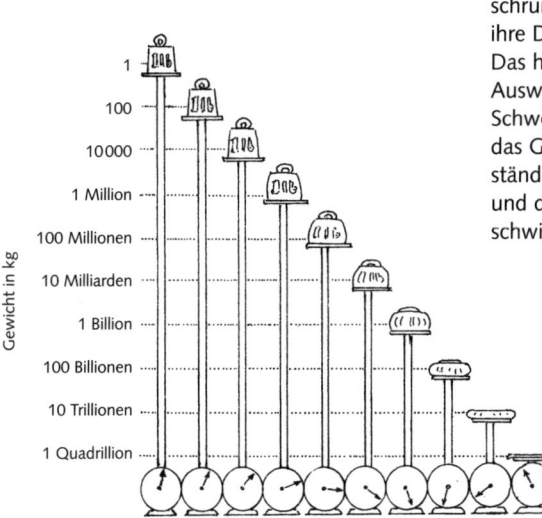

Wenn die Erde schrumpfte, würde sich ihre Dichte vergrößern. Das hätte erhebliche Auswirkungen auf die Schwerkraft der Erde; das Gewicht der Gegenstände würde zunehmen und damit die Fluchtgeschwindigkeit.

nicht mehr genug nach außen drückende Energie), kann er dem
Sog der Schwerkraft nicht mehr widerstehen und kollabiert. Immerhin bestehen Sterne aus Gas, und wie die Luft in den Flaschen der
Sporttaucher ist jedes Gas leicht zu komprimieren. Wenn der Stern
beginnt, sich zusammenzuziehen, befindet sich seine gesamte Oberfläche plötzlich näher am Mittelpunkt als zuvor, und hier kommt
wieder das Gesetz ins Spiel, wonach sich die Schwerkraft reziprok
zum Quadrat der Entfernung verändert. Jedes Teilchen an dieser
Oberfläche wird nun schwerer, wodurch der Stern noch weiter in
sich zusammenstürzt, was wiederum das Teilchen schwerer macht.
So geht es dahin; wie im Alptraum eines Wäschereibesitzers läuft
der Stern immer schneller ein. Wenn er ein Drittel seiner Anfangs-
größe hat, wiegt die Materie an seiner Oberfläche bereits das neun-
fache des Ausgangswerts. Bei einem Fünftel steigt das Gewicht auf
das fünfundzwanzigfache, und ein hundertfacher Kollaps macht
alles zehntausendmal schwerer. Alles gerät in zunehmendem Maß
außer Kontrolle.

Ein durchschnittlicher Stern wie unsere Sonne wird im Alter
schrumpfen, doch der Prozeß kommt zum Stillstand, wenn der
Stern die Größe der Erde erreicht hat, da sich dann die bremsende
Kraft seiner einzelnen Elektronen voll auswirkt. Das Ergebnis ist ein
Weißer Zwerg, ein häufig vorkommender, aber bemerkenswert
dichter Stern. Ein Tennisball aus seiner Materie würde zwei Beton-
laster aufwiegen. Seine Fluchtgeschwindigkeit liegt bei mehreren
tausend Kilometern pro Sekunde, eine erschreckende Bedingung, die
Zufallsbesucher oder Handelsvertreter abschrecken dürfte. Ein derart kompakter Körper mag Ehrfurcht erwecken, doch im Vergleich
zu dem, was geschieht, wenn schwerere Sterne zu schrumpfen
beginnen, ist er nichts als Zuckerwatte.

Sterne, die das vier-, fünf- oder gar zehnfache unserer eigenen
Sonne wiegen, erleiden einen unaufhaltsamen Kollaps. Die dabei in
Gang gesetzten Kräfte sind so unwiderstehlich wie ein Lawine. Je
kleiner er wird, desto kleiner will er werden, bis die Fluchtgeschwindigkeit 300 000 Kilometer pro Sekunde erreicht ist. An diesem Punkt kann kein Licht mehr entkommen, und der Stern verschwindet tatsächlich aus unserem Universum.

In gewisser Weise ändert sich in diesem Augenblick eigentlich gar

Licht, das im Inneren eines Schwarzen Loches abgestrahlt wird (dem Punkt im Zentrum), kann nicht entkommen; es kehrt am Ereignishorizont um. Licht, das nahe an einem Schwarzen Loch vorbeikommt, wird von der Gravitation in eine gekrümmte Bahn gezwungen. Falls es eingefangen wird, stürzt es entweder durch den Ereignishorizont oder es umkreist das Loch in einem Abstand, der dem eineinhalbfachen Radius des Ereignishorizonts entspricht (was im Falle einer auf einen halben Zentimeter Radius gepackten Erde etwa 3 Kilometer wären). Objekte, die langsamer als das Licht sind, würden weiter entfernt kreisen – in der Akkretionsscheibe (siehe Seite 225).

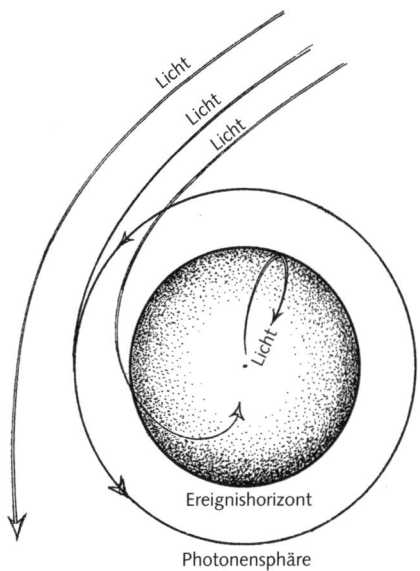

Ereignishorizont

Photonensphäre

nichts. Der Stern setzt seinen katastrophalen Zusammenbruch fort, ohne zu merken, daß er in der Außenwelt nun als Schwarzes Loch bezeichnet wird. Tatsächlich überschreitet die Fluchtgeschwindigkeit sogar die magische Zahl der Lichtgeschwindigkeit und erreicht 400000, dann 500000 und auch eine Million Kilometer in der Sekunde. Eine Milliarde. Eine Billion... während seine Dichte sich zu einem Punkt emporschraubt, an dem ein Staubkörnchen seiner Materie so schwer wäre wie ein Planet und dann wie tausend Planeten.

Und dabei schrumpft er immer weiter. Cygnus X-I erreichte die Dichte eines Schwarzen Loches, als sein Durchmesser 6 Kilometer betrug. Doch der Stern verschrumpelt immer noch mehr, bis seine Masse von 3 Millionen Erden auf den Umfang eines Basketballs zusammengedrückt ist. Dann auf einen Apfelkern. Auf einen Atomkern. Das setzt sich fort, bis er überhaupt keinen Raum mehr einnimmt. (Sie können sich das nicht vorstellen? Da sind Sie nicht der einzige.)

Für uns, die wir uns außerhalb befinden, wurde er allerdings in dem Moment interessant, als er die Dichte eines Schwarzen Loches

Gravitation in Verbindung mit einem massiven Stern verzerrt die Raumzeit, ähnlich wie eine Bowlingkugel ein Gummituch verformt.

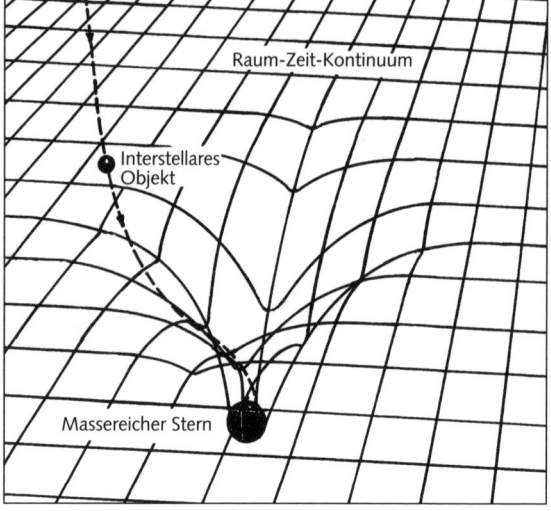

Raum-Zeit-Kontinuum

Interstellares Objekt

Massereicher Stern

erreichte. Bis dahin war er nichts als ein wie verrückt kollabierender Stern, dessen Farbe sich hektisch von Weiß über Orange zu einem tiefen Blutrot veränderte, ehe er verschwand. Das war der Moment, in dem der Raum sich soweit verformt hatte, daß alle Wege, die von dem Stern wegführten, sich auf sich selbst zurückfalteten wie gefüllte Pfannkuchen. Das Licht konnte nicht mehr entkommen, und alles spaltete sich in zwei Wirklichkeiten, je nachdem, ob man drinnen oder draußen war.

Im Inneren des Schwarzen Loches fuhren die Gegenstände fort, innerhalb von Augenblicken zu kollabieren, bis sie das Volumen Null einnahmen und unendlich dicht wurden. Die Gesetze unserer Wissenschaft können das nicht erfassen. Für uns gibt es keine Möglichkeit, die Beschaffenheit der Dinge in dieser Dimension Null zu beschreiben, in der die Geometrie und die Zeit unendlich verzerrt sind. Eine andere Wirklichkeit? Ein »Tunnel« in eine andere Ära oder ein anderes Zeitalter?

Falls der Stern rotierte – und das tun sie alle –, gestatten bestimmte Annäherungswinkel hypothetische Zugänge zu anderen Orten oder in andere Zeiten. Wenn Sie genau auf dem richtigen Weg hineinsteuern, sind Sie plötzlich auf dem Abschlußball einer Highschool auf dem Planeten Zonda. Vielleicht stiehlt sich die

Raumzeit aus unserem Universum, doch es ist uns unmöglich, zu erfahren, was auf der anderen Seite liegen mag. Zaghafte Menschen sollten ohnehin nicht versuchen, diese Reise zu unternehmen. Wenn Sie auf die Singularität (den auf das Volumen Null kollabierten Stern in der Mitte) zustürzten, wären die Anziehungskräfte so gewaltig, daß Ihre Knöchel weit schneller hineingezerrt würden als ihre Knie, die ihrerseits Ihre Hüften blitzartig hinter sich lassen würden. Ein dehnbarer Mensch sähe sich zu einem kilometerlangen Spaghettistrang auseinandergezogen. Weniger elastische Personen würden dagegen in Stücke zerrissen; jedes einzelne davon würde mit unterschiedlichen Werten angezogen. Doch wer will schon als Gulaschgericht eine andere Dimension besuchen? Sagen Sie die Reise ab.

Außerhalb des Schwarzen Loches würden die Dinge dagegen anders aussehen. Erstens würde das Schwarze Loch schwarz bleiben, selbst wenn Sie es mit einem starken Suchscheinwerfer anstrahlen würden – obgleich etwas Licht in eine Kreisbahn einbiegen und einen Ring bilden könnte, die **Photonensphäre**. Zweitens bedeutet die seltsame Weise, in der die Zeit verzerrt ist, daß jemand, der irgendwie in ein Schwarzes Loch fällt, für einen Außenstehenden scheinbar immer langsamer und am Rand schließlich erstarren würde, wo er für alle Zeiten bewegungslos hängenbliebe.

All das geschieht am Ereignishorizont, der unsichtbaren Zone rund um den zusammenstürzenden Stern, die nicht betreten werden darf. Wenn wir uns vorstellen, in ein Schwarzes Loch einzutreten, denken wir in Wirklichkeit daran, die Schwelle des Ereignishorizonts zu überschreiten, die einige Kilometer außerhalb des verdichteten Sterns selbst liegt. Wenn Sie sie überqueren, sind Sie verloren, denn im Inneren dieser Zone übersteigt die Fluchtgeschwindigkeit die des Lichts. Gleichgültig, wie klein die Singularität im Zentrum wird, der Ereignishorizont bleibt eine Venusfliegenfalle. Obgleich nichts besonderes geschieht, während Sie den Ereignishorizont überschreiten (außer vielleicht, daß passiert, worauf Tim Folger von der Illustrierten *Discover* hinwies: »Plötzlich ruft Sie niemand mehr zurück«), ist Ihr Schicksal besiegelt. Von nun an ist es eine Reise ohne Wiederkehr.

All das scheint so abschreckend zu sein wie eine Steuerprüfung,

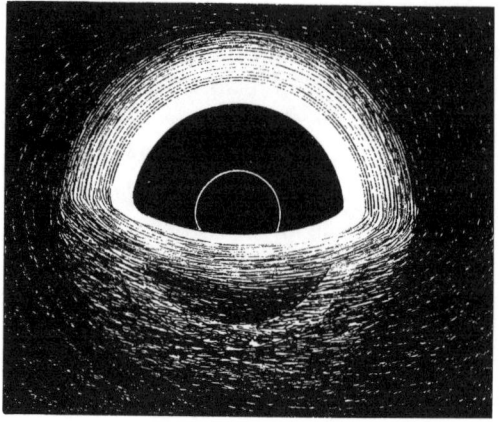

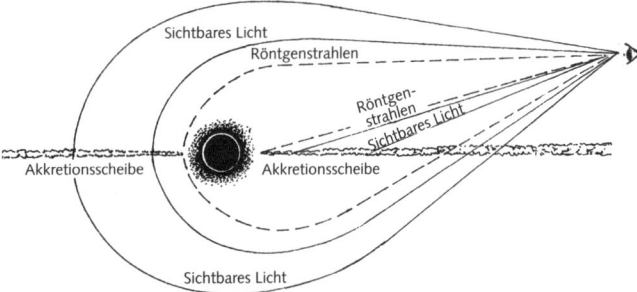

Sichtbares Licht
Röntgenstrahlen
Röntgen-strahlen
Sichtbares Licht
Akkretionsscheibe
Akkretionsscheibe
Sichtbares Licht

Das würden wir in etwa sehen, wenn wir ein Schwarzes Loch betrachten könn-
ten. In der Nähe des Zentrums erkennen wir die Photonensphäre, wo das Licht
in einer kreisenden Schale eingefangen ist. Außerhalb davon liegt der innere
Rand der Akkretionsscheibe; sie ist so heiß, daß sie vollständig in Form von
Röntgenstrahlen verstrahlt. Eigentlich ist die Akkretionsscheibe flach, doch die
Gravitation des Lochs beugt das Licht von der gegenüberliegenden Seite der
Scheibe über die Oberseite des Lochs und das von der Unterseite nach oben.

bis wir uns daran erinnern, daß das ganze Schwarze Loch gerade mal
ein paar Kilometer Durchmesser aufweist und somit keine große
Gefahr für die interstellare Navigation darstellt; es ist nichts weiter
als ein winziges Schlagloch auf einer mehrspurigen Autobahn.
Einem Schwarzen Loch mit der zehnfachen Masse der Sonne könnten Sie sich in der Tat bis auf 4000 Kilometer nähern – das ist kaum
mehr als der Monddurchmesser –, ohne schädliche Auswirkungen
befürchten zu müssen.

Doch diese beruhigenden Tatsachen müssen gegen jahrelang gehegte Vorstellungen ankämpfen, nach denen Schwarze Löcher finstere Parasiten sind, die das Universum auffressen. Selbst wenn unsere Sonne in sich zusammenstürzte und zu einem Schwarzen Loch würde (was unmöglich ist, da ihre Masse nicht ausreicht), würden wir in Wahrheit weiter um sie kreisen wie zuvor, da ihre Schwerkraft sich insgesamt nicht verändern würde. Unser Leben würde ungestört weitergehen, abgesehen von den Änderungen in unserem Lebensstil, die wir dank der völligen Abwesenheit des Sonnenlichts und dem Erlöschen allen Lebens auf dem Planeten vornehmen müßten. Die entsprechende Versicherung können Sie jedenfalls kündigen: Für Sie besteht keinerlei Gefahr, in ein Schwarzes Loch gesaugt zu werden. Um hineingezogen zu werden, müßten Sie schon hinfliegen und Ihr Raumschiff direkt zu seinem finsteren Eingang steuern.

Das ganze merkwürdige Reich eines Schwarzen Loches ist von einer **Akkretionsscheibe** umgeben, einer pfannkuchenähnlichen Zone, in der ein Teil der Materie eines eventuellen Begleitsterns fast bis auf Lichtgeschwindigkeit beschleunigt wird, ehe sie in einer Spirale im Ereignishorizont verschwindet. Das ist dann die absolut letzte Mailbox, der letzte Ort, von dem aus irgend etwas, sei es ein Atom oder ein Astronaut, mit unserem Universum in Verbindung treten kann, ehe er oder es das Ganze auf immer hinter sich läßt. Wenn wir Röntgenstrahlen auffangen, die uns auf die Existenz eines Schwarzen Loches hinweisen, hören wir die letzten verzweifelten Schreie, die uns der in der Akkretionsscheibe gefangene Sternenstaub zukommen läßt.

Unsere eigene Galaxis, und vielleicht jede Galaxie, könnte ein Schwarzes Loch beherbergen, das nicht bloß, wie die typischen stellaren Schwarzen Löcher, vier- bis zwanzigmal mehr wiegt als unsere Sonne, sondern eine Million oder mehr Sonnenmassen in sich vereint. Schwarze Löcher, große wie kleine, könnten möglicherweise sogar einen Teil der »dunklen Materie« ausmachen, aus der sich, wie unsere Astronomen heute glauben, das Universum größtenteils zusammensetzt.

Tatsächlich könnte das Universum selbst ein Schwarzes Loch sein! Sollte es die »fehlende Masse« enthalten, die nach Meinung vieler Astronomen am Ende gefunden werden muß (und Schwarze Löcher aller Größen könnten sehr wohl die unsichtbare Substanz liefern, die überall zu lauern scheint und stumm an Sternen und Galaxien zerrt), dann wird der Raum unseres Universums von ihm selbst »positiv gekrümmt«, das heißt, jeder Weg in jede beliebige Richtung würde sich in sich selbst zurückkräuseln. Falls das zutrifft, leben wir in einem Schwarzen Loch: Kein Lichtstrahl und keine Materie kann von hier entkommen. Das illustriert, wie Schwarze Löcher, alles andere als böswillig, durch die eingefangenen Vergnügungsparks, Nobelrestaurants und alle Menschen, die uns nahestehen, viel Spaß bereithalten können.

Bewohner Schwarzer Löcher, das ist die Kehrseite, sind dazu verdammt, am Ende zu einer Singularität ohne räumliche Ausdehnung zusammengequetscht zu werden. In den Weissagungen chinesischer Glücksplätzchen wird das nie erwähnt, doch es ist das unausweichliche Schicksal aller unserer Abkömmlinge und aller Planeten bis hinaus zu den fernsten Galaxien, im subatomaren Vergessen zerdrückt zu werden – *falls* sich unser Universum als Schwarzes Loch erweist.

Doch das soll uns heute nicht kümmern. Es wird noch zig Milliarden Jahre dauern, ehe wir bis zu unserem eigenen Zusammenbruch gelangen, und was bis dahin geschieht, wer weiß das schon? Vielleicht haben wir dann herausgefunden, wie wir in unserer Galaxis sicher durch die Schwarzen Löcher unterschiedlicher Größe steuern können, und erreichen möglicherweise andere Universen in jeweils verschiedenen Stadien ihrer Entwicklung.

Heute nacht jedenfalls fliegt Cygnus der Schwan über uns dahin, geschmückt mit der geheimnisvollen schwarzen Perle namens X-1. Fast können wir die Dusche aus Röntgenstrahlen spüren, mit der er uns neckt, während er uns in ein Reich zu winken scheint, das nicht nur weit außerhalb unserer seltsamsten Träume liegt, sondern sogar jenseits des Stoffs, aus dem die Träume sind.

Saison für Satelliten

Falls Sie 1950 oder früher geboren sind, können Sie sich noch an die Zeit erinnern, in der nur der Mond die Erde umrundete. Künstliche Gegenstände, die antriebslos um den Globus kreisten, waren eine Vorstellung der Science-fiction-Literatur.

Für die Jugend von heute ist das keine Sci-fi, sondern Thema des Geschichtsunterrichts, und der Flug des ersten Satelliten am 4. Oktober 1957 ist ebenso wie der Rückzug Napoleons bloß ein weiteres Datum im Lehrbuch. Der Start jenes russischen *Sputnik*, der die Menschen auf der ganzen Welt auf die Dächer eilen ließ, wo alle aufgeregt nach oben auf den verrückten neuen, wandernden Lichtpunkt schauten, gehört nicht mehr zu den Anlässen, die noch Schlagzeilen machen. Satelliten sind so alltäglich wie Pizza. Wenige Menschen betrachten sie mit Ehrfurcht, und praktisch niemand hält vorsätzlich nach ihnen Ausschau. Die meisten Leute sagen, sie hätten noch nie einen gesehen.

Da ist es dann doch sehr merkwürdig, daß durch jede Gruppe frischgebackener Astronomiestudenten unfehlbar eine Welle der Erregung läuft, wenn draußen ein glühender Punkt geräuschlos über die Köpfe hinweggleitet. Ein guter Dozent kann Verblüffung hervorrufen, wenn er locker einwirft: »Das sieht wie ein militärischer Spionagesatellit in niedriger Umlaufbahn aus, aber er ist nicht mehr in Betrieb. Schauen Sie, wie er verschwindet, noch ehe er den Himmel richtig überquert hat. Da, er ist weg!«

Damit hat man die Zuhörer gepackt. Wie will er all das mit einem einzigen Blick zum Himmel herausgefunden haben?

Das ist ganz leicht. Mit Satelliten vertraut zu sein ist nicht schwerer, als den Toast anbrennen zu lassen. Man braucht weder unverschmutzten Himmel noch Ausrüstung und auch keinen idealen

Beobachtungsort. Nicht einmal viel Geduld. Dagegen *gibt* es eine bevorzugte Jahreszeit, die »Satellitensaison«.

Und die ist jetzt.

Von Mai bis Ende August überqueren in jeder Stunde Dutzende heller Weltraumapparate den Himmel. Gegenwärtig umkreisen mehr als sechstausend Satelliten die Erde, und jede Nacht während der ersten Stunden der Dunkelheit – der idealen Zeit, um sie zu erwischen – taucht alle ein oder zwei Minuten einer auf. Die Grundregeln sind einfach: Wenn es sich um einen langsam fliegenden Lichtpunkt und nicht um ein Flugzeug handelt, ist es ein Satellit.

Doch was dann? Wie machen Sie dann weiter? Hier ist eine Checkliste.

Vollführt er eine langsame Zickzack-Bewegung? Beim Anblick eines langsam wandernden Lichtpunktes sind die meisten Menschen davon überzeugt, er bewege sich hin und her, während er den Himmel überquert. Doch diese verbreitete Illusion wird von unmerklichen Bewegungen der Augenmuskulatur hervorgerufen; Satelliten folgen einer wie von einem Laser vorgezeichneten geraden Linie, wenn sie von unten betrachtet werden. Wenn jemand erzählt, ein Licht wandere im Zickzack über den Himmel, haben wir in der Tat einen guten Anhaltspunkt, einen Satelliten zu identifizieren.

Wie schnell bewegt er sich? Mit ein wenig Übung können Sie leicht die verschiedenen Geschwindigkeiten feststellen, die den unterschiedlichen Höhen der Geräte über Ihnen entsprechen. Wir sollten uns daran erinnern, daß Satelliten sich antriebslos fortbewegen. Sie fallen einfach nur. Dabei sollte es uns nicht allzusehr überraschen, wenn sie in einer Kurve fallen, die der Erdkrümmung entspricht, was es ihnen ermöglicht, unaufhörlich weiterzukreisen. Wenn Sie einen Stein oder einen Ball waagrecht nach vorn werfen, fällt auch er auf einer gekrümmten Bahn – sie ist das Ergebnis der Schwerkraft, die sich mit seiner horizontalen Bewegung überlagert. Werfen Sie ihn schnell genug nach vorn (mit 9,2 Kilometern pro Sekunde), und die Kurve des freien Falls stimmt mit der Erdkrümmung überein. Wenn Sie das Ganze dann noch oberhalb der Atmosphäre ausführen, damit die Reibung der Luft das Ding nicht abbremsen kann, haben Sie einen Satelliten.

Die Geschwindigkeit des Satelliten, die den Sog der Schwerkraft ausgleicht, hängt von seiner Höhe ab. Je höher seine Umlaufbahn liegt, desto schwächer wirkt die Gravitation und desto langsamer bewegt er sich. Ein typischer Militär- oder Kommunikationssatellit ist in einer Umlaufbahn zwischen 400 und 900 Kilometern Höhe unterwegs und überquert den Himmel in wenigen Minuten. Wenn er entschieden schneller fliegt, ist es eine tote Ente – ein alter, todgeweihter Satellit in nur 180 bis 210 Kilometern Höhe, der den Luftwiderstand der oberen Atmosphäre streift und bald nach unten gezogen werden wird, wo er seiner Zerstörung als Meteor entgegenrast.

Kurz gesagt, ein Satellit überquert den Himmel für gewöhnlich etwa so schnell wie ein Verkehrsflugzeug, das in großer Höhe fliegt. Für Anfänger ist das ein wichtiger Anhaltspunkt. Mit seiner Hilfe lassen sich so verbreitete »Ufos« wie zum Beispiel Meteore, die den Himmel in höchstens ein paar Sekunden durcheilen, sofort ausschließen. Das gilt auch für helle Planeten und Sterne, die so gut wie gar nicht vom Fleck kommen, selbst wenn vorbeiziehende Wolken ihnen manchmal den Anschein verleihen, als würden sie sich langsam bewegen.

In welche Richtung fliegt er? Wenn er von Osten kommt, ist das ein überzeugender Beweis, daß Sie gerade schlafen und die ganze Sache träumen, denn die Ost-West-Richtung ist der einzige Kurs, der nie zu beobachten ist. Man startet Satelliten in die andere Richtung, um sie an die Erddrehung anzupassen. Die Planer nutzen die Drehbewegung unseres Planeten aus, die der Rakete mit ihren 1664 Kilometern pro Stunde einen ersten Schub mitgibt, so wie der Werfer beim Baseball träumt, seinen Schmetterball von einem rasenden Auto abwerfen zu können. Das ermöglicht mehr Nutzlast durch weniger Treibstoff: ein Angebot, das man kaum ablehnen kann. Deshalb starten alle Länder so nah am Äquator wie möglich, weil dort die Rotationsgeschwindigkeit am höchsten ist. Die Amerikaner haben Cape Canaveral nicht gewählt, weil es so nah bei Disneyland liegt, und auch die Franzosen haben sich Guyana nicht ausgesucht, weil sie den Wein dort mögen.

Manche Satelliten folgen einer polaren Umlaufbahn, was man sofort erkennt, weil sie sich mehr oder weniger von Nord nach Süd oder umgekehrt fortbewegen. Diese Flugbahn wird von den Militärs bevorzugt, da man auf ihr jeden Tag die ganze Welt absuchen kann. Erkundungssatelliten besetzen eher niedrige Umlaufbahnen; wenn Sie also einen erspähen, der sowohl mit hoher Geschwindigkeit als auch auf einer polaren Umlaufbahn daherkommt, könnte es sein, daß auch Sie von ihm ausgespäht werden. Wenn behauptet wird, Satelliten seien in der Lage, Autokennzeichen zu lesen, so ist das übertrieben – wenn auch nicht sehr stark. Das Auflösungsvermögen des amerikanischen Satellitentyps KH-11 liegt vielleicht in der Größenordnung von 15 Zentimetern. Er kann Sie bei Ihrem Spaziergang sehen, wenn er über Sie hinwegfliegt, aber der kahle Fleck auf Ihrem Kopf oder Ihre Zellulitis entgehen ihm. Wegen der gegebenen Verschwommenheit der Atmosphäre dürfte Ihnen diese allerletzte Schmach selbst mit den ausgefeiltesten technischen Verbesserungen zumindest bis irgendwann ins nächste Jahrhundert erspart bleiben.

Leuchtet er stetig oder unregelmäßig? Denken Sie daran, diese Fremdkörper am Himmel leuchten nur, weil sie das Sonnenlicht reflektieren. Früher, in den Zeiten der kugelförmigen Satelliten wie *Echo* oder *Telstar*, wurde das Sonnenlicht von ihnen gleichmäßig zurückgeworfen, egal von welchem. Die erdumkreisenden Roboter unserer Tage, die so rätselhafte Namen wie *Lacrosse* tragen, sind kompliziert gebaut und werfen das Licht deshalb ungleichmäßig zurück. Falls der Apparat in Betrieb und seine Lage stabil ist, kann die Sonne von einer seiner Seiten für eine recht ansehnliche Zeit eingefangen werden. Doch im Fall eines funktionslosen, außer Kontrolle geratenen Satelliten sorgt dessen unvermeidliche Taumelbewegung dafür, daß sich seine Helligkeit erkennbar verändert, während er den Himmel überquert. Wenn man dabei zusieht, stellt man sich unwillkürlich vor, wie die jeweils beleuchteten Flächen des taumelnden Flugkörpers das strahlende Glitzern der Sonne zurückwerfen und so den Eindruck erwecken, ein Kleinkind spiele mit dem Lichtschalter und knipse ihn ständig an und aus.

Oft stammen diese unregelmäßigen Lichteffekte auch von Satelliten, die nie als solche in Betrieb gehen sollten; es handelt sich um Weltraumabfall wie die Booster (Feststoffraketen) der dritten Raketenstufen, die zu blinken anfingen, als sie die Umlaufbahn erreichten. Die meisten als »Satelliten« verfolgten Objekte sind nur solcher Raumschrott, und mit ihrer zunehmenden Zahl ist ein Gürtel von Altmetall entstanden, der unsere Welt umgibt: die **Schrottosphäre**. Glücklicherweise sind die meisten Teile dieses Mülls so klein (weniger als ein halber Meter im Durchmesser), daß sie unseren Blick nicht bevorzugt auf sich ziehen.

In manchen Fällen allerdings bestreitet der Abfall ganz allein die Vorstellung. Als die Welt den ersten *Sputnik* beobachtete, war nur wenigen bewußt, daß sie *nicht* den Satelliten sahen, der mit seinem Durchmesser von etwa 50 Zentimetern im allgemeinen unsichtbar war. Ohne sich darüber im klaren zu sein, starrten alle auf den 30 Meter langen Rumpf der riesigen letzten Raketenstufe, die mit auf die Kreisbahn eingebogen war. Voller Bewunderung guckte die Welt auf ein gewaltiges, nicht wiederverwertbares Stück Altmetall.

Die unglückliche Neigung der erdumkreisenden letzten Stufen der amerikanischen Delta-Raketen, plötzlich zu explodieren – manchmal nach Jahren, in denen sie friedlich durch den Raum geschwebt waren –, hat wiederholt für heftige Kopfschmerzen gesorgt. Schuld daran ist unverbrauchter Treibstoff, der aus allmählich korrodierenden Leitungen austritt. Eine ging 1992 hoch, nachdem sie fünfzehn Jahre in ihrer Umlaufbahn durchgehalten hatte. Das Ergebnis: Hunderte von Trümmerstücken. Jedes ist groß genug, um eine eigene Katalognummer erforderlich zu machen, und jedes muß auf Dauer als eigenständiger Satellit im Auge behalten werden!

Unter den dreiundzwanzigtausend Satelliten, deren Umlauf seit 1957 verfolgt worden ist – ein Drittel von ihnen umkreist noch immer die Erde –, sind viele solche Trümmer, deren Durchmesser weniger als einen Meter beträgt. Glücklicherweise sind sie für uns als Beobachter kein Problem. Aus den Augen, aus dem Sinn, könnte man sagen, denn nur etwa dreihundert Satelliten sind groß genug und fliegen tief genug, um mit bloßem Auge leicht entdeckt werden zu können.

Wann sieht man sie am besten? Satelliten sind einfach deswegen unterschiedlich sichtbar, weil sie vom Sonnenlicht nicht immer in gleicher Weise getroffen werden.

Offensichtlich scheint im Weltraum selbst dann die Sonne, wenn unten auf der Erde Nacht herrscht. Beispielsweise aalt sich der

Mond immer in der Sonne, andernfalls würden wir ihn nicht sehen. Wie finster die Nacht auch sein mag, »da oben« scheint oft die Sonne. Aber nicht immer. Wenn wir zum mitternächtlichen Himmel aufsehen, starren wir mitten in den Schatten unseres Planeten, in eine schwarze Zone ohne Sonne, die Millionen von Kilometern in den Weltraum hinausreicht.

Die Zeit, in der die Sonne während der Nacht anwesend oder abwesend ist, ändert sich nicht nur mit der Uhrzeit, sondern auch mit den Jahreszeiten. Im Winter taucht der Himmel über uns schnell in den Schatten ein, im Sommer dagegen fällt der Schatten südwärts und weitet sich selbst um Mitternacht nie vollständig in den Bereich senkrecht über uns aus. Bei warmem Wetter kann der Himmel demnach um 22 Uhr vollständig schwarz erscheinen, obwohl 160 Kilometer höher in aller Stille die Sonne scheint. Die Satelliten von der Größe eines Omnibusses fangen diesen Schimmer ein und heben sich von dem tintenschwarzen Hintergrund so deutlich ab wie Diamanten auf schwarzem Samt.

Aber was hat es mit dem geheimnisvollen plötzlichen Verschwinden auf sich? Wie konnte dieser Dozent wissen, daß der Satellit nicht mehr zu sehen sein würde, noch ehe er den Himmel überquert hatte? Kann man einen solchen Zauber wirklich vorhersagen?

Die heutigen Satelliten sind unregelmäßig geformt. Im Uhrzeigersinn von links oben: Seasat, Gamma Ray Observer, Radio Astronomy Explorer, Infrarotastronomie-Satellit, Landsat, UV-Observer und Westar VI.

Das Verschwinden jenes wandernden Punktes können Sie nicht nur voraussagen, Sie können sogar angeben, an *welcher Stelle* des Himmels es geschehen wird. Dazu müssen Sie lediglich die unsichtbare Ausdehnung des Erdschattens am nächtlichen Himmel verfolgen, und schon wissen Sie, wo alle Satelliten unsichtbar werden. Im Sommer beginnt die Schattengrenze ihren Weg kurz nach Sonnenuntergang tief im Südosten und wandert langsam höher, bis sie den südlichen Himmel bis zur Mitte ausfüllt. Obwohl die Schattengrenze (der sogenannte Dämmerungskeil – siehe auch Seite 284) für unser Auge bereits unsichtbar wird, ehe die Dunkelheit vollständig hereingebrochen ist, ist sie weiterhin da. Jeder Satellit muß verschwinden, wenn er in die Zone eintritt, in der auf der Höhe seiner Umlaufbahn keine Sonne scheint. Um 22 Uhr befindet sich der Rand des Schattens etwa 20 oder 30 Grad (zwei oder drei Faustbreiten am ausgestreckten Arm) über dem Horizont im Südosten, kurz, der Sonne gegenüber. Seine Anwesenheit wird offensichtlich, wenn das Raumfahrzeug dunkler und dann unsichtbar wird, nachdem es ihn erreicht hat.

Schließlich kommen wir noch zu den allerwichtigsten Satelliten, wichtig insofern, als sie Millionen von Menschen betreffen: Auf sie sind die Satellitenschüsseln in den Hinterhöfen ausgerichtet. Wie Pilger, die sich gen Mekka wenden, behält eine weltweite Legion von Antennen ihre unerschütterliche Gebetshaltung in Richtung auf jene paar Dutzend mit Sonnenenergie betriebenen Übertragungsstationen bei. Trotz ihrer starken Signale sind sie absolut unsichtbar; sie halten sich in einer Höhe von 36 000 Kilometern auf, einige hundertmal weiter von uns entfernt als das Heer der Satelliten auf tieferen Umlaufbahnen, die man jede Nacht den Himmel überqueren sieht. Das macht sie etwa zehntausendmal weniger lichtstark, weshalb sie sogar außerhalb der Reichweite von Ferngläsern liegen. Um das Maß vollzumachen, sind sie auch noch geostationär, das heißt, ihre Umlaufgeschwindigkeit ist mit der Erdumdrehung synchronisiert. Dadurch stehen sie gegenüber dem Nachthimmel praktisch still und sind von einer Million Sterne im Hintergrund nicht zu unterscheiden.

Abgesehen von den zwei Stunden nach Sonnenuntergang darf man auch einige Stunden vor Sonnenaufgang auf eine erfolgreiche

Die Raumstation Mir befindet sich noch immer auf ihrer Umlaufbahn.

Jagd hoffen; diese symmetrische Periode, in der häufig Satelliten sichtbar sind, ist ideal für Leute, die an Schlaflosigkeit leiden. Sie sollten allerdings bedenken: Zwischen November bis einschließlich Februar sind nur wenige zu entdecken, da der Erdschatten während dieser Jahreszeit schon bald nach Einbruch der Nacht den ganzen Himmel einnimmt. Die Satellitenjagd verspricht den größten Erfolg, wenn das Wetter am angenehmsten ist, während des wärmsten Drittels des Jahres.

Während Sie Satelliten bestimmen und feststellen, ob es sich um polare oder um militärische in hoher oder niedriger Umlaufbahn handelt und ob sie in Betrieb sind oder nicht, können Sie sich ebenso mit dem müßigen Zeitvertreib befassen, nachzusehen, ob der sich bewegende Lichtpunkt einen anderen Stern »berührt« oder über ihn hinwegzieht. Angesichts der vielen schwachen Sterne, die den ländlichen Himmel tapezieren, glauben Sie vielleicht, der Satellit werde mit einigen zusammentreffen, wenn er die Kuppel der Nacht durchquert. Es wird Sie überraschen, aber das kommt selten vor.

Zu jedem beliebigen Zeitpunkt sind immer nur ein paar tausend Sterne sichtbar, und auf den 20 626 Gradquadraten des Nachthimmels sind sie dünn gesät. Der Mond würde in ein Kästchen von der Größe eines Viertel Gradquadrats passen, was einiges über die enorme Ausdehnung der himmlischen Sphäre aussagt. Damit ergibt die überraschende Demonstration des Satelliten plötzlich einen Sinn: Eine über den Himmel gezogene gerade Linie sollte selten auch nur einen einzigen mit bloßem Auge sichtbaren Stern berühren!

Nachdem das Gehen unter der Bezeichnung »Walking« mittlerweile wieder als Trainingsform entdeckt worden ist, bietet uns der sommerliche Überfluß der Satelliten samt den damit verbundenen Beobachtungsaktivitäten endlich eine Beschäftigung, wenn wir unseren Abendspaziergang unternehmen. Da man darauf wetten kann, daß wir schon in nicht allzu ferner Zukunft mit tragbaren Satellitenempfängern rechnen dürfen, wird unsere Beziehung zu diesen umherschweifenden Robotern wahrscheinlich noch viel inniger werden. Sie werden um nichts weniger erstaunlich, nur weil sie inzwischen so zahlreich sind. Wir können sie also ruhig beobachten – denn sie beobachten uns.

Der Erkundungssatellit für die kosmische Hintergrundstrahlung hinter dem Hubble-Weltraumteleskop.

Vom Meteor getroffen

Nur Menschen mit extremem Verfolgungswahn fürchten sich vor Meteoren. Weil es so unwahrscheinlich ist, durch sie Schaden zu erleiden, liegen sie für die meisten Menschen ganz am Ende der Hitliste der Ängste. Möglicherweise ist diese Gelassenheit nicht berechtigt. Wie neue Berechnungen Anfang der neunziger Jahre gezeigt haben, ist es sechsmal wahrscheinlicher, von einem Meteor getötet zu werden als bei einem Flugzeugabsturz! Richtig ist das ist insofern, als beim Einschlag eines wirklich großen Meteors, wie er vielleicht alle hundert Millionen Jahre einmal vorkommt, auf einen Schlag die Hälfte allen Lebens auf dem Planeten vernichtet werden kann. Falls Sie alle Ihre Reisen mit dem Flugzeug unternehmen würden – sagen wir, weil Sie äußerst scharf auf die Bonusmeilen für Vielflieger sind –, würden Sie im Inlandsverkehr in Zehntausenden von Jahren wahrscheinlich kein einziges Flugzeugunglück erleben. Wenn Sie durch nichts anderes Schaden nähmen, würden Sie praktisch ewig leben. (Wie man soviel Bordverpflegung überlebt, steht auf einem anderen Blatt.)

Wenn wir unsere Besorgnisse auf das Leben der Gegenwart beschränken, ist die Gefahr kleiner, aber nicht ausgeschaltet. Schließlich hing Mrs. E. Hewlett Hodges am 30. November keinen himmlischen Gedanken nach, als ein Meteor durch ihre Decke in Sylacauga, Alabama, krachte. Er schleuderte ein Radio zur Seite und streifte ihr Bein, was ihr den zweifelhaften Ruhm einbrachte, der einzige Fall der Menschheitsgeschichte zu sein, bei dem eine Verletzung nachweislich durch einen Meteor verursacht worden ist.

(Ach ja, richtig, wie verlautet, wurde im siebzehnten Jahrhundert ein Franziskanerbruder in Mailand von einem fünf Zentimeter großen Meteor getötet, der ihm die Beinarterie zerriß, aber der Fall ist nicht hieb- und stichfest belegt.)

Tieren ist es schlimmer ergangen. Nach Zeitungsberichten wurde 1860 in Ohio ein Kalb niedergestreckt und 1911 in Ägypten ein Hund getötet. Doch die realistischere und beständigere Gefahr richtet sich gegen das Eigentum. Allein in Nordamerika, so hat man errechnet, sollte ein Haus durchschnittlich einmal in eineinviertel Jahren getroffen werden. Ihr Haus mag ja eine Festung sein, doch wahrscheinlich haben Sie nicht bedacht, was für ein gefährdetes Stückchen Land Sie sich als Unterlage dafür ausgesucht haben. Außerdem hat es der Große Grundstücksmakler versäumt, Sie umfassend davon in Kenntnis zu setzen, daß Ihr Grundstück mit 29 Kilometern pro Sekunde durch das All jagt, wobei es alljährlich durch ein Dutzend Schwärme aus Stein- und Metallteilen brettert.

Michelle Knapp aus Peekskill, New York, die am 9. Oktober 1992 eine aus der Richtung ihrer Einfahrt kommende krachende Explosion hörte, dürfte mittlerweile solche Überlegungen anstellen. Als sie nach draußen rannte, entdeckte sie das grotesk zerschmetterte Heck ihres Autos; der Meteor, der das angerichtet hatte, lag unter dem durchschlagenen Kofferraum. Die nötigen Reparaturen waren zwar eindeutig nicht durch die Garantie des Herstellers gedeckt, doch so ein Mißgeschick muß nicht notwendigerweise eine schlimme Kunde sein: Ein Sammler bezahlte 69 000 Dollar für den zehn Jahre alten Chevy – und den außerirdischen Autoschrotter.

Als dieser Meteor einschlug, wurde er von Hunderten von Zeugen im Osten der Vereinigten Staaten bemerkt, die den Stein in flammende Bruchstücke zerbrechen sahen. Das war nicht ungewöhnlich; einem niederstürzenden Meteor – in einem Dorf in Uganda beispielsweise schlugen 1992 mehrere Dutzend davon ein – geht oft ein weithin sichtbares himmlisches Feuerwerk voraus. Meine liebste Meteorgeschichte bezieht sich auf ein solches Ereignis, das sich am 30. November 1982 im Nordosten der Vereinigten Staaten zugetragen hat.

In dieser Nacht wurde ich in meinem Observatorium von einer aufgeregten Frau angerufen. Sie berichtete, ein Feuerball sei durch den Himmel gerast und habe die Gegend hell erleuchtet. Im allgemeinen unterstellen die Leute, Observatorien seien Stationen, wo

man Ufo-Berichte abliefert, und wir erhalten auch regelmäßig
Anfragen zu Lichtern am Himmel. Wie in den meisten Fällen gab es
auch hier eine einfache Erklärung: Ich sagte der Frau, das funken-
sprühende Objekt sei wahrscheinlich nur ein Meteor gewesen,
nichts ungewöhnliches also. Allerdings konnten wir da nicht wissen,
daß der Vorfall, der sich bloß 160 Kilometer östlich von uns ereignet
hatte, alles andere als ein Routinefall war.

Beobachter im mittleren Connecticut hatten dasselbe strahlende
Licht am Himmel bemerkt, doch für sie schien es bewegungslos am
Himmel zu stehen. Es gab nur einen Grund, weshalb es ihnen als
ortsfest erscheinen konnte: Es flog direkt auf sie zu!

Der Meteor von der Größe einer Grapefruit überlebte seinen feurigen Ritt durch die Atmosphäre und krachte durch das Dach eines
Hauses in Wethersfield, Connecticut, in dem Robert und Wanda
Donohue im Zimmer nebenan vor dem Fernseher saßen – sie sahen
sich gerade »Mash« an. Von dem Krach aufgeschreckt, entdeckten
sie ein Loch in der Decke, kaputtgeschlagene Möbel und eine Staubwolke, die die Luft erfüllte. Da es ihnen an einem erprobten Verfahren für solche Fälle mangelte, riefen sie die Polizei, die sicherheits-
halber ein paar Feuerwehrleute mitbrachte. Einer von ihnen fand
den sechspfündigen Meteor unter dem Eßzimmertisch, wo er nach
ein paar rasanten Hüpfern, die durch Schürfstellen auf dem Teppich
und an der Decke belegt waren, zur Ruhe gekommen war.

An dieser Stelle wird die Geschichte erst richtig interessant. Elf
Jahre zuvor, im April 1971, war letztmalig ein Meteor in ein Haus
irgendwo in Amerika eingeschlagen, und die Gemeinde, der dieses
Schicksal beschieden gewesen war, hieß – Wethersfield, Connecticut.
Derselbe Ort! Durch den Zufall des Jahrhunderts war ein Haus
getroffen worden, das kaum zwei Kilometer vom Haus der Donohues entfernt liegt!

Wie konnte so etwas geschehen? Wie konnten zwei Meteore
nacheinander dieselbe Stadt treffen? Und warum ausgerechnet
Wethersfield? Hatte es damit zu tun, daß es ein Vorort von Hartfield
ist, dem Sitz vieler Versicherungsgesellschaften? Konnte es sich um
einen kleinen kosmischen Streich gegen die hier lebenden Statisti-
ker und Versicherungsmathematiker handeln, die wußten, wie
gering die Wahrscheinlichkeit eines solchen Zufalls war?

(Während wir hier rhetorische Fragen stellen: Bestand denn überhaupt eine Chance, daß die Versicherung der Donohues für Schäden durch Meteore aus dem Weltraum aufkam? Die Antwort lautet: Ja, uneingeschränkt. Und noch ein weiteres Ja: Die zweifache Meteorbombardierung Wethersfields war ganz sicher nichts als ein absurder Zufall.)

Die Publicity im Umfeld der seltsamen Ereignisse und die großzügige Schenkung der Donohues, die die himmlische Abrißbirne einem Museum in New Haven übergaben, trugen kaum dazu bei, die vielen allgemein verbreiteten Irrtümer über Meteore aufzuhellen. Für den Anfang: Sie sind *nicht* heiß, wenn sie auftreffen. Am 31. August 1991 standen zwei Jungen an einer Rasenfläche in Noblesville, Indiana; sie hörten, wie wenige Meter vor ihnen ein Meteor mit dumpfem Geräusch ins Gras einschlug und konnten ihn anschließend sofort berühren. In der eiskalten unteren Atmosphäre wird der Stein tiefgefroren, wodurch er nur handwarm ist, wenn er schließlich den Boden erreicht.

Nicht daß es viele schaffen würden. Die meisten sichtbaren Sternschnuppen haben die Größe von Apfelkernen, und fast alle der 100 Millionen, die jeden Tag mit der fünfzigfachen Geschwindigkeit einer Gewehrkugel in unsere Atmosphäre eindringen, zerfallen zu Staub. Die Masse der meteorischen Bruchstücke kommt also nicht in Form verschieden großer Brocken auf der Erde an, sondern als feiner Puder, mit dem der Erde jedes Jahr einige Millionen Tonnen Material zugeführt werden.

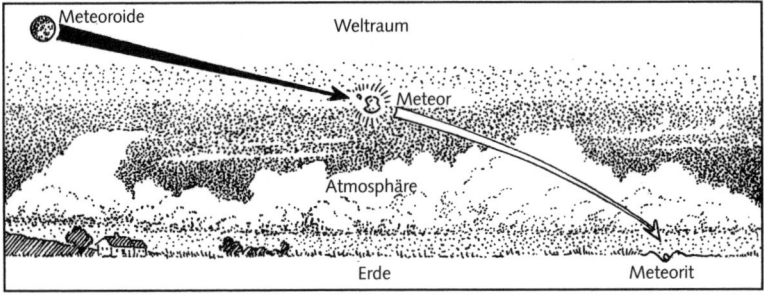

Schnelle Namensänderung.

Ein andere Marotte der Meteore ist ein Wesenszug, um den sie Heiratsschwindler beneiden dürften – ihre Fähigkeit, den Namen binnen Sekunden zu ändern. Draußen im Weltraum tragen die unsichtbar winzigen, nicht leuchtenden Brocken aus Stein und Metall den Namen **Meteoroide**. Nachdem sie in unsere Atmosphäre eingedrungen und durch die Luftreibung zur Weißglut erhitzt worden sind, erhalten sie die Bezeichnung **Meteore** (oder auch Sternschnuppen). Wenn sie es dann bis zum Boden geschafft haben, werden sie zu **Meteoriten**. Kein nervtötender Grammatikpauker kann Ihnen demnach einen Fehler vorhalten, wenn Sie behaupten, Sie wären entweder von einem Meteor oder von einem Meteoriten getroffen worden, da sich die Umwandlung in dem Augenblick vollzieht, in dem er auftrifft.

In der Mythologie wurde den Meteoren die Fähigkeit zugeschrieben, Wünsche erfüllen zu können, doch diese Belohnung kann die Menschen anscheinend nicht ausreichend dazu veranlassen, in den Himmel zu schauen. Viele geben an, noch nie einen gesehen zu haben. Dennoch sind Meteore überraschend häufig. Im Durchschnitt blitzt alle zehn Minuten einer am Himmel auf.

Jedermann könnte in einer beliebig gewählten Nacht einen Meteor sehen. Ungeduldige Zeitgenossen können die Dinge ein wenig beschleunigen, wenn sie sich die Nacht eines Meteorschauers aussuchen. Sie sind von sehr unterschiedlicher Stärke, doch am üppigsten sind einmal die sommerlichen Perseidenschwärme, die jeweils am 11. und 12. August auftreten und zum anderen die frostige Schau der Geminiden am 13. Dezember.

Zu den Spitzenzeiten solcher Schwärme überquert alle ein oder zwei Minuten ein Meteor den Himmel. Die Perseiden sind die beliebtesten und am meisten beobachteten Meteorschwärme. Sie treten in warmen Nächten auf, wenn vernünftige Leute bewegungslos im Freien verharren können, während sie ihnen zusehen.

Wie Trümmer, die von einem überladenen Müllaster fallen, beginnen die meisten Meteore ihre Laufbahn als Bruchstücke vorbeifliegender Kometen. Jedes Jahr, wenn unser Planet die Umlaufbahn des Kometen kreuzt (wir erreichen alljährlich zur selben Zeit denselben Raumabschnitt), stürmen wir erneut durch den Konfettiregen. Manchmal existiert der ursprüngliche Komet gar nicht mehr;

lediglich seine verstreuten Teilchen bleiben als leuchtendes Denkmal seines Durchgangs erhalten. Zu anderen Zeiten jedoch liefert uns die Position des Kometen Anhaltspunkte, wie reichhaltig ein Meteorschauer manchmal sein kann. 1992 zum Beispiel stolzierte der Patriarch der Perseidenschwärme, der Komet Swift-Tuttle, zum ersten Mal seit 1862 durch unsere himmlische Nachbarschaft. Als Ergebnis hinterließ er eine mit Gesteinstrümmern angereicherte Raumregion und damit ungewöhnlich üppige sommerliche Meteorerscheinungen in den Jahren 1991 bis einschließlich 1994 – und wahrscheinlich darüber hinaus.

Am 17. November 1966 war das alles noch weit eindrucksvoller gewesen. Damals rauschte unsere Welt durch den zerfallenen Kopf des ehemaligen Kometen Temple-Tuttle, was zu einem Meteorsturm führte. *Pro Sekunde* explodierten hundert Meteore (nein, das ist kein Druckfehler) über dem Himmel der südwestlichen Vereinigten Staaten und brachten viele Menschen zu der Überzeugung, das Ende der Welt stehe unmittelbar bevor.

Dazu gehörte auch eine meiner früheren Studentinnen, die erklärte, sie hätte befürchtet, verrückt zu werden, als sie durch das Fenster eines Zuges, der durch das ländliche Texas fuhr, das Feuerwerk bemerkte. Als sich der himmlische Ausbruch dann bis zu einem Punkt steigerte, an dem es offensichtlich schien, daß der Weltuntergang gekommen war, schaut sie sich im Abteil um, wo, wie sie feststellen mußte, alle anderen friedlich schliefen. Sie zögerte. Was machst du? Welches Verhalten ist dem Anlaß ange-

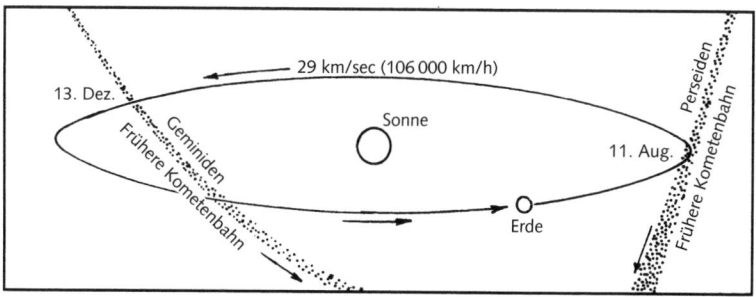

Die zwei stärksten Meteorschauer ergeben sich aus Zusammenstößen der Erde mit den Trümmern von Kometen.

Der Meteorsturm von 1966

messen? Sollst du die Leute aufwecken, damit sie das Ende der Welt mitbekommen, oder sollen sie es verschlafen dürfen? Dann kam der Schaffner vorbei, und sie betrachteten gemeinsam die nicht nachlassende, verstörende Darbietung, bis die Morgendämmerung die Vorstellung vom Himmel wischte.

Im Lauf der Jahre habe ich weitere Darstellungen aus erster Hand gesammelt; sie alle geben denselben Eindruck von Meteorstürmen wieder: ein Schauspiel ohnegleichen. Für den 17. November 1999 wird wieder so ein kurioses Ereignis erwartet, das in einem engen Bereich der Erde mit Zentrum über dem Mittleren Osten stattfinden soll.

Die meisten Meteore lassen sich auf Kometen zurückführen; diese Tatsache mag zu der öffentlichen Verwirrung beitragen, die hinsichtlich dieser beiden Begriffe herrscht. Viele halten *Meteor* und *Komet* für ebenso austauschbar wie Mieze und Katze.

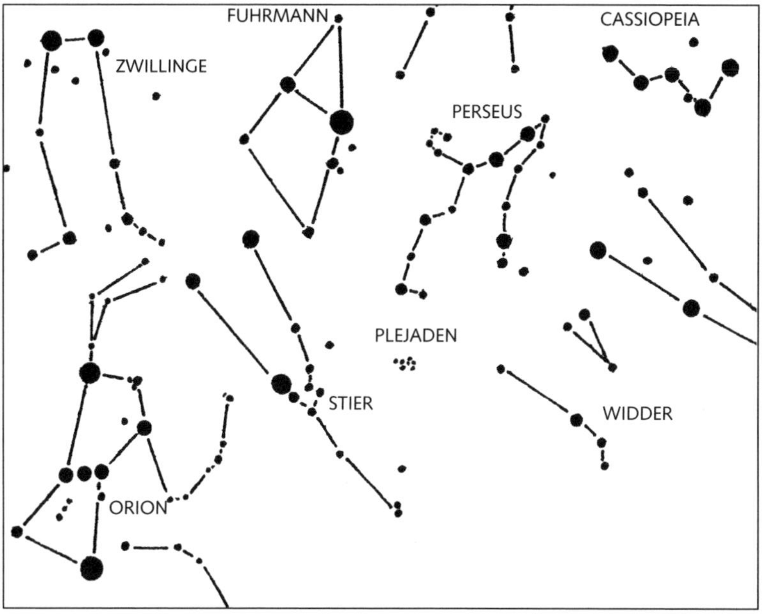

FUHRMANN
ZWILLINGE
PERSEUS
CASSIOPEIA
PLEJADEN
STIER
WIDDER
ORION

Dort sollte man nach Meteorschauern Ausschau halten: Die Perseidenschwärme gehen von dem Gebiet zwischen dem W von Cassiopeia und den Pleiaden aus, die Geminiden aus der Region oberhalb der linken Schulter des Orion.

Doch in Wirklichkeit besteht ein großer Unterschied zwischen ihnen. Meteore sind gewöhnlich winzige Körnchen, die weniger als 100 Kilometer über uns vorbeiziehen und innerhalb von Sekunden verschwinden. Kometen dagegen sind von uns so weit entfernt wie die Planeten, existieren über Jahrtausende hinweg und stehen fast bewegungslos am Nachthimmel. Den Kometen folgt ein *Schweif* von Millionen Kilometern Länge, der Wochen oder Monate bestehen bleibt, den Meteoren dagegen nur eine *Spur*, die selten länger besteht als für die Zeit, in der man »Schau mal, da!« sagen kann. Kurz gesagt, wenn es sich bewegt hat und dann verschwunden ist, war es ein Meteor.

Auch ihre Namen müssen niemanden verwirren. Ein Komet nimmt den Namen seines Entdeckers an (eines der letzten Himmelsobjekte, bei dem diese Tradition noch erhalten ist; entdecken

Sie einen neuen Stern, Planeten oder Asteroiden: Schon wird ihm eine internationale Kommission einen Namen geben, und das wird ganz gewiß nicht der Ihre sein.) Einen Meteorschauer dagegen benennt man nach dem Sternbild, von dem die Sternschnuppen aufgrund einer perspektivischen Täuschung auszugehen scheinen. Wenn Sie in der Nacht des 11. August die Spur jedes einzelnen Meteors aufzeichnen würden, könnten Sie erkennen, daß es sich bei den meisten um Perseiden handelt, was bedeutet, daß alle aus der Richtung des Sternbilds Perseus zu kommen scheinen. So einfach ist das.

Da Perseus etwa um Mitternacht aufgeht, werden nach dieser Zeit mehr Sternschnuppen zu sehen sein; anstelle der wenigen Meteore, die von diesem Punkt aus ausreichend weit nach oben fliegen, können Sie dann wahrnehmen, wie sie vom Perseus aus in alle Richtungen davonfliegen.

Doch über Meteore zu sprechen ist wie eine Unterhaltung über die Kochkunst: Die unmittelbare Erfahrung ist viel besser. Wenn Sie die größtmögliche Vorstellung beobachten möchten (und wer würde das Schauspiel einer strahlenden Sternschnuppe nicht genießen?), müssen Sie vier Regeln beachten, um die reichste Ernte an Meteoren heranreifen zu sehen. Sie sind ganz einfach und bleiben von Jahr zu Jahr dieselben.

Erstens, wählen Sie ihren Standort mit Umsicht. Suchen Sie sich einen Punkt, wo sich der Himmel weit öffnet. Versuchen Sie nicht, einfach nur zwischen Bäumen und Gebäuden hindurchzupeilen. Wenn nur der halbe Himmel offen vor Ihnen liegt, sollten Sie einen Therapeuten mitbringen, dem sie erklären, weshalb Sie die Zahl der Meteore vorsätzlich um 50 Prozent verringern. Seeufer, Wiesen, Golfplätze, Dächer und Wüsten sind ideal. Selbst Friedhöfe, wenn Sie einen Hang dazu haben. Wenn Sie auf dem Rasen vor Ihrem Haus sind, sollten Sie drinnen alle Lichter gelöscht haben, damit Ihre Augen sich die notwendigen zehn Minuten an die Dunkelheit anpassen können. Halten Sie sich möglichst von Lichtverschmutzung fern; das ist eine gute Gelegenheit, Freunde auf dem Land zu besuchen.

Zweitens, bringen Sie einen Liegestuhl mit, um Nackenverspannungen zu vermeiden, oder breiten Sie auf dem Boden eine Decke aus. Nehmen Sie Pullover und Mückenspray mit, falls es nötig sein sollte. Laden Sie einen Freund oder eine Freundin ein, und Sie haben ein Rezept für eine interessante und billige Verabredung. Als nächstes sollten Sie ihr Fernrohr oder Fernglas zu Hause lassen. Da Sie vom nächtlichen Himmel soviel wie möglich erfassen wollen, ist das unbewaffnete Auge am besten geeignet. Achten Sie nur darauf, daß der Himmel klar ist und nicht dunstig oder bewölkt. Schließlich sollten Sie Ihre Augen ständig auf den Himmel heften. Viele Menschen, die das nicht mehr gewohnt sind, schauen bei der Unterhaltung ihren Begleiter an und werfen nur von Zeit zu Zeit einen Blick zum Himmel. Das ist aber ein wesentlicher Ausfallgrund, wenn es um Meteore geht. Es mag ja eine normale Anstandsregel sein, seinen Gesprächspartner anzusehen, doch in jener Nacht muß der Himmel Ihr(e) Geliebte(r) sein. Das gilt besonders für die Augustvorstellung. Die Perseiden gehören zu den schnellsten Meteoren, weil sie frontal mit der Erde zusammenstoßen – und sie scheinen sich einen Spaß daraus zu machen, sich immer genau dann über den Himmel zu stehlen, wenn Sie wegsehen.

Meteore mögen ja romantische Gefühle wecken, und auch helles Mondlicht steht in diesem Ruf, doch hier liegt ein Fall vor, wo bei dreien einer zuviel an Bord ist. Verbringen Sie ihre Zeit mit dem einen oder mit dem anderen, aber nicht mit beiden gemeinsam. Abgesehen von schlechtem Wetter ist ein heller Mond der einzige natürliche Faktor, der eine Meteorschau beeinträchtigen kann. Idealerweise wünscht man sich den Neumond, die Phase, die Dunkelheit bedeutet, doch auch eine Sichel richtet noch keinen Schaden an. Selbst der Mond im ersten Viertel kann toleriert werden, weil er um Mitternacht untergeht, dem Zeitpunkt, zu dem die Perseidenshow erst richtig loslegt. Vollmond ist am schlimmsten, nicht nur, weil sein Strahlen den Himmel ruiniert, sondern weil er nur während dieser Zeit die ganze Nacht über scheint.

Die ersten Perseiden erscheinen jedes Jahr gegen Ende Juli und erreichen in der Nacht vom 11. zum 12. August ihren jeweiligen Höhepunkt; danach nimmt die Zahl der Sternschnuppen rasch ab. Am ausgeprägtesten treten sie nach Mitternacht auf, wenn Ihr Standort auf der sich drehenden Erde anfängt, in die Richtung zu weisen, aus der sie kommen. Deshalb können sie vier Tage vor Voll-

	1994	95	96	97	98	99	2000	01	02	03	04	05	06	07	08	09	10	11	12	13	2014
11. Aug.	•		•	•		•			•	•	•		•			•			•		•
13. Dez.		•	•		•			•		•	•		•	•		•	•			•	•

Kalender der Meteorschwärme für den Endverbraucher: Die besten Jahre für ihre Beobachtung sind mit Punkten markiert.

mond bis drei Tage nach dem letzten Viertel durch die Mondphasen beeinträchtigt werden, weil dann während jener kritischen Stunden ein heller Mond über dem Horizont steht. 2002, 2004, 2005, 2007, 2010 und 2013 werden gute oder ausgezeichnete Jahre für die Perseiden sein.

Etwa seit 1920 waren häufig die Geminidenschwärme die stärksten des Jahres, doch wegen des eisigen Termins am 13. Dezember kommen sie ein wenig zu kurz. An diesem Datum erscheint auf dem Höhepunkt der Schau, der günstigerweise *vor Mitternacht* liegt, pro Minute ein Meteor – manchmal können Sie die Zahl auch verdoppeln. In den Jahren 2001, 2003, 2004, 2006, 2007, 2009, 2012 und 2014 wird der Mond seine Helligkeit unter Verschluß halten und eine gute oder ausgezeichnete Geminiden-Vorstellung zulassen.

Obwohl regelmäßig Meteoriten gefunden werden, besonders im Polareis, wo sie hervorstechen wie außerirdische Eindringlinge, die sie ja auch sind, wird es Ihnen wahrscheinlich nicht gelingen, Überbleibsel der Perseiden- oder der Geminidenschau zu entdecken. Kometenschutt ist zerbrechlicher als andere Meteorarten, die aus Eisen oder Nickel bestehen, und zerfällt fast immer zu Staub. Sie können zusehen, wie es geschieht: Wenn sie sich allmählich in leuchtenden Himmelsstaub verwandeln, erzeugen etwa 30 Prozent der Perseiden (aber nur 3 Prozent der Geminiden) hübsche, langgezogene Spuren. Gelegentlich bleiben diese glimmenden Schleppen auf magische Weise erhalten wie das zurückbleibende Lächeln eines besonderen Augenblicks.

Achten Sie auf Farben. Die Eindringlinge am Himmel, insbesondere die sporadisch ankommenden Meteore, die in jeder klaren Nacht zu sehen sind, erscheinen gewöhnlich in Orange, Gelb oder smaragdgrünen Varianten. Ursprünglich sind sie vielleicht Teile von

Kometen oder Asteroiden gewesen oder kommen gar vom Mond oder vom Mars. Durch sie werden wir unmittelbar und dramatisch daran erinnert, daß wir wirklich im Weltall leben: Es sind Mitgeschöpfe aus demselben Wald wie wir.

Und trotz der Katastrophen, die sie auf lange Sicht verursachen können, ist die Gefahr in jeder beliebigen Nacht verschwindend gering. Haben Sie also keine Angst, getroffen zu werden.

Außer natürlich, wenn Sie in Wethersfield leben.

Im Herzen der Galaxis

Wenn sie in Stimmung sind, gehen viele von uns gern in die Stadt und genießen ihre quirlige Aktivität und ihr Nachtleben. Wo aber ist die Hauptstraße des Weltalls? Wo liegt der geschäftigste Teil der Nacht?

Der winkt in diesen Sommernächten zu uns herüber. Wenn aber die städtisch-elegante Lebensart an seinem aufgeregten Gedrängel und seinen hellen Lichtern teilhaben will, muß sie paradoxerweise aus den irdischen Städten abwandern, da deren Himmel nur ein läppisches Bühnenprogramm mit ein paar hundert Sternen zu bieten hat. Wir müssen uns weit von allen Menschenansammlungen entfernen und einen abgelegenen Strand oder eine Wiese aufsuchen, wo zwischen uns und der Orgie der Gestirne nur die warme Brise der Nacht fächelt. Abertausende schimmernder Diamanten, die den ländlichen Himmel zieren, machen uns dann gern mit der Schauspieltruppe bekannt, die im Sommer das Firmament beherrscht.

Und da ist sie, heller und komplexer und auch geheimnisvoller, als wir sie in Erinnerung hatten: die leuchtende himmlische Autobahn, die viele Kulturen für das Herzstück der ganzen Himmels hielten – die Milchstraße.

Sie hatten recht damit. Denn während sie in Kaskaden nach Süden hinunterfällt, stellt sie plötzlich, als wäre da ein Klacks Schlagsahne, einen besonders strahlenden Abschnitt zur Schau. Das ist nichts weniger als das Zentrum der Galaxis!

Genauer gesagt, dieses Leuchten zeigt die *Richtung* an, in der diese Mitte liegt, das phantastische, vollgepackte Herz unserer Spiralgalaxie. Wir können kaum 20 Prozent der Entfernung zum eigentlichen Kern überblicken, bevor eine Überfülle an Sternen und Staub das dichtgedrängte Wirbeln dahinter verdeckt.

Radio- und Röntgenstrahlung haben es bestätigt: Das schwarze Herz unserer Galaxis befindet sich genau dort, jenseits des Sternbilds Sagittarius, dessen Sterne nur für phantasiebegabte Menschen einen Bogenschützen darstellen. Eigentlich ähnelt Sagittarius eher einer Teekanne und wird auf den Sternkarten unserer Zeit oft auch so genannt. Um dem Ganzen den letzten Schliff zu geben, erscheint über der Tülle der Teekanne ein »Dampfwölkchen«; es ist das nebelhafte Leuchten des eigentlichen Zentrums der Galaxis. Doch es ist nicht gerade ein Nachbar von nebenan. Wer den Drang hat, diese stürmische Nabe der galaktischen Welt zu besuchen, hätte seine lichtschnelle Reise zur Zeit des Pyramidenbaus beginnen müssen, um sie über unsere Zeit hinaus noch weitere zwanzigtausend Jahre fortzusetzen.

Was wir sehen *können*, macht es zum Schaufenster des Sommerhimmels. Viele leidenschaftliche Astronomen warten, bis die Spätnachrichten und die letzten Talkshows vorüber sind, weil dann das Zentrum der Milchstraße am höchsten steht. Dann schnappen sie sich alle überhaupt verfügbaren Instrumente, warten ein paar Minuten, damit sich die Augen an die Dunkelheit anpassen können, und treten ins Freie...

Zu dieser Stunde teilt die Milchstraße, wie der Pinselstrich eines kühnen Künstlers, den Sommerhimmel von Norden nach Süden in

Die Milchstraße, wie sie sich bei ihrem Aufgang in Frühsommernächten zeigt. Der »Große Grabenbruch« aus dunklem Gas verbirgt den Glanz der Sterne dahinter. Das Zentrum der Galaxis liegt rechts.

zwei Hälften. Der galaktische Kern, ziemlich tief und genau im Süden stehend, zieht die Aufmerksamkeit im umgekehrten Verhältnis zur Lichtverschmutzung des Himmels auf sich. In der ländlichen Dunkelheit, besonders in südlichen Breiten, wo die Milchstraße sehr hoch steht, lädt das faszinierende Glühen dieser »Straße zum Himmel«, wie sie von manchen Völkern des Altertums genannt wurde, zur Erkundung ein.

Versuchen Sie es zunächst mit einem Fernglas. Mit Ausnahme der winzigen »Modelle für die Hemdtasche«, deren kleine Linsen der Nacht nicht gerecht werden können, sind normale Ferngläser ausgezeichnet geeignet, die Milchstraße zu erkunden. Jeder Ort, an dem zuvor nur ein Stern schien, stellt plötzlich zwanzig Neuankömmlinge zur Schau, und das auf Weidegründen, die mit faszinierenden Nebeln und Sternhaufen überpudert sind. An dunklen Stellen des Himmels fließt das zusammengezogene Gesichtsfeld des Feldstechers über vor zahllosen Sternen, hingestreut mit einer maßlosen Unbekümmertheit, die sich jeder Beschreibung entzieht.

Das Höchste mag erleben, wer durch die gigantischen, im Westen aber selten zu findenden Vierteltonner blickt, die manche japanischen Eiferer als Fernglas verwenden. Fabelhafte Aussichten lassen sich auch mit gewöhnlichen Teleskopen verwirklichen, falls sie über die modernen Weitwinkelokulare mit geringer Vergrößerung verfügen. Starke Vergrößerung dagegen verdirbt das Bild: Ausblicke wie im Panoramafenster sind gefragt, nicht die wenigen Einzelsterne, die man durch das winzige Bullauge einer starken Vergrößerung sieht. Die Allgemeinheit, deren optische Kenntnisse nahe bei Null liegen, legt oft mit einer größenwahnähnlichen Begeisterung für »Power« los. Erfahrene Beobachter wissen, was für ein Irrtum das ist. Sie wissen, um ein Gesichtsfeld zu erhalten, das mit zahllosen Sternen vollgepackt ist, sollte das Instrument eine Vergrößerung haben, die kleiner ist als $60\times$. Zum Beispiel sind Ferngläser mit 7×35 oder besonders mit 7×50 ausgezeichnet geeignet. Mit solchen Instrumenten oder nur mit dem unbewaffneten Auge ausgestattet, erleben Amateure in aller Welt regelmäßig die majestätischen Bänder aus verwirbeltem Staub und Gas, die geistergleich in der Nähe des galaktischen Herzens schweben.

Was hat der Anblick dieser Vielfalt heller Sterne, der das mensch-

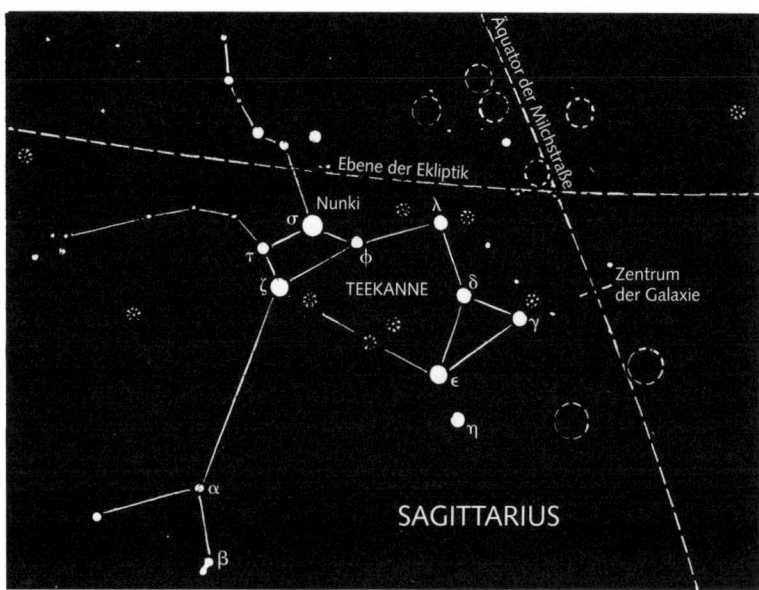

Das Zentrum der Galaxis: in Sommernächten direkt im Süden.

liche Bewußtsein mit solcher Hochstimmung erfüllt, besonderes an sich? Liegt es daran, daß das Weltall unsere gewaltigste Behausung ist, wenn sich unsere Lebensgeister an der verrückten Gleichgültigkeit der unendlichen Sterne in ihren wilden, sinnlosen Formationen berauschen? Was immer der Grund sein mag, ein Hauptziel des sommerlichen Sternguckens sind sicherlich jene Ausblicke auf das prächtigste Sternenfeld.

Hier scheint jedes Wissen überflüssig. Die Sterngucker des Sommers kennen nicht einmal die Namen jedes tausendsten der Sterne, die das Sehfeld ihrer Ferngläser ausfüllen wie ein abendlicher Schneesturm. Angesichts dieser stellaren Verschwendung scheint es sinnlos, Etiketten zu vergeben. Der nicht mit Worten zu beschreibende Schatz ist einfach die merkwürdige, kulturübergreifende, einzigartige menschliche Erfahrung, inmitten endloser, namenloser Lichtpunkte zu wandeln.

Im Frühling oder Spätherbst, wenn unser Planet sich von der Milchstraße abwendet und in die intergalaktische Leere blickt, ist kein derartig dicht gedrängter Glanz greifbar. Auch in den meisten anderen Richtungen des Alls können uns Ferngläser kein solches Sternenchaos liefern. Und jenen, die von Städten und größeren Gemeinden aus beobachten, wird dieses Erlebnis strikt verweigert. Ebensowenig ist es für Urlauber zu sehen, deren Fahrt ins Grüne ungünstigerweise in die Woche des Vollmonds fällt, wenn der Himmel seines Kontrasts beraubt und auf eine Handvoll ausgebleichter Sterne reduziert ist.

Nein, der Ausblick erlaubt keine Kompromisse. Die Anforderungen sind schlicht (selbst das unbewaffnete Auge genügt), aber sie stehen nicht zur Disposition: Der Himmel muß klar sein; auch dünne, hohe Wolkenschleier dürfen ihn nicht verhüllen. Die Luft muß trocken sein, nicht dunstig und feucht. Der Standort schließlich muß sich abseits der Lichter der irdischen Zivilisation befinden.

Hier und da unterbrechen pechschwarze Streifen das Leuchten. Diese dunklen Nebel, die sogar mit bloßem Auge sichtbar sind, sehen aus, als hätte ein finsterer himmlischer Tintenfisch schwarze Kleckse auf die Milchstraße gespritzt. Die kolossalen Staubwolken bringen die dritte Dimension ins Spiel, da sie irgendwo hinter den Sternen der Nacht, aber vor dem fluoreszierenden Hintergrund der Milchstraße liegen. Hervorgehoben wie das Relief einer Gemme aus schwarzem Achat, verbergen sie einiges von der Glorie der Milchstraße, dienen aber auch als Bestätigung, daß die kosmische Schöpfung weitergeht. Jene ausgedehnten Felder aus interstellarem Staub – im Kernbereich der Galaxis fehlen sie praktisch ganz, dafür besteht in dem von uns bewohnten Spiralarm ein brodelnder Überschuß – liefern das Ausgangsmaterial für neue Generationen von Planeten und Sonnen.

So steht uns plötzlich ein 3-D-Bild vor Augen, wo der Himmel noch einen Moment zuvor so platt erschienen sein mag wie in der alten Vorstellung vom gewölbten Baldachin der Nacht mit seinen Löchern. Wir begreifen, daß uns die einzelnen Sterne am nächsten liegen, auch wenn sie Lichtjahre entfernt sind. Dahinter sind die ungeheuren Flecken dunkler Materie drapiert, die die Milchstraße erscheinen lassen, als wäre sie wie eine geteilte Autobahn in zwei parallel verlaufende Ströme zerlegt: Der Große Grabenbruch. Und hinter dieser traumhaften Dunkelheit liegt das große Leuchten, das

Obwohl uns die Sicht auf das Zentrum unserer Galaxis durch dicke Staubwolken versperrt ist, durchdringt ein Teil ihrer elektromagnetischen Strahlung den Staub. Dieses Bild der Radiowellen zeigt eine große Masse ionisierten Gases hoher Geschwindigkeit und eine kompakte Radioquelle von 5 Millionen Sonnenmassen bei Sagittarius A an.

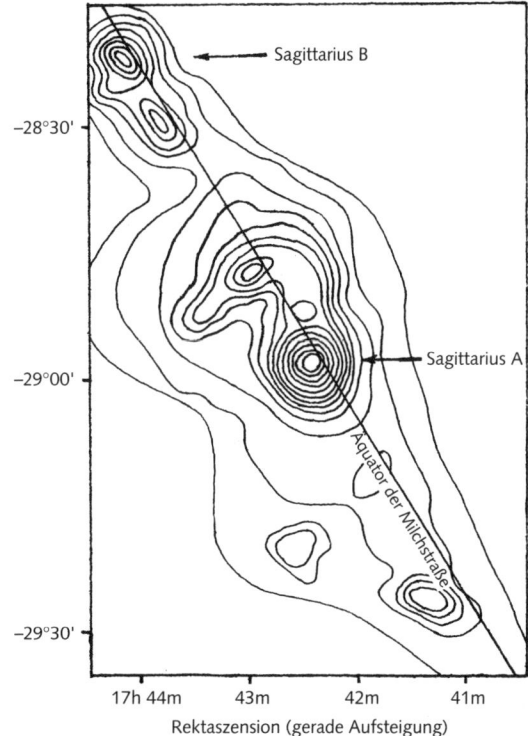

unregelmäßig hindurchblitzt wie Sonnenstrahlen durch abziehende Wolken.

Die Via Galactica, wie sie einst in Mitteleuropa genannt wurde, gab vielen Kulturen Rätsel auf. Typischerweise stellte man sich vor, sie sei die Straße, auf der die toten Krieger in den Himmel eingingen, oder sie sei das unaufgeräumte mythologische Ergebnis einer Götterfehde. Soweit man weiß, war Galilei der erste Mensch, der ein Fernrohr auf sie gerichtet hat. Aufgeregt schrieb er, die »wortreichen Debatten« über ihre Beschaffenheit könnten nun ihr Ende finden, da sie in Wirklichkeit aus »unzähligen Ansammlungen von Sternen« bestehe.

Tatsächlich liegen so viele Milliarden weit entfernter Sonnen auf der flachen Ebene unserer Galaxis, daß ihr fernes Strahlen zusammenfließt wie geschmolzenes Gold und so dieses leuchtende Band erzeugt. Die Milchstraße schließt uns vollständig ein; wenn die Erdkugel aus Glas wäre, würden wir die Galaxis als Ring sehen, der uns auf allen Seiten umgibt – die scheibenförmige Milchstraße, gesehen aus der Perspektive von uns Erdenwürmern. Verändern Sie die Entfernungseinstellung Ihres Fernglases, und plötzlich werden erneut Zehntausende von Sternen sichtbar; das sanfte Leuchten hinter diesen wiederum deutet darauf hin, daß hinter *ihnen* noch mehr optisch unaufgelöste Sterne lauern. Wie Tautropfen aus Nebel materialisieren sich aus diesem Licht mit jeder weiteren Steigerung der Teleskopgröße neue Sterne, doch das Leuchten bleibt immer weiter bestehen. Mehr, immer noch mehr; wer weiß, wie viele weitere nicht aufgelöste Milliarden Sonnen in diesen Weiten liegen.

Fünf- oder sechstausend Lichtjahre von der Erde wird die Ansammlung von Sternen und Gaswolken so dicht, daß sie die Sicht auf alles, was dahinter liegt, versperrt. Weiter können wir nicht schauen. Nur die durchdringende Strahlung der für das Auge unsichtbaren Wellenlängen kommt zu unseren Instrumenten durch und liefert uns Hinweise auf das dichtgedrängte, gewaltige Herz der Galaxis.

Wie uns viele indirekte Beweise nahelegen, besetzt ein großes Schwarzes Loch diesen zentralen Ort, dessen Masse bei mindestens einhunderttausend Sonnenmassen liegen dürfte. Radioteleskope haben dort eine zweifache Energiequelle aufgespürt, die schon seit langem als Sagittarius A bekannt war und die man inzwischen als den Kern der Galaxis identifiziert hat. Dort lauert auch noch ein ganzer Zoo weiterer merkwürdiger himmlischer Geschöpfe. 1993 entdeckten australische Astronomen ein schlangenartiges Gebilde aus gasförmiger Materie, das sich vom Zentrum der Milchstraße aus über 150 Lichtjahre hinweg erstreckt. Außerdem kräuseln sich noch weitere, kleinere Fäden wie zum Beispiel das Haar der Medusa nach außen – der einzige Ort in der ganzen Galaxis, wo diese seltsamen Formen zu sehen sind.

Unser pfannkuchenflaches Sonnensystem mit seinen Planeten befindet sich nicht in einer Ebene mit der Galaxis, sondern ist um 60 Grad gegen sie geneigt. Und während die Galaxis sich unseren Augen im Leuchten der Milchstraße enthüllt, die uns umgibt, scheint auch die Ebene des Sonnensystems auf – mit Hilfe von Planeten, des Mondes und der Sonne. Aufgrund eines erstaunlichen Zufalls schneiden sich die beiden Ebenen in der Richtung des galaktischen Kerns. Daher heben sich Objekte im Vordergrund regelmäßig vom Zentrum der Milchstraße ab. Der Mond sucht die Gegend des Sagittarius einmal im Monat auf. Die Sonne markiert den Punkt getreulich Mitte Dezember. Der Jupiter mit seinem blendenden Licht lenkt unsere Augen alle zwölf Jahre in diese Richtung, wie 1996 und 2008.

Das bedeutet, auch wenn der Himmel bei Ihnen zu sehr mit Licht verschmutzt ist, um die Milchstraße sichtbar werden zu lassen, können Sie sich dem Zentrum der Galaxis einfach dadurch zuwenden, daß Sie auf einen Vollmond im Juni blicken oder während der letzten beiden Herbstwochen in die Richtung der Sonne blinzeln.

Sollten Sie nicht den Wunsch haben, diese Region mit optischen Geräten zu erkunden, könnten Sie zumindest einen Moment damit zubringen, einfach hinzuschauen. Schließlich erweisen ihr eine halbe Billion Sterne die Ehre. Während die Milchstraße ihren majestätischen Umlauf vollzieht, kreist jeder Stern in jedem der Sternbilder in einer Viertelmilliarde Jahre einmal um diesen Punkt am Himmel.

Das schließt uns natürlich ein. Der große Kreis der Sonne um das galaktische Zentrum, der unsere Erde unbemerkt mit auf seine Reise nimmt, wird manchmal als **galaktisches Jahr** bezeichnet. Vielleicht baut ja einmal ein Uhrenhersteller, der etwas auf sein Produkt hält, in eine seiner Uhren einen »Zeiger für das galaktische Jahr« ein, der in 240 Millionen Jahren einmal umläuft und uns so zeigt, wo wir gerade stehen.

Bis dahin spazieren wir wie Generationen vor uns unter dem alten sommerlichen Leuchten dahin, während unsere eigene Wichtigkeit durch die galaktische Vision, die erst jetzt in unseren Blick geraten ist, ein wenig kleiner geworden ist.

Wendekreis des Stiers

In Abenteuerfilmen ist die folgende Szene mittlerweile zum Klischee geworden: Ein Sonnenstrahl fällt durch die Decke einer Höhle und beleuchtet genau den Hinweis, der zum Schatz führt. Doch es ist die Wirklichkeit, die solche Regieanweisungen angeregt hat. Von Stonehenge bis zu den Tempeln der Mayas liebten es die Menschen des Altertums, an einem bestimmten Tag einen Sonnenstrahl auf einen bestimmten Ort fallen zu lassen.

Oft wählten sie den Tag der Sonnenwende dafür. Alle anderen Tage des Jahres haben einen Zwilling, einen zweiten Tag, an dem die Sonne dieselbe Stellung einnimmt. Wenn das Idol unseres Tempels am 2. März angestrahlt war, würde dieser Punkt etwa am 9. Oktober wieder aufleuchten; wenn man also die Zeremonie verpatzt hatte, bekam man eine zweite Chance. Jene schlauen Astronomen der Frühzeit bemerkten, daß die Sonne nur zur Sonnenwende ein Stückchen Himmel besetzte, das sie bei keiner weiteren Gelegenheit einnahm.

Wenn ein Fenster Ihres Hauses sich zu einem unverbauten östlichen oder westlichen Horizont öffnet, wissen Sie, wie sehr die Orte wechseln, an denen die Sonne auf- oder untergeht. Im Frühling oder im Herbst springt die Sonne von einem Tag auf den anderen um fast einen ganzen Sonnendurchmesser nach links oder nach rechts von der Position des Vortags. Diese Bewegung verlangsamt sich etwa einen Monat vor der Sonnenwende und kommt zur Sonnenwende selbst völlig zum Stillstand. An diesem äußersten Punkt strömt das Sonnenlicht in einem Winkel ins Zimmer, der zu keiner anderen Zeit zu beobachten ist.

Wie uns die Medien mit nicht nachlassender Wonne immer wieder ins Gedächtnis rufen, bezeichnet die Sonnenwende im Juni den

Sommeranfang und die längste Sonnenscheindauer. Sterngucker treiben es noch um einen Schritt weiter und beobachten den höchsten Sonnenstand um 13 Uhr jenes Tages; dazu schauen sie sich noch an, wie die Sonne am weitesten zur Rechten, also im Norden, untergeht. Dann erweist sich auch der alte Mythos als Irrtum, wonach ein Nordfenster niemals Sonne einfängt: Schauen Sie zu, wie sie während der ersten und letzten Stunden des Tages schräg hereinströmt. (Ein nach Norden zeigendes Fenster erhält nur zwischen September und März keinerlei Sonne.)

Warum sollten eigentlich nur die Menschen des Altertums all den Spaß gehabt haben? Warum richten Sie sich nicht Ihren eigenen Sonnwendanzeiger ein? Sie müssen nur festhalten, an welcher

Es kann eine bewegende Erfahrung sein, sich den Sonnenaufgang zur Wintersonnenwende im Inneren eines viele Jahrhunderte alten Gebäudes anzusehen, das eigens zu diesem Zweck errichtet worden ist. Hier ist einer von mehreren solcher Bauten abgebildet, die sich in Putnam County, New York, befinden.

Stelle des Raumes sich der äußerste Rand des Sonnenlichts am Morgen oder am Abend der Sonnenwende befindet. Dieser präzise Punkt wird erst wieder im direkten Licht liegen, wenn Sie ein Jahr älter geworden sind. Es ist ein Ort, der geradezu nach einer eigenen Idolfigur schreit.

Alternde Hippies könnten hier ein kleines Prisma aufhängen, damit die Gelegenheit mit einem farbigen Regenbogen markiert wird. Für Liebhaber technischer Spielereien käme eine Solarzelle in Frage, die ein Glockenspiel oder eine Klingel mit Energie versorgt. Eine Photozelle könnte eine Stereoanlage einschalten, auf der vorher der Beatles-Song »Here Comes the Sun« programmiert wurde. Diese Mayas waren vielleicht imstande, fabelhafte Pyramiden zu errichten; wir könnten ihnen dafür beibringen, wie man sich ein wenig aufheitert.

Wenn es Ihnen möglich wäre, unseren Planeten vom Weltraum aus zu betrachten, würden Sie sehen, daß die Sonnenwende jener Punkt ist, an dem der obere oder nördliche Teil der Erdachse am weitesten zur Sonne hin geneigt ist. Die folgende Tabelle listet die exakten Momente der Sommer- und auch der Wintersonnenwenden der Jahre um die Jahrhundertwende auf.

Zur Sommersonnenwende ist die Stange am Südpol (ja, dort hat man wirklich eine Stange aufgerichtet!) in tiefste Dunkelheit

---

Sonnenwenden

Die Uhrzeiten sind in Greenwicher Zeit (WEZ) angegeben. Während der Sommerzeit ist zu der angegebenen Zeit eine Stunde zu addieren.

	Juni	Uhrzeit	Dezember	Uhrzeit
1999	21.	19:50:20	22.	07:45:21
2000	21.	01:48:55	21.	13:39:00
2001	21.	07:38:56	21.	19:23:04
2002	21.	13:25:36	22.	01:15:57
2003	21.	19:11.38	22.	07:05:21
2004	21.	00:58:04	21.	12:43:11
2005	21.	06:47:20	21.	18:36:31
2006	21.	12:27:03	22.	00:23:42
2007	21.	18:07:39	22.	06:09:25

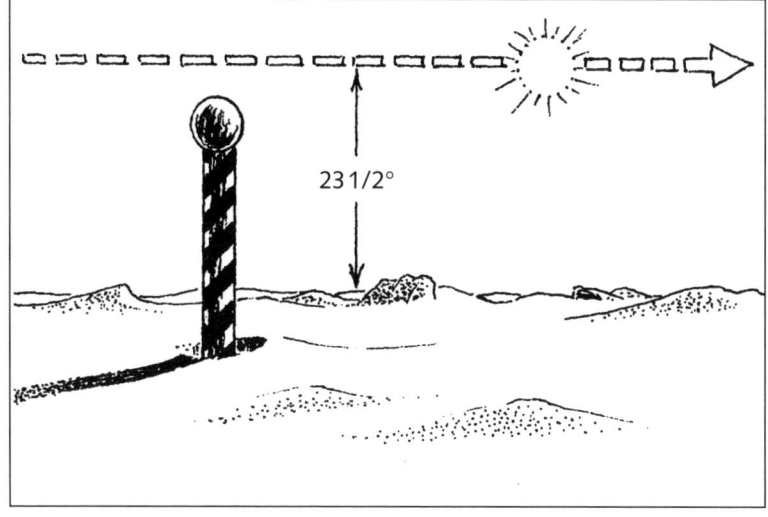

Sommersonnenwende am Nordpol. Die Sonne scheint horizontal weiterzuwandern.

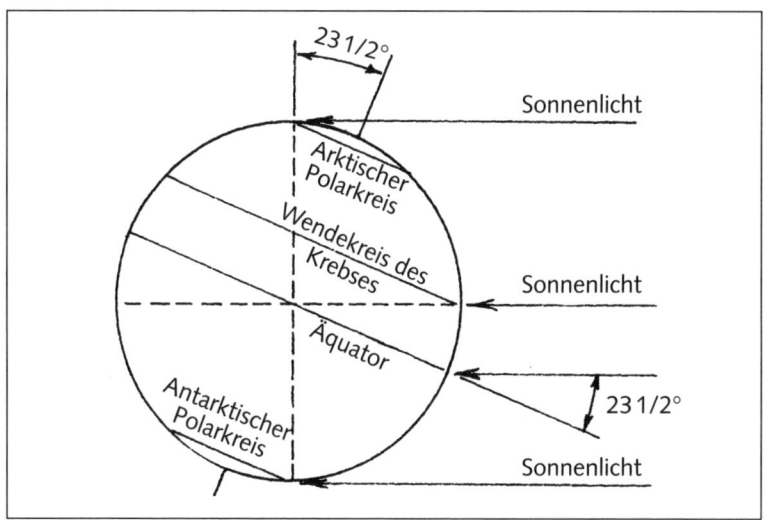

Die Polarkreise der Arktis und der Antarktis werden wie die Tropen (Wendekreis des Krebses) durch den Bereich definiert, auf den Sonne fällt.

Am 21. Juni steht die Sonne genau senkrecht über den Menschen am Wendekreis des Krebses.

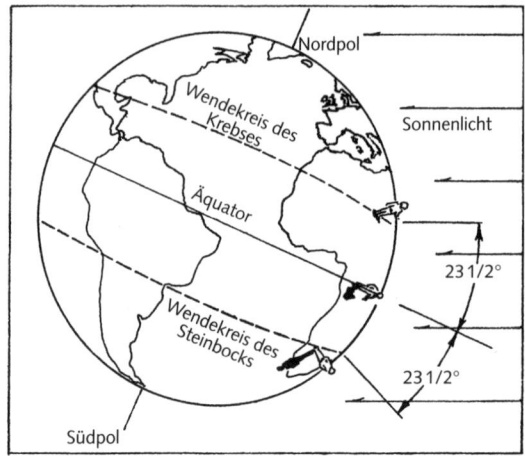

gehüllt, während der Nordpol sich im stolzesten Sonnenlicht des Jahres aalt. Hier könnten Sie Zeuge sein, wie sich die immer noch trübsinnig niedrige Höhe der Sonne mit der Neigung unserer Planetenachse deckt: 23 ½ Grad. Wahrscheinlich würden Sie sich auch über ihre perfekte Seitwärtsbewegung rund um den ganzen Himmel wundern, bei der sie nicht das leiseste Interesse zeigt, auf- oder unterzugehen. Die Sonne steht nicht weiter über dem Horizont als eine ausgestreckte Hand vom Daumen bis zum kleinen Finger und wandert weder höher noch tiefer; Stunde um Stunde und Tag um Tag zuckelt sie nach rechts.

Der mittlerweile verstorbene Astronom George Abell erzählte mir von einem Botaniker, der den Nordpol für einen geeigneten Ort hielt, um Sonnenblumen anzubauen, weil die Sonne dort monatelang ununterbrochen scheint. Er hat die Geschichte in sein exzellentes Lehrbuch *Exploration of the Universe* aufgenommen, wo er schreibt, daß sich die Blumen einige Zeit lang recht gut entwickelten, aber »weil sie sich gern der Sonne zuwenden, und weil sie der Sonne immer wieder rund um den Himmel folgten, drehten sie sich die Hälse ab und gingen ein!«

Still und ohne großes Tamtam hat die Sonnenwende ihren Auftritt seit kurzem ins Sternbild Stier verlegt (das heißt, wenn die Sterne im Hintergrund tagsüber sichtbar wären, wäre der Taurus am Tag der Sonnenwende hinter der Sonne sichtbar). Bis in die neunzi-

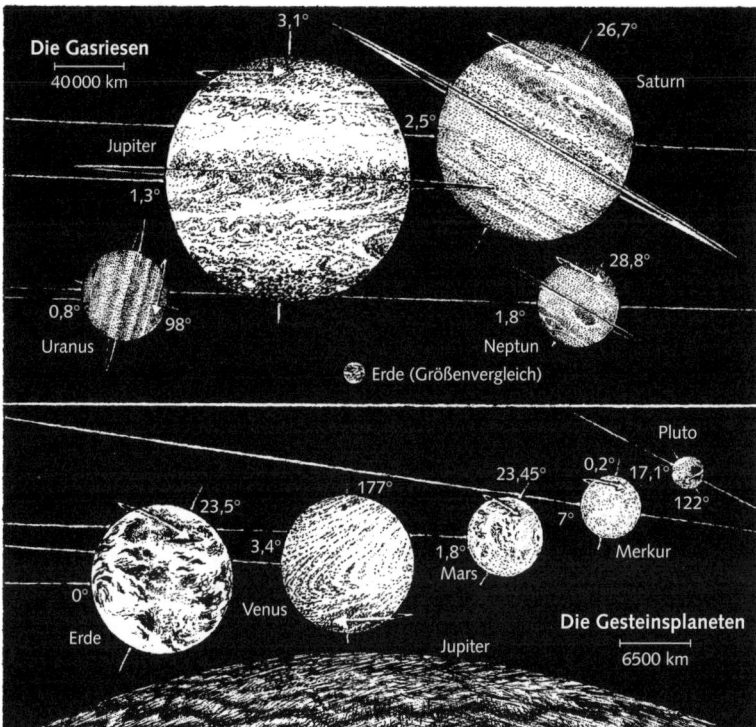

Neigung der Umlaufbahnen und Rotationsebenen.
Links von jedem Planeten ist die Neigung seiner Umlaufbahn in Bezug auf die
der Erde eingezeichnet. Die Neigung des jeweiligen Planetenäquators ist an dem
Pol eingetragen, der ebenso rotiert wie unser Nordpol (Pfeilrichtung).

ger Jahre dieses Jahrhunderts ereignete sich der Sommeranfang, wie
schon seit Christi Zeiten, im Sternbild Zwillinge. Für die nächsten
dreitausend Jahre wird die Sommersonnenwende dank der geruh-
samen Torkelbewegung unseres Planeten fest in ihrer neuen bulligen Heimat verwurzelt bleiben. Dagegen legen die *Astrologen*,
die die Präzession und die heutige Konstellation einfach nicht zur
Kenntnis nehmen, die Sonnenwende wie zur Zeit des Ptolemäus in
das »Sternzeichen« Krebs. Ein solches Leben in der Vergangenheit
erklärt auch, weshalb die Grenze der Zone, in der die Sonne zur Zeit
des Sommeranfangs senkrecht am Himmel steht, noch immer als
Wendekreis des Krebses bezeichnet wird. Von Rechts wegen müßten
die Menschen dort unten die Markierungstafeln umändern und

»Wendekreis des Stiers« draufschreiben. (Aber vielleicht sind sie ja
zu störrisch.) Da auf dem zusammenhängenden Gebiet der Vereinigten Staaten
alle Menschen nördlich vom Wendekreis des Krebses leben, wird
keine Stadt im Kernland Amerikas jemals erleben, wie die Sonne
senkrecht am Himmel steht. Doch die Südstaaten verpassen es zur
Sonnenwende nur ganz knapp. Wie weit nähert sich *Ihr* Schatten
dem Verschwinden? Sie können ganz schnell angeben, um wieviel
Grad die Sonne bei Ihnen zu Hause den Zenit verpaßt, wenn Sie von
Ihrer geographischen Breite die Zahl 23 $^1/_2$ abziehen. Key West, das
auf 24 $^1/_2$ Grad liegt, erlebt die Mittagssonne nur ein Grad von der
Senkrechten entfernt, während es Chicago mit seinen 42 Grad der
Sonne nie gestattet, sich näher als 18 Grad an den Zenit heranzuwa-
gen. All das – Sonnenwenden, Jahreszeiten, Veränderung der Tageslänge – findet nur deshalb statt, weil unser Planet schräg durch den
Raum segelt, etwa so, wie Charlie Chaplin ging. Wenn wir den Jupiter oder den Merkur besuchen würden, die bei ihrem Umlauf um die
Sonne fast vollkommen senkrecht stehen, würden wir das ganze Jahr
über keinerlei Jahreszeiten und keine Wetteränderungen vorfinden,
abgesehen vielleicht von den Temperaturschwankungen, die auf den
veränderlichen Abstand zur Sonne zurückzuführen sind.

Aber nicht wir sind die dahintrudelnden Flatterbälle; *sie* sind es!
Die Hälfte der Planeten ist um etwa 20 Grad geneigt, also ist unsere
Art der jahreszeitlichen Schwankungen die Norm. Wirklich verrückt geht es auf einer Welt zu, an die wir nicht viele Gedanken ver-
schwenden – auf dem Uranus. Seine Neigung von 98 Grad verschafft ihm erstaunliche Jahreszeiten.

Während des gemächlichen Umlaufs des Uranus in vierundacht-
zig Jahren dauert ein Sommertag idyllische zweiundvierzig Jahre.
Während dieser Zeit werden Sie immer die Sonne am Himmel und
die Blumen in schönster Blüte finden. (Na schön, was die Blumen
angeht, habe ich übertrieben. Auf Uranus gibt es nicht einmal eine
Oberfläche; er ist eine dicke grüne Gaskugel.) Dann bricht für die
nächsten zweiundvierzig Jahre die Nacht herein; es ist die längste
Nacht des uns bekannten Universums – Stoff für den Inselkoller.

Auf einigen Welten vereinigen sich die Wirkungen von elliptischer Umlaufbahn und jahreszeitlicher Neigung und rufen durch-

schlagende Folgewirkungen hervor. Selbst hier auf der Erde, die weder eine stark unrunde Umlaufbahn besitzt noch eine extreme Neigung aufweist, sind die Auswirkungen beachtlich, wenn auch relativ wenig bekannt. Der Unterschied zwischen unserer nächsten Annäherung an die Sonne in der ersten Januarwoche und dem entferntesten Punkt, zwei Wochen nach Sommeranfang, beträgt 4,8 Millionen Kilometer, wahrlich keine Peanuts. Da sich die Intensität des Lichts mit dem Quadrat der Entfernung ändert, scheint die Sonne im Juli um 7 Prozent schwächer als im Januar.

Stellen Sie sich vor, es verhielte sich andersherum. Was wäre, wenn die Sonne genau dann 7 Prozent schwächer wäre, wenn unsere nördliche Hemisphäre von ihr abgewandt ist, nämlich im Winter? Würden die Winter dadurch nicht viel kälter werden als heute?

Sie würden. Genau so war es auch vor dreizehntausend Jahren, und in der Zukunft, wenn unser Planet in die andere Richtung weist, wird es wieder so sein. Wenn man darüber nachdenkt, stellt man fest, für die Bewohner der südlichen Hemisphäre ist das derzeit genau der Fall. Für die Australier ist die Sonne jetzt während des dortigen Winters am weitesten entfernt, was das Klima deutlich kälter macht, als es andernfalls wäre.

Zu ihrem Glück befinden sich auf der südlichen Hemisphäre weit größere ozeanische Gebiete als auf der nördlichen; da Wasser sich tendenziell langsamer aufheizt und abkühlt als die Landmassen, wird das Klima hinreichend ausgeglichen, um Sommer und Winter auf beiden Halbkugeln einigermaßen ähnlich verlaufen zu lassen. Aber sehen Sie es einmal anders herum: in ferner Zukunft, wenn unser Teil des Globus zur gleichen Zeit auf die Sonne weist, in der wir ihr am nächsten sind, werden Sie in Ihrem Auto *wirklich* eine Klimaanlage brauchen. Auch die Winter werden dann extrem sein. Stellen Sie sich die Energiesteuern vor, die unsere Regierungen bis dahin durchgesetzt haben werden, und Sie werden sich nach den guten alten Zeiten vor dreizehntausend Jahren zurücksehnen, in denen nichts Schlimmeres passierte als Kriege, Hungersnöte und unendliche Wiederholungen öder Fernsehserien.

Die Sommersonnenwende gibt uns das Zeichen zum Reisen. Touristen brechen in Länder wie Lappland auf, um die **Mitternachtssonne** zu sehen. Das Phänomen ist leicht zu verstehen, wenn wir uns den Nordpol vorstellen, an dem die Sonne um den Zenit kreist und weder auf- noch untergeht. Reisen Sie vom Nordpol aus nach Süden, was Sie früher oder später ohnehin gern tun werden, und der Punkt, um den die Sonne zu kreisen scheint, verschiebt sich immer weiter zum nördlichen Himmel. Während der Zeit der Sonnenwende wird die Sonne den Himmel weiterhin für die ganzen vierundzwanzig Stunden des Tages umkreisen, solange Sie sich nicht weiter vom Pol wegtrauen als etwa 2700 Kilometer. Wenn Sie aber dort – am Polarkreis – ankommen, hat sich der tägliche Kreis der Sonne so weit verschoben, daß sie den nördlichen Horizont als tiefsten Punkt berührt. Wenn Sie noch weiter nach Süden fahren, wird ein ständig zunehmender Teil ihrer Bahn hinter dem Horizont verlaufen.

Man kann die Mitternachtssonne, wenn man die optische Brechung des Abbilds der Sonne mit einbezieht, nach Süden hin bis zu einer geographischen Breite von 66 Grad Nord sehen, also bis Mittelalaska – eine wundervolle Erfahrung, wären da nicht die zahllosen Moskitos der Galaxis-Klasse, die so prächtig gedeihen, weil das sommerliche Wasser wegen des Permafrosts in etwa einem Meter Tiefe nicht versickern kann.

Vielleicht überlegen Sie es sich noch einmal; die Sonnenwende können wir wahrscheinlich ebenso gut von zu Hause aus genießen, sogar genauso intensiv, wie es die Menschen des Altertums getan haben – auch wenn uns das Gesetz verbietet, im Überschwang gelegentlich einen Menschen zu opfern.

Hier wird alles in den Schatten gestellt

Drei phantastische Erscheinungen leiten sich unmittelbar aus einer besonderen Eigenschaft des Himmels ab. Weil der Zufall, der ihnen zugrundeliegt, so unglaublich ist, hat man ihn als glaubhaftes Argument für eine göttliche Fügung angesehen. Doch nur relativ wenige Menschen sind sich dieser offensichtlichen, wenn auch ausgefallenen Eigenschaft des Himmels bewußt.

Für das unbewaffnete Auge ist der Himmel eine einfache Sache. Im Grunde zeigt er sich als die Oberfläche einer umgestülpten Schüssel, die Tausende von Punkten und zwei leuchtende Scheiben beherbergt. Die Punkte – Sterne und Planeten – haben keine Ausdehnung, weil sie so ungeheuer weit entfernt sind. Die zwei Scheiben sind Sonne und Mond.

Eine Frage: Können *Sie* sich, nachdem Sie Sonne und Mond schon seit frühester Kindheit sehen, ins Gedächtnis rufen, wer von den beiden größer erscheint?

Überraschenderweise sind 98 Prozent einer Bevölkerung, die problemlos Gesichtsmerkmale von Hunderten von Freunden, Bekannten, Leinwandstars und dergleichen unterscheiden kann, nicht dazu imstande, sich an die Ausmaße von Objekten zu erinnern, die sie über Jahre hinweg wiederholt gesehen haben. Wenn unser Himmel so aussehen würde wie auf Jupiter, Saturn oder Uranus, die mit Monden gesegnet sind und mehr als ein Dutzend Scheiben aufweisen, wäre es ja noch verständlich, wenn man den Überblick über ihre relativen Größen verlöre. Aber bei zweien?

Die unwahrscheinliche Wahrheit: Sonne und Mond erscheinen uns in gleicher Größe.

Die Sonne ist vierhundertmal größer, aber auch vierhundertmal weiter von uns entfernt. Nur dank dieser Tatsache gelingt es dem

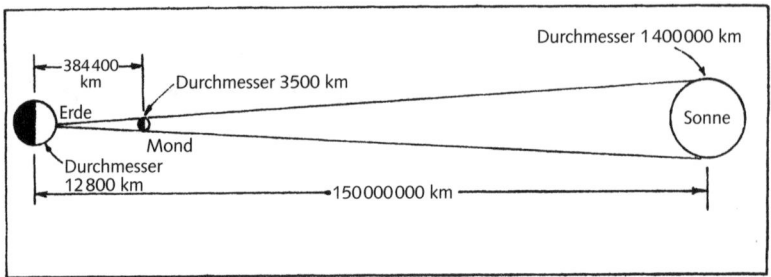

Rein zufällig treffen sich die Linien, die man vom oberen und unteren Scheitelpunkt der Sonne durch die entsprechenden Punkte des Mondes zieht – auf der Erde.

Mond, die Fläche der Sonne bei einer Sonnenfinsternis vollständig zu verdecken. Nicht zuviel, damit er nicht die schöne innere Korona ausblendet, und nicht zu wenig, damit er nicht die blendende Photosphäre der Sonne unbedeckt läßt. Dieses merkwürdige Zusammentreffen gilt für keinen anderen Planeten, und auch hier auf der Erde ist es erst mit dem Erscheinen des Menschen eingetreten. Denn der Mond entfernt sich auf einer Spiralbahn, die der einer krummen Feuerwerksrakete ähnelt, ganz allmählich, um etwa $2\frac{1}{2}$ Zentimeter pro Jahr, von uns. Wenn wir also Sonnenfinsternisse erkunden wollen, jene höchst ehrfurchtgebietenden und unwahrscheinlichen Werke der Natur, dann können wir das sehr gut in dieser Jahreszeit machen, wenn die Sonne am auffälligsten ist.

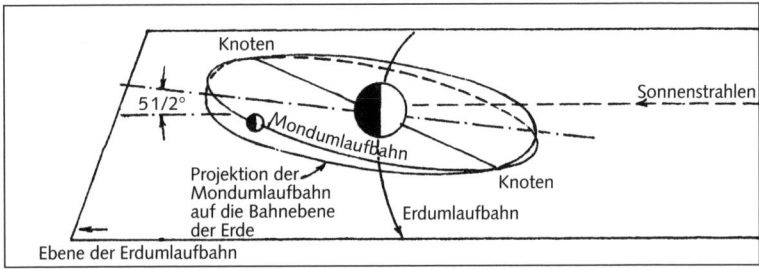

Die Umlaufbahn des Mondes ist um $5\frac{1}{2}$ Grad gegen die Bahnebene der Erde geneigt und schneidet sie an zwei Punkten, die als Knoten bezeichnet werden. Wenn nicht ein Knoten zwischen Sonne und Erde tritt, kann es nicht zu einer Verfinsterung kommen – das ist der Grund, weshalb die Schatten von Erde und Mond einander während der meisten Neu- und Vollmondphasen verfehlen.

Da die beiden Scheiben an unserem Himmel dieselben Ausmaße aufzuweisen scheinen, ergeben sich mehrere unmittelbare Folgewirkungen, die jedoch nur dann sichtbar werden, wenn beide Himmelskörper exakt hintereinander stehen.

Dies kommt nicht oft vor, da die Umlaufbahn des Mondes um 5 Grad gegen die Bahnebene der Erde geneigt ist; fast bei jedem Durchlauf verpaßt er die Sonne. Und selbst wenn der Mond die Sonne verdeckt, kann sein Schatten, der spitz zuläuft wie ein Eßstäbchen und deswegen kaum den Erdboden erreicht, nur von einem winzigen Ausschnitt der Erde aus beobachtet werden. Wenn Sie das Glück haben sollten, zur rechten Zeit am rechten Ort zu sein, erleben Sie eine totale Sonnenfinsternis, was zu den großartigsten Schauspielen gehört, die das Auge je erblicken kann. Für ein weit größeres Gebiet erscheint sie nur als *partielle* Finsternis, ein recht verbreiteter Anblick, der allerdings einen Augenschutz erfordert.

Sie glauben vielleicht, eine partielle Finsternis sei fast so eindrucksvoll wie eine totale. Doch das ist nicht annähernd der Fall. Es ist ein Unterschied wie Tag und Nacht.

Wenn Sonne, Mond und Ihr Aufenthaltsort auf der Erde eine vollkommen gerade Linie im Weltraum bilden, stellt sich in den Eingeweiden anscheinend ein einzigartig gespenstisches Gefühl ein. Nicht allein Tiere zeigen dann ein abweichendes Verhalten; eine totale Sonnenfinsternis veranlaßt auch viele Menschen, zu schreien und aufgeregt zu quasseln, als wäre das Ereignis Anlaß für einen

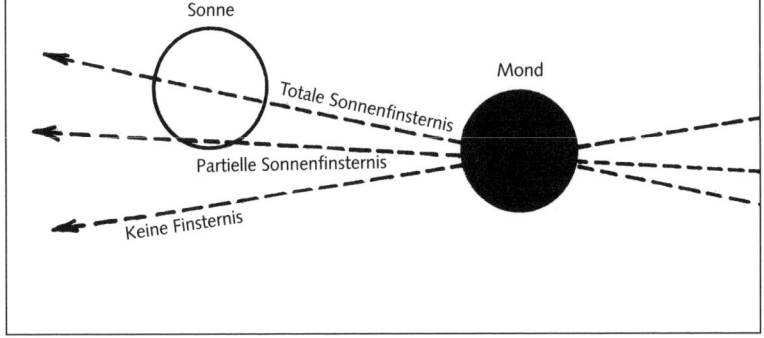

Bei einer totalen Sonnenfinsternis wandert der Mittelpunkt des Mondes genau über den Mittelpunkt der Sonne.

Auch in einer künstlerischen Wiedergabe kann der Augenblick der Wahrheit für den Jäger von Sonnenfinsternissen kaum angedeutet werden. Der verwaschene Rand des Mondschattens wandert auf der linken Bildseite durch die Atmosphäre.

Ausflug von Insassen einer psychiatrischen Anstalt. Einer Schätzung zufolge gibt die Hälfte aller Beobachter solche urtümlichen, unartikulierten Laute von sich.

Außerdem geht das Erlebnis unsagbar weit über das Sichtbare hinaus. Ganz gewiß unterscheidet es sich von dem, was durch Photographien vermittelt wird, die wegen ihres engen Belichtungspielraums nicht denselben weitgespannten Helligkeitsbereich einfangen können wie das Auge. Die zarten, wie aus einer anderen Welt stammenden Kräuselungen der Sonnenkorona (Sonnenatmosphäre) züngeln völlig anders in den umgebenden Himmel hinein als auf einem Photo. Doch unter dem wunderschönen Anblick der vollständig verfinsterten Sonne liegt ein Gefühl, das fast übereinstimmend als »jenseits aller Worte« bezeichnet wird.

Süchtig macht es auch noch. Man weiß von Leuten, die zusätzliche Jobs an- oder eine zweite Hypothek aufgenommen haben, um, koste es was es wolle, den Mondschatten noch einmal zu sehen.

Eine totale Sonnenfinsternis, die zwischen einer Sekunde und sieben Minuten dauert, dürfte der teuerste Luxus der Welt sein. Angenommen, der durchschnittliche Beobachter hätte vielleicht 1800 Dollar bezahlt, um zu einem Ereignis von drei Minuten Dauer zu reisen, würde die totale Verfinsterung etwa 10 Dollar pro Sekunde kosten! Zum Glück bekommt man noch ein paar Dreingaben. Davon zählen allein zwei zu den erstaunlichsten Erscheinungen der Welt.

Als erstes ist die besondere Wirkung zu nennen, die von der umgebenden Landschaft in den letzten zehn Minuten vor der totalen Verfinsterung ausgeht, wenn die Sonne zu mehr als 80 Prozent verdeckt ist. Das Alltägliche wird dann zu etwas Außergewöhnlichem; banale Straßenlampen und Gebäude nehmen ein außerordentlich seltsames, geisterhaftes Wesen an. Da das Sonnenlicht jetzt nur vom Rand oder Saum der Sonne kommt – eine Voraussetzung, die man sonst nicht hat –, wird die Umgebung seltsam unirdisch, so als würde eine andere Art von Stern für die Beleuchtung sorgen. Farben werden reicher und satter. Schatten verändern sich und werden unheimlich hart und scharf. Tausende leuchtender Sicheln, die an das Lächeln einer Katze erinnern, scheinen im Schatten der Bäume auf. Wie fernes Lachen einer Frau in einem Traum breitet sich ein überwältigendes Gefühl von etwas wahrhaft Außerirdischem aus.

Zu diesem Zeitpunkt erzeugt der anhaltende Temperaturabfall gewöhnlich einen **Finsterniswind**. Sein schwaches Heulen sorgt für einen weiteren gespenstischen Eindruck. Doch das beste kommt erst noch.

Ein oder zwei Minuten vor der totalen Verfinsterung zeigen sich plötzlich **fliegende Schatten** auf allen hellen Flächen wie dem Bürgersteig oder dem Strand, auf dem Sie stehen. Überall tauchen eindrucksvoll schimmernde dunkle Linien auf, die ein wenig an die Lichtkringel auf dem Grund eines Schwimmbeckens erinnern. Dieses verrückte Phänomen, bei dem sich bei manchem die Nackenhaare sträuben, kann nicht photographiert werden. Versuchen Sie's! All Ihre Bilder werden die Szene nur ohne sie zeigen.

Erst vor kurzem hat man eine Erklärung für die fliegenden Schatten gefunden; man glaubt inzwischen, es handle sich um die Ränder atmosphärischer Temperaturzellen (Lufttaschen), die von

Leuchtende Sicheln im Schatten eines Baumes.

dem winzigen, noch verbleibenden Sonnenrest auf die Erde projiziert werden, ein wenig wie die wabernden Formen verwirbelter Luft, die über einem Heizkörper sichtbar werden. Trotz ihres äußerst geringen Kontrasts ziehen sie mit ihrer dramatischen Bewegung leicht den Blick auf sich. Während der totalen Phase zeigen sich die helleren Sterne und siehe da – noch eine Überraschung: Sie erscheinen verkehrt! Im Sommer tauchen nun die Wintersternbilder auf.

Wohin müssen Sie sich wenden, wenn Sie innerhalb einer halben Stunde Zeuge all dieser außerordentlichen Erscheinungen werden wollen – der verrückt beleuchteten Landschaft, der nicht zu photographierenden fliegenden Schatten, der totalen Verfinsterung und all des anderen?

Dazu müssen Sie sich in aller Regel zu einer Pilgerfahrt aufmachen. An einem gegebenen Standort auf der Erde ereignet sich durchschnittlich einmal in 360 Jahren eine totale Sonnenfinsternis. Wenn es dann bewölkt ist, müssen Sie erneut 360 Jahre warten. Falls Sie in Europa in einem Streifen wohnen, der sich von Ungarn über Österreich, Süddeutschland, Nordfrankreich zum Südwestzipfel Englands erstreckt, haben Sie vielleicht die eine gesehen, die am

11. August 1999 aufgetreten ist. Aber ansonsten müssen die meisten von uns eine weite Reise auf sich nehmen, um im Schatten des Mondes stehen zu können.

Leider scheinen sich Sonnenfinsternisse perverserweise vor allem zu so entlegenen Schauplätzen wie der Antarktis oder Sibirien hingezogen zu fühlen. Auch sind sie berühmt für nervenzerfetzende Last-minute-Wolken, die immer drohen, die ganze Veranstaltung zu verdecken. Für die partiellen Phasen sollten Sie nicht nur vierzehner Schutzbrillen für Schweißer bereithalten. Nehmen Sie auch Magentabletten mit.

Wenn es bewölkt ist, bleibt dem Beobachter nichts anderes übrig, als idiotisch in die Dunkelheit zu glotzen. Ohnehin glauben unwissende Menschen zunächst, eine totale Sonnenfinsternis sehe genau so aus. Aber es ist nicht simple Schwärze, die ihre Anziehungskraft ausmacht. Wenn es so wäre, könnten die Astronomen zu Hause bleiben und sich das gleiche Erlebnis verschaffen, indem sie regelmäßig ihre Stromrechnungen ungeöffnet in den Papierkorb werfen.

Mit den Abenteuern, die den Jägern von Sonnenfinsternissen widerfahren können, ließen sich Bände füllen. Es gibt Geschichten von plötzlich auftretenden Wolken, die alles kaputtmachten, und auch fröhlichere Geschichten von Beobachtern, deren Fahrzeug an genau dem Fleck ausfiel, über dem sich die Wolkendecke teilte wie einst das Rote Meer und damit den Blick auf das beeindruckende Schauspiel freigab. Hier ein typisches Beispiel aus Hunderten von Geschichten, die ich gehört habe:

1981 war eine Gruppe von Amerikanern auf dem Weg zu einer Insel im Baikalsee, wo ihre russischen Gastgeber den »idealen« Ort für die Beobachtung vorbereitet hatten. Dabei stellten sie fest, daß zwei Mitglieder ihrer Gruppe fehlten. Dieses Astronomenpaar hatte verschlafen und die Fähre versäumt, weshalb es sich damit begnügen mußte, das Ereignis vom Hoteldach aus zu betrachten.

Doch als die Sonnenfinsternis näherrückte, bildete sich über dem See eine geschlossene stationäre Wolke. Die Langschläfer waren die einzigen Amerikaner, die das Ereignis sehen konnten. Was können wir daraus lernen?

Die folgende Tabelle führt alle bevorstehenden Totalfinsternisse bis 2017 auf, dazu die Dauer der totalen Verfinsterung und eine Ein-

Totale Sonnenfinsternisse

Datum	Ort	Wetter	Dauer
11. Aug. 1999	West- bis Südosteuropa	gut	2 Min 23
21. Juli 2001	Südafrika	brauchbar	4 Min 57
4. Dez. 2002	Südafr., Ind. Ozean	brauchbar	2 Min 04
23. Nov. 2003	Antarktis	schlecht	1 Min 57
8. April 2005	Südpazifik	brauchbar	0 Min 42
29. März 2006	Afrika, Türkei	gut	4 Min 07
1. Aug. 2008	Zentralrußl., Mongolei	brauchbar	2 Min 27
22. Juli 2009	China, Südpazifik	gut	6 Min 39
11. Juli 2010	Südatlantik	brauchbar	5 Min 20
21. Aug. 2017	USA	gut	2 Min 40

schätzung der Aussichten für klares Wetter an den besten Orten. Wenn Sie sich nur eine solche Reise pro Jahrzehnt leisten können, werden Sie gewiß nicht zu der einen reisen wollen, die während der Monsunzeit jener Region stattfindet. Dagegen willigte ich ein, 1991 eine Expedition nach Baja in Mexiko als »Astronom der Finsternis« zu begleiten, weil es nach den langfristigen Wetteraufzeichnungen während dieses Monats der klarste Ort des Kontinents war. Viele andere erfuhren auf die harte Tour etwas über Wetterstatistiken, weil sie nach Hawaii flogen, wo der Himmel weitgehend bedeckt war.

Beachten Sie, daß das erste Jahrzehnt des neuen Jahrtausends nicht gerade das ist, was man als das gelobte Land der Sonnenfinsternisse bezeichnen könnte; viele treten in schwer zugänglichen Regionen auf. Das folgende Jahrzehnt ist eher noch schlimmer, da die meisten Finsternisse über Polgebieten oder Ozeanen stattfinden. Die in den USA von Küste zu Küste verlaufende Sonnenfinsternis von 2017 ist dabei eine bemerkenswerte Ausnahme.

So lange magere Perioden sind bei Sonnenfinsternissen üblich, aber nicht immer gleich. Während des vier Jahre dauernden Abschnitts, der mit dem April 2024 beginnt, werden wir beispielsweise drei lange, gut beobachtbare totale Verfinsterungen ($4\frac{1}{2}$ und $6\frac{1}{2}$ Minuten) erleben, die über den Vereinigten Staaten, über Afrika und über Australien stattfinden. Das unterstreicht die Bedeutung jeder einzelnen erreichbaren Sonnenfinsternis wie zum Beispiel der, die das zwanzigste Jahrhundert verabschiedet hat.

Abgesehen von den Unwägbarkeiten des Wetters bestimmen eher Anstrengungen als Glück, wer den Ritterschlag empfängt, der im Wunder des Großen Zusammentreffens besteht. Denn dessen zauberhafte Erscheinungen werden nur jenen zuteil, die sich nach dem Uhrwerk der Natur richten und Zeit und Mühen auf sich nehmen, um ihr Rendezvous mit dem Schatten des Mondes zu erleben.

Zeit der Dämmerung

Heavenly shades of night are falling,
it's twilight time.
(Dunkel fallen die Schatten der Nacht,
zur Zeit der Dämmerung)
– *Twilight Time,*
ein Schlager aus dem Jahre 1958.

Auf dem Pluto wäre dieser Song der Platters nicht in der Hitliste gelandet. Die Wesen der anderen bekannten Planeten würden sich in der Tat über das einzigartige Zwielicht wundern, das wir Erdlinge für selbstverständlich halten. Allein unsere Welt erlebt die wilde Palette der Farben, die den Übergang des Tages in die Nacht bezeichnet. Nur wir sind Zeugen seiner Wunder, deren Namen allein – grüner Strahl, Dämmerungskeil, Zodiakallicht – schon Visionen anderer Welten heraufbeschwören.

Fast überall im Universum geht die Sonne unter, und ... wusch, wie bei einem Stromausfall, folgt ein verwirrendes Umkippen in völlige Dunkelheit. Selbst wenn der Übergang von der Helligkeit zur Nacht länger dauert, zum Beispiel auf einem langsam rotierenden oder einem wolkenverhangenen Planeten wie der Venus, entstehen dabei noch keine Farben. Die Erfahrung, die man auf dem Mond macht, ist typisch dafür: Ob bei Tag oder bei Nacht, sein Himmel zeigt unverändert die gleiche sternenübersäte Dunkelheit. Die Sonne scheint immer von schwarzem Himmel und von Sternen umgeben zu sein. Der Sonnenaufgang entfaltet sich während einer gemächlichen Stunde, doch der Himmel bleibt dabei unverändert. Von den bekannten Planeten des Universums bietet nur der Mars einen blutleeren Versuch an, die Dämmerung einzufärben. Seine dünne Luft ist jedoch nicht in der Lage, die irdische Fülle an Farb-

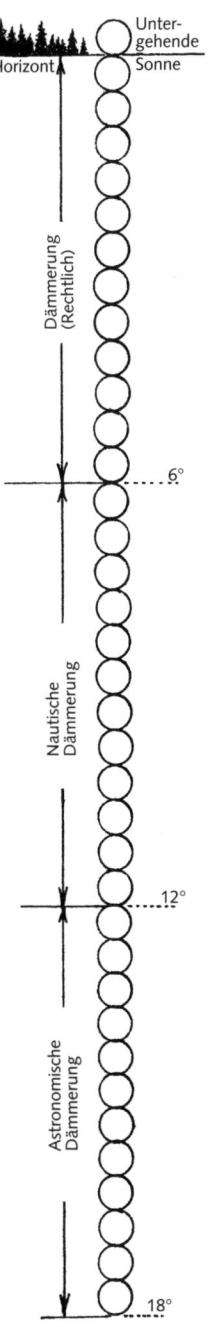

tönen zu erzeugen. Somit bleiben nur wir Erdlinge, um über dieses Phänomen nachzudenken, zu dessen Zeugen auch noch dämmerungsaktive Fledermäuse und andere zwielichtige Wesen gehören, die schlauerweise sowohl Nacht- als auch Tagräubern aus dem Weg gehen.

(Zwielichtig? Das bedeutet »das Zwielicht betreffend«, ein wunderbares Wort; es macht Spaß, es so oft wie möglich zu verwenden, selbst wenn es nur annähernd paßt.)

In Dichtung und Literatur gilt die Dämmerung als eine Art außerweltlichen Übergangszustandes, als eine bloße Durchgangszone: »Von der Geburt zum Tod: nur traumdurchwirkte Dämmerung…«, schrieb T. S. Eliot. Die meisten Menschen sehen sie auf diese Weise, als flüchtigen Puffer zwischen Tag und Nacht und nicht so sehr als schwelgerische, unabhängige Provinz eigenen Rechts. Dieser Ruf der Verträumtheit ist nicht unbedingt darauf zurückzuführen, daß sie in einigen Gegenden nur von kurzer Dauer ist, sondern darauf, daß sie so unbestimmt ist.

In Wahrheit ist die Dämmerung ein sehr spezifisches Ereignis. Man hat Gesetze und gelegentlich auch Klagen an die genaue Zeit geknüpft, zu der sie eintritt und zu Ende geht. Und es gibt nicht nur eine Dämmerung, sondern deren drei!

Rechtlich beginnt die Dämmerung mit dem Sonnenuntergang und endet, wenn die

So weit muß die Sonne jeweils unter den Horizont sinken, um die drei verschiedenen Arten von Dämmerung hervorzubringen.

Sonne 6 Grad unter dem Horizont verschwunden ist – das zwölffache ihres scheinbaren Durchmessers am Himmel. Nach den Vorschriften der meisten Gemeinden müssen zu dieser Zeit die Straßenlampen eingeschaltet sein. Dabei bleibt noch genügend Licht, um die Farbrezeptoren in Ihren Augen zu erregen, und diese Seite könnten Sie noch leicht lesen.

Die **nautische** Dämmerung zieht sich länger hin; sie endet, wenn die Sonne zweimal so tief oder 12 Grad unter den Horizont gesunken ist. Zu diesem Zeitpunkt verschwindet der Horizont, das heißt, ein Seemann kann das Meer nicht mehr länger vom Himmel unterscheiden. Farben verblassen jetzt zu Grau.

Die **astronomische** Dämmerung hält noch länger an, nämlich so lange, bis die Sonne 18 Grad oder zwei Faustbreiten am ausgestreckten Arm unter den Horizont gesunken ist. Das Ende der astronomischen Dämmerung bezeichnet das Eintreten der völligen Dunkelheit, den offiziellen Beginn der Nacht.

Wie bei einem wandelbaren Fabelwesen ändern sich Einbruch und Dauer der Dämmerung das ganze Jahr hindurch. Außerdem tritt sie je nach Breitengrad unterschiedlich in Erscheinung. Wenn ich in meiner Radiosendung »Gedanken zur Astronomie«, die vom

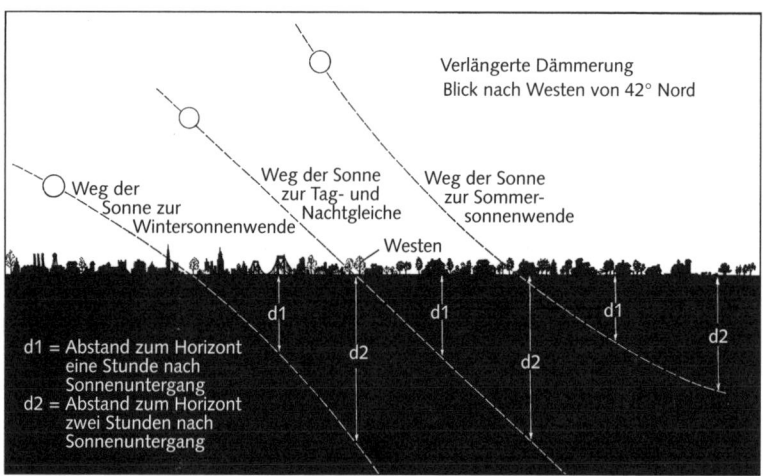

Im Sommer dauert die Dämmerung am längsten, weil der Pfad der Sonne mehr waagrecht als senkrecht verläuft. Rechts kriecht die Sonne knapp unter dem Horizont entlang, wodurch der Himmel hell bleibt.

Northeast Public Radio ausgestrahlt wird, auf den Einbruch der Nacht zu sprechen komme, beziehe ich diese Tatsache immer mit ein; zwischen unseren Hörern im Süden und denen im Norden liegen lediglich 320 Kilometer, doch für die Länge der Dämmerung macht das bereits einen Unterschied von einer vollen Stunde aus! Je nach Jahreszeit und Standort des Beobachters kann die Dämmerung überall auf der Welt in weniger als einer Stunde vorüber sein oder sich die ganze Nacht hinziehen. Für Menschen, die nördlich des Äquators leben, bringen die Monate Mai bis Juli die längste Dämmerung des Jahres.

In den Tropen ist die Dämmerung immer am kürzesten; in einer Stunde ist dort alles vorbei. Das ist eine Schande, da die tropische Dämmerung mit ihren sich wiegenden Palmen und paradiesischen Abendbrisen ihren ganz besonderen Zauber entfaltet. Diese romantischen Phantasien können jedoch der realen Hast nicht standhalten, mit der dann die Nacht hereinbricht. Dort kommt sie so schnell, weil die Sonne am Äquator senkrecht untergeht und rasch wie ein Stein unter dem Horizont versinkt. In unseren gemäßigten Breiten gleitet die Sonne in einem flacheren Winkel hinter den Horizont und bewegt sich seitlich weiter, wenn sie untergegangen ist. Eine Stunde nach Sonnenuntergang ist die Sonne noch nicht sehr weit unten, weil sie ebensoweit nach rechts gewandert ist wie in die Tiefe. Das hat man schon in der Antike erkannt, denn ein jeder kann die Bewegung der Sonne verfolgen, wenn er beobachtet, wie die hellste Dämmerungszone nach rechts kriecht und damit die Stellung der Sonne hinter der Erde anzeigt.

Auf der Höhe von Chicago dauert die tägliche Dämmerung im Durchschnitt drei Stunden. Lediglich 800 Kilometer weiter nördlich gibt es zu Beginn des Sommers überhaupt keine Nacht mehr: Die Abenddämmerung verschmilzt mit ihrer Morgenausgabe und sorgt im Sommer für ein ständiges Leuchten am Himmel.

Dieses vollkommene Fehlen der Sommernächte finden wir an allen Orten nördlich des 50. Breitengrades, was von England und Polen über Rußland und Norwegen viele Länder einschließt. In solchen Ländern ist die Dämmerung während eines großen Teils des Jahres ein häufigerer Begleiter als die eigentliche Nacht. Soviel zum Thema, sie sei eine bloße Übergangsperiode!

Die Dämmerung zeichnet sich durch Farben aus, die schlicht und einfach Erscheinungsformen verschiedener Ausschnitte des Sonnenspektrums sind. Da ist keinerlei Geheimnis und keine Alchimie im Spiel. Das Licht der tiefstehenden Sonne, das in einem bestimmten Winkel bei Ihnen ankommt, muß mehr Luft durchdringen. Wenn die Sonne 30 Grad über dem Horizont steht, durchqueren ihre Lichtstrahlen eine doppelt so dicke Schicht der Atmosphäre, wie wenn sie senkrecht über uns steht. Dadurch erhalten die kürzeren (blauen) Wellenlängen länger Gelegenheit, ihrer Tendenz zu folgen und sich von den anderen Farben abzuspalten. Da dem verbleibenden Sonnenlicht damit das blaue Ende des Spektrums entzogen wird, ist es nun vorwiegend mit den wärmeren Pigmenten aufgeladen. Deshalb erscheint uns die untergehende Sonne orangefarben.

Doch die Dämmerung hat mehr zu bieten als nur hübsche Farben. Tagtiere, zu denen auch wir Menschen gehören, haben sich an das langsame Eintreten der Dunkelheit angepaßt, um davon zu profitieren. Während dieser Zeit schalten die Zellen unserer Netzhaut allmählich von den Zapfenzellen auf die farbenblinden, aber hochempfindlichen Stäbchenzellen um. Dieser gemächliche Übergang leitet auch noch andere physiologische Abläufe ein. Die Pupillen weiten sich, und in der Netzhaut vollziehen sich photochemische Veränderungen, durch die sie empfindlicher wird.

In der Seitenansicht der Erde ist zu erkennen, weshalb die Dämmerung auf der Nordhalbkugel nördlich des 50. Breitengrades die ganze Nacht dauert. Zur Sonnenwende steht die Sonne um Mitternacht nur 17 Grad unter dem Horizont.

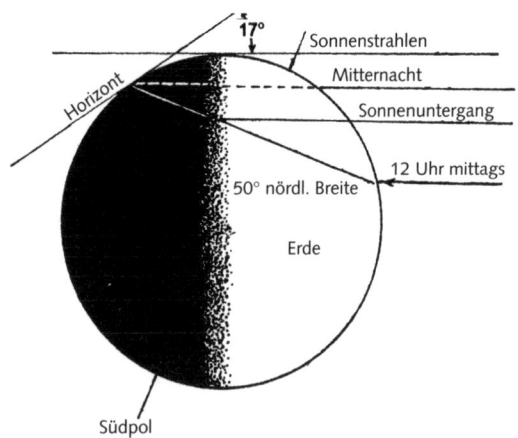

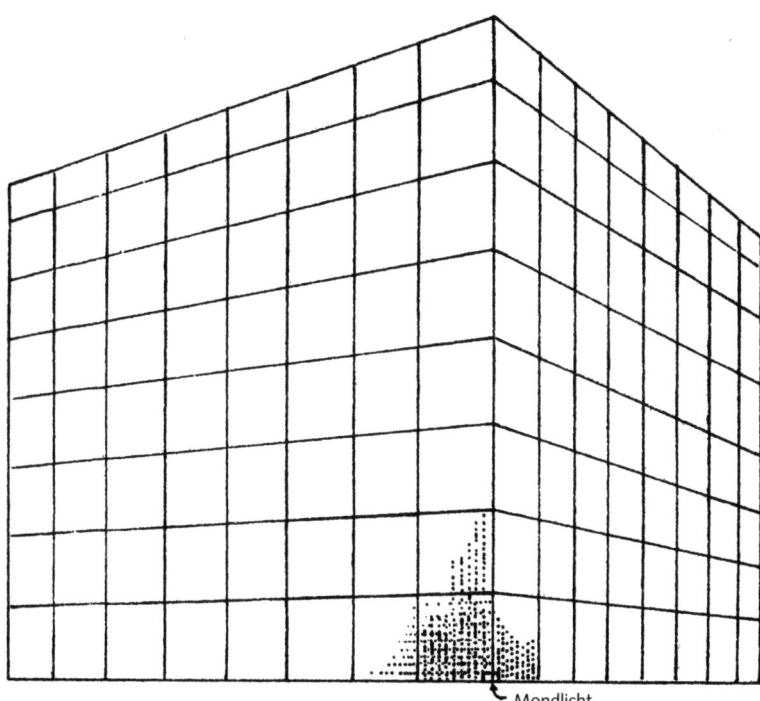

Mondlicht

Wenn der winzige Würfel an der Vorderkante der Helligkeit des Mondes entspricht, stellt der ganze Stapel, 77 mal 77 mal 77 Würfel, die Leuchtkraft der
Sonne dar.

Dabei gehen dem menschlichen Sehvermögen zunächst die
Farben an den Enden des Spektrums verloren – die verschiedenen
Blau-, Violett- und tiefen Rottöne –, während Gelb und Grün viel
länger erhalten bleiben. Das ist der Grund, weshalb wir bei einem
Spaziergang in der späten Dämmerung, wenn die Lichtstärke bereits
bis an die Schwelle des Farbensehens abgesunken ist, immer noch
das Zitronengelb eines an der Veranda lehnenden Fahrrads wahrnehmen können, selbst wenn der Rest der Welt bereits zu einer Studie in Grau geworden ist.

Zur Halbzeit der astronomischen Dämmerung ist die Umstellung
fast abgeschlossen, und es ist schwer festzustellen, wie schwach das
uns umgebende Licht geworden ist, da wir Tag und Nacht nie direkt
»nebeneinander« erleben. Das erklärt auch, weshalb nur wenige

Menschen in der Lage sind, den Unterschied der Lichtstärken von Mond und Sonne richtig einzuschätzen. Wenn man sie auffordert, das Verhältnis zu beziffern, vermuten die meisten, eine vom Vollmond beleuchtete Szenerie sei zwanzigmal bis fünfhundertmal dunkler als dieselbe Ansicht im hellen Sonnenschein. Keiner kommt auch nur annähernd an die richtige Zahl heran: die Szene ist 450 000 mal dunkler.

In der heutigen Zeit ist der Übergang zur Nacht natürlich durch künstliches Licht verändert worden. Städtischen Augen wird selten abverlangt, sich auf irgend etwas einzustellen, das richtiger Dunkelheit ähnelt. Statt dessen findet der Stadtbewohner, daß der Tag einem Fluß konstanter Beleuchtung weicht, den man annähernd mit der Halbzeit der nautischen Dämmerung vergleichen kann. In den Zentren großer Städte kann man Erscheinungen, für die völlige Dunkelheit erforderlich ist, nur noch in Form von Imitationen erleben, die man in Planetarien dankbar konsumiert. Wenn weltläufige Stadtmenschen während der Ferien die Milchstraße sehen, die sich über einem ländlichen Himmel spannt, begreifen sie nur langsam, was vor ihnen liegt. Dieses wundervolle Panorama, dieser Anblick

Die gepunktete Linie zeigt die wirkliche Position der Sonne an. Das Bild über dem Horizont ist ein Phantom.

des pfannkuchenflachen Aufbaus unserer Galaxis aus der Froschperspektive, an dem sich unsere Vorfahren regelmäßig erfreuten, hat in der synthetischen, die ganze Nacht andauernden Dämmerung der Moderne wieder den Reiz des Neuen erlangt.

Glücklicherweise ist *echte* Dämmerung – mit all ihren Abwandlungen – am ländlichen Himmel noch immer alltäglich; sie spielt den Gastgeber für Erscheinungen, die zu keiner anderen Zeit zu sehen sind. Man kann diese Ereignisse grob in zwei Gruppen einteilen: Da sind einmal die hellen Phänomene der frühen Dämmerung wie die Gegensonnenstrahlen, die sogar von Städten aus zu sehen sind, und andererseits die schwächeren Sehenswürdigkeiten, die man am besten (oder ausschließlich) nach dem Eintreten der astronomischen Dämmerung beobachten kann – wie das legendäre Zodiakallicht.

Gehen wir ins Freie, zumindest in unserer Vorstellung, und schauen wir zu, wie sich der Zauber der Dämmerung entfaltet. Das Experiment wird uns, wie wir noch sehen werden, über eine Stufenleiter voller Überraschungen führen.

Wir beginnen mit der rötlich-gelben Sonne, die den Horizont berührt. Überraschung Nummer eins: Sie ist gar nicht da!

Die Lichtbrechung in der Atmosphäre, durch die das Bild der Sonne gebeugt wird wie das eines Löffels in einem Glas Wasser, erzeugt am Horizont eine Verschiebung um ein halbes Grad. Aufgrund eines wunderbaren Zufalls entspricht das genau dem Durchmesser der Sonne. Wie ein geschickter Zauberkünstler spiegelt die Luft das Bild der Sonne von unterhalb der Horizontlinie nach oben. Der orangefarbene Ball, der da über dem Horizont schwebt, ist ein Phantom, eine Illusion. Da der Effekt sehr zuverlässig eintritt, wird er in Tabellen der Sonnenaufgänge und Sonnenuntergänge üblicherweise berücksichtigt. Diese Geistersonne verschafft uns jeden Tag zusätzlich vier Minuten unverdienten Sonnenschein.

Dieses tägliche Stückchen atmosphärisch bedingter Gaukelei beginnt, wenn die untergehende Sonne bei ihrer Annäherung an den Boden langsamer wird. In Wahrheit bewegt sie sich natürlich dank der konstanten Umdrehung unseres Planeten stetig weiter, doch ihr Bild scheint zunehmend höher am Horizont zu stehen, als es ihrer tatsächlichen Position entspricht. Wenn sie dann auf dem Horizont aufsitzt, ist sie eigentlich bereits hinter der Erde verschwunden.

Wie Millionen anderer Romantiker in aller Welt legen wir hier eine kurze Pause ein, um den Sonnenuntergang zu betrachten – selbst wenn es sich nur um ein Trugbild handelt. Der Vorgang, bei dem die Sonne die Horizontlinie überquert, dauert normalerweise zwei Minuten. Hoch im Norden taucht sie dagegen in einem so flachen Winkel ein, daß der Sonnenuntergang um ein Vielfaches und in Polnähe sogar auf einen ganzen Tag verlängert sein kann!

Während des zweiminütigen Sonnenuntergangs, der in den Ländern der nördlichen gemäßigten Zone wie den Vereinigten Staaten oder Japan zu sehen ist, ist die Gefahr für die Augen bereits weitgehend gebannt, weil der Tiger vorübergehend gezähmt worden ist; die kürzeren Wellenlängen des Lichts einschließlich der gefährlichen ultravioletten Strahlung sind von der dicken Atmosphärenschicht am Horizont ausgefiltert worden, was, wie Sie sich sicher erinnern, auch der Grund ist, weshalb die Sonne jetzt orangefarben oder rot erscheint.

Wenn die Luft voller Staub oder Feuchtigkeit ist und ferne Kumuluswolken jenseits des westlichen Horizonts lauern, treten die **Dämmerungsstrahlen** in Erscheinung. Jene hellen rosa Strei-

Dämmerungsstrahlen: Das rosafarbene Glühen atmosphärischen Staubes oder Wasserdampfes wird durch Schatten ferner Kumuluswolken unterbrochen.

fen, die allgemein während der Dämmerung im rechtlichen Sinn zu beobachten sind, gehen von einem Punkt unterhalb des Horizonts aus, wodurch diese Strahlen (die eigentlich parallel verlaufen) in der unterirdischen Position der Sonne zusammenzulaufen scheinen. Wer hat nicht ab und zu schon diese magischen Lichtbänder gesehen, die kurz nach Sonnenuntergang märchenhaft am Himmel stehen?

In manchen Gegenden der Welt – zum Beispiel auf Inseln im Südpazifik – verlaufen Dämmerungsstrahlen häufig quer über den Himmel und treffen sich in dem Punkt, der der Sonne *gegenüberliegt*. Wie bei parallelen Eisenbahnschienen, die zusammenzulaufen scheinen, ist das eine Folge der Perspektive. Diese **Gegensonnenstrahlen** sind ziemlich auffällig und gehören zu den merkwürdigsten Naturschauspielen. Der Punkt, in dem sich seine Strahlen treffen, liefert ein laufendes Echo der scheidenden Sonne, da seine Höhe am östlichen Himmel dem Tiefstand im Westen entspricht.

Ein von jenen großartigen Gegensonnenstrahlen begleiteter **Sonnenuntergangs-Regenbogen,** ein Schauspiel, das einen schier sprachlos macht, tritt seltener auf. Dieser Regenbogen bietet an sich schon einen umwerfenden Anblick, weil er (zusammen mit dem noch selteneren Regenbogen bei Sonnenaufgang) der größte mögliche Regenbogen ist. Sein Bogen reicht bis zur halben Höhe des

Wenn wir uns nach Osten wenden, sehen wir Streifen des Sonnenlichts, das auf die obere Atmosphärenschicht trifft. Der Erdschatten ist als dunstiges Band über dem Horizont erkennbar, das sich allmählich hebt, während die Sonne untergeht.

Himmels, und die tiefstehende Sonne liefert einen eindrucksvollen roten Hintergrund dafür. Natürlich befindet sich der Bogen immer gegenüber der Sonne, genau dort, wo die Strahlen des Gegenscheins leuchten!

Während die flammende Kugel weiter untergeht, gibt es einen Moment, in dem nur noch ein winziges, orangefarbenes Stückchen übrig ist. Dieser blendende Fleck hat weltweite Aufmerksamkeit auf sich gezogen, da er die Grundlage des **grünen Strahls** ist. Einfach ausgedrückt kann es in seltenen Fällen, wenn die atmosphärischen Bedingungen mitspielen, vorkommen, daß jener letzte Bruchteil der Sonne plötzlich in ein lebhaftes Smaragdgrün umkippt. Die Farbe kommt zustande, weil durch die Brechung Farben an *beiden* Enden des Spektrums verlorengehen. Die blaue Seite hat sich schon während des langen horizontalen Durchgangs durch die Luft verloren, während der rote Anteil unter passenden Umständen kurzfristig herausgefiltert werden kann. Dadurch bleibt der mittlere Teil, das Grün, erhalten.

Man kann es auch noch anders darstellen: Die untergehende Sonne setzt sich eigentlich aus zahlreichen farbigen Bildern zusammen, die alle ein klein wenig voneinander abgesetzt sind. Jede Farbe wird ein wenig anders gebrochen, die rote Sonne am wenigsten, die blaue am stärksten – so daß die »rote« Sonne zuerst untergeht, gefolgt von der orangefarbenen, der gelben und schließlich der grünen, der obersten Scheibe. (Der blaue Sonnenschnitz sollte als letzter untergehen, ist aber meist nicht vorhanden. Immerhin gibt es Photos des außerordentlich seltenen »blauen Strahls«.)

Es gab etwa 150 Gelegenheiten, bei denen ich nach dem grünen Strahl Ausschau gehalten habe, und dreimal habe ich ihn gesehen. Die wichtigste Voraussetzung dafür ist ein klarer, wolkenloser Horizont, vorzugsweise über dem Ozean. Das grüne Aufblitzen, eine wirklich merkwürdige und interessante Erscheinung, dauert nur wenige Sekunden.

Nachdem der Sonnenuntergang vorbei ist, hebt sich der Vorhang über einem rätselhaften, aber erstaunlichen Wunder – dem Schatten unseres Planeten! Wenn die schwindenden Farben den westlichen Horizont umschmeicheln, steigt auf der gegenüberliegenden Seite des Himmels der Erdschatten auf – im Osten. Da ist er schon; er zeigt sich als dunkles Band, das den Horizont begleitet. Wenn der Himmel im Osten frei vor Ihnen liegt, können Sie diese seltsame Erscheinung, die unter einem faszinierenden Namen bekannt ist, leicht sehen: den **Dämmerungskeil**. Mit der stärker werdenden Dämmerung wird er breiter; während Ihr Standort auf der sich drehenden Erde weiter in die Dunkelheit wandert, wird der obere Rand des grauen waagrechten Streifens undeutlicher, denn sie schauen nicht mehr genau an der Kante des Schattens entlang, sondern tauchen vielmehr immer weiter in ihn ein.

Oberhalb dieser Grenze scheint in der Höhe immer noch die Sonne, selbst wenn unten auf der Erde völlige Dunkelheit hereingebrochen ist. Das ist die ideale Bühnenbeleuchtung für das Heer der künstlichen Erdtrabanten, die zu diesem Zeitpunkt anfangen, kreuz und quer über den Himmel zu flitzen. (Siehe das Kapitel »Saison für Satelliten« auf Seite 227.)

Die Dämmerung bietet uns auch die einzige Gelegenheit, einen Blick auf den schwer faßbaren Planeten Merkur zu werfen. Normalerweise ist der Merkur der dritt- oder vierthellste »Stern« am Himmel, aber trotz dieser Leuchtkraft wird er selbst von Amateurastronomen nur selten gesehen. Er schwirrt wie eine Motte um die Sonne; überstrahlt von der hellsten Dämmerung, in der er auf ewig zu Hause ist, verliert er sich für gewöhnlich in ihrem grellen Schein. Doch in jedem Frühling gibt es eine zweiwöchige Periode, während

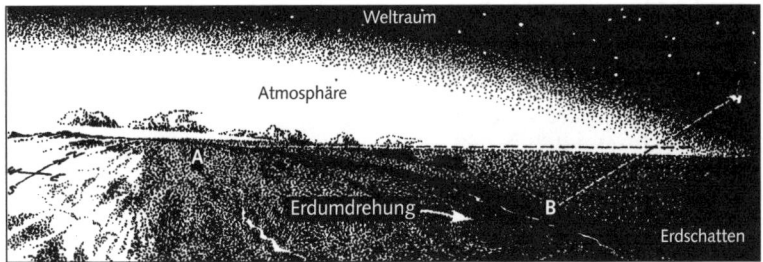

Wenn Sie sich in Position A befinden, die gerade in die Dämmerung eingetreten ist, können Sie den Erdschatten sehen, der gerade über dem östlichen Horizont aufsteigt. Später, wenn Sie in die Position B gelangt sind, sind Sie nicht mehr in der Lage, genau an der Trennlinie zwischen Licht und Schatten entlangzublicken. Dagegen sind die Satelliten sichtbar, die sich im Sonnenlicht oberhalb des Erdschattens befinden.

Merkur in der Abenddämmerung

Die folgenden Daten geben die Mitte des jeweils wenige Tage umfassenden Zeitraums an, in dem der tiefstehende Merkur links oberhalb des Sonnenuntergangs (fünfundvierzig Minuten nach dem Untergang der Sonne) gut zu sehen sein wird.

1999:	3. März	2001:	28. Jan.	2003:	16. April
2000:	15. Febr		22. Mai	2004:	29. März
	9. Juni	2002:	11. Jan.	2005:	12. März
			4. Mai	2006:	24. Febr.
					20. Juni

der sich der Merkur genau in dem Moment an den äußersten Rand seiner Umlaufbahn wagt, in der sein Weg am ausgeprägtesten senkrecht oberhalb des Sonnenuntergangs verläuft. Zu diesen Zeiten ist er alles andere als schwer zu finden. Dann wundert man sich, wie er zu seinem Ruf als schwieriges Beobachtungsobjekt gekommen ist, wo er doch so auffällig über dem westlichen Horizont steht. Normalerweise beherrscht er dieses Gebiet als einziger heller »Stern«.

Auch die Venus, der Abendstern, herrscht vor allem in der Dämmerung. Nach dem Mond stellt sie die hellste himmlische Lichterscheinung dar. Sehen wir die Landescheinwerfer eines Flugzeugs? Ein Ufo? Hier haben wir das Problem, daß sie *zu hell* strahlt, weshalb die Menschen annehmen, es könne sich nicht um einen natürlichen Gegenstand handeln. Der Venus ist ein eigenes Kapitel gewidmet (siehe Seite 187). An dieser Stelle sollte also folgender Hinweis genügen: Wenn der »Stern«, der über dem Sonnenuntergang hängt, mit überwältigender Deutlichkeit der hellste am Himmel ist, können Sie sicher sein, die Venus gefunden zu haben, der die Dämmerung praktisch allein gehört.

Gegen Ende der astronomischen Dämmerung offeriert uns der Himmel einen letzten Schatz: **das Zodiakallicht**. Diese gespenstische Erscheinung, die sich als leuchtendes Band schräg über den Horizont erhebt, ist Gegenden vorbehalten, die frei von Lichtverschmutzung sind. Gewöhnlich zeigt sich seine bleiche Gestalt am Himmel der Tropen, wo der Tierkreis (Zodiak), also der Weg oder die

Das unheimliche Zodiakallicht; am besten sieht man es zu Beginn des Frühlings nach dem Ende der Abenddämmerung.

Ebene der Planeten, mit dem Horizont einen steilen Winkel bildet. In unseren gemäßigten Breiten ist es nur während jener Jahreszeiten auszumachen, in denen die Tierkreiszeichen unter ihrem größten Winkel über den Himmel wandern: zu Beginn des Frühlings nach Sonnenuntergang, und vor Sonnenaufgang zwischen August und Oktober.

So mancher, der sein Leuchten für den ersten Kuß der Morgenröte hielt, hat sich im Lauf der Jahrhunderte von ihm foppen lassen: Khalil Gibran spielte darauf an, als er von der »falschen Morgendämmerung« sprach. Fast noch mehr Menschen wurden von seiner abendlichen Version getäuscht; sie hielten das lang nach Sonnenuntergang auftretende unheimliche Leuchten fälschlicherweise für ein Stück verspäteter Dämmerung. Sein schwaches Glimmen, das am Horizont seine größte Breite aufweist und nach oben spitz zuläuft, besteht aus Sonnenlicht, das von einer Unzahl winziger, Millionen von Kilometern entfernter Staubkörnchen in der Umlaufbahn der Planeten reflektiert wird.

Sein weiches, mildes Licht verkündet – als würde die Dämmerung ein letztes Mal vor den Vorhang gerufen – den unmittelbar bevorstehenden Eintritt der völligen Dunkelheit. Dann trägt uns die unermüdliche Umdrehung unseres Planeten unablässig weiter in die Nacht hinein, während das zögernd schwindende Zodiakallicht die Bühnenbeleuchtung hinter den letzten Nachklängen der Sonne löscht.

Übergangsperiode? Mag sein. Doch obwohl sich das menschliche Auge vermutlich wegen der damit verbundenen praktischen Vorteile an die Dämmerung angepaßt hat, untersuchen wir deren bewundernswerte Erscheinungen ohne einen Gedanken an ihren praktischen Wert, sondern als Anleitung, wie man ihren Zauber besser genießen kann. Denn wer von uns wäre nicht von ihrem rauschhaften Licht entzückt, von jenem »Purpurvorhang«, der »den Tag beschließt?«

Die Platters wußten schon, wovon sie sangen.

Herbst

Die Erbauer der Pyramiden von Teotihuacán in Mexiko feierten die Tage des Sonnenhöchststandes, zwei Tage im Jahr, an denen die Sonne mittags genau senkrecht steht. Die Plejaden (oberhalb des Endes der Straße) kündigen den ersten Tag des Sonnenhöchststandes an, wenn sie zu Beginn der Morgendämmerung untergehen. (Siehe auch das Kapitel: »Der verschwundene Subaru.« Passenderweise ist im Vordergrund ein Subaru geparkt.)

Die Andromeda-Connection

Galaxien sind die größten Gebilde des Universums. Dabei wußte vor nicht allzulanger Zeit noch niemand von ihrer Existenz. Für die Generation der wilden zwanziger Jahre war der Kosmos eine einzige Sternformation; wir lebten in ihr und damit hatte es sich auch schon. Doch Photos, die mit dem gigantischen Mount-Wilson-Teleskop gemacht wurden, klärten die Angelegenheit schließlich: Jene faszinierenden Feuerräder, die für viele nicht mehr als örtliche Sonnensysteme gewesen waren, entpuppten sich als Inseln im Universum, die durch leere Abgründe von unserer Milchstraße getrennt sind. Inseln im Universum! Diese angemessen erhabene Bezeichnung mußte am Ende unserem heutigen Namen für die ungeheuren Sternansammlungen weichen: Galaxien.

Mit modernen Teleskopen kann man mindestens 10 Milliarden Galaxien ausmachen; jede von ihnen beherbergt Hunderte von Milliarden oder gar Billionen von Sternen und möglicherweise ein ähnlich schwindelerregendes Aufgebot von Planeten, Monden und wer weiß was noch alles.

Dennoch können Menschen mit durchschnittlicher Bildung nur eine davon benennen. Eine einzige wohlbekannte Galaxie hat sich so sehr in unserem Wortschatz eingebürgert, daß sie zur bei weitem berühmtesten, ja zum Inbegriff einer Galaxie geworden ist. Andromeda.

Andromeda ist unter anderem deshalb so berühmt, weil sie über Nordamerika und Europa erfreulich hoch am Himmel steht und jeweils im Herbst genau den Platz einnimmt, an dem man sie gut beobachten kann. Möglicherweise trägt auch ihr klangvoller Name dazu bei. Schließlich ist die Galaxie M87 größer; M82 ist gewaltiger und Centaurus A geheimnisvoller. Aber keine von ihnen hat den

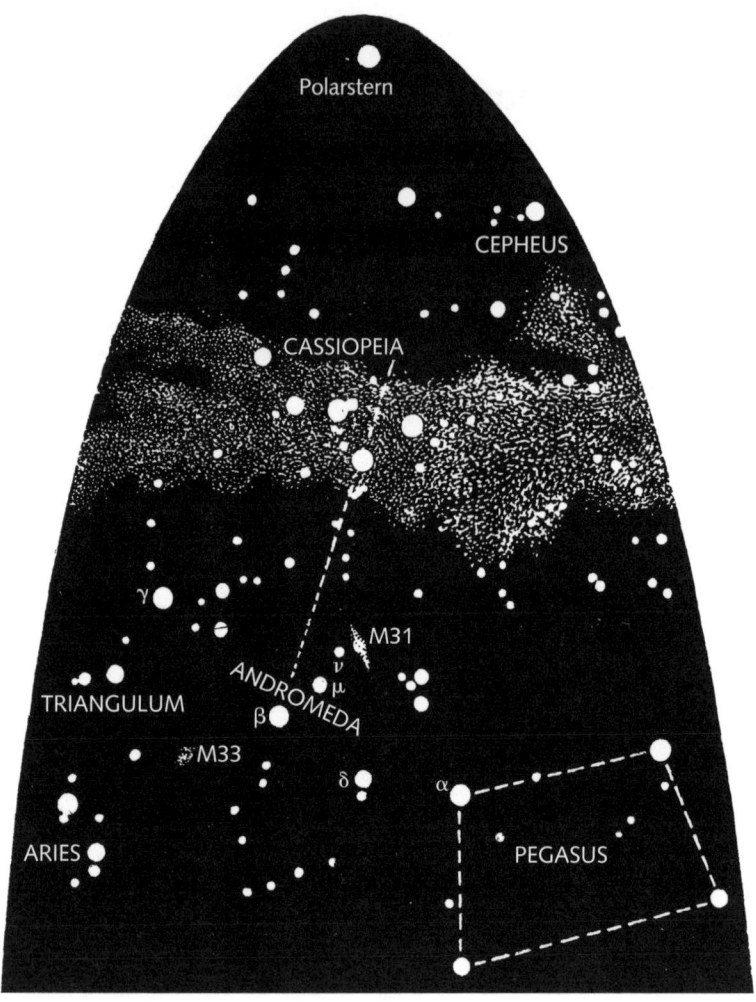

Wenn Sie die Andromeda-Galaxie (M31) ausfindig machen wollen, müssen Sie zunächst Beta Andromeda aufspüren. Dafür haben Sie zwei Möglichkeiten: (1) Gehen Sie von dem Stern mit der Bezeichnung Alpha (α) an der Ecke des großen Quadrats des Pegasus weiter zu dem Stern Beta (β), oder (2) verwenden Sie das größere der beiden Dreiecke von Cassiopeia als Pfeil, dessen Spitze auf Beta weist. Von Beta aus führen My (μ) und Ny (ν) weiter zu M31. Mit einem Fernglas können Sie auch die erheblich schwächere Galaxie M33 finden, die als dritte Spirale zu dieser örtlichen Gruppe gehört.

Wohlklang von Andromeda vorzuweisen, ein Name, der zu hübsch ist, um ihn vergessen zu können.

Sie hatte aber auch nicht viele Konkurrenten. Nur etwa ein Dutzend der außergewöhnlichsten Galaxien besitzen Eigennamen; Millionen von anderen hat man nur als Nummern katalogisiert oder bleiben unbenannt wie fallendes Herbstlaub. Es gab nicht einmal einen besonderen Grund dafür, die Andromeda-Galaxie nach der mißhandelten Frau aus der griechischen Mythologie zu nennen. Es war nichts weiter als Dusel mit dem Grundstück; die Galaxie übernahm lediglich den Namen des Sternbilds, in dem sie liegt.

Ältere Herrschaften und Lehrbücher reden sie noch immer mit ihrem früheren Titel an – Andromedanebel. Zahllose Generationen haben diese Galaxie nur als faszinierende Wolke unbekannter Art betrachtet, doch wegen ihrer irritierenden Widersprüche machte sie viele nachdrücklich auf sich aufmerksam. Durch ein Spektroskop ließ sie beispielsweise die Merkmale zahlloser Sterne erkennen, auch wenn man dort keinen einzigen Stern sehen konnte. Erst als ihre schwindelerregenden wirklichen Ausmaße und ihre unfaßbare Entfernung erkannt wurden, konnten wir begreifen, daß ihre unzähligen Sonnen nur wegen der Millionen von Lichtjahren, die uns trennen, zu dieser Nebelwolke reduziert werden – als handelte es sich um einen fernen Regenschauer, dessen Tropfen zu einem verschwommen Schleier verschmelzen.

Andromeda ist aber mehr als nur hell und hübsch. Sie ist auch die allernächste Spiralgalaxie, und sie ist die größte in diesem Bereich des Universums. Das allein ist schon merkwürdig – die nächste Galaxie ist auch die größte. Bei dieser Art von Zufällen beginnen Wissenschaftler, an ihren Daten zu zweifeln. Jüngste Studien haben die eindrucksvollen Maße der Andromeda jedoch bestätigt: Wir müßten uns 50 Millionen Lichtjahre weiter hinauswagen, um eine größere zu finden.

Doch ihr stärkster Reiz dürfte ganz einfach darin liegen, daß sie da ist – und mit bloßem Auge gesehen werden kann. Der Blick auf *alle* ohne Hilfsmittel sichtbaren Galaxien außerhalb der Milchstraße zeigt uns Andromeda. Und Ende. Alles andere ist Vordergrund. Selbst die verwaschenen Sterngefilde, die wie verwehter Sand über den herbstlichen Himmel hingestreut sind und so unendlich fern erscheinen, sind Türnachbarn im Vergleich zu dem geisterhaften Leuchten, das tausendmal weiter von uns entfernt liegt. Andromeda, die wie ein schwacher, am hellen Himmel der Städte hoffnungslos verlorener Nebelfetzen wirkt, fordert unseren Verstand heraus, wenn wir die widersprüchliche Vorstellung begreifen wollen, nach der die nächstliegende Galaxie gleichzeitig das fernste Licht ist, das wir mit unbewaffnetem Auge ausmachen können.

Wie weit ist jenes ovale Wölkchen entfernt? Wenn Astronauten mit einer Geschwindigkeit unterwegs wären, die sie in drei Tagen zum Mond brächte, würden sie 500 Milliarden Jahre brauchen, um zur Andromeda zu gelangen. Das Universum existiert erst seit etwas mehr als einem Zwanzigstel dieser Zeit. Wie die Schneeflocken, die an ein Fenster geweht werden, sind auch die Sterne der Nacht nur Tüpfelchen im Vordergrund, sie haben keine räumliche Verbindung zu jenem enormen Objekt, das in der Ferne lauert.

Schön, sie ist riesig. Andererseits, wie sollte ein so abgelegenes Etwas sonst 4 Grad unseres Himmels ausfüllen können? Allein ihr hellerer Mittelteil, den man mit bloßem Auge als leuchtendes Oval sehen kann, scheint weit größer zu sein als der Mond. Vielleicht lassen sich ihre ungeheuren Ausmaße mit folgendem Vergleich begreifen: Das Mondlicht erreicht unser Auge nach einer Reise von weniger als zwei Sekunden, während das erstarrte Porträt der Andromeda ankommt, nachdem es 2 Millionen Jahre lang durch den Raum gerast ist.

Mitten im Zentrum der Andromeda befindet sich nach Überzeugung der Astronomen ein gigantisches Schwarzes Loch. Mit einem Gewicht von einer Million Sonnen (oder 300 Milliarden Erdmassen) ist es der Kleber, der den Kern der Galaxie zusammenhält. Rund um diese unsichtbare, ultradichte Region wirbeln eine Billion Sonnen und möglicherweise eine ähnliche Zahl von Planeten, als brächten sie einem weitläufigen, unsichtbaren Tempel ihre Huldigung dar. Wie ein Wirbelsturm, der das Auge eines Hurrikans umgibt, umkreisen mehr Sterne diesen geheimnisvollen Ort, als man in zehntausend Jahren ohne Unterbrechung zählen könnte.

1993 zeigte uns das Hubble-Weltraumteleskop, daß wenige Lichtjahre von der genauen Mitte Andromedas entfernt ein heller Sternhaufen liegt, während ein kleinerer Haufen genau in der Mitte sitzt;

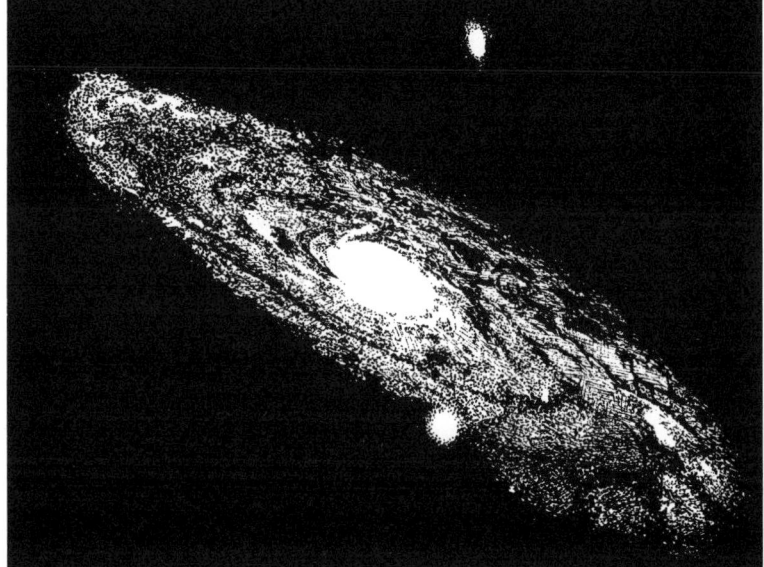

M31 – die Andromeda-Galaxie – mit ihren Begleitern, der Galaxie NGC 205 (oben) und M32, die so nah am hinteren Rand von Andromeda steht, daß sie die Spirale verzerrt.

beide kreisen vermutlich um das Schwarze Loch. Dieser zweifache Sternhaufen ist bei galaktischen Kernzonen einmalig und bleibt ein Ziel fortwährender Erkundung.

Stellen Sie sich ein Raumschiff vor, das die Rundtour zwischen Kalifornien und New York und wieder zurück dreißigmal in der Sekunde durchflitzen könnte. Nun verlassen Sie mit dieser Geschwindigkeit – der Lichtgeschwindigkeit – das Zentrum der Andromeda. Bei diesem Tempo müßten Sie eine Reise von fünfzehntausend Jahren überstehen, ehe Sie sich aus dem Kernwulst im Herzen der Galaxie gelöst hätten. Dann würden Sie anfangen, ihre ehrfurchtgebietenden Spiralarme zu erkunden, die sich wie gebogene Feuerräder aus ungezählten Sphären nuklearen Feuers ins All erstrecken. Das ist die Gegend der Heranwachsenden, das Gebiet, in dem junge blaue Sonnen mit blendendem Diamantglanz von ihrer flüchtigen Existenz künden. Weitere fünfzigtausend Jahre Reisezeit trügen Sie dann durch die äußeren Arme, eine geräumigere Region, wo der Aufruhr örtlicher Aktivitäten vielleicht schwächer wäre, so daß Sie Ihre Aufmerksamkeit auf unsere eigene Milchstraße, die in der Ferne schwebt, lenken könnten.

Anfänger meinen, die nächste und hellste Spiralgalaxie an unserem Himmel müsse durch ein Teleskop einfach überwältigend wirken. Leider ist das nicht der Fall. Für den visuellen Beobachter sind Galaxien normalerweise enttäuschend, weil ihre Myriaden von Sternen zu einem nicht gerade aufregenden Fleck verschmelzen. Außerdem steckt hinter der Präsentation von Himmelsobjekten ein gewisses Maß an »Showbusiness«. Das heißt, bei der Art, wie die Menschen ein Bild wahrnehmen, spielen Erwartungshaltungen eine große Rolle. Wenn Sie Onkel Theo und Tante Gisela einladen, einen Blick durch Ihr Fernrohr zu werfen, dürften beide noch nie von M13 gehört haben und deshalb überrascht und entzückt sein, wenn sie die blendenden Sterne dieses kugelförmigen Sternhaufens sehen. Richten Sie das Teleskop dagegen auf Mars oder Andromeda, deren Namen allen vertraut sind (für deren feine Einzelheiten allerdings der Blick des erfahrenen Beobachters erforderlich ist), werden Sie wohl nur eine höfliche Reaktion erleben – vorausgesetzt, Onkel Theo hat auf seine alten Tage plötzlich Taktgefühl entwickelt.

Selbst mit den besten Instrumenten bleibt Andromeda verschwommen, weil ihre pointillistische Schönheit durch die schaurige Leere zwischen uns auf einen dunstigen Fleck reduziert worden ist. Wenn Sie es aber trotzdem noch selbst überprüfen wollen, sollten Sie die kleinste Vergrößerung Ihres Teleskops wählen. Wenn man Andromeda beobachtet, besteht das größte Problem darin, über eine hinreichend niedrige Vergrößerung zu verfügen, damit die ganze Galaxie in das Gesichtsfeld paßt. Für die meisten Fernrohre ist diese Aufgabe unlösbar. Andromeda ist einfach zu groß: immer sieht man nur einen kleinen, trüben Ausschnitt auf einmal, der niemanden beeindruckt.

Größere Instrumente machen das Bild zwar heller, aber es ist noch mit keinem Teleskop gelungen, die Sterne irgend einer Galaxie optisch aufzulösen. In unserem Observatorium zeigen wir in Nächten, in denen die Öffentlichkeit eingeladen ist, nur selten die Andromeda, weil sie alle enttäuscht. (Dagegen bietet die Galaxie M51, die sich auf der gegenüberliegenden Seite des Himmels befin-

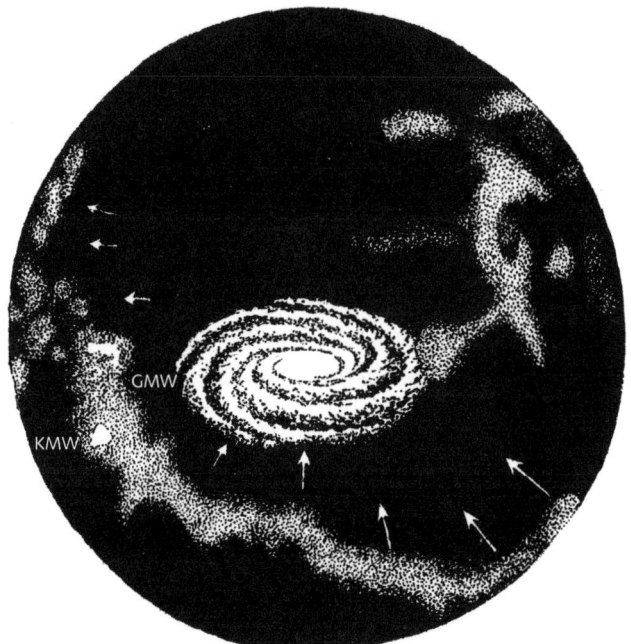

Die Große Magellansche Wolke (GMW) und die Kleine Magellansche Wolke
(KMW) sind Galaxien, die von einer gigantischen Gaswolke eingehüllt sind.
Diese Wolke erstreckt sich unterhalb der Milchstraße und befindet sich mögli-
cherweise in einer Umlaufbahn um sie. Teile der Wolke fallen rasch auf unsere
Galaxis zu (Pfeile).

det, dank ihrer auffallenden Spiralarme einen viel mitreißenderen
Anblick, obwohl sie um das Hundertfache schwächer ist.)

Mit Teleskopen lassen sich zwei wolkige Flecken ausmachen, die
an Andromeda entlangschweben wie Feen, die ihre Aufwartung
machen. Es handelt sich um Zwerggalaxien, Begleiterinnen, von
denen jede *lediglich* ein paar Milliarden Sonnen umfaßt; mit den
beiden Magellanschen Wolken haben auch wir solche Begleiterinnen. Diese kleinen, unregelmäßigen Galaxien können uns durch
ihren Anblick nicht anregen; anders als die schönen Spiralen schaffen sie es nicht, uns zu beeindrucken. Doch die weniger attraktiven
Galaxien sind im Universum häufiger vertreten. Sie stellen so etwas
wie die Kreuzer, Tanker und anderen kleinen Kähne dar, die im
Umkreis des Flugzeugträgers herumschwimmen.

Die Magellanschen Wolken (sie liegen so nah bei uns, daß manche Astronomen glauben, sie befänden sich innerhalb des zarten Halos unser eigenen Milchstraße) sind nur in tropischen oder südlichen Breiten zu beobachten. Von Europa, den Vereinigten Saaten und von Kanada aus verbergen sie sich auf ewig unter dem südlichen Horizont und werden von der Wölbung der Erde verdeckt. Da sie tatsächlich wie kleine losgelöste Wolkenfragmente aussehen und keine andere Struktur vorweisen können als ein Hafermehlklecks, den ein gelangweiltes Kleinkind an die Decke gespritzt hat, ist keine der beiden Galaxien besonders eindrucksvoll. Weil sie aber unserer Galaxis am nächsten liegen, zwingen uns diese Zwerge dazu, Andromeda als die nächste *Spiralgalaxie* oder nächste *große* Galaxie oder auch als die einzige Galaxie einzustufen, die von unserem Teil der Erde aus zu sehen ist. Die vielen Autoren, die Andromeda als die »nächstliegende Galaxie« bezeichnen, riskieren damit bestimmt eine Klage von irgendeiner Magellanschen Handelsorganisation.

Ferngläser, vor allem jene mit Linsen von 35 Millimeter oder darüber, sind hervorragend geeignet, die Ausstrahlung der Andromeda zu verbessern. (Das ist die zweite Zahl der Typenbezeichnung von Ferngläsern, die zum Beispiel 7 × 35 lautet. Die erste Zahl steht für die Vergrößerung. Siehe auch Anhang 3.) Unsere Schwestergalaxie können Sie mit jedem Fernglas finden, wenn Sie es Mitte November gegen 21 Uhr senkrecht nach oben richten; der ovale Fleck hebt sich deutlich ab.

Wirklich eindrucksvolle galaktische Bilder erhält man vor allem mit Hilfe photographischer Langzeitbelichtungen, da ein Film schwache Einzelheiten sammeln kann, wozu das Auge nicht in der Lage ist. Doch auch hier ist Andromeda kein Pin-up-Photomodell, weil die Neigung ihrer Ebene für uns nur um 13 Grad von der Seitenansicht abweicht. Dadurch versteckt sie ihre Spiralarme vor uns, egal, was wir machen. Schwarze Staubstreifen, die auffallendsten Merkmale dieser Galaxie, lassen deren Verlauf ahnen.

Durch bloßen Zufall entspricht die annähernde Seitenansicht der Andromeda dem Anblick, den deren Bewohner auch von uns haben würden. Aus der Tatsache, daß Andromeda an unserem Nachthimmel in der Nähe der Milchstraße schwebt, läßt sich automatisch ableiten, daß auch wir von dort aus in der Seitenansicht zu sehen sind. Eine Schande, da der Anblick eines so nahen Feuerrades wirklich gewaltig wäre, wenn wir frontal zueinander ausgerichtet wären und nicht seitlich.

Doch es könnte noch schlimmer sein. Gegenwärtig befinden wir uns auf der Seite unserer rotierenden Milchstraße, die der Andromeda am nächsten liegt. 120 Millionen Jahre später, wenn wir uns auf die andere Seite gedreht haben, dürfte die Andromeda wahrscheinlich hinter der Wölbung unseres galaktischen Zentrums verschwunden sein wie ein Zuschauer, der von der Nabe eines Karussells verdeckt wird.

Garantiert blicken von zahlreichen Planeten Andromedas intelligente Lebewesen in die Höhe, die sich für unsere an ihrem Himmel schwebende, verschwommene Galaxis interessieren. Selbst wenn nur eines von einer Milliarde Planetensystemen intelligente Geschöpfe beherbergt, sind in den seidigen Falten der Spiralen Andromedas Tausende solcher unbekannten Welten verborgen. Möglicherweise können sie sogar genau wie wir bemerken, daß sich unsere beiden Galaxien aufeinander zubewegen. Da sich der Abstand mit fast 80 Kilometern pro Sekunde verringert, besteht eine gute Chance für einen Zusammenstoß in 4 bis 6 Milliarden Jahren. Aber das ist kein Problem: Der Zusammenstoß von Galaxien ist nichts als Schall und Rauch; sie durchdringen einander, ohne Schaden zu nehmen, da die Sterne, aus denen sie bestehen, viel zu weit voneinander entfernt sind, um aufeinander zu treffen. Einige dagegen würden durch Gravitationskräfte von einer Galaxie in die andere gezogen, was uns die erfreuliche Aussicht eröffnet, eines Tages vielleicht die Seiten wechseln und uns Andromeda anzuschließen zu dürfen.

Das können wir nur hoffen. Der Absender auf unseren Briefumschlägen lautete viel zu lange »Milchstraße«. Wir haben es bisher still und geduldig ertragen, daß wir mit dem lächerlichsten aller galaktischen Namen geschlagen sind. Die Gelegenheit, heimlich von Bord zu gehen, noch dazu für einen Namen wie Andromeda, ist ein Ereignis, auf das zu warten sich lohnt. Man sollte es sich im Kalender vormerken.

Falls wir nicht zusammenstoßen, hängen wir weiterhin gemeinsam herum. Wie ihre mythologische Namenspatronin ist Andro-

Andromeda, wie sie von einem Planeten in der Kleinen Magellanschen Wolke aus erscheinen könnte, befindet sich auf dieser Zeichnung genau rechts von der Mitte. Die den Himmel darüber beherrschende Spirale ist unsere Galaxis. Die Entfernung zu ihrem Kern beträgt weniger als ein Zehntel des Abstands zum Zentrum der Andromeda. Zufälligerweise liegt unsere Sonne direkt oberhalb von Andromeda und links vom Zentrum unserer Milchstraße.

meda an den Felsen unserer Schwerkraft gekettet und wird sich immer in unserer Nähe halten. Während praktisch alle anderen Galaxien in dem Umzugswagen mit dem Motto »nichts wie weg von der Milchstraße« Platz genommen haben, gehört Andromeda zu jenen zwei Dutzend, die zu dicht beisammenhocken und deshalb nicht am Ausdehnungsprogramm des Universums teilnehmen dürfen. In einem Kosmos, wo die Rotverschiebung als Zeichen der Ausdehnung so alltäglich ist wie der Hamburger auf der Erde, zeigt Andromeda während ihrer Annäherung die seltene **Blauverschiebung**.

Welches Schicksal unserem Universum auch immer beschieden sein mag, für die Vorstellung werden wir jedenfalls nebeneinanderliegende Plätze einnehmen. Grund genug, einen Blick zu riskieren, wenn sie in diesen Nächten hoch über uns dahinzieht. Wenn Sie aber noch mehr Ansporn brauchen sollten, so denken Sie einfach daran, daß Sie, wenn Sie sich die Andromeda ansehen, auf das fernste Objekt blicken, das Ihre Augen erfassen können.

Die einstige und künftige Vergangenheit

Wie seltsam und faszinierend, wie greifbar und doch traumhaft ist die Dimension der Zeit! Oft ist das Reich der Zeit eine Spielwiese der Science-Fiction, wir dagegen können uns der Unbeständigkeit der Zeit genußvoll aussetzen, wann immer wir in den nächtlichen Himmel blicken.

Sie wollen die Vergangenheit sehen? Zuschauen, wie sich die Zeit verlangsamt? Uhren erleben, die mit unterschiedlichen Geschwindigkeiten ticken? All das tritt in den Fluren der Nacht regelmäßig auf. Und jetzt, wo die Sommerzeit zu Ende geht, was wie immer auch das herbstliche Ritual einläutet, in dem alle ihre Uhren umstellen, ist eine gute Jahreszeit, um einen Blick auf die Zeit selbst zu werfen.

Zunächst sollten wir mit der Tatsache beginnen, daß wir niemals wirklich wahrnehmen, was *ist*, sondern immer nur, was *war*. Bilder benötigen Zeit, um an unser Auge zu gelangen, auch wenn sie mit der eindrucksvollen Geschwindigkeit des Lichts, nämlich mit 300000 Kilometern pro Sekunde, unterwegs sind. Hier auf der Erde können Sie die Zeitverzögerung schnell einschätzen, und zwar mit Hilfe des fabelhaften Zufalls, daß das Licht eine Nanosekunde (eine Milliardstelsekunde) benötigt, um einen Fuß (30,48 Zentimeter) zurückzulegen. Wenn Sie auf irgend etwas schauen – sagen wir einfach, auf Ihre Nachbarn –, so sehen Sie nicht etwa, was diese im Augenblick tun, sondern das, was sie vor soviel Milliardstelsekunden in der Vergangenheit getan haben, wie sie Fußlängen von Ihnen entfernt sind. Wenn der Nachbar mit dem Rasenmäher also 40 Fuß von Ihren Augen entfernt steht, sehen Sie die Handlungen, die er 40 Nanosekunden zuvor ausgeführt hat.

Dieser so leicht auszurechnende Unterschied bleibt allerdings ohne praktische Folgen, solange wir unseren Blick nicht nach oben

Das Licht, das uns von der schönen Seitenansicht der Spiralgalaxie NGC 4565 erreicht, begann seine Reise zu einer Zeit, als die Dinosaurier gerade ihr letztes Abendmahl genossen.

richten. Sobald wir die Einwohner des Kosmos ins Auge fassen, lesen wir plötzlich die Zeitung von gestern. Selbst das Bild des nächsten Planeten, der Venus, benötigt mehrere Minuten, bis es unsere Netzhaut erreicht, während die nächsten Sterne auch mit Lichtgeschwindigkeit Jahre entfernt sind. Das Bild der strahlenden und relativ nahen Wega, die im Frühherbst im Westen weilt, kommt ein gutes Vierteljahrhundert später an, als es aufgebrochen ist. Wenn auf Wega lebende Außerirdische gerade jetzt dabei wären, Sie durch eine Art Superteleskop zu beobachten, so sähen sie Ihnen jetzt bei irgend etwas zu, was Sie Anfang der siebziger Jahre getan haben. (In den Annalen der Galaxis leben diese wilden Jahre noch immer fort!)

Es gibt kein Verfahren, mit dem ferne Geschöpfe aktuelle Nachrichten von der Erde empfangen könnten, ebensowenig wie wir von ihnen. Aus diesem Grund sind Astronomen so fasziniert von weit entfernten Objekten. Sie mögen lichtschwach und verschwommen sein, doch sie eröffnen uns ein Sammelalbum von der Beschaffenheit der Welt in vergangenen Epochen.

Zum Beispiel können wir das Erscheinungsbild ferner Galaxien mit dem der unseren vergleichen und dadurch erkennen, ob sich der Himmel im Lauf von Äonen weiterentwickelt hat. Das ist nicht nur bloße Theorie oder Abstraktion. Raum ist gleich Zeit, und die praktischen Folgen können überwältigend sein.

Nehmen Sie Quasare. Diese winzigen Objekte wurden in den sechziger Jahren entdeckt und sind voller Rätsel. Sie gelten als die hellsten und fernsten Himmelskörper, die wir kennen, und sie bewegen sich auch am schnellsten. Zunächst kamen alle Arten exotischer

Theorien auf. Einige glaubten, es handle sich um Materie, die aus Weißen Löchern sprudelt, nachdem sie an anderer Stelle in ein Schwarzes Loch gestürzt ist – kurz, um Materie, die sich durch Raum oder Zeit »tunnelt«.

Doch die Erklärung erwies sich als einfacher, obwohl sie ebenso tiefgründig ist. Quasare sind unvorstellbar helle Kernbereiche junger Galaxien, die mit einer Intensität strahlen, als würden massenhaft Supernovae explodieren. Doch da ist noch etwas, was sie einzigartig macht: In unserem Teil des Universums gibt es sie nicht. Man kann sie nur in sehr großer Entfernung sehen, Milliarden von Lichtjahren entfernt. Warum ist das so? Weshalb sollten sie unser Gebiet des Kosmos meiden?

Die Antwort ist elegant und lehrreich. Quasare gehören zum Jugendstadium des Universums. Es gibt sie nicht mehr, nirgends. In

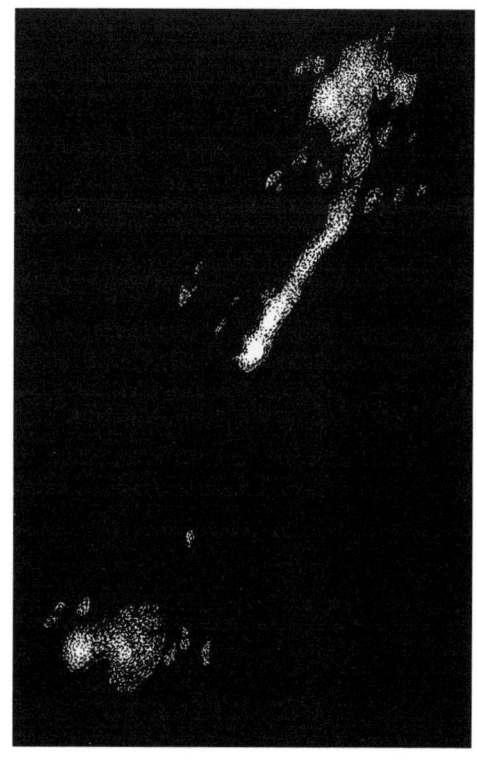

Im sichtbaren Bereich der Lichtfrequenzen erscheint der fünfzehn Milliarden Lichtjahre entfernte Quasar 4C 32.69 als Lichtpunkt, doch im Bereich der Radiowellen (hier mit sechs Zentimeter Wellenlänge) erkennt man seitlich von diesem Punkt (Bildmitte) zwei Ausbuchtungen und einen Jet, die auf den aktiven Kern einer Galaxie hinweisen. An der außerordentlich langen Zeit, die sein Licht bis zu uns unterwegs ist, läßt sich ablesen, daß wir ein Geschehen beobachten, das kurz nach der Geburt des Universums stattfand.

ihnen zeigt sich diese urgewaltige, aberwitzige Aktivität, die sich in den Kernen der Galaxien *einst* abgespielt hat. Möglicherweise sind auch unsere eigene Galaxis und die nahegelegene Andromeda in ihrer Jugend Quasare gewesen. Und für Wesen in den fernsten Winkeln des Kosmos würden sie heute noch so aussehen, da das Licht der gerade geborenen Milchstraße jetzt erst bei ihnen ankommt.

Wir sehen nur die Quasare, die so weit von uns entfernt sind, daß ihre Bilder aus den Reichen der Vorzeit noch immer unterwegs sind. Quasare meiden nicht unseren Raumsektor, *sie meiden unsere Zeit.*

Die meisten Menschen verstehen das Prinzip. Häufig wiederholen sie das Märchen, viele der nächtlichen Sterne würden gar nicht existieren und wir sähen lediglich noch ihr Bild. Diese Vorstellung ist zwar falsch, zeigt aber, daß das Auseinanderfallen von Erscheinung und Wirklichkeit, zwischen Abbild und eigentlichem Gegenstand, richtig erfaßt worden ist. Sie ist falsch, weil ein Stern normalerweise Milliarden von Jahren lebt. Es besteht nur eine verschwindend geringe Chance, daß er während der wenigen hundert – oder höchstens wenigen tausend – Jahre, die sein Bild zur Erde unterwegs ist, stirbt. Wenn Sie diese Chance mit der Zahl der sechstausend Sterne multiplizieren, die mit bloßem Auge sichtbar sind, so liegt die Wahrscheinlichkeit, daß auch nur ein einziger Stern nicht mehr da ist, noch immer bei eins zu einigen hundert. Doch das Prinzip bleibt davon unberührt.

Der gegenwärtige Augenblick findet nur in Ihrer unmittelbaren Nachbarschaft statt. Auch wenn diese Feststellung faszinierend sein mag, so hat sie doch absolut nichts Geheimnisvolles an sich. Sie ist nichts weiter als ein Ausdruck des gesunden Menschenverstandes, eine Folge der endlichen Geschwindigkeit des Lichts, und hat nichts mit den verrückten Krümmungen von Zeit und Raum zu tun, die Einsteins Relativitätstheorie voraussagt. Diesem Phänomen namens Zeitdilation werden wir uns gleich zuwenden.

Die Zeit kann auch verlangsamt abzulaufen scheinen; das ist ebenfalls eine Folge der endlichen Ausbreitungsgeschwindigkeit des Lichts im Raum. Wenn wir ein Objekt beobachten, das sich schnell von uns entfernt, sehen wir die darauf stattfindenden Abläufe in Zeitlupe, während unsere Bewegungen für Geschöpfe, die vielleicht auf ihm leben, in einer künstlich verschleppten Gangart erscheinen.

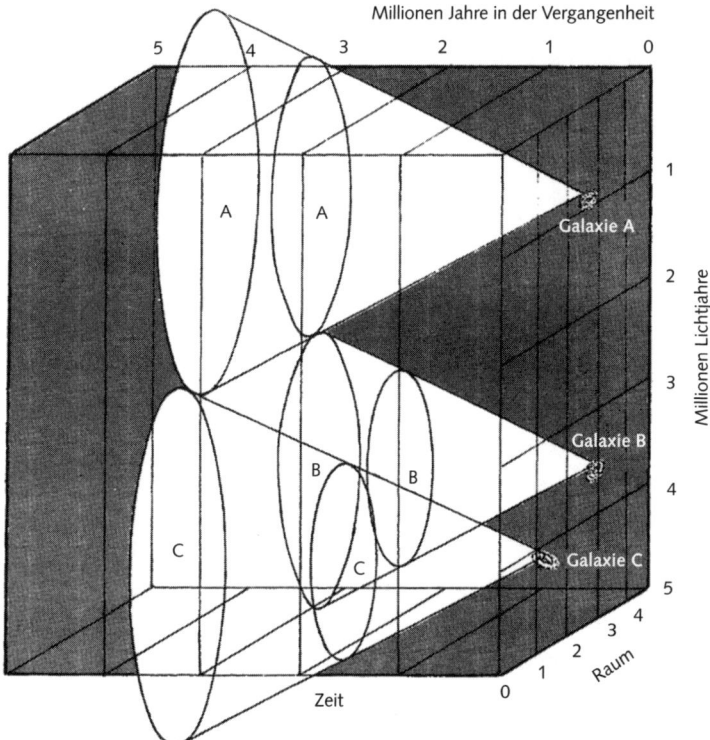

Millionen Jahre in der Vergangenheit

5   4   3   2   1   0

A   A   Galaxie A

Galaxie B
B   B

C   C   Galaxie C

Zeit   Raum

Millionen Lichtjahre

Da sich das Licht mit endlicher Geschwindigkeit fortbewegt, ist ein Blick durch das All immer auch ein Blick in die Vergangenheit. Um das im Bild zu zeigen, haben wir den Raum auf das zweidimensionale Gitter rechts reduziert und die dritte Dimension für die Darstellung der Zeit verwendet. Jeder Beobachter kann von seiner gegenwärtigen Position ausschließlich das sehen, was sich innerhalb des sich rückwärts in die Zeit ausdehnenden Kegels befindet. Damit nimmt er eine andere Galaxie immer nur so wahr, wie sie zu der Zeit war, in der sich die beiden Kegel überschneiden. Beispielsweise sehen die Einwohner der Galaxien A und B einander 3 Millionen Jahre in der Vergangenheit. B und C empfangen Nachrichten voneinander, die zwei Millionen Jahre alt sind.

Dieser seltsame Effekt kann mit Hilfe eines einfachen Gedankenexperiments erklärt werden.

Stellen Sie sich vor, Sie düsten mit einer Rakete davon und beobachteten durch ein Rückfenster die zurückbleibende Erde mit dem Teleskop. Ihre Freunde, die an der Abschußrampe stehen, um Sie zu verabschieden, applaudieren wegen Ihres Mutes und vielleicht auch, weil es Ihnen gelungen ist, die staatlichen Subventionen zu ergattern, die das alles erst möglich gemacht haben.

Mit jedem Händeklatschen Ihrer Freunde entfernen Sie sich ein wenig weiter von der Erde, weshalb das Bild des nächsten Klatschens eine größere Strecke zurückzulegen hat. Dadurch kommt es ein wenig verspätet an, und als Ergebnis sehen Sie Menschen, die in Zeitlupe applaudieren! Aus Ihrer Sicht ist es also ein ziemlich lauer Abschied gewesen.

Wenn Sie Ihr Ziel erreicht haben, halten Sie die Rakete an, worauf die Bilder von der Erde plötzlich wieder ihre gewohnte Geschwindigkeit annehmen. Selbstverständlich sehen Sie Bilder aus der Vergangenheit, denn wenn Sie sechs Lichtjahre von der Erde entfernt sind, benötigen die Bilder auch sechs Jahre, um bei Ihnen anzukommen.

Während der Heimreise sieht Ihr jetzt nach vorn gerichtetes Fernrohr, wie irdische Ereignisse wie bei einem Slapstick-Film im Zeitraffer ablaufen, weil Sie jetzt jedes Bild bereits vor dem Zeitpunkt abfangen, zu dem es einen stationären Beobachter erreichen würde. Diese komödienreife Hochgeschwindigkeitszusammenfassung der Nachrichten, die Sie während Ihrer Abwesenheit vermißt haben, setzt sich fort, bis Sie landen, dann finden Bild und Wirklichkeit wieder zusammen und die Ereignisse entwickeln sich erneut in »Echtzeit«.

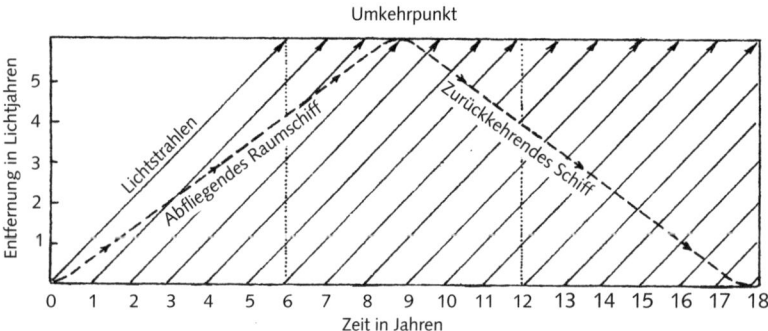

In einem Raumschiff, das zwei Drittel der Lichtgeschwindigkeit erreicht, könnten Sie während einer neunjährigen Reise beobachten, wie auf der Erde nur drei Jahre vergehen. Dagegen würden auf dem Rückweg in Ihrer neun Jahre dauernden Beobachtungszeit fünfzehn Jahre Erdgeschichte zusammengezogen sein.

Auch daran ist nichts Geheimnisvolles; es ist einfach nur logisch. Doch es bedeutet auch, es gibt Sternsysteme, auf denen Außerirdische mit einem Superteleskop das Leben auf der Erde nicht nur so sehen würden, wie es in der Vergangenheit war, sondern auch in Zeitlupe. Können Sie sich vorstellen, Politikerreden mitverfolgen zu müssen, die im Schneckentempo ablaufen? Die Außerirdischen würden alle Pläne verwerfen, uns zu besuchen.

Solche Erscheinungen kann man für die Praxis nutzen. Eine Möglichkeit besteht darin, Galaxien an den entferntesten Rändern des Universums zu beobachten und zu bestimmen, wie schnell sie sich aufgrund der Ausdehnung voneinander entfernen. Dann vergleichen wir diese Geschwindigkeiten mit denen in unserer Nachbarschaft und können so erkennen, wie weit sich die Ausdehnung des Universums verlangsamt hat – denn der Unterschied zwischen *dort und hier* läßt sich in *damals und heute* übersetzen. Wenn wir das auf die Zukunft übertragen, können wir voraussagen, ob sich der Kosmos für alle Zeit ausdehnen wird oder ob sich die Bewegung ausreichend verlangsamt, um irgendwann in der Zukunft zum Stillstand zu kommen und eventuell sogar in die andere Richtung zu verlaufen.

Einige Astronomen befassen sich in ihrer Arbeit genau mit diesem Problem; man erwartet, dieses große Rätsel mit zunehmend genaueren Messungen lösen zu können, ein Thema übrigens, das alle Planeten in allen Galaxien betrifft.

Ein weiteres mit der Zeit verbundenes Problem wurde erst 1993 gelöst. Als die Astronomen ferne galaktische Haufen mit denen in unserer näheren Nachbarschaft verglichen, stellten sie fest, daß sich jene fernen Sternenreiche *weiterentwickeln*. Galaxienhaufen, die aufgrund ihrer Entfernung nur halb so alt sind wie unsere örtliche Galaxiengruppe, enthalten mehr spiralförmige Mitglieder und dazu viel mehr Galaxien, die zusammenstoßen oder kurz vor einem Zusammenstoß stehen. Zu einer Zeit, in der im Kosmos noch größeres Gedrängel herrschte, kam es anscheinend öfter vor, daß Galaxien aufeinandertrafen und miteinander verschmolzen. Daraus entwickelte sich unsere heutige Umgebung, die sich vorwiegend aus elliptischen Mitgliedern zusammensetzt; diese sind, wie wir heute annehmen, aus riesigen galaktischen Kollisionen von Spiralen hervorgegangen.

Erstaunlicher als diese Veränderungen im Auftreten der Zeit und auch schwerer zu begreifen ist jedoch die Art, in der sich die Zeit selbst krümmt und verlangsamt, was in Einsteins spezieller Relativitätstheorie unter dem Begriff der **Zeitdilation** erscheint.

Im Alltagsleben kann man »unkorrekt ablaufende Zeit« ganz einfach erleben, wenn man seine Uhr zum Beispiel in Mittelamerika reparieren läßt. Feinere Veränderungen ergeben sich dagegen immer dann, wenn wir einige Treppen hinauf- oder hinuntersteigen; der mit dem wechselnden Abstand vom Erdmittelpunkt verbundene geringfügige Unterschied in der Schwerkraft genügt, (zumindest mit Atomuhren) meßbare Abweichungen des Zeitflusses hervorzurufen.

Somit haben wir zwei Möglichkeiten, dem Ablauf der Zeit einen Knüppel zwischen die Beine zu werfen: Entweder wir reisen mit höherer Geschwindigkeit oder wir verbringen unsere Ferien an einem Ort, der mit einer mächtigen Gravitation gesegnet ist. Allerdings wäre ein Schwerefeld mit ausreichender Wirkung nicht für Lebewesen geeignet. Für hohe Geschwindigkeiten gilt das nicht, da man sie durch allmähliche Steigerung auf ungefährliche Weise erreichen kann.

Die Zeit verlangsamt sich beträchtlich, wenn Sie sich der Geschwindigkeit des Lichts nähern. Bei halber Lichtgeschwindigkeit beträgt der Unterschied gerade 20 Prozent. Das heißt, Ihre Uhren gehen und Ihr Körper altert um 20 Prozent langsamer als bei den Menschen, die auf der Erde zurückbleiben. Wenn Sie dagegen 295 200 Kilometer in der Sekunde schaffen – das sind 99 Prozent der Lichtgeschwindigkeit – beträgt der Unterschied 700 Prozent.

Bei diesem Tempo vergeht für Sie ein Tag, während auf der Erde eine Woche verstreicht. Wenn Sie, sagen wir, ein Jahrzehnt lang mit dieser Geschwindigkeit unterwegs wären, hätten Sie in Ihrem Raumschiff nicht den Eindruck, irgend etwas könne nicht stimmen. Es käme Ihnen völlig normal vor, wie die Zeit vergeht, und am Ende der Reise würden Sie und die anderen Mannschaftsteilnehmer zehn Jahre älter aussehen. Doch wenn Sie auf der Erde gelandet wären, würden Sie feststellen, es sind siebzig Jahre vergangen. Von denen, die Sie zurückgelassen hatten, wäre wahrscheinlich keiner mehr am Leben.

Hier taucht eine naheliegende Frage auf: Wessen Zeit war die richtige, und wessen Zeit wich davon ab? Doch die Antwort – und das ist der Witz dabei – lautet ganz einfach, die Zeit kann nicht richtig oder falsch ablaufen. Für Sie sind einfach zehn Jahre vergangen, während *gleichzeitig* auf der Erde siebzig Jahre verflossen sind!

Demnach kann man die Zeit als einen Fluß ansehen, der seine Fließgeschwindigkeit je nach den örtlichen Gegebenheiten ändert. Als absolute Größe existiert sie nicht. Im Universum gibt es Orte, an denen eine Million Jahre verstreicht, während für uns *simultan* nur eine Sekunde vergeht – und umgekehrt.

Das kommt uns nur deshalb so unirdisch fremd vor, weil wir in einer Umgebung aufgewachsen sind, wo sich in inzestuöser Eintracht alles und alle dieselbe Bewegung und dasselbe Schwerefeld teilen. Doch am Nachthimmel gibt es Orte, an denen wir uns direkt mit Bereichen abweichender Zeit konfrontiert sehen.

Jeder, der über ein Teleskop verfügt, kann sich einige der phantastisch dichten Weißen Zwergsterne ansehen, deren starke Gravitation die Zeitmatrix verlangsamt. Ihr berühmtestes Beispiel ist der weiße Zwergbegleiter des Sirius (dem ein eigenes Kapitel, »Die Nacht der zwei Hunde«, auf Seite 96 gewidmet ist); leichter zu beobachten ist jedoch der hellere der beiden Begleiter des Wintersterns Omikron 2 Eridani.

Ein Teleskop von 25 Zentimetern vollbringt noch mehr. Damit können Sie den hellsten Quasar am Himmel beobachten, der überdies noch Ehre auf sich häuft, weil er das fernste Objekt ist, das mit der üblichen Amateurausrüstung gesehen werden kann. Er heißt 3 C 273 und liegt etwa 5 Grad nordwestlich des Sterns Gamma Virginis.

Der Quasar 3 C 273 befindet sich um die 2 Milliarden Lichtjahre von uns entfernt und rast mit 48 000 Kilometern in der Sekunde davon. Das entspricht etwa einem Sechstel der Lichtgeschwindigkeit, was ausreicht, die Uhren auf 3 C 273 so weit von unseren abweichen zu lassen, daß Sie den Unterschied schon in wenigen Minuten feststellen könnten. Sie bräuchten dazu nichts komplizierteres als eine Eieruhr – vorausgesetzt, Ihr Teleskop ist stark genug, um diese Uhr dort ablesen zu können.

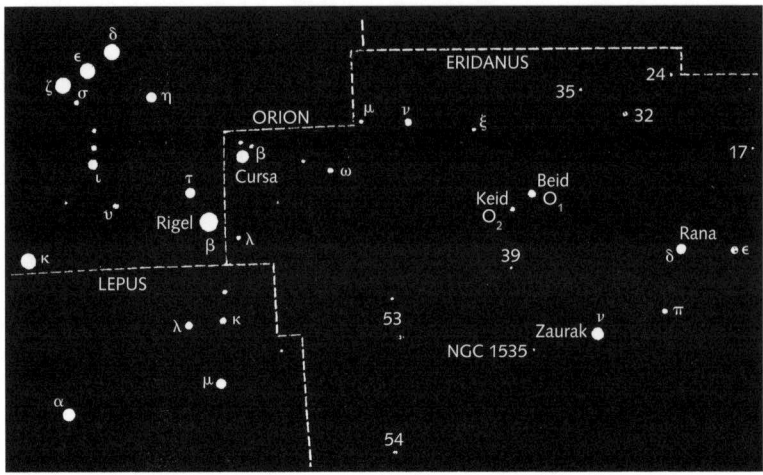

Omikron 2 im Sternbild Eridanus (Keid) liegt rechts (westlich) von Cursa auf einer Linie mit Omega (ω) und Delta (δ). Es handelt sich um einen Dreifachstern, in dem der Weiße Zwerg der zweithellste ist. Mit einem kleinen Teleskop ist er leicht auszumachen.

Darüber hinaus würden dort lebende Geschöpfe die Erde in dem Zustand wahrnehmen, in dem sie sich vor Milliarden von Jahren, lange vor der Epoche der Dinosaurier, befunden hatte. Dabei ist das der *nächstliegende* Quasar. Die größten Observatorien der Welt haben sogar Quasare photographiert, die 10 Milliarden Lichtjahre entfernt sind. Von dort aus könnte die Erde mit keinem Teleskop, und sei es noch so stark, gesehen werden – das Bild von der Geburt unserer Sonne wird erst in weiteren 5 Milliarden Jahren dort ankommen. Wenn man von dort aus in unsere Richtung späht, sieht man im Moment nichts als die Nebel, die unsere Region verhüllten, ehe die Erde entstand. Wenn wir gewußt hätten, daß sie gucken, hätten wir eine gigantische Plakatwand mit der Aufschrift »Schaut hierher!« aufstellen können, um ihr Interesse wachzuhalten.

Die merkwürdige Unbeständigkeit der Zeit schreit geradezu nach einer praktischen Anwendung. Es erscheint nicht unwahrscheinlich, daß wir eines Tages interstellare Astronauten mit 99 Prozent der Lichtgeschwindigkeit losschicken. Nach ihrer eigenen Zeitmessung könnten sie ihre Odyssee dreißig Jahre – nach irdischer Zeitrechnung zwei Jahrhunderte – später vollenden und ihre Eskapaden

dann den Ururenkeln der Menschen mitteilen, die sie einst ausge-
sandt hatten.

Mag sein. Im Augenblick scheint das Glitzern der nächtlichen
Sterne eher die an Sisyphus gemahnende Vergeblichkeit des Ver-
suchs zu symbolisieren, die Zeit an unsere statischen Vorstellungen
knüpfen zu wollen. Sie fließt nach eigenen Gesetzen dahin, wie das
strömende Wasser, das einmal tobend abstürzt und dann wieder
ruhig daliegt, während unsere Kalender und Uhren sich der irdischen Illusion der Gleichmäßigkeit hingeben.

Der verschwundene Subaru

Bei der Geburt der Plejaden vor 20 Millionen Jahren half keine Hebamme, und trotzdem ist alles gut gegangen. Das wilde blauweiße nukleare Feuer, das von dem Septett ausging, hat in Milliarden von Kubikkilometern der gesamten Umgebung alles sterilisiert. Als in der blendenden und gefährlichen Kinderstube dann noch weitere Sonnen erwachten, tauchten die Neugeborenen wie ein ferner Sonnenaufgang am Himmel der 410 Lichtjahre entfernten Erde auf.

Heute bietet diese Clique von Sternen als dichter, heller Haufen einen unverwechselbaren, auffallenden Anblick am herbstlichen Himmel. Wie lautet der volkstümliche Name dieser stellaren Brutstätte? Wahrscheinlich wissen Sie es bereits (und besitzen sogar das ideale Instrument, um sie in all ihrer Pracht zu bewundern). Es ist das Siebengestirn, die sieben Schwestern.

Häufig verwirrt die lebhafte Gruppe aus dichtgedrängten Sternen den Anfänger, der sie für den Kleinen Wagen hält, da sie klein ist und tatsächlich ein wenig wie ein Wagen aussieht. Erfahrene Himmelsbeobachter kichern bei solchen Irrtümern, denn die weit größeren richtigen Wagen bleiben immer mit dem Norden verbunden, dem einzigen Himmelsquartier, das die Plejaden auf ihren nächtlichen Runden niemals aufsuchen. An keinem anderen Ort des Himmels finden wir etwas Vergleichbares. Der Bienenschwarm aus Sternen ist selbst am hellsten Himmel über einer Großstadt sichtbar und für 80 Prozent der Weltbevölkerung in einer hervorragenden Position. Das ist wahrscheinlich einer der Gründe, weshalb Kulturen aller Zeitalter dieser Sterngruppe besondere Beachtung geschenkt haben. (Die Plejaden bilden kein eigenes Sternbild, sondern sind nur ein kleiner Teil des Stiers, obwohl noch nie jemand herausgefunden hat, welchen bulligen Körperteil sie eigentlich darstellen sollen.)

Sobald die Dunkelheit hereinbricht, schweben sie faszinierend und anscheinend harmlos am östlichen Himmel. Doch das war nicht immer der Fall. Im Altertum hatten die Plejaden einen unheimlichen, düsteren Ruf. Mittelalterliche Rituale wie der heidnische Schwarze Sabbat oder die Nacht vor Allerheiligen (aus dem sich in Amerika der Halloween-Tag entwickelt hat) waren auf den Tag festgesetzt, an dem die Plejaden kulminierten – das heißt, ihren mitternächtlichen Höchststand erreichten. In seinem Klassiker *Field Guide to the Skies* spekuliert W. T. Olcott, die Rituale könnten als eine Art Gedenken für eine weit zurückliegende Katastrophe entstanden sein, die viele Menschenleben gekostet hatte. Robert Burnham vertritt in seinem großartigen *Celestial Handbook* die Ansicht, sie könnten mit der Sage von Atlantis verknüpft sein. Diese wiederum könnte sich möglicherweise anläßlich des gewaltigen Vulkanausbruchs auf der Insel Santorin im Jahre 1450 v. Chr. entwickelt haben, der die minoische Kultur auf der nahegelegenen Insel Kreta zerstörte. Falls sich die Katastrophe tatsächlich zur selben Zeit ereignet haben sollte, in der die Plejaden ihren mitternächtlichen Kulminationspunkt erreichten, könnte der Sternhaufen zu einer Art »Denkmal für die Toten« geworden sein.

Heutzutage sind diese düsteren Untertöne vergessen. Die Kinder, die an Halloween herumziehen und kleine Geschenke fordern (im Gegenzug versprechen sie, dem Spender keinen Streich zu spielen), wissen nicht das geringste vom Siebengestirn über ihnen und auch nichts von der möglichen, weit zurückliegenden und finsteren Verbindung der Sterne mit diesem Feiertag.

Für Kulturen aller Zeiten und in aller Welt hatten die Plejaden eine erstaunliche Bedeutung. In Ägypten wurden sie als eine der Erscheinungsformen der Göttin Isis verehrt. Im alten Persien feierte man den Tag, an dem sie ihren höchsten mitternächtlichen Aszendenten erreichten, mit einer Zeremonie. In den Kulturen der Mayas und der Azteken hatte dieser jährlich wiederkehrende Anlaß einen bedrohlichen Unterton; man schrieb ihm eine gewaltige Bedeutung zu und richtete überall zumindest eine Straße oder eine Pyramide auf die untergehenden Plejaden aus.

In Japan tragen sie den überlieferten Namen Subaru. Die sechs Firmen, die sich 1953 unter dieser Bezeichnung zusammenschlossen, um Autos herzustellen, bringen auf jedem ihrer Autos nach wie vor eine grobe Sternkarte der Plejaden an. Das Firmenzeichen wurde kürzlich geändert; ein Stern ist jetzt heller und deutlicher von den anderen abgesetzt als zuvor, was vielleicht auf einen verborgenen Machtwechsel innerhalb der Gruppe hinweist.

Ein Blick zum Himmel zeigt, daß eine Plejade *tatsächlich* heller ist als die anderen: Alcyone, ein pastellblauer Riese, der das Licht von tausend Sonnen abstrahlt. Doch alle Geschwister haben Namen, die leicht zu merken sind, zumindest, wenn Sie ein Fan alter Mythen sind: Es handelt sich um Atlas und seine sieben Töchter.

Doch warum *sieben* Schwestern? Das ist das eigentliche Geheimnis. Schließlich kann man mit normalem Sehvermögen ohne Schwierigkeiten nur sechs zählen, diese Anzahl findet man auch auf dem Firmenzeichen von Subaru.

Wenn Sie einen siebten Stern erkennen können, sollten Sie auch in der Lage sein, den achten und neunten zu sehen. Die Zahl, die Sie wahrnehmen können, sagt sowohl etwas über die Reinheit des Himmels bei Ihnen als auch über Ihre Sehfähigkeit aus. Mit guten Augen und bei klarem Himmel sind neun ein Kinderspiel, elf sind nicht allzu schwer, und insgesamt sind (mit bloßem Auge) sechzehn gezählt worden.

Doch so richtig aufregend wird es erst, wenn man das passende Instrument auf sie richtet. Kein Riesenteleskop, das wäre ein Fehler. Weit besser geeignet ist ein schlichtes Fernglas, weil geringe Vergrößerung und ein weites Sichtfeld das beste Ergebnis bringen. Die niedrigste Vergrößerung der meisten Teleskope ist bei weitem zu hoch, da sie nicht zuläßt, daß die ganze Gruppe zusammen mit einem Ausschnitt schwarzen Weltraums als ansprechendem Hintergrund ins Sichtfeld paßt.

Anfängern bleibt oft die Luft weg, wenn sie die Plejaden das erste Mal durch ein Fernglas sehen. Plötzlich werden Dutzende von Sternen sichtbar, und man kann auch ihre blauweiße Farbe erkennen. Wenn Sie sie ein paar Minuten lang mit bloßem Auge gezählt und sich dabei die Konfiguration der Hauptsterne eingeprägt haben, liefert ein gewöhnlicher Feldstecher eine wundersame Erweiterung. So führt er im Handumdrehen den überraschend hohen astronomischen Wert vor, den ein oft ungenutzt herumliegender, unter-

Die Plejaden, wie sie im Fernglas zu sehen sind.

schätzter Haushaltsgegenstand haben kann. Wenn Ihnen Ihr Fernglas eine Liste seiner wunderbarsten himmlischen Aussichten anbieten könnte, würde an erster Stelle wahrscheinlich die umwerfende und dramatische Verwandlung stehen, die das Bild des Siebengestirns erfährt.

Wie auch am Beispiel der Plejaden wieder deutlich wird, ist die von Anfängern fälschlicherweise gepriesene hohe Vergrößerungsleistung oft eher ein Hindernis als ein Segen. Für jedes Beobachtungsobjekt am Himmel gibt es eine optimale Vergrößerung, mit der man das beste Bild erhält. Wenn man über diese Nenngrößen hinausgeht, kommt es zu einem scharfen Abfall der ästhetischen Qualität. Für die Plejaden sollte man den Wert $30\times$ nicht überschreiten. Eine Vergrößerung von $7\times$ bis $10\times$, wie sie die meisten Ferngläser bieten, ist beinahe ideal.

Aber noch einmal, wieso *sieben* Schwestern, wo doch das durchschnittliche Auge nur sechs sieht? Weshalb haben so unterschiedliche Kulturen wie die der alten Griechen, der australischen Ureinwohner und der Japaner Legenden von der »verschwundenen« Plejade hervorgebracht, die sich über Jahrhunderte gehalten haben? Sogar vor zweitausend Jahren schrieb der griechische Dichter Ara-

tus: »...ihrer Zahl ist sieben, obwohl die Mythen oft behaupten...,
daß einer verschwunden sei.«

Hat sich in der astronomisch gesehen kurzen Zeitspanne, die seit
der Epoche des Parthenon verstrichen ist, eine der Plejaden verändert? Zunächst erscheint das unwahrscheinlich. Das Leben von Sternen vollzieht sich in einem weit langsameren Zeitmaß als die wenigen Jahrtausende, die verstrichen sind, seit Menschen die Plejaden
erstmals mit der Zahl sieben in Verbindung brachten. Für unsere
Augen posieren Objekte in den Tiefen des Alls wie die Plejaden in
starrer, unveränderlicher Erhabenheit. Selbst die Abfolge der Generationen vollzieht sich viel zu flüchtig, als daß man die gemessenen
Bewegungen der Sterne verfolgen könnte. Doch es gibt faszinierende Tatsachen, die uns nahelegen, hier könne es sich um eine Ausnahme handeln; in dieser Ecke des Museums könnte sich die Statue
bewegt haben, als wir gerade nicht hingeschaut haben.

Erster Hinweis: Die Plejaden sind, wie das Fernglas verrät, blau;
diese Farbe zeigt jugendliche Sterne an. Junge, heiße Riesen verzeh-
ren ihren nuklearen Brennstoff im Überschwang des Heranwach-
sens oft sehr schnell, was sie häufig instabil werden läßt.

Besonders einer von ihnen, Pleione, zeigt im Spektroskop, daß er
flackern kann wie eine Kerze im Fenster. Das Verhalten dieses
Sterns, dessen Hülle ein bestimmtes Spektrum emittiert und dessen
Licht sich selbst jetzt leicht verändert, könnte für das rätselhafte
Kommen und Gehen der »verschwundenen Plejade« verantwortlich
sein. Eine weitere jugendliche Angewohnheit ist die schwindelerregende Rotation der Plejadensterne. Pleione dreht sich hundertmal
schneller um seine Achse als die Sonne; seine Oberfläche rast mit
phantastischen 320 Kilometern pro Sekunde dahin. Aus seinem
Äquator schießen ultraheiße Dampfwolken, aus denen sich noch
größere, spiralförmig entweichende Gashüllen bilden, die den Stern
einhüllen. Diese seltsame und turbulente Umgebung kommt durchaus als Brutstätte für Helligkeitsschwankungen in Frage.

Dennoch ist nicht leicht festzustellen, wann die »verschwundene
Plejade« aus dem Blick geraten ist. Aussagen griechischer Beobachter im Altertum lassen vermuten, daß die siebte Plejade auch aus
damaliger Sicht bereits in einer noch früheren Periode begonnen
hatte, schwächer zu werden. Aber vielleicht hat man die Handvoll

Die Plejaden. Die Sterne sind in eine Staubwolke eingebettet, die blaues Licht in unsere Richtung streut, wie es in ähnlicher Weise auch unsere Atmosphäre mit dem Sonnenlicht tut, wenn sie unseren blauen Himmel hervorbringt.

Sterne unter Mißachtung der richtigen Zahl auch nur deshalb »Siebengestirn« genannt, weil die Zahl 7 traditionellerweise eine größere Bedeutung hatte als die 6!

In jedem Fall aber bietet die ganze saphirblaue Gegend der Plejaden mit ihren zarten Schleiern aus dunstigem Gas und ihren wie verrückt rotierenden Sonnen ein erstaunliches und gewaltiges Schauspiel; außerdem stellt sie ein faszinierendes astrophysikalisches Labor dar. In einem astronomischen Lehrbuch des neunzehnten Jahrhunderts hat man die Plejaden als »himmlischen Treffpunkt von Mythologie und Wissenschaft« bezeichnet.

Die Astrophotographie hilft uns bei der Erforschung dieses Raumsektors. Die Photos enthüllen einen zarten, blauen Nebel, der die ganze Gegend einhüllt und wie phosphoreszierender Reif auf einer Fensterscheibe leuchtet. Diese ausgedehnte Wolke aus Staub und Gas, die südlich von Merope ist dichtesten ist, stellt die himmlische Embryonalflüssigkeit dar, aus der alle Plejaden geboren sind. Sterne bilden sich immer aus Nebeln, doch die Plejaden sind vor so kurzer Zeit entstanden, daß ihre kosmische Nachgeburt noch immer vorhanden ist.

Selbst heute leben sie noch in ihrer Kindheit: Unsere eigene Sonne gibt es schon etwa 250 mal länger. Die Dinosaurier guckten unbeteiligt in einen Himmel ohne das Siebengestirn, das erst kurz vor der Zeit in Sicht kam, in der auch wir erstmals auftauchten. Und weil derart massereiche Sterne jung sterben, werden die Plejaden längst verschwunden sein, wenn die meisten Sterne der Galaxis sich noch ihrer mittleren Jahre erfreuen. Die neugeborenen Schwestern, die anmutig über den kalten Novemberhimmel zockeln, sind nur für den Augenblick geschaffen.

Große Feuerkugeln

Der Kreis. Zu allen Zeiten hat man ihn als die »vollkommene Form« der Natur angesehen. Die Kirche bestand sogar darauf, daß Himmelsobjekte auf kreisförmigen Umlaufbahnen unterwegs sein mußten, da Gott seiner Schöpfung gewiß niemals gestattet hätte, anders als auf makellosen Pfaden zu wandeln. Dabei verlief diese Argumentation selbst im Kreis: Irgendwie kam es den Theologen jener Tage nicht in den Sinn, *alle* Formen könnten »vollkommen« sein. Unabhängig davon ist der Kreis die bevorzugte und wohl auch die wunderbarste Form der Natur. Und in den fernen Tiefen der Nacht hat man unglaublich seltsame Kreise, Ringe und Sphären mit erstaunlichen Eigenschaften entdeckt.

Wir wollen eine Auswahl von Kreisen erkunden, die zum herbstlichen Himmel gehören. Dabei werden wir bescheiden anfangen, ganz in unserer Nähe, und uns dann hinaufschrauben zu den neuentdeckten Kugeln des Nichts, die auf rätselhafte Weise das Wesen des Universums selbst ausmachen.

Doch zunächst einmal, warum sind Sphären im Weltall eigentlich so häufig? Warum nehmen Sonne, Mond, Planeten und Sterne nicht manchmal die Gestalt von Würfeln oder Polyedern oder Diamanten an wie die wunderschönen Edelsteine, die sie ja auch sind?

Die Antwort ist wunderbar einfach. Ein Himmelskörper bildet sich aus Gas oder Schmelze und ist deshalb ganz leicht verformbar. Allein durch die Schwerkraft ziehen sich alle seine Atome gegenseitig an, und deswegen nimmt er die kompakteste Form an, die möglich ist – was immer auf eine Kugel hinausläuft.

Wie Sie schon in Ihrer Kindheit entdeckt haben dürften, hat die Kugel unter allen möglichen Formen die kleinste Oberfläche. Wenn Sie mit Ton gespielt haben, konnten Sie ihn zu einem dünnen Fladen mit einer enormen Oberfläche auswalzen oder ihn zwischen Ihren Handflächen zu einer hübschen kleinen Kugel drehen. Das winzigste, was Sie daraus machen konnten, war stets eine Kugel, und die hatte auch die kleinste Oberfläche aufzuweisen. Wenn Ihnen die Farbe auszugehen drohte, brauchten Sie für eine Endform, die einer Sphäre am nächsten kam, am wenigsten davon.

Die Kugelgestalt bleibt nur den kleineren Objekten erspart, deren Gravitation dafür zu schwach ist. Deshalb zeigen Asteroiden und Meteore unregelmäßige Formen.

Das Universum läßt ein paar Schlupflöcher zu. Dort verziehen sich Objekte und verlieren ihre perfekte Rundform. Sehr schnelle Rotation zum Beispiel zwingt Planeten mit geringer Dichte wie Saturn und Jupiter in eine stark abgeplattete Form. Selbst der Durchmesser der Erde ist an den Polen um 43 Kilometer kleiner als in einem Tunnel, den man durch ihren tropischen Gürtel bohren würde. Auch einige Sterne sehen wegen ihrer rasenden Eigenum-

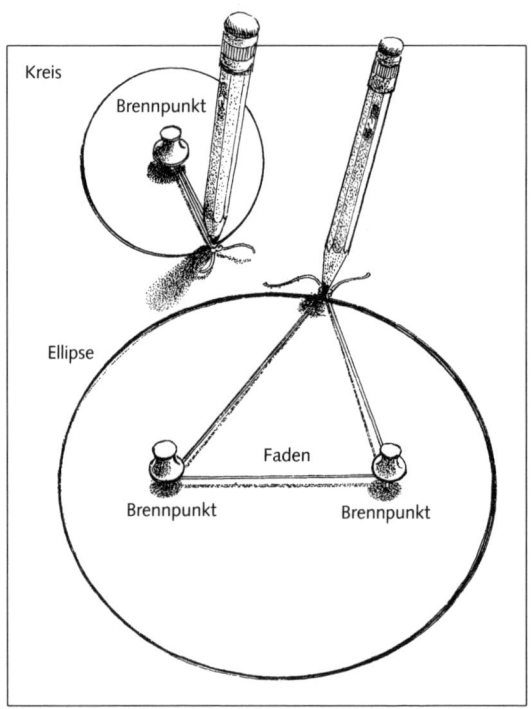

Kreis

Brennpunkt

Ellipse

Faden

Brennpunkt

Brennpunkt

Oben links: So zeichnet man einen Kreis. Unten rechts: So zeichnet man eine Ellipse.

drehung aus, als wären sie in einen gigantischen Schraubstock ein-
gespannt. Doch abgesehen von solchen Ausnahmen ist das Universum durch Sphären, d. h. Kugeln bestimmt.

Was die Planetenbahnen angeht, die der Anlaß für all den selbst-
auferlegten Kummer der Kirche waren, so ist eine Kreisbahn nichts
weiter als ein Sonderfall der Ellipse; wenn wir die ewigen Wege der
Planeten erkunden, sind es eigentlich die Ellipsen, die unsere Aufmerksamkeit verdienen.

Leider scheinen Ellipsen die meisten Menschen abzuschrecken.
Vielleicht wirken ovale Formen unelegant und schwer verständlich.
Das ändert jedoch nichts daran, daß fast alles im Universum (wir
eingeschlossen) auf elliptischen Boulevards durch den Kosmos
braust.

Ellipsen begreift man am besten, indem man eine zeichnet. Sie
sollten sich da reinhängen, es wird Ihnen gefallen. Zunächst versuchen wir es mit einem Kreis. Um einen Kreis zeichnen zu können,
brauchen wir nur einen Reißnagel in ein Blatt Papier zu drücken
und ihn mit Hilfe eines Fadens mit einem Bleistift zu verbinden. Für
alle, die älter als sechsunddreißig Monate sind, dürfte alles übrige
kein Problem darstellen.

Für eine Ellipse benötigen wir zwei Reißnägel, die man die
Brennpunkte der Ellipse nennt. Sie drücken die Stifte ins Papier,
legen eine verknotete Fadenschlinge darum und machen den Bleistift daran fest. Dann ziehen Sie den Faden straff, und – bingo!
Eine Ellipse. Sie sehen, das ist gar nicht so schwer. Wenn Sie den
Abstand zwischen den Reißnägeln vergrößern, wird die von Ihnen
gezeichnete Ellipse elliptischer (oder, um den korrekten Ausdruck
zu verwenden, exzentrischer). Verringern Sie die Entfernung,
nähert sie sich der Kreisform an. Wenn die beiden Brennpunkte
zusammenfallen, ist es ein Kreis.

Vor vier Jahrhunderten fand Kepler, nachdem er sich zehn Jahre
lang mit dem Problem befaßt hatte, daß alle Planeten auf elliptischen Umlaufbahnen unterwegs sind; dabei besetzt die Sonne den
einen Brennpunkt.

Der andere Brennpunkt ist nur ein leerer Punkt im Raum. Diese
Tatsache stört die Menschen oft: Keiner mag sich den anderen
Brennpunkt als bloßen mathematischen Punkt vorstellen. Es

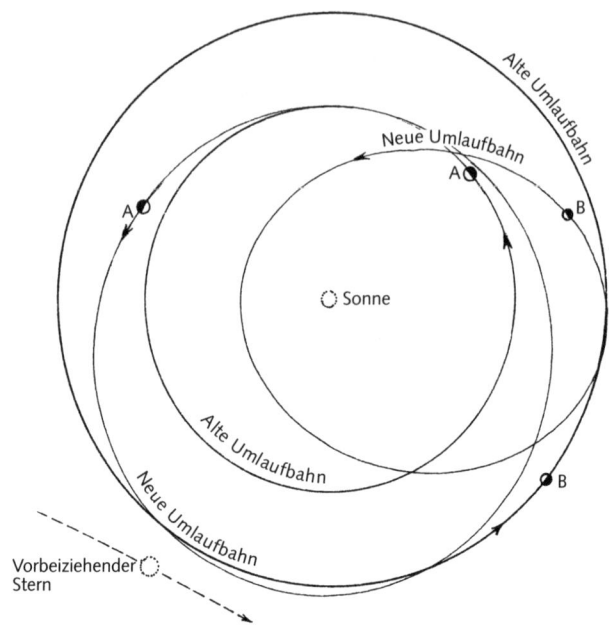

Stellen Sie sich zwei Planeten A und B vor, die sich in einer kreisförmigen
Umlaufbahn um ihre Sonne befinden. Ein Stern, der in diesem Augenblick in der
Nähe vorüberzieht, wird A beschleunigen und ihn in größerer Entfernung zur
Sonne weiterziehen lassen; Planet B wird langsamer werden und deshalb auf
seine Sonne zufallen. Wenn B sich der Sonne nähert, wird er wieder schneller
werden, während A sich verlangsamt, wenn er in größerem Abstand weiterfliegt. Beide besetzen neue elliptische Umlaufbahnen. Je massereicher der Planet
ist, desto weniger wird seine Umlaufbahn gestört werden.

scheint, als müßte sich dort irgend etwas befinden. Also gut: Wenn
erst einmal die Zeit der interplanetaren Raumreisen gekommen sein
wird, können wir dort ein Ausflugsziel oder ein Restaurant einrichten und es *Brennpunkt* nennen. Klingt gut, ist aber überflüssig,
denn für eine stabile Umlaufbahn reicht es im richtigen Leben aus,
wenn die Sonne den einen Brennpunkt besetzt. Alle Planeten haben
diesen solaren Brennpunkt gemeinsam; der zweite Brennpunkt
jedes Planeten liegt irgendwo im Weltraum. Wieviele verschiedene
Brennpunkte haben also die neun Planeten? Eine prima Quizfrage –
Sie sollten sie bei einem Amateurastronomen in Ihrer Bekannt-
schaft anbringen. Sie wird ihn sozusagen aus der Kurve tragen.
(Antwort: Zehn. Neun plus der gemeinsame Punkt in der Sonne.)

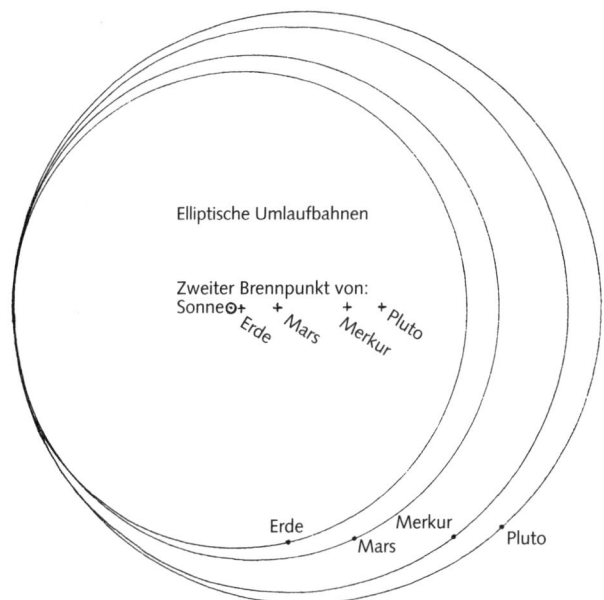

Elliptische Umlaufbahnen

Zweiter Brennpunkt von:
Sonne⊙+ + + +Pluto
Erde Mars Merkur

Erde Merkur
Mars Pluto

Für einen Vergleich der unterschiedlich exzentrischen Umlaufbahnen haben wir die Orbitalbahnen von Pluto, Merkur und Mars über die Bahn der Erde gezeichnet. Der zweite Brennpunkt von Pluto liegt eigentlich außerhalb, in der Nähe der Uranusbahn!

Aber wir wollen unseren eigenen Brennpunkt nicht aus den Augen verlieren. Unsere Frage lautet: Warum sollten Planetenbahnen nicht kreisförmig sein? Doch eigentlich müßte man die Frage stellen: Weshalb sollten sie? Eine vollkommen runde Umlaufbahn wird augenblicklich zur Ellipse, wenn sich die Geschwindigkeit des Planeten auch nur minimal verändert, was zum Beispiel geschieht, wenn er mit anderen Körpern zusammenstößt oder durch deren Gravitation gestört wird. Kurz, eine kreisförmige Umlaufbahn stellt lediglich einen Sonderfall der Ellipse dar, und es ist äußerst unwahrscheinlich, daß sie aufrechtzuerhalten ist.

Wenn Sie allerdings altmodisch sind (so richtig altmodisch, mit Wertbegriffen aus dem sechzehnten Jahrhundert) und Bewegungen verabscheuen, die nicht kreisförmig verlaufen, dann müßte Ihr Lieblingsplanet die Venus sein, deren Orbitalbahn von allen die rundeste ist. Oder Sie könnten sich, wenn Ihnen an den allerbesten Kreisen im ganzen Sonnensystem gelegen ist, die Bahnen betrachten, die die inneren der galileischen Trabanten des Jupiter, Io und Europa, beschreiben. Wenn Sie noch den Neptunschen Riesenmond Triton und den Saturnmond Tethys dazunehmen, haben Sie die himmlischen Ritter des Runden Tisches – Verzeihung, der Tafelrunde: Sie sind ja schließlich ein wenig altmodisch.

Wenn wir uns die andere Seite ansehen, so gehört die exzentrischste Umlaufbahn zum Planeten Pluto, dessen Entfernung zur Sonne sich in einem Verhältnis von drei zu fünf ändert. Wenn Sie noch Merkur und Mars mit hineinnehmen, haben Sie die einzigen Planeten, deren Bahnen für einen Außerirdischen, der von oben auf das Sonnensystem blickt, oval aussehen würden.

Wie uns Kepler auch zeigte, werden die Planeten schneller, wenn sie sich der Sonne am nächsten befinden und langsamer, wenn sie weit entfernt sind. Deshalb ziehen Planeten wie Venus oder Neptun auf ihrer annähernd kreisförmigen Umlaufbahn mit gleichbleibender Geschwindigkeit durch den Raum. Ein Planet wie Mars, dessen Bahn merklich elliptisch verläuft, wird ständig schneller und wieder langsamer wie jemand, der gerade das Autofahren erlernt.

Die ovale Umlaufbahn unserer Erde bringt uns im Januar fast 5 Millionen Kilometer näher an die Sonne als im Juli. Während der trägen Frühsommertage sind wir deshalb um einige tausend Kilometer pro Stunde langsamer. Unsere Uhren zeigen ständig die durchschnittliche Position der Sonne an, während die richtige Sonne vor dem Hintergrund der Sterne dauernd ihre Geschwindigkeit zu ändern scheint, weil wir unsere ändern. Die daraus folgende Verschiebung der Sonne gegenüber unseren Uhren trägt mit zu den wechselnden Zeiten des Sonnenaufgangs und des Sonnenuntergangs bei. (Unsere gekippte Achse ist der andere Grund für den alljährlichen Walzer von Licht und Dunkelheit.) Damit ist auch klar, daß die fehlende Kreisform der Erdumlaufbahn nicht bloß eine akademische Abstraktion ist; sie wirkt sich auf jedermann aus.

Wenn wir statt der Bewegungen die Formen der Objekte beschreiben, so zeigt sich, daß wir wirklich zu einem aus großen Feuerbällen bestehenden Kosmos gehören. Wir haben uns aber die Aufgabe gestellt, das Ungewöhnliche zu erkunden. Deshalb müssen wir die meisten der Billion blendender Sterne übergehen, mit denen

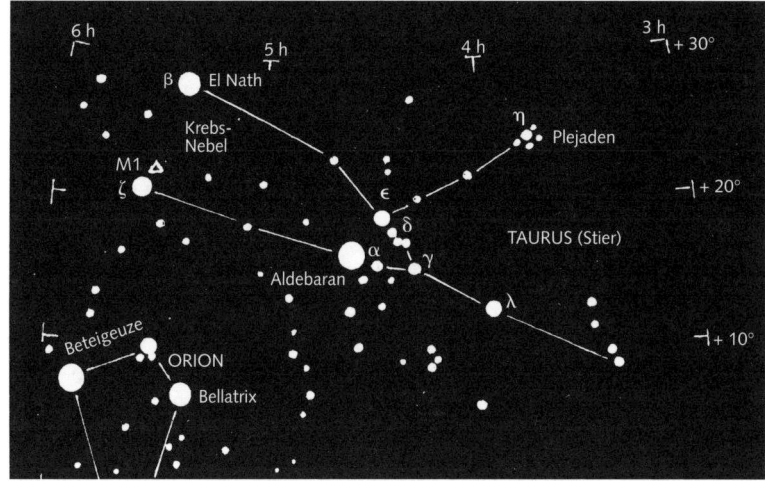

Der Krabbennebel zieht im Herbst und im Winter hoch über uns dahin; Einzelheiten gibt er jedoch nur in starken Teleskopen preis.

unsere Galaxis gesprenkelt ist wie mit feurigen Kugeln, und statt dessen eine bevorzugte Handvoll der erstaunlichsten Objekte auswählen. Dazu fangen wir mit dem kleinsten an – einem Ball von etwa 16 Kilometern Durchmesser, der in das Sternbild Stier eingebettet ist; im Frühherbst finden wir ihn auf halber Höhe am östlichen Himmel.

Am 4. Juli des Jahres 1054 erregte dieses herbstliche Juwel zum ersten Mal Aufmerksamkeit auf unserem Planeten. In jener Nacht erschien am Himmel ein strahlend helles Leuchtfeuer, das wochenlang Schatten warf. Selbst bei vollem Tageslicht war es noch sichtbar, weil es so ungeheuer hell strahlte. Es war auf der ganzen Welt zu sehen und blieb mehr als ein Jahr lang bestehen; in chinesischen Aufzeichnungen ist seine Position festgehalten worden. Als das Zeitalter der Teleskope heraufzog und man Instrumente auf diesen Punkt in der Nähe des Sterns Zeta Tauri richtete, sah man einen chaotischen Nebel, der Krabbenarmen ähnelte.

Dieser Krabben- oder auch Krebsnebel, wie er nach der Erfindung des Fernrohrs genannt werden sollte, besteht aus den verwirbelten Überresten einer **Supernova**, eines massereichen explodierten Sterns, dessen Trümmer immer noch mit 960 Kilometern pro Sekunde auseinanderfliegen. Die Energie, die erforderlich ist, um die Materie von einer Million Erdmassen auf eine derartige Geschwindigkeit zu beschleunigen, ist schwer vorstellbar. Und der kollabierte Kern des toten Sterns, der noch immer in seinem Mittelpunkt sitzt, ist auch nicht leichter zu begreifen.

Er ist zu einem winzigen Ball von der Größe von Los Angeles implodiert, hart wie Diamant, und rotiert mit rasenden dreiunddreißig Umdrehungen pro Sekunde. Da die Achse seines Magnetfelds in unsere Richtung weist und weil subatomare Teilchen durch die ungeheuer schnelle Umdrehung stark beschleunigt werden und dabei Energie abstrahlen, die sich entlang der Magnetpole ausbreitet, empfangen wir bei jeder Umdrehung einen Lichtblitz.

Dieses seltsame Wesen, das wie ein durchgeknalltes Glühwürmchen flackert, ist ein Pulsar. Heute gehören Pulsare zu den etablierten Mitgliedern des Zoos der himmlischen Merkwürdigkeiten, obwohl man sie erst in den sechziger Jahren entdeckt hat, als empfindlichere Filme kürzere Belichtungszeiten ermöglichten. Vor dieser Zeit dauerten die zum Einfangen der winzigen verdichteten Sternreste erforderlichen Langzeitbelichtungen weit länger als deren Pulsperioden, weshalb ihre erstaunliche Veränderlichkeit so lange unentdeckt blieb.

Jeder Teelöffel der Materie des Krebspulsars wiegt tausend Tonnen. Ein Volumen von der Größe eines Tennisballs wöge soviel wie ein Wolkenkratzer. Aufgrund der außerordentlichen Dichte des Krebsnebels sind der Raum und die Zeit verzerrt, in seiner Umgebung könnte also Ihre Armbanduhr anders gehen. Doch Pünktlichkeit dürfte dort ohnehin kaum Ihre Hauptsorge sein. Die Lichtblitze seines Leuchtturms scheinen wie geschaffen, um potentielle Besucher zu warnen wie eine Art interstellarer Boje. Denn jeder, der ihm zu nahe käme, würde durch die aberwitzige Schwerkraft sofort gewaltsam angezogen und in einen dünnen gallertigen Film verwandelt, der sich in Dampf auflöst, während er sich gleichmäßig über die feste Oberfläche des Pulsars ausbreitet.

Aber ach, diese Rotation, diese schwindelerregende Rotation. Der Pulsar dreht sich innerhalb einer dreiunddreißigstel Sekunde einmal um sich selbst. Mit der Regelmäßigkeit eines Uhrwerks sendet er Licht- und Energiepulse aus: ein himmlischer Leuchtturm, der jeden

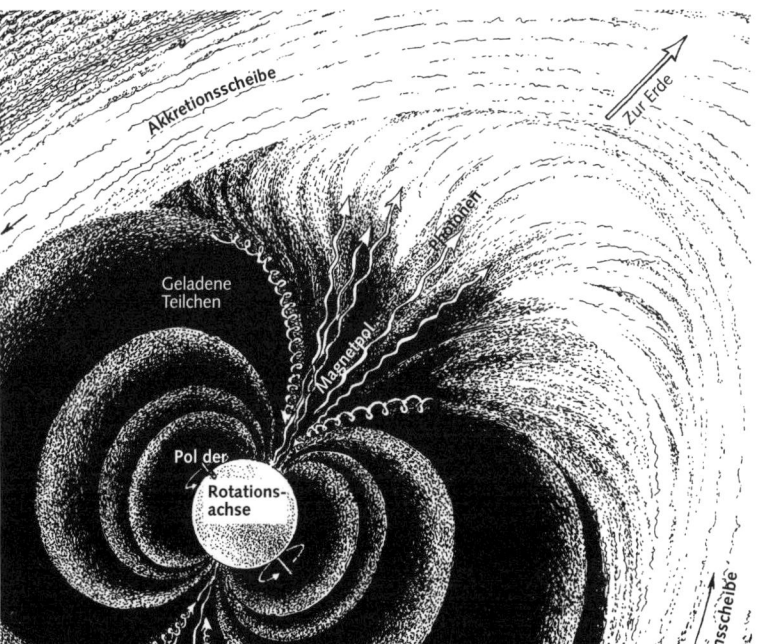

Das Herz eines Pulsars besteht aus einem rasch rotierenden Neutronenstern. Sein mächtiges Magnetfeld hindert die Akkretionsscheibe daran, weiter auf ihn hinabzustürzen; das geschieht nur an den Magnetpolen. Dort folgen die geladenen Teilchen den Kraftlinien zur Oberfläche und senden unterwegs Röntgenstrahlen aus.

Tag um den siebenunddreißigmilliardsten Teil einer Sekunde langsamer wird.

Dabei hält der Krebspulsar noch nicht einmal den Rotationsrekord. Von den vierhundert zur Zeit katalogisierten Pulsaren dreht sich etwa ein Dutzend zwischen 100 und 880 Mal pro Sekunde. An ihrem Himmel erscheinen die Sterne nicht als sich bewegende Punkte, sondern als perfekte geschlossene Kreise!

Wenn ein blendend heller, kugelförmiger Diamant, der sich

schneller dreht, als das Auge wahrnehmen kann, für Sie nicht als die merkwürdigste Sphäre in Frage kommt, nur Geduld! Zur Abwechslung können wir von einer der winzigsten zu einer der größten Kugeln wechseln.

Wir meinen die Superblase im Schwan, die man in den achtziger Jahren entdeckt hat und die im Frühherbst zur Abenddämmerung direkt über uns steht. Es handelt sich dabei um eine Großausgabe der Blasen, die man gewöhnlich in der Umgebung von Sternen findet, deren äußere Schichten explodiert sind und expandierende Hüllen aus dünnem Gas hervorgebracht haben. Die daraus entstandenen **planetaren Nebel** (die mit Planeten nichts gemeinsam haben außer der Tatsache, daß sie in den Augen der ersten Beobachter so aussahen wie die kurz zuvor entdeckten Planeten Uranus und Neptun) schließen so häufig beobachtete Halos wie den Ringnebel ein, den man in Sommernächten mit Amateurteleskopen in der Nähe des hellen Sterns Wega sehen kann. Diese riesigen farbigen Sphären, deren Durchmesser in der Regel ein halbes Lichtjahr beträgt, zeigen ein unheimliches Leuchten, das als **verbotene Strahlung** bezeichnet wird.

Dieses Licht ist »verboten«, denn es erzeugt bei der Spektralanalyse Kennlinien, die man anfangs nicht ergründen konnte, weil es sie von Rechts wegen nicht geben dürfte. Den gespenstischen grünen Ring muß man sich unbedingt im Fernrohr ansehen; man erblickt dort eine Art von Licht, die man auf der Erde nicht nachmachen kann, nicht einmal in unseren Laboratorien. Das Leuchten stammt von Sauerstoffatomen, die zwei ihrer Außenelektronen abgegeben haben, ein Zustand, den dieses Element sonst mit allen Mitteln meidet. Um ihn hervorzubringen, benötigt man die sehr unirdische Umgebung eines fast vollkommenen Vakuums und dazu weit offene Räume und hohe Energien.

Doch selbst diese seltsamen planetaren Nebel sind Kinderkram im Vergleich zu der Superblase im Schwan. Diese interstellare »Schockwelle« wird möglicherweise durch eine Kettenreaktion von Supernovae verursacht, das heißt, sie nährt ihren Fortbestand, indem sie Sterne hervorbringt, die später explodieren, was sich in einer expandierenden, sich selbst erhaltenden Kugel immer weiter fortsetzt.

Die Superblase im Sternbild Schwan hat einen Durchmesser von

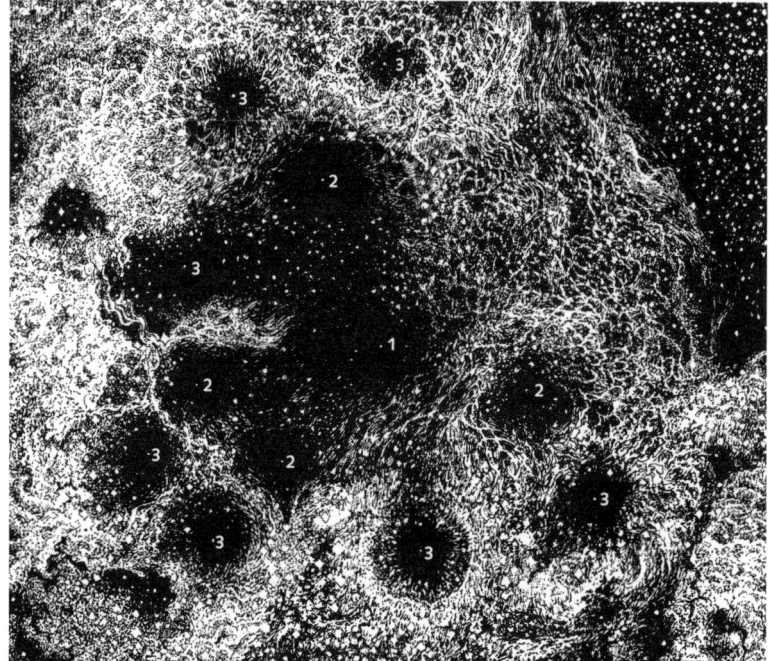

In diesem Querschnitt durch eine große Gas- und Staubwolke erkennen wir eine fortschreitende Kettenreaktion von Supernovae. Die ältesten Supernovae (1) setzten eine Hülle frei, die mit der sie umgebenden Wolke zusammenstieß und so neue Sterne zeugte; einige davon hatten genug Masse und explodierten ihrerseits (2). Dabei schufen sie eine ausgedehnte Sphäre aus massereichen Sternen, die den Prozeß aufrechterhalten (3). Letztlich führt das zu einer Superblase.

1000 Lichtjahren, eine Dimension, die man nicht im Vorübergehen abtun kann. Um eine so gewaltige Ausdehnung abschätzen zu können, werden wir dort, sagen wir mal, Sonnen mit einer Rate von einer Milliarde pro Sekunde einfüllen. Bei einer derartig eindrucksvollen Menge dürfte man mit unserer Sonne, deren Volumen millionenmal größer ist als das unserer Erde, beim Verfüllen aller möglichen Hohlräume recht nette Fortschritte machen. Dennoch würde das Vorhaben neun Billionen Jahre dauern – das ist mehr als fünfhundertmal länger, als das Universum überhaupt existiert.

Sie auch nur durchqueren zu wollen wäre schon eine Herausforderung. Sollte sich unsere Raketentechnik je so weit entwickeln, daß

Rund um große leere Hohlräume häufen sich Galaxien, als wäre das Universum wie ein Schwamm aufgebaut.

wir tausendmal schneller reisen können als heute, würde die Reise durch die Blase immer noch 6 Millionen Jahre dauern. Ganz sicher würde Ihnen dabei der Lesestoff ausgehen.

1993 hat man in der fernen Galaxie NGC 4631 noch viel größere Blasen gefunden, die möglicherweise ebenfalls von Supernovae verursacht worden sind. Die größte von ihnen erstreckt sich über etwa 10 000 Lichtjahre, könnte also sogar die Superblase im Schwan tausendmal schlucken.

Aber vielleicht langweilt uns die schiere, unvorstellbar gigantische Größe allmählich; dann sind wir bereit für den nächsten gewaltigen Sprung in das phantastische Reich der Blasen, das in den achtziger Jahren entdeckt wurde. Diese größten Löcher des gesamten Universums stellen die Superblase im Schwan auf ähnliche Weise in den Schatten wie eine Kugel von 2400 Meter Durchmesser im Vergleich zu einer Murmel. Es sind die größten Gebilde, die man je aufgespürt hat.

Große leere Blasen sollten uns nicht wundern: schließlich ist der Kosmos insgesamt näher am »Nichts« als selbst das beste Vakuum unserer Labors. Wenn Sie alles gleichmäßig verteilen würden, blieben weniger als 20 Atome pro Liter Weltall: Nichts. Der Reichtum, der uns umgibt, die wunderbare Fülle der Wale, der Wolkenkratzer und selbst der Wolken ist eine Ausnahme, eine Oase in der großen, zauberhaften Leere, in der wir zu Hause sind.

Doch die kürzlich entdeckten intergalaktischen Leerräume sind selbst in einem Kosmos, in dem die Abwesenheit aller Materie alltäglich ist, noch eindrucksvoll. Als unvorstellbar leere Sphären, die durch gewölbte Flächen von Galaxienhaufen begrenzt sind, erstrecken sie sich über 200 Millionen Lichtjahre und noch weiter. Demnach ist das Universum aus Gründen, die niemand versteht, wie ein Schwamm im größten Maßstab aufgebaut. Die kleineren Sphären aus Sternen, Planeten und Kugelsternhaufen umgeben ungeheure Kugeln aus fast vollkommenen Nichts.

Da weiß man kaum mehr, wo einem der Kopf steht. Heftige Kopfschmerzen bereiten sie auch der Urknalltheorie, da seit dem vermuteten Beginn des Universums noch nicht genug Zeit für die Entwicklung derart großer Formationen verstrichen ist.

Ist das noch zu überbieten? Dieses Spielchen, immer noch eins draufzusetzen, kann nur in eine Richtung zielen: auf das Universum als Ganzes.

Die Formel für das Volumen einer Kugel lautet $^4/_3 \times \pi \times r^3$, wobei r für den Radius steht. Auch wenn Sie Mathematik hassen sollten, kommen Sie nicht daran vorbei, wie leicht sich der Inhalt einer beliebigen Kugel ausrechnen läßt, selbst wenn es sich dabei um den gesamten Kosmos handelt. Diese Übung ist notwendig, wenn wir dem Volumen des Alls Bedeutung verleihen wollen.

Vor Jahren stellten manche Läden riesige Gläser mit Murmeln oder Geleebonbons ins Schaufenster. Wenn man erriet, wie viele es waren, konnte man einen Preis gewinnen. Das dürfte auch der Grund sein, weshalb so viele von uns nächtelang von folgender bohrenden Frage wachgehalten werden: Wenn das ganze Universum hohl wäre, wie viele Murmeln bräuchte man dann, um es zu füllen? Es ist eine dieser Fragen, die einen einfach nicht mehr loslassen. Und es ist eine Frage von sehr viel größerer Tragweite, als Sie vielleicht annehmen. Wenn nämlich die Erde in sich zusammenstürzen und den Zustand eines Schwarzen Loches erreichen würde, nähme sie genau das Volumen einer Murmel ein. Wieviele Murmeln würde man also brauchen, um den Kosmos zu füllen?

Die Antwort lautet: 224 900 000 000 000 000 000 000 000 000 000 000 000 000 000 000 000 000 000 000 000 000 000 000 000 000 000 000 000 000! Dabei unterstellen wir, das Universum würde unmittelbar beim letzten derzeit entdeckten Quasar enden, was unwahrscheinlich ist. Somit bräuchte keine noch so leistungsfähige Murmelfabrik zu befürchten, jemals zu wenig Lagerraum zur Verfügung zu haben, selbst wenn das Personal Überstunden machen würde.

Doch auch wenn Sie nichts anderes täten, als das Universum mit Murmeln vollzustopfen und es irgendwie schaffen würden, in jeder Billionstelsekunde eine Billion Murmeln herzustellen, und wenn Sie dann über eine Billion Fabriken verfügten, von denen jede diese Menge fabrizieren könnte, und diese manische Veranstaltung weiterhin auf allen Sternen aller Galaxien durchführen würden, würde es immer noch 7 131 500 000 000 Jahre dauern, einige hundertmal länger, als das Universum bisher existiert. Natürlich wären Sie unterdessen niemals in der Lage, mit der Expansion des Universums Schritt zu halten.

Wenn Astronomen die Astrologie und andere Pseudowissenschaften als Unsinn abtun, antwortet so mancher: »Aber es ist doch alles möglich, oder nicht?« Die Geschichte mit den Murmeln ist ein ausgezeichnetes Beispiel, daß manche Dinge nicht möglich sind. Wir können mit Sicherheit sagen, es ist unmöglich, mehr Murmeln zu produzieren, als Raum dafür vorhanden ist.

Rückblickend könnten all diese Phantasien über kosmische Reiche voller Murmeln vielleicht doch in keiner Weise ausgereicht haben, den Kosmos etwas greifbarer zu machen. Selbst wenn wir die Zahl um siebenundzwanzig Nullen verkleinern und das Universum mit Planeten von der Größe der Erde füllen, liegen die Ausmaße der Sphären, die unsere Wirklichkeit bilden, immer noch weit jenseits unserer Möglichkeiten, sie uns bildlich vorzustellen.

Und wenn wir uns allzusehr bemühen, uns das alles vor Augen zu führen, fallen uns vielleicht die Murmeln aus dem Kopf.

Erntemond

Jedes Jahr die gleiche Geschichte: In seiner Wetterprognose sagt der amerikanische Fernsehsprecher »Heute nacht ist Erntemond!«, und überall im Land glauben die Leute zu wissen, was das bedeutet.

Einige nehmen an, »Erntemond« habe keinen empirischen Hintergrund, sondern sei eine überholte Bezeichnung für den Herbstvollmond – nichts als einer der althergebrachten Namen wie »Wonnemond« für den Mai. Dieser überholte Begriff, meinen sie, habe sich seit jenen schlichteren Zeiten, in denen das Mondlicht im Alltagsleben noch eine Rolle spielte, einfach bis heute gehalten.

Andere stellen sich das genaue Gegenteil vor; sie meinen, der Erntemond sehe irgendwie anders aus: größer oder röter oder höher oder – sonst irgend etwas.

Weit daneben!

Kein anderer Mond ist so bekannt und auch so unverstanden, eine Verbindung, die den Erntemond zu einen Vollmond macht, der es wert ist, näher untersucht zu werden.

Von der Annahme, er unterscheide sich von anderen Vollmonden, können wir uns sofort verabschieden: Sie trifft nicht zu. Für das unbewaffnete Auge ändert sich die Ansicht des Mondes ausschließlich deswegen auf merkliche Weise, weil er sich auf seiner elliptischen Umlaufbahn in unterschiedlichen Entfernungen zur Erde bewegt. In jedem astronomischen Kalender ist das monatliche Apogäum (der fernste Punkt) sowie das Datum der größten Annäherung des Mondes, das Perigäum, verzeichnet. Die Unterschiede sind deutlich wahrnehmbar und belaufen sich häufig auf bis zu 12 Prozent. Doch keines der Extreme fällt mit der Zeit des Erntemonds zusammen, außer vielleicht im Jahr der verrückten Zufälle, wenn die Gesetze der Wahrscheinlichkeit sich gegen uns verschwören.

Wenn sich Gegenstände in der Nähe des Horizonts befinden, läßt sie die Perspektive größer erscheinen als an anderen Orten. Die Kreise, die den Mond beziehungsweise das Vorderrad des Motorrades darstellen, sind gleich groß.

Dann wäre da noch unsere Atmosphäre, die ihrerseits einige Tricks auf Lager hat. Dunst und Hitze des Sommers lassen den Mond stärker orangefarben erscheinen, besonders, weil der Mond dann auch die niedrigste Bahn des ganzen Jahres beschreibt und einen größeren Teil seiner Zeit in der dickeren Luftschicht nahe am Horizont verbringt. Selbst der schon erwähnte Ausdruck *Honigmond* soll, wie manche meinen, von den bernsteinfarbenen Vollmonden des Monats Juni abgeleitet sein, in dem man traditionell Hochzeit hielt.

Dagegen erreichen Vollmonde in der Zeit der Wintersonnenwende ihren höchsten Punkt am Himmel und scheinen gewöhnlich durch trockenere, klarere Luft, was sie weißer und ein wenig heller macht als in der übrigen Zeit. Aber ein Erntemond im September? Nein, da gibt es nichts besonderes.

Weiter wäre da noch die berühmte **Mondillusion**. Sie ist möglicherweise die mächtigste aller Sinnestäuschungen und läßt den tiefstehenden Mond über dem Horizont riesengroß aussehen. Diese Wirkung entsteht durch seine optische Nähe zu irdischen Objekten im Vordergrund. Doch auch sie findet bei allen Monden gleichermaßen statt. Der kleine himmlische Taschenspielertrick dürfte darauf zurückzuführen sein, daß wir Gegenstände in der Nähe des Horizonts seit jeher als fern und daher größer wahr-

Der östliche Himmel im Frühling, mit den Positionen des Mondes an aufeinanderfolgenden Abenden, jeweils bei Sonnenuntergang.

Der östliche Himmel im Herbst, auch hier mit den Positionen des Mondes an
aufeinanderfolgenden Abenden bei Sonnenuntergang. Der Mond bewegt sich
jeden Tag um die gleiche Entfernung weiter, wenn auch in einem Winkel, der
ihn näher am Horizont entlangführt, wodurch er jede Nacht fast zur selben Zeit
aufzugehen scheint.

nehmen. Das verhilft dem Mond subjektiv zu mehr Größe, als wenn er hoch über uns steht, wo ihn die Weite des Himmels kleiner macht.

Wenn er also nicht anders *aussieht,* wozu dann der ganze Wirbel? Alles läuft wieder einmal auf die alte Unruhestifterin, die geneigte Erdachse, hinaus. Unsere schräge Umdrehung läßt es so aussehen, als ziehe der Mond auf einer Bahn dahin, die der Taumelbewegung eines nicht ausgewuchteten Rades gleicht. Das wiederum wirkt sich darauf aus, wie er auf- oder untergeht. Durchschnittlich erscheint der Mond täglich etwa fünfzig Minuten später am Horizont, im Frühling jedoch verzögert sich der Mondaufgang aufgrund seines steileren Winkels über dem Horizont. Dann kann sich der Zeitraum zwischen zwei Mondaufgängen an aufeinanderfolgenden

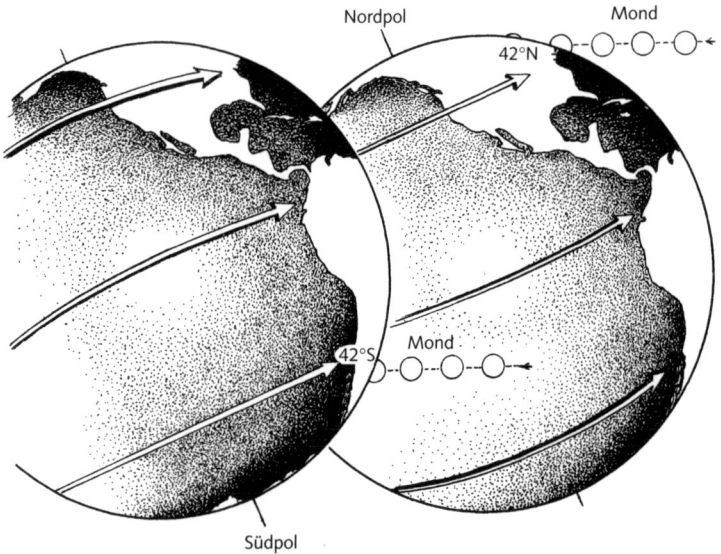

Eine Ansicht der Erde aus dem Weltraum zur Zeit der herbstlichen Tag- und Nachtgleiche. Wenn wir die Umlaufbahn des Mondes bei 42 Grad südlicher Breite anlegen (linke Skizze), erkennen wir, daß sich der Mond fast senkrecht zum Horizont bewegt. Rechts legen wir die Umlaufbahn des Mondes bei 42 Grad nördlicher Breite an und sehen so, wie er den Horizont in einem flachen Winkel überquert. Im Frühling kehrt sich dieses Winkelverhältnis um. Der Erntemond-Effekt entsteht durch diese wechselnden Winkel.

Tagen auf bis zu eineinhalb Stunden verlängern; die genaue Zeitdifferenz hängt von der geographischen Breite ab, auf der sich der Beobachter befindet. Für diese Erscheinung des Frühlings, bei der der Mond in der einen Nacht pünktlich aufgeht, während er sich in der folgenden sozusagen verweigert, gibt es allerdings keine eigene Bezeichnung.

Im Herbst ist es genau anders herum. Auf seiner Umlaufbahn kommt der Mond in jeder Nacht um dieselben 13 Grad voran, doch in einem engeren Winkel zum östlichen Horizont, weshalb er sich kaum unterhalb dieser Linie befindet und so lediglich fünfundzwanzig Minuten später aufgeht.

Das ist alles. Das ist die ganze Geschichte. Der Erntemond sieht nicht anders aus; es handelt sich nur um eine Reihe von Abenden, an denen der Vollmond fast zur gleichen Zeit aufgeht.

Was dabei herauskommt? Stellen Sie sich folgendes vor: Dem bedrängten Bauern, der seine Erntepflichten erledigen will, dauert das Tageslicht nicht lang genug. Die Sonne geht unter und genau da – bingo! – geht der Mond auf und beschert ihm eine willkommene Zusatzbeleuchtung. Und das geht dann noch einige Tage so weiter.

Somit ist der Erntemond eher ein Vorgang als ein Gegenstand. Dabei geht der volle (und fast volle) Mond an mehreren aufeinanderfolgenden Abenden etwa gegen Sonnenuntergang auf. In der folgenden Tabelle sind die Daten der Erntemonde aufgeführt, doch wenn Sie den *Effekt* des Erntemonds beobachten wollen, müssen Sie die Mondaufgänge während einer oder zwei Nächte vor und nach diesem Termin betrachten.

Herkömmlicherweise versteht man darunter den Vollmond, der der herbstlichen Tag- und Nachtgleiche, wenn Tag und Nacht einigermaßen gleich lang dauern, am nächsten liegt. Der früheste Termin für den Erntemond kann so auf den 8. September, der späteste auf den 7. Oktober fallen, wobei der Effekt bei diesen extremen Daten einigermaßen verwischt erscheint. Jene Erntemonde, die der Tag- und Nachtgleiche (dem Äquinoktium) im September am nächsten kommen (1999 und 2002), haben den zusätzlichen Vorteil, fast exakt im Osten auf- und im Westen unterzugehen, was eine hübsche Symmetrie ergibt. Zu dieser Zeit erstrahlt der exakte West-

Erntemonde

1999	9. Sept.	2004	28. Sept.
2000	27. Sept.	2005	18. Sept.
2001	2. Okt.	2006	7. Okt.
2002	21. Sept.	2007	26. Sept.
2003	10. Sept.	2008	15. Sept.

punkt im Glanz der untergehenden Sonne, während die genaue Ostrichtung im selben Augenblick vom aufgehenden Vollmond markiert wird. Außerdem kann man dieses spannende Gleichgewicht überall auf der Welt beobachten.

Doch wenn Sie nicht allzu pingelig sind, erscheint eigentlich *jeder* Erntemond etwa zu der Zeit sehr nah am genauen Ostpunkt, zu der die Sonne exakt im Westen untergeht; sicherlich zeigt das die Haupthimmelsrichtungen genauer und überzeugender an als ein Kompaß. Zu dieser Art von Anlässen pflegten primitive Völker ein Mordstamtam zu veranstalten. In den Städten unserer Tage dürfte kaum mehr jemand geneigt sein, Feuer anzuzünden oder irgendwelche Rituale aufzuführen. Doch wir können uns zumindest den Sonnenuntergang sowie den Mondaufgang bei Herbstbeginn ansehen und uns all die Jahrhunderte mit Zeremonien vorstellen, in denen diese Stellungen von Sonne und Mond mit Idolen oder Steinen à la Stonehenge markiert wurden.

Vielleicht können wir dabei auch die Allgemeingültigkeit jener Erfahrung mit einbeziehen. Die meisten Ereignisse am Himmel kann man an gewissen Orten besser sehen als an anderen. Einige davon – zum Beispiel Sonnenfinsternisse – sind sogar nur von bestimmten geographischen Gebieten aus zu sehen. Doch der Erntemond, der immer etwa zur Tag- und Nachtgleiche im Herbst auftritt, scheint wie die Sonne über dem Äquator, was gewährleistet, daß beide überall sichtbar sind. Das Phänomen ist weltweit zu beobachten.

Übrigens mag ja die ganze Betriebsamkeit rund um die »überall gleiche Länge von Tag und Nacht«, die sich alle Jahre gebetsmühlenartig wiederholt, ganz nett klingen, doch es gibt kein Datum, zu dem dieses Phänomen auf der ganzen Welt gleichzeitig auftritt. Den Spielverderber gibt die atmosphärische Lichtbrechung, die das Bild der Sonne am Horizont um ein halbes Grad nach oben beugt und uns ein paar Minuten zusätzlichen Sonnenschein gewährt. Dadurch wird das Tageslicht gegenüber der Dunkelheit zur Tag- und Nachtgleiche bevorzugt. Auf der nördlichen Hemisphäre ereignet sich die tatsächliche Gleichheit von Tag und Nacht fast eine Woche später, und für die Menschen, die südlich des Äquators leben, findet sie fast eine Woche vor der kalendarischen Tag- und Nachtgleiche im Herbst statt. Aber das ist immer noch nah genug, um eine Entschuldigung für heidnische Zeremonien zu liefern; das Äquinoktium stellt annähernd überall Gleichheit her, allerdings nur mit einer Genauigkeit von etwa zwanzig Minuten.

Die Harmonie am Himmel findet auch auf andere Weise ihren Widerhall. Südlich des Äquators geht der Mond nach links auf, während ihn der Rest der Menschheit nach rechts aufgehen und weiterziehen sieht, was eine beinahe schon poetische planetenweite Symmetrie erzeugt. Es ist, als würden Himmel und Erde für einen flüchtigen Atemzug innehalten, bewegungslos und im Gleichgewicht, ehe sie sich kopfüber in den nördlichen Winter stürzen.

Helle Nordlage

Die meisten Menschen stellen sich vor, die Aurora borealis (besser bekannt unter der Bezeichnung Nordlicht) sei mit Bildern der Arktis verknüpft – ein Anblick für nur bedingt zurechnungsfähige Wissenschaftler, die, von Polarbären umgeben, inmitten von Schneeverwehungen ihrer Arbeit nachgehen. Doch die wildbewegten Farbvorhänge sind nicht auf ferne, tiefgefrorene Länder beschränkt. Wenn Sie das unheimliche Schauspiel sehen wollen, brauchen Sie nur bis zum nächsten dunklen Himmel zu reisen.

Das ist möglich, weil die Vorführungen Teil eines gewaltigen, leuchtenden Rings sind, der rund um die *magnetischen* Pole, auf die jeder Kompaß weist, angeordnet ist und nicht um die *geographischen* Pole, die als Ziel für die Kreuzzüge der Entdecker herhalten müssen. Je näher Sie bei diesem **Oval der Aurora** leben, desto heller und häufiger werden die Polarlichter bei Ihnen zu sehen sein. Für jene, die in den USA leben, ist es ein glücklicher Zufall, daß der magnetische Nordpol im nahen Kanada liegt, genau nördlich des wegen seiner Form so genannten texanischen Pfannenstiels, und zwar auf 77 Grad nördlicher Breite, was viel näher bei uns ist als der Pol der Erdachse. Menschen, die in Europa oder Asien auf unserer Breite leben, sind gut 2900 Kilometer weiter von diesem Oval der Aurora entfernt, und das macht den ganzen Unterschied aus.

Über New York und über den Redwood-Wäldern Kaliforniens entstehen monatlich oder öfter Polarlichter. Europäische Orte, die ebenso weit im Norden liegen, haben weniger Glück: In Rom, dessen geographische Breite mit der von New York übereinstimmt, sieht man sie nur alle drei bis fünf Jahre einmal. Auch Paris, die Lichterstadt an der Seine, ist kein guter Ort für das Nordlicht; dort ist es ebenso selten wie in Florida (nur in einem Prozent aller

Nächte), obwohl doch der Eiffelturm auf derselben Höhe liegt wie Vancouver, wo sie fast jede Woche einmal auflodern.

Das spielt alles keine Rolle, wenn Sie unter dem milchigen Schlamassel leben, mit dem die Decke über den Städten heute eingefärbt ist. Doch in ländlichen Gebieten, insbesondere im nördlichen Drittel der Vereinigten Staaten, zieren häufig majestätische Vorstellungen den Himmel über den Hinterhöfen. Ein Amateur in North Dakota verzeichnete innerhalb eines Jahrzehnts achthundert von ihnen. Wenn Sie in Ihrer Gegend die Milchstraße sehen können, können Sie auch Polarlichter sehen.

Hundeschlitten und Iglus können Sie also vergessen. Dagegen sind klare Nächte, wie man sie im Herbst oft vorfindet, eine notwendige Voraussetzung, und der Mond sollte nur als schmale Sichel oder besser gar nicht anwesend sein. Auch aus anderen Gründen sind Polarlichter im Herbst häufiger: Die Erscheinungen können leichter auftreten, wenn die Achse unseres Planeten während der

Der magnetische Pol liegt zur Zeit mehr als 1300 Kilometer vom Rotationsnordpol entfernt inmitten der Inseln im äußersten Norden Kanadas.

Tag- und Nachtgleichen nicht gegen die Sonne geneigt ist. Auch ein kleiner Vorsprung wäre ganz nett – Sie könnten ihn sich möglicherweise verschaffen, wenn Sie ein Teleskop mit einem Sonnenfilter haben, und beobachten, wie sich der Mitte der Sonnenscheibe während ihrer siebenundzwanzig Tage dauernden Rotation eine riesige Gruppe von Sonnenflecken nähert.

Wenn uns dieser Sturm gegenübersteht, kann er einen Strom geladener Teilchen quer durch das Magnetfeld der Erde schicken und so ein elektrisches Feld erzeugen, das die Atome der Atmosphäre 160 Kilometer über uns anregt. Der Hochspannungsstoß läßt ihre Elektronen auf ein höheres Energieniveau springen. Wenn die Elektronen dann auf ihre bevorzugten niedrigeren Bahnen zurückfallen, emittieren sie lautlose Schauer grünen oder roten Lichts.

Dabei handelt es sich um hochkarätige Energie, die sogar die Gewalt von Blitzen in den Schatten stellt: Normalerweise fließen 20 Millionen Ampere mit etwa 50 000 Volt in das Oval der Aurora und lassen diese aufleuchten wie die Gase in den Straßenlaternen.

Doch eigentlich geht es nur um eine einzige Frage: Wann findet es statt? Für diese aufregende und unheimliche Broadway-Show

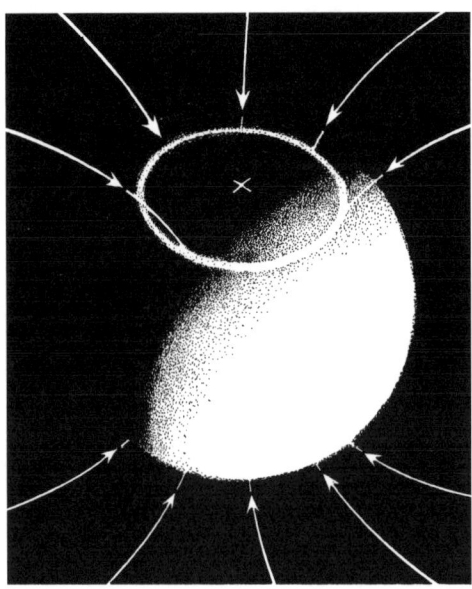

Ein Bild der Erde in ultraviolettem Licht zeigt einen (mit einem Kreuz markierten) Ring von Auroren, der um den magnetischen Pol verläuft. Das Nordlicht bildet diesen Ring, weil die geladenen Teilchen des Sonnenwinds, die es hervorrufen, den magnetischen Feldlinien (Pfeile) folgen müssen.

muß man niemanden bezahlen; die Leute wollen nur wissen, wann und wo sie zuschauen können. Leider kümmern sich Polarlichter für gewöhnlich nicht um irdische Kalender und marschieren zum Takt eines anderen, himmlischeren Trommlers; sie folgen den wilden inneren Eingebungen der Sonne selbst.

Die Sonne setzt regelmäßig einen Strom geladener subatomarer Teilchen frei, die 1,6 Millionen Kilometer pro Stunde zurücklegen und uns in vier Tagen erreichen. Dieser normale Materiestrom wird jedoch von unserem schützenden Magnetfeld abgelenkt und erzeugt kein himmlisches Feuerwerk. Dazu ist ein zusätzlicher intensiver Ausbruch erforderlich; Sonnenflecken (Sonnenstürme) bieten dafür die besten Voraussetzungen. Diese heftigen Wirbelstürme aus Atombruchstücken regen unser Magnetschild dazu an, gewaltige elektrische Spannungen aufzubauen. Deshalb stimmen Ebbe und Flut des elfjährigen Sonnenflecken-Zyklus auch ziemlich gut mit dem Auftreten von Nordlichtern überein.

(Eigentlich handelt es sich um einen Zyklus von zweiundzwanzig Jahren, wenn man die magnetische Ausrichtung der Sonnenflecken mit einbezieht; bei jedem zweiten Zyklus kehrt sich die positive beziehungsweise negative Ladung der Flecken um. Welche Folgen das hat, darf jeder selbst herausfinden.)

Mitte der neunziger Jahre durchlief die Sonne eine ruhige Periode. Die letzten Jahre des alten und die ersten Augenblicke des neuen Jahrhunderts sollten eine neue Runde zahlreicher Nordlicht-Feuerwerke einläuten, da sich der Zyklus erneut aufheizt.

Mit einem kleinen Teleskop, dem man ein entsprechendes Filter vorschaltet, um das Licht abzuschirmen, *noch ehe es in das Instrument eintritt*, ist es einfach, Sonnenstürme zu verfolgen. Viele der die Polarlichter verursachenden Flecken sind sogar so groß, daß sie sich auch für das unbewaffnete (aber mit einem Filter geschützte) Auge deutlich abzeichnen; unser Planet Erde erscheint dagegen wie ein Zwerg. Sichere und leicht zu beschaffende Filter, mit denen man sie betrachten kann, sind Gläser für 14er Schweißerbrillen, die man in jedem Laden für Schweißerbedarf erhält. Dabei genügt schon ein schlichtes Ersatzglas für ein paar Mark; wenn Sie nicht zur gleichen Zeit Ihr Auto reparieren wollen, brauchen Sie nicht die ganze Maske.

Dabei müssen Sie die Sonne keineswegs selbst beobachten, wenn Sie das nicht wollen. Die laufenden Einzelheiten zu den Sperenzchen der Sonne können Sie auch erhalten, wenn Sie zum Beispiel eine Volkssternwarte oder ein Planetarium in Ihrer Nähe anrufen oder im Internet aufsuchen. Stellen Sie sich vor: Die Sonne per Telefon. Der Anruf ist billiger, wenn Sie nachts anrufen – als hätte man die Gebühr absichtlich gesenkt, weil der Gegenstand des Interesses nicht anwesend ist. Als Prämie erhalten Sie dann noch Informationen über den Zustand des Erdmagnetfelds. Wenn Sie zu den Leuten gehören, die sich um alles mögliche Sorgen machen, bekommen Sie damit einen weiteren Aspekt des Lebens, den Sie im Auge behalten können: den Magnetismus Ihres Planeten.

Da Sie jetzt wissen, wie Sie schon vorher von einem Polarlicht erfahren können, haben wir noch einen Tip für Sie: Vergessen Sie's. Angesagte Nordlichter stellen sich nur selten ein, dafür finden die besten Vorstellungen oft unangekündigt statt. Falls Sie in ländlicher Umgebung oder in dunkleren Vororten leben, ist es am besten, wenn Sie sich angewöhnen, jede Nacht zum Himmel zu schauen, wenn Sie nach Hause kommen. Zunächst sollten Sie sich die normale Hintergrundbeleuchtung im Norden Ihres Hauses einprägen. Ein davon abweichender Himmel wird Sie dann sofort aufmerksam machen; nicht unbedingt auf Polarlichter, aber zumindest auf Gartenfeste Ihrer Nachbarn.

Ihr örtlicher Astronomieverein könnte nach dem Vorbild des Vereins meiner Heimatstadt eine **Polarlicht-Hotline** einrichten; wenn einer das außerirdische Glühen bemerkt, ruft er die anderen an. Nach jahrelangen Erfahrungen mit einer solchen Telefonkette möchte ich allen, die selbst eine organisieren wollen, vor allem eines raten: Vergewissern Sie sich, daß die Teilnehmer die Zustimmung aller Familienmitglieder haben. Wenn Sie um Mitternacht eine wunderschöne Aurora ausgemacht haben, wünschen Sie sich alles andere, als sich ans Telefon zu hängen, nur um sich dann die Beschimpfungen einer schläfrigen, mürrischen Stimme anhören zu müssen.

Die häufigste Art von Polarlichtern gehört allerdings zu der Sorte, die oft nicht bemerkt wird – ein bleicher grünlicher oder rubinroter Lichtfleck, der über den nördlichen Himmel geistert. Doch in Wirk-

Das geisterhafte Glühen der Polarlichter kann viele Formen annehmen. Keine zwei Vorstellungen gleichen einander.

lichkeit gibt es keine zwei gleichen Polarlichter. Sie zeigen sich als Kleckse, Strahlen, Bänder, Bögen oder unheimliche Vorhänge, deren sachte Wellenbewegung an wehende Tücher erinnert. Sie können nahezu bewegungslos verharren, gemächlich pulsieren oder rasch aufflackern und in jeder Sekunde fünf neue Arrangements zeigen. Die Stille ihres Auftretens wirkt so unirdisch wie das gelegentlich beschriebene seltsame Zischen oder Knistern, das in Verbindung mit größeren Erscheinungen auftritt. Solche Geräusche von Polarlichtern sind umstritten; Wissenschaftler, die ihre Existenz einräumen, sind der Meinung, manche Menschen könnten in der Lage sein, die gewaltigen elektrischen Ladungen wahrzunehmen, die unterhalb großer Auftritte über den Boden laufen.

Selbst eine kleine Aurora kann sich rasch zu einer der aktiveren Formen entwickeln wie bei der blendenden Lichterschau am 13. März 1989, die den ganzen Himmel erfaßte und fast in den gesamten Vereinigten Staaten zu sehen war. Diese Vorstellung fand während einer Periode starker Sonnenfleckenaktivität statt, in der die Polarlichter üblicherweise intensiver werden, doch diese

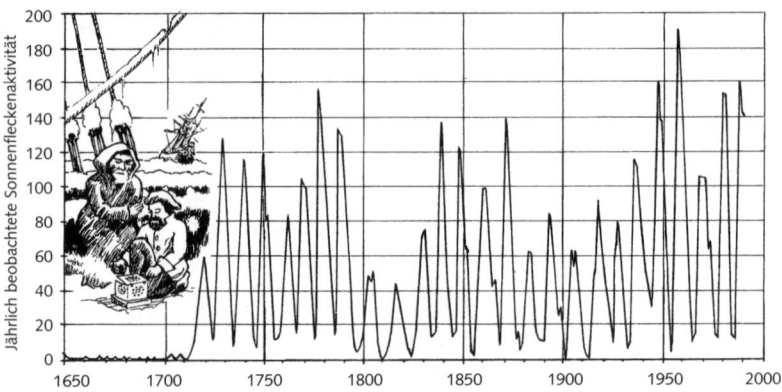

Die Aufzeichnungen der Sonnenfleckenaktivität aus den letzten 350 Jahren weisen für die zweite Hälfte des siebzehnten Jahrhunderts einen außergewöhnlichen Tiefstand aus, den man als Maunder-Minimum bezeichnet. Es fiel mit dem extrem kalten Wetter des entsprechenden Zeitabschnitts zusammen.

Alchimisten der Überraschungen entwickeln sich auch in den ruhigeren Zeiten der Sonnentätigkeit wie zum Beispiel Mitte der neunziger Jahre. Sie können in jeder Nacht auftreten.

Die für die Polarlichter verantwortliche, heftige Intensität der Sonne wirkt sich auch noch in anderen Bereichen auf uns aus. Die himmlischen Furien, die das spektakuläre Nordlicht von 1989 erzeugten, verursachten solche Fluktuationen des irdischen Magnetfelds, daß Spannungsüberschläge durch die Hochspannungsleitungen jagten. Transformatoren brannten durch und tauchten Millionen von Menschen in Montreal und Teilen Ontarios in die Finsternis eines totalen Stromausfalls. Stundenlang öffneten und schlossen sich in ganz Nordamerika spontan elektrische Garagentore!

In solchen Zeiten heizt sich die obere Erdatmosphäre auf und dehnt sich aus, was Satelliten zwingt, durch erhöhten Luftwiderstand zu gleiten. Sie werden langsamer, fallen auf tiefere Umlaufbahnen, und bei manchen wird es sogar erforderlich, sie ständig von der Erde aus zu steuern, damit sie nicht außer Kontrolle geraten. Dennoch sind Sonnenflecken notwendig. Paradoxerweise verringert sich die zur Erde gestrahlte Energie, wenn auf der Oberfläche der Sonne keine Flecken vorhanden sind; damit wird es bei uns kälter.

Es gibt viele Hinweise, daß die Sonnenzyklen aus dem Takt geraten können, was schwerwiegende Folgen hat. Von 1640 bis 1710, ein ganzes Menschenalter lang, wurde unser Planet durch die Abwesenheit der Sonnenflecken geplagt. Weil die Sonnenflecken völlig ausblieben, war diese Periode, die man heute als Maunder-Minimum bezeichnet, eine Zeit extremer Kälte und Entbehrungen. Der Ärmelkanal war vollständig zugefroren, die Gletscher brachen nach Süden auf, und in vielen Gebieten herrschte großes Leid. In jener Zeit brachte keiner die eisige Misere mit der Erscheinung der Sonne in Verbindung oder wunderte sich auch nur, daß die Sonne praktisch frei von Flecken war. Einige Astronomen begannen sich sogar zu fragen, ob es je ausgedehnte Sonnenflecken gegeben hatte, nachdem jene frühen Beobachtungen aus den ersten Jahren nach der Erfindung des Teleskops immer weiter in die Vergangenheit zurückfielen. Ebensowenig schienen sich die Menschen im Lauf der Jahrzehnte zu wundern, weshalb jene grandiosen Lichter des Nordens verschwunden waren, die sie in ihrer Kindheit so schön gefunden hatten.

Demnach schenken uns Polarlichter mehr als nur eine packende Lichterschau. Sie liefern uns auch eine Art Versicherung, daß mit der Sonne noch alles in Ordnung ist und daß die rätselhaften Unregelmäßigkeiten des Sonnenrhythmus aufgehört haben – hoffentlich noch für viele Jahrhunderte.

Abschied von zu Hause

Still zieht eine Raumsonde über den Nachthimmel – Technik, die sich der Arbeit von Millionen Köpfen verdankt, ist zu einem wandernden Lichtpunkt kondensiert.

Es hilft nichts, daß Menschen auf dem Mond herumspaziert sind und Roboter sieben Planeten erkundet haben. Es ist nach wie vor aufregend, wenn nicht gar unglaublich, und scheint einem phantastischen Traum zu entspringen, in dieser unvergleichlichen Ära zu leben, in der wir den Kosmos erkunden. Sie begann an einem Herbsttag des Jahres 1957.

Natürlich gelüstet es viele nach mehr – nach viel mehr. Die hunderttausend Mitglieder der Planetarischen Gesellschaft stellen eine Lobby dar, die darauf drängt, mit Volldampf Reisen in immer tiefere Raumregionen zu voranzutreiben. Ihre Gegner beharren darauf, die entsprechenden Mittel für irdische Notwendigkeiten auszugeben. Um derart widerstreitende Ziele beurteilen zu können, brauchen wir

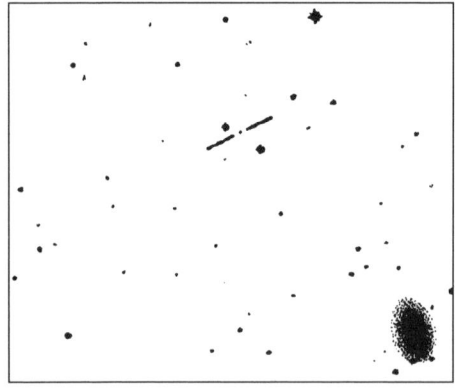

Der Quasar 1228 + 42 WI (zwischen den beiden Strichen). Es handelt sich zwar um eine Galaxie, doch weil sie so weit entfernt ist, können wir nur ihren hellen Kern sehen, der wie ein Stern erscheint. Dort lebende Wesen könnten uns auch mit den mächtigsten Teleskopen nicht sehen. Das Bild unserer Geburt wird auch nach weiteren 5 Milliarden Jahren noch nicht bei ihnen angelangt sein.

ein realistisches Verständnis für die erstaunlichste Tatsache des zwanzigsten Jahrhunderts: Reisen ins Weltall.

Den meisten Menschen ist das ABC der Raumwissenschaft nicht geläufig. Im Fernsehen betrachten sie Szenen, in denen Astronauten gewichtslos im Orbit schweben und glauben dann, diese seien der Schwerkraft der Erde entkommen. Sie meinen, es mache großen Spaß, sich im Weltraum aufzuhalten und sei auch nicht allzu ungesund. Innerhalb des nächsten Jahrhunderts rechnen sie mit Kolonien auf dem Mond.

Nein. Nein. Und (wahrscheinlich) noch einmal nein. Gehen wir doch einmal den verbreitetsten Irrtümern nach und fangen gleich bei der Abschußrampe an.

Wir stellen uns vor, Raketen würden senkrecht oder doch fast senkrecht in den Raum hinaufgeschossen. Doch der erste flammende Aufstieg führt nicht einmal so lang senkrecht nach oben, wie man braucht, um diese Seite zu lesen. Dabei kommt es darauf

Zehn Sekunden nach dem Abheben fängt die Raumfähre bereits an, die Senkrechte zu verlassen. Sie rollt um ihre Längsachse und dreht sich auf den Bauch, worauf sie in horizontaler Richtung weiterfliegt.

an, die dichte tiefere Atmosphäre so schnell wie möglich zu durchqueren und dann nach Osten abzubiegen. Wenn die Rakete ihre
gewünschte Höhe erreicht, bewegt sie sich bereits vollständig in der
Waagrechten!

Dieses wundervoll choreographierte Abkippen ist in den Fernsehübertragungen der Starts gut zu sehen, wenn die Fähre flam-
menspeiend hoch über uns fliegt. Die Leute meinen, die seitliche
Ausrichtung der fernen, abfliegenden Rakete sei lediglich auf den
verfälschenden Blickwinkel der Kamera zurückzuführen. Das ist
nicht richtig; sie bewegt sich *wirklich* zur Seite hin. Wenn sie die
Umlaufbahn erreicht, werden die Motoren abgeschaltet, und die
Rakete fällt nur noch. Doch ihre horizontale Geschwindigkeit von
acht bis zehn Kilometern pro Sekunde veranlaßt das Raumschiff in
Verbindung mit der senkrecht nach unten wirkenden Anziehungskraft der Erde, in einem Bogen abzustürzen, so wie ein nach vorn
geworfener Ball einer bogenförmigen Kurve folgt.

Die Krümmung, der das Raumschiff in seinem freien Fall folgt,
entspricht der Krümmung des Planeten unter ihm, wodurch der
Absturz endlos fortdauert. Das ist gemeint, wenn man sagt, man
befinde sich in einer Umlaufbahn. Und wie Sie sich in einem Auf-
zug, dessen Seil gerissen ist, gewichtslos fühlen würden, fühlen sich
auch die Astronauten aus einem einfachen Grund gewichtslos: Sie
fallen!

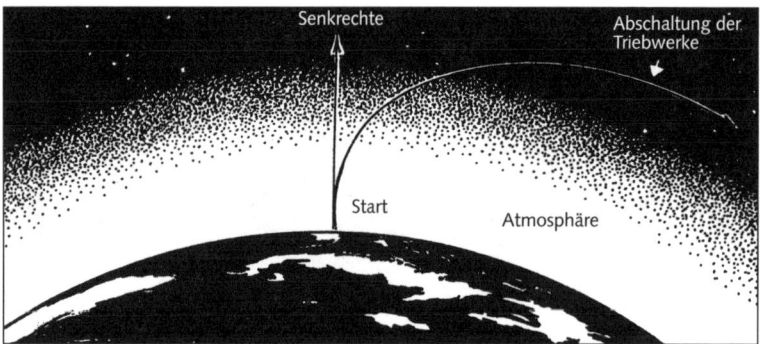

Der Kurs eines erdumkreisenden Raumschiffs biegt schnell nach Osten ab; im
wesentlichen fällt das Gefährt nur noch, während die Erdoberfläche sich in einer
Kurve von seinem Sturz wegbewegt.

Gravitation? Da oben herrscht eine ganze Menge Gravitation. Wenn wir einen Wolkenkratzer bauen würden, der bis zur Umlaufbahn der Astronauten (320 bis 400 Kilometer) reicht, so würden wir auf seinem Dach noch immer fast genauso viel wiegen wie auf dem Boden. Schließlich sind ein paar hundert Kilometer auf einem Planeten, der mehr als 12 000 Kilometer im Durchmesser mißt, keine besondere Höhe.

Was den Spaß angeht, wenn man sich gewichtslos fühlt – die Hälfte aller Astronauten wird von extremer Übelkeit befallen, die mehrere Tage anhält. Der menschliche Körper verwendet die Schwerkraft als integralen Bestandteil seines Kreislaufsystems. Die Abwesenheit der Schwerkraft erzeugt körperliches Unwohlsein, und ganz nebenbei gesagt sind die Auswirkungen auch sonst nicht allzu vorteilhaft. Menschen mit narzißtischer Veranlagung sollten besser zu Hause bleiben: Im Gesicht sammeln sich Blut und Körperflüssigkeiten an und verleihen einem ein aufgedunsenes, schauriges Aus-

Raumfähre in der Umlaufbahn

Die maßstabgetreue Wiedergabe der Flughöhe der Raumfähre: Die Astronauten in der Umlaufbahn sind viel näher an der Erde, als allgemein angenommen wird.

sehen. Langfristig kommt es unvermeidlich zu Kalziumverlusten in den Knochen, und einiges davon ist nicht wieder auszugleichen.

Körperliche Belastungen dieser Art wären auf dem Mond oder auf anderen Himmelskörpern, auf denen Schwerkraft herrscht, ein wenig gemildert. Doch das dürfte kaum eine Einladung darstellen, auf Kolonien außerhalb der Erde zu drängen. Der Befund der Apollo-Mission, der Mond sei knochentrocken, läuft darauf hinaus, daß jeder Tropfen des für menschliches Leben so wichtigen Wassers dorthin transportiert werden muß. Weil es keinerlei Luft gibt, sind wir gezwungen, störungsanfällige Ausrüstung zur Produktion von Sauerstoff mitzubringen. Die kochenden Tagestemperaturen von über 120 Grad Celsius erfordern eine starke und energieaufwendige Klimatisierung. Dagegen erzwingen die frostigen Nachttemperaturen von 140 Grad minus während der zwei Wochen dauernden lunaren Dunkelheit gewaltige Heizkapazitäten, für die keine Energie der verschwundenen Sonne herangezogen werden kann. Auch Wasserkraft steht nicht zur Verfügung, es gibt weder Öl noch Kohle, und mit Hilfe von Verbrennungsprozessen könnte man in keinem Fall Energie bereitstellen, weil damit der kostbare Sauerstoff verbraucht würde. Es bliebe also nur die Kernspaltung: Eine Mondbasis würde mit Atomkraft versorgt, was wiederum eigene Probleme mit sich brächte.

Da auf dem Mond keine lebenswichtigen Güter vorhanden sind (das reicht von Rohstoffen bis zu Arzneimitteln), wäre man auf ständigen Nachschub von der Erde angewiesen. Der gesamte Bedarf, angefangen bei Batterien über das Wasser bis hin zum Käse, würde wenigstens zehntausend Dollar pro Pfund allein für den Transport kosten. Sie möchten ein bißchen Eis in Ihr Ginger Ale? Das macht fünftausend Dollar extra, bitte.

Womit wäre eine derart teure Kolonie möglicherweise zu rechtfertigen? Auf dem Mond hat man kein Gold gefunden, auch kein Uran und keine Diamanten. Den möglichen Wert von Produktionstechniken im schwerelosen oder luftleeren Raum könnte man genausogut in einer Umlaufbahn um die Erde realisieren, die tausendmal näher bei der Heimat liegt. Eine wissenschaftliche oder astronomische Station kann ebensogut mit einer automatisierten Roboter-Ausrüstung betrieben werden.

Welchen Grund könnte es demnach für eine Mondkolonie geben, und wer würde dafür bezahlen? Die Antwort lautet: Keinen, und niemand. Deshalb werden Sie in Ihrem Leben wohl nie eine sehen, und wahrscheinlich gilt das auch noch für Ihre Urenkel.

Beim Mars dagegen sieht es anders aus. Auch wenn es vielleicht nicht gerade ein Urlaub auf Tahiti wäre, bekäme man bei einem Aufenthalt auf dem Mars zumindest Wasser und Sauerstoff geboten. Genauer gesagt, Eis und Mineralien, die Sauerstoff enthalten. Die dortigen Temperaturen (13 Grad während eines perfekten Sommertags und recht frische 100 Grad minus in der Nacht) sind weit weniger extrem als auf dem Mond. Mit der entsprechenden Technik könnte sich eine Marskolonie wahrscheinlich selbst mit einigen grundlegenden Lebensbedürfnissen versorgen. (Dennoch würde vieles fehlen, zum Beispiel eine Sommerbrise oder der Gesang der Vögel in der Morgendämmerung.) Eine Marskolonie wäre immer noch weniger einladend als eine Station in den Polargebieten unseres Planeten, und die Leute reißen sich nicht gerade darum, dort zu leben.

Der Blick über den Noctis Labyrinthus des Planeten Mars. Die Mars-Hochebene ist von zahlreichen Klüften durchzogen, die sich hier zu einem Netz tiefer Schluchten erweitert haben; Erdrutsche bedrohen ihre steil abfallenden Wände. Am Horizont in 480 Kilometern Entfernung liegt der Vulkan Pavonis Mons, dessen Gipfel 21 Kilometer hoch aufragt und an dessen Hängen Wolken kondensieren.

Zumindest kann man in der Arktis die Luft atmen und ohne große Umstände Wasser finden. Aber wer kann schon sagen, wie sich das Bild bei entsprechenden technischen Fortschritten ändern wird? Sicherlich werden sowohl der Mond als auch der Mars im einundzwanzigsten Jahrhundert in beschränktem Umfang von Menschen erkundet werden. Ständige Kolonien dagegen sind innerhalb der Lebenserwartung der meisten heute lebenden Menschen äußerst unwahrscheinlich, und möglicherweise – auch wenn es ketzerisch klingen mag – dürften sie niemals sinnvoll sein. Schließlich gibt es eine Menge irdischer Schauplätze, die wir nicht besiedeln, obwohl wir sie bewohnen könnten, wenn wir eine Menge Geld und Gründe dafür finden würden, zum Beispiel den Grund der Ozeane oder die Gipfel des Himalaja. In beiden Fällen wäre es leichter, dort zu überleben, und die Stationen wären billiger zu unterhalten als auf dem Mars oder auf dem Mond. Trotzdem leben wir nicht dort, weil es anscheinend einfach keinen Sinn hat. Wenn wir davon ausgehen, daß die Kolonisierung der Planeten eine Klammer zwischen der Science Fiction und unseren kollektiven Zukunftsphantasien darstellt, so ist die Vorstellung, sie könne sich als nicht durchführbar erweisen, nicht einmal als Flüstern zu vernehmen.

Bisher haben wir nur die freundlichsten Orte des Sonnensystems betrachtet. Wenn wir uns allerdings anderswo umsehen, geht es endgültig den Bach hinunter. Der Mond erscheint geradezu als Honigmond im Vergleich mit dem nächsten Planeten, der Venus. Dort köchelt die Temperatur mit bewundernswert gleichmäßigen 450 Grad Celsius vor sich hin, wobei der Druck fünfundvierzigmal höher liegt als im Inneren eines Dampfkochtopfes. Die Luft besteht aus nicht atembaren Kohlendioxid, dem großzügig Tröpfchen aus konzentrierter Schwefelsäure beigemengt sind: ein wahrhaft höllischer Nieselregen.

Selbst einen Teufel würde es hart ankommen, sich eine so schreckliche Folterkammer wie unseren »Schwesterplaneten« vorzustellen. Die Venus wird es dem Menschen sicherlich niemals gestatten, sie zu besuchen, geschweige denn, sie zu besiedeln. Nicht in hundert Jahren und auch nicht in tausend.

Merkur ist fast ebenso ungastlich, auch wenn seine Polarregion, die möglicherweise reichlich mit (im Jahre 1991 entdeckten) Eis versehen ist, eine gemäßigtere Zone vorzuweisen hätte. Allerdings bestünde dort ein bemerkenswerter Mangel an Annehmlichkeiten von der Art, wie sie zum Beispiel eine beliebige Atmosphäre darstellt.

Damit bleiben uns nur noch die »Jupiterplaneten«, die Planeten außerhalb der Umlaufbahn des Mars. Leider haben sie alle den folgenden entscheidenden Fehler gemeinsam: keine feste Oberfläche! Wenn ein Astronaut zu landen versuchte, würde er bemerken, wie das Schiff durch ein gasförmiges Gebräu aus Wasserstoff und Ammoniak fliegt, ehe es einen morastigen Flüssigkeitspegel erreicht, der das Raumfahrzeug umstandslos verschlucken würde. Während der kurzen Periode, in der die Mannschaft bei Bewußtsein wäre, würde sie durch den Ammoniak strahlend sauber werden, aber das wäre dann schon der einzige positive Eintrag in das Schiffstagebuch gewesen.

Wie Touristen, die über genügend Zeit und Geld verfügen, aber vor einem verrammelten Reisebüro stehen, sehen wir uns mit dem Problem konfrontiert, kein Reiseziel (außer vielleicht dem Mars) zu finden. Natürlich ist das Universum weit größer als unser Sonnensystem mit den vertrauten Planeten. Doch der interstellare Raum stellt eine nicht zu verachtende Barriere dar: 42 Milliarden Kilometer, um genau zu sein. Das ist die Entfernung zum nächsten möglichen Planeten außerhalb des Sonnensystems, siebentausendmal weiter entfernt als Pluto. Mit der derzeit höchsten Geschwindigkeit, für die wir das Raumschiff wie mit einer Schwerkraftschleuder in einer genau berechneten Kurve zwischen den Riesenplaneten Jupiter und Saturn hindurchjagen müßten, würden wir die Dreifachsonne des Alpha-Centauri-Systems nach einer Reise von zwanzigtausend Jahren erreichen. Wir verfügen jedoch über keinerlei Beweise für einen Planeten in jener Region. Zwanzig Jahrtausende sind eine lange Reise, wenn man am Ziel vielleicht entdecken muß, daß es dort überhaupt nichts zu photographieren gibt.

Barnards Stern (mit dem Fernglas im Frühherbst am südwestlichen Himmel zu sehen), die nächste Sonne, die außer der unseren zumindest indirekte Hinweise auf ein Planetensystem zeigt, ist noch um 50 Prozent weiter entfernt – Sie sollten also besser eine Reisedauer von dreißigtausend Jahren einplanen. Das heißt, hin und zurück werden es sechzigtausend Jahre. Wenn Sie zurückkämen, könnten Sie wohl nicht mit einer Willkommensparty rechnen.

Interstellare Reisen sind gegenwärtig nicht zu verwirklichen. Sie werden auch von niemandem ernsthaft vorgeschlagen, nicht einmal für unbemannte Sonden. Möglich wären sie; wir haben bereits Geschwindigkeiten erreicht, mit denen man das Sonnensystem verlassen kann, und vier Raumfahrzeuge sind auf Dauer in den interstellaren Raum hinausgeflogen. Doch diese, *Pioneer 10* und *11* sowie *Voyager 1* und *2*, bewegen sich nach Abschluß ihrer planetaren Missionen ziellos in willkürliche Richtungen. Ihre Reise führt sie nicht zu einem bestimmten Stern; sie werden in absehbarer Zeit auch nicht in die Nähe eines Sterns kommen. Die schnellste *Voyager-*

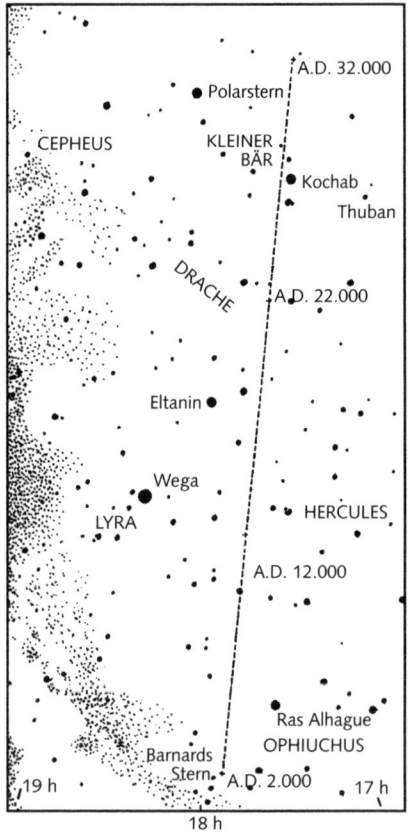

Barnards Stern, nur sechs Lichtjahre entfernt, ist ein bewegliches Ziel. Wenn wir uns heute mit der derzeit erreichbaren Geschwindigkeit auf den Weg zu ihm machten, müßten wir auf den Polarstern zielen, um ihn abzufangen. Im Zeitraum von 280 Jahren bewegt er sich um 1 Grad nach Norden; während unserer dreißigtausend Jahre dauernden Reise wird er einen Punkt in der Nähe von Polaris erreicht haben.

Sonde wird in vierzigtausend Jahren mit dem schwachen roten Stern
Ross 248 »zusammentreffen«, aber was für eine Art Besuch wird das
sein? Das Raumfahrzeug wird sich dem Stern allerhöchstens auf 1,7
Lichtjahre (vierzigmillionenmal die Entfernung Erde–Mond)
nähern. Selbst wenn dort fortgeschrittene Geschöpfe lebten, ist
keine Technik vorstellbar, mit der sie die Sonde von der Größe eines
Omnibusses aufspüren könnten. Hinzu kommt natürlich noch, daß
sie dunkel und tot sein wird, da ihre Energieversorgung schon vier
Jahrtausende zuvor erschöpft war. Diese Sonden sind keine Raketen
zu den Sternen, trotz der romantischen Fracht von *Voyager* (Scheiben, auf denen Stadtansichten und Musik von Chuck Berry – gut, die
ist weniger romantisch – wiedergegeben sind).

Es hätte keinen Sinn, jetzt zu einer solchen Expedition aufzubrechen. Ein Raumfahrzeug, das wir heute auf den Weg zu Barnards
Stern bringen, würde von einer Rakete mit doppelter Geschwindigkeit, die die Erde ein Jahrhundert später verließe, schnell eingeholt
sein. Selbst ein Raumschiff, das erst in zweitausend Jahren starten
würde, aber den dreifachen Wert heutiger Geschwindigkeiten erreichen könnte, wäre um achtzehntausend Jahre früher dort!

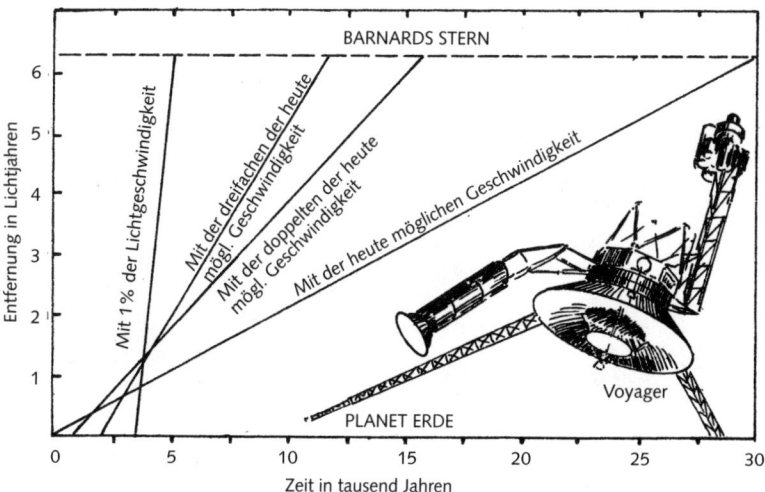

Die derzeit mögliche Geschwindigkeit (wie sie von Voyager erreicht wird) bietet
wenig Anreiz für Reisen zu den Sternen. Mit der Zeit werden wir jedoch besser
werden.

Nach dieser Argumentation würde es sich nie auszahlen, zu den Sternen aufzubrechen, solange wir nicht die Fähigkeit erlangen, annähernd Lichtgeschwindigkeit zu erreichen. Die eigentliche Lichtgeschwindigkeit ist nicht möglich, da man dafür eine unendlich große Energie aufwenden müßte; das Raumschiff würde dann mehr wiegen als das gesamte Universum. Doch theoretisch gibt es keinen Grund, weshalb wir nicht eine Geschwindigkeit erreichen sollten, die um Haaresbreite unter der des Lichts liegt, möglicherweise mit Hilfe einer Technik, von der wir heute noch nicht einmal träumen.

Eine derartige Geschwindigkeit (298 050 Kilometer in der Sekunde) würde Reisen des Menschen zu den Sternen auch insofern weiter voranbringen, als sich dann der Dilationsfaktor der Einsteinschen Relativitätstheorie auswirkt, der den Alterungsprozeß des Reisenden verlangsamt. Bei 99,999999999 Prozent der Lichtge-

Auf dem Weg zu Alpha Centauri ist unser Raumschiff gerade um den Jupiter herumgeflogen, um sich wie mit einer Schleuder weiter beschleunigen zu lassen; jetzt kommen wir an den Monden Callisto (im Vordergrund) und Ganymed vorbei. Innerhalb der Milchstraße oberhalb Callistos können Sie das helle W von Cassiopeia ausmachen. Schauen Sie genau hin und gehen Sie dann weiter zur nächsten Illustration.

schwindigkeit würde für die Mannschaft auf einer Reise zum Mittelpunkt der Galaxis nur ein Jahr vergehen. Gleichzeit würden auf der Erde 22360 Jahre und acht Monate verstreichen.

Um auf eine für menschliche Mannschaften zuträgliche Weise in die Nähe der Lichtgeschwindigkeit zu kommen, wäre es erforderlich, vorsichtig zu beschleunigen. Eine ständig steigende Geschwindigkeit, durch die eine Kraft von einem G ausgeübt würde, wäre ein gutes und auch logisches Tempo, da mit diesem Andruck die Erfahrung der natürlichen Erdbeschleunigung nachgeahmt würde. Ein Jahr mit dieser Beschleunigung würde genügen, um annähernd Lichtgeschwindigkeit zu erreichen. Jeder Versuch, die Sache schneller ablaufen zu lassen, würde über lange Zeiträume hinweg körperlich nicht zu verkraften sein, und der Versuch, innerhalb einer Woche bis auf Lichtgeschwindigkeit hochzuhetzen, würde die Mannschaft in einen Gelatinefilm verwandeln. So viel zur Sciencefiction – wie bei der Mannschaft der *Enterprise*, die in wenigen Augenblicken Lichtgeschwindigkeit erreicht (und sich dabei nicht einmal um Sicherheitsgurte kümmert).

Während der Annäherung an den Zielstern müßte wieder ein Jahr lang abgebremst werden, doch die ganze Reise könnte hin und zurück problemlos innerhalb der Lebensspanne eines Menschen

Derselbe Teil der Milchstraße, jetzt von Alpha Centauri aus gesehen Das W ist leicht verschoben, und darüber erkennen wir einen neuen, hellen Stern: Unsere Sonne in 4,3 Lichtjahren Entfernung.

Tau Ceti in 11 Lichtjahren Entfernung ist ein weiterer sonnenähnlicher Stern in unserer Nähe. In seiner Umgebung könnten wir einen Anblick wie diesen vorfinden. Der Orion ist noch erkennbar (Mitte oben), obwohl die Ebene der Ekliptik dieses Sonnensystems gegenüber der unseren um 70 Grad geneigt ist. Sirius und Prokyon begleiten den Orion nicht mehr, da wir sie unterwegs passiert haben.

abgeschlossen werden. Die Energie, die man benötigt, um eine so phantastische Geschwindigkeit zu erreichen (dreißigmal die Strecke Boston–London und zurück innerhalb einer Sekunde) wäre heutzutage äußerst schwer bereitzustellen. Der Treibstoff für eine Unternehmung dieser Art müßte weit stärker als selbst die Kernenergie und dennoch für die Besatzung sicher sein. Schließlich wandelt sogar eine Wasserstoffbombe gerade mal 0,7 Prozent ihres Brennstoffs in Energie um – was für interstellare Reisen immer noch einigermaßen unzureichend wäre –, während sie gleichzeitig eine tödliche Dosis Strahlung emittiert.

Theoretisch käme eine Antimaterie-Maschine für die Aufgabe in Frage. Antimaterie kann in jeder beliebigen Form auftreten – als Wasser, Sägemehl oder Zigarren –, weicht aber in einem einzigen Punkt von gewöhnlicher Materie ab: Ihre elektrische Ladung ist entgegengesetzt. Ihre Atomkerne sind negativ geladen statt positiv, dafür tragen die Elektronen, die sie umkreisen, eine positive statt einer negativen Ladung; es handelt sich dabei also um Positronen.

Aus gutem Grund sehen wir in der uns umgebenden Natur keine

Galaxien in einer Entfernung von 600 Millionen Lichtjahren (Bildmitte). Die beiden freien Flächen zeigen, wo unsere Milchstraße die Sicht versperrt. *Nach Margaret J. Geller und John P. Huchra vom Harvard-Smithsonian Center für Astrophysik.*

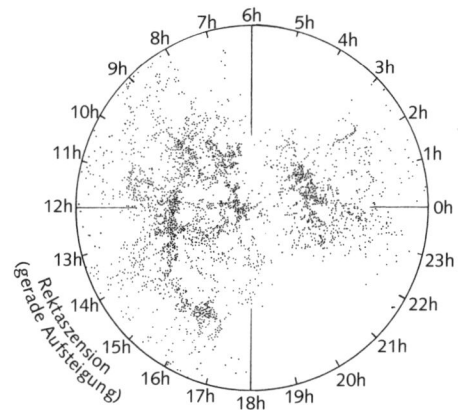

Antimaterie. Wenn sie mit gewöhnlicher Materie in Kontakt kommt, vernichtet sie sich und das unglückliche Objekt, mit dem sie zusammentrifft, in einem Blitz, der aus der vollständigen Umwandlung von Materie in Energie stammt. Das macht Antimaterie zum bestmöglichen Energielieferanten. Sie hat noch eine weitere erfreuliche Eigenschaft: Jeder beliebige Gegenstand kommt in Frage. Kaugummipapier, Altreifen, geplatzte Schecks, sogar Leichen – eines so gut wie das andere.

Unglücklicherweise wird die Hälfte der produzierten Energie in Form nutzloser und gefährlicher Neutrinos frei, die auch durch den dicksten Stahl flitzen, als wäre er nur ein Nebelhauch. Diese nahezu masselosen subatomaren Teilchen kann man weder einschließen noch bündeln. Nichts kann sie reflektieren oder lenken; ihre Bewegung ist durch kein Energiefeld zu beeinflussen.

Ein grundsätzlicheres Problem der Antimaterie betrifft ihre Lagerung. Selbst bei ihrem erstaunlichen Potential wären für interstellare Reisen Hunderte von Tonnen erforderlich. Man kann sie in keinem Tank lagern, da sie die Wände vernichten würde. Doch hier bietet sich immerhin eine einleuchtende, wenn auch technisch anspruchsvolle Lösung an: magnetischer Einschluß.

Man müßte die Antimaterie irgendwie bearbeiten und dann ionisieren, damit sie in elektrisch geladenem Zustand und nicht elektrisch neutral vorliegt. Dann könnte man sie in einem Magnetfeld einschließen. Man könnte sie mit Hilfe mächtiger Magnetfelder im

Vakuum aufbewahren, damit sie mit nichts, einschließlich der Wände ihres Tanks, in Berührung kommt.

Eine gefährliche Angelegenheit. Ein kurzfristiger Stromausfall oder ein Abfall des einschließenden Feldes und – *kawumm*. Wahrscheinlich wird es noch ein paar Jahrhunderte dauern, ehe sich Freiwillige für die Fahrt melden.

Und vielleicht werden wir sie gar nicht brauchen. Wenn wir einen Blick auf die Technik der Zukunft werfen könnten, würden wir sie möglicherweise nicht von Zauberei unterscheiden können. Ein Mensch des letzten Jahrhunderts, der in unsere Zeit versetzt würde, dürfte Flugapparate und Telefone wahrscheinlich akzeptieren, hätte aber bei Hologrammen ernstliche Schwierigkeiten. Hexenwerk, bestimmt. Was würden wir denken, wenn wir die Wissenschaft des zweiundzwanzigsten Jahrhunderts erblicken könnten?

Wir müssen uns also nicht abmühen, um einen Weg zu finden, wie wir die Sterne erreichen. Die fernen Diamanten der Galaxis werden uns, wenn die Zeit reif ist und die Mittel zu ihrer Erreichung sich von selbst ergeben, auf so natürliche Weise zufliegen wie einem Kleinkind die ersten Schritte.

Die Zeit für Reisen zu den Sternen ist noch nicht gekommen, ebensowenig wie für die Kolonisierung von Planeten. Unser Zeitalter wird von Robotern und Computerfortschritten bestimmt sein, von Daten, die unbemannte Raumfahrzeuge aus anderen Welten in unsere Köpfe und unsere Seelen »beamen«.

Das reicht allemal, uns fürs erste zu beschäftigen und vielleicht unsere verspielten Hände davon abzuhalten, Fingerabdrücke an Orten zu hinterlassen, die bisher noch ungestört geblieben sind. Und außerdem, gerade die Unerreichbarkeit der Sterne hat ja ihre eigene Schönheit. Wir sind wie Kinder in einem großartigen Museum mit glitzernden Edelsteinen, denen man gesagt hat, sie dürften schauen, aber nichts anfassen.

Worauf wir zu uns selbst sagen: »Na schön, aber wenn ich erst groß bin...«

Die zehn Geheimnisse der Teleskope

Gibt es ein größeres Vergnügen, als über die geheimnisvollen Boulevards des Universums zu bummeln? Es kann sein, daß uns der Sternenweg nicht weiter als bis zu einem Sessel führt, wo eine Fülle von Zeitschriften und Büchern die faszinierende Wissensflut destilliert, die sich aus den Observatorien und Geräten im Weltraum in sie ergießt. Wir können aber auch aktiv werden und mit Hilfe eindrucksvoller Instrumente die Hand nach den Sternen ausstrecken. Die meisten astronomischen Vereine stellen in der Regel solche Instrumente kostenlos für die Öffentlichkeit bereit. Eine weitere Möglichkeit, die von Millionen in aller Welt wahrgenommen wird, besteht darin, selbst Eigentümer eines Teleskops oder eines astronomischen Fernglases zu werden.

Anhang 2 liefert eine Grundanleitung für den Kauf eines Teleskops oder eines Fernglases. Falls Sie schon eines dieser Instrumente besitzen, können Sie mit dem, was ich die zehn Geheimnisse der Teleskope nenne, eine beträchtliche Menge Zeit und Energie sparen. Und während es für Anfänger möglicherweise »Geheimnisse« sind, wird sie jeder Eigentümer eines Fernrohrs im Lauf der Zeit auf die harte Tour kennenlernen. Ebensogut kann man gleich Nägel mit Köpfen machen und diese Fallstricke von Anfang an meiden.

1. Richten Sie niemals ein Teleskop durch ein Fenster, sei es offen oder geschlossen, außer Sie spionieren Ihren Nachbarn hinterher. Der Luftzug eines offenen Fensters wird das Bild ernstlich beeinträchtigen. Ein geschlossenes Fenster ist sogar noch schlimmer: Die optischen Eigenschaften von Fensterglas sind völlig ungeeignet.

2. Stellen Sie ein Teleskop nie auf einer Plattform, einer Veranda oder einem anderen Bauwerk aus Holz auf. Auch anscheinend nicht wahrnehmbare Schwingungen Ihres Körpers werden durch die Rahmenkonstruktion verstärkt und lassen das Bild zittern. Teleskope müssen im Freien verwendet werden, und zwar ausschließlich auf einem ebenerdigen, natürlichen oder betonierten Untergrund. Rasenflächen sind ideal.

3. Beginnen Sie stets mit niedriger Vergrößerung und halten Sie sie klein, wo immer es möglich ist. Mit Ihrem Okular für geringe Vergrößerung erscheinen die Sterne klarer und die Bilder heller und schärfer. Verrückterweise ist es das Okular, auf dem die größte Zahl steht: Ein Okular mit 40 Millimeter ergibt nur ein Viertel der Vergrößerung einer Augenlinse mit 10 Millimetern. Sie können die Vergrößerung eines bestimmten Okulars errechnen, wenn Sie die Brennweite des Objektivs durch die Zahl auf der Augenlinse dividieren. (Wie Sie *die* finden? Wahrscheinlich steht sie auf dem Tubus des Fernrohrs, wo Sie »f =« finden sollten, worauf üblicherweise eine Zahl zwischen 700 und 1500 Millimetern folgt.)

Ein weiterer Vorteil der schwachen Vergrößerung besteht darin, daß die Objekte länger im Gesichtsfeld bleiben, falls Ihr Instrument nicht mit einem Motor nachgeführt wird und parallaktisch montiert ist. Als allgemeine Regel läßt sich feststellen, 50× ist weit nützlicher als 300×.

4. Reinigen Sie Ihr Teleskop nicht. Oder säubern Sie es zumindest nicht so oft. Wenn es ein Spiegelteleskop ist, könnte Sie ein staubig aussehender Spiegel zwar stören; er dürfte aber das Bild nicht sehr beeinträchtigen. Andererseits wird ihm häufiges Putzen *sicher* schaden. Und falls Sie nicht wissen, wie man es richtig macht, sollten Sie ganz auf die Reinigung verzichten. Wenn Sie einen Fernrohrspiegel mit einem Tuch zur Linsenreinigung abreiben, ist das kaum besser, als mit einer Schrotflinte draufzuballern.

5. Gewöhnen Sie sich an, jedes Jahr ein paar neue Blickpunkte am Himmel zu entdecken. Die meisten Leute, die ein Teleskop benutzen, können nicht mehr als zwei Objekte lokalisieren, üblicherweise den Mond und den Jupiter. Gehen Sie allein oder mit Freunden auf Erkundungsreise oder konsultieren Sie Anhang 4, wo Sie eine subjektive Liste der eindrucksvollsten Ziele finden, die man mit einem Amateurteleskop mittlerer Größe sehen kann.

M13, ein Kugelsternhaufen jenseits des Sternbilds Hercules. Er gehört zu den schönsten Objekten, die man mit Fernrohren von 18 Zentimetern oder größer betrachten kann.

6. Erwarten Sie nicht, daß ein Planet sofort sehr eindrucksvoll erscheint, wenn Sie Ihr Instrument auf ihn richten. Fast immer sind atmosphärische Turbulenzen am Werk, die sich ständig verändern. Erfahrene Beobachter bleiben oft stundenlang am Okular und warten gespannt auf den Augenblick, in dem die Luft sich plötzlich beruhigt und einmalige Einzelheiten preisgibt.

7. Richten Sie Ihren Beobachtungsplan an den tatsächlich herrschenden Bedingungen aus. Ist der Himmel klar und transparent? Oder haben Sie statt dessen einen beständigen Himmel, an dem die Sterne nicht glitzern? Ist es ein wenig dunstig? Steht der Mond am Himmel oder nicht? Diese wechselnden Voraussetzungen verlangen nach jeweils unterschiedlichen Zielen.

Ein beständiger Himmel und Nächte mit hellem Mondlicht legen Ihnen nahe, Planeten, den Mond und Doppelsterne ins Auge zu fassen. Ein bißchen Dunst oder Nebel wird ihnen nicht nur nicht schaden, sondern verwandelt Ansichten des Mondes oder Planeten oft in großartiger Weise. Alles andere können Sie allerdings vergessen.

Dagegen sagen Ihnen dunkle, klare und mondlose Bedingungen, Sie sollten sich auf Objekte tief im All konzentrieren, wie zum Beispiel Nebel, Sternhaufen und Galaxien. Diese Objekte erfordern die durchsichtige Luft, deren Kennzeichen ein von Myriaden von Sternen überfluteter Himmel ist. Da jene tief im All verborgenen Ziele von Natur aus neblig wirken und keine feinen Details aufweisen, die optisch aufgelöst werden müßten, verzeihen sie auch das Flimmern, das das Bild der Planeten so gründlich ruiniert.

8. Verwenden Sie Zubehör, das Ihnen das Leben erleichtert. Handschuhe, Schals und lange Unterhosen bei Kälte. Eine Taschenlampe mit rotem Glas, damit Sie, ohne geblendet zu werden, Karten entziffern oder Gegenstände finden können. Einen Fön, falls jemand die Linse anhaucht. Und vielleicht noch eine Augenklappe wie ein Pirat, damit Sie am Okular beide Augen offen lassen können.

9. Legen Sie Ihren Gästen, ehe Sie ihnen ein Fernglas geben, zuerst den Riemen um den Hals. Wenn sie das Instrument dann fallenlassen, lassen sie es nicht wirklich fallen. Bei herunterfallenden Ferngläsern zerbrechen oder zersplittern nur selten die Linsen. Dafür verzieht sich ihre Ausrichtung, wodurch jede der Komponenten in eine etwas andere Richtung zeigt. Das Ergebnis sind Doppelbilder. Sollte das passieren, werfen Sie das Glas weg. Die Reparaturkosten übersteigen fast immer den Preis eines neuen Instruments.

10. Geben Sie Ihren Gästen eine Anleitung, wie man mit einem Teleskop umgeht. Sagen Sie ihnen: Nicht anfassen. Regelmäßig greifen die Leute nach dem Fernrohr, oder sie lehnen sich daran, wenn sie hindurch sehen, womit sie es in eine andere Richtung lenken. »Nicht anfassen« gilt auch für die Linsenoberflächen und besonders für Spiegel (und vielleicht sogar für Sie selbst, wenn sich die falsche Person durch den Zauber des Mondes hinreißen läßt).

Sollten Sie sich in einem Gebiet aufhalten, in das plötzlich die Scheinwerfer eines Autos oder andere helle Lichter eindringen können, besteht ein weiteres grundlegendes Verfahren darin, nicht hinzusehen. Es dauert zehn Minuten, bis die Augen das nächtliche Sehvermögen erreichen; ein einziger Scheinwerfer stellt die Uhr wieder auf Null. Glauben Sie nicht, Ihre Gäste wüßten das. Sie müssen es ihnen sagen.

Doch Sie sollten keinen Fehler machen. Für viele der Wunder des Nachthimmels, die Sie erkunden wollen, brauchen Sie kein Fernrohr. Und obwohl es sicher eine bewährte und ehrwürdige Prozedur ist, wenn Sie sich gedankenverloren vom grandiosen Anblick der

Sterne davontragen lassen, so ist Wissen doch ein wertvolles Werkzeug; Wissen, das ganz spielerisch kommen kann, wenn Sie eine
gute astronomische Zeitschrift oder ein Wissenschaftsmagazin wie
Sterne und Weltraum oder *Spektrum der Wissenschaft* abonnieren.
Sie halten Sie sowohl bei den auftauchenden Himmelsereignissen
als auch bei den neuesten Entdeckungen der Weltraumwissenschaft
auf dem laufenden.

Unterdessen brauchen Sie nur ein wenig Abstand zu den irdischen Sorgen, um das Entzücken der tiefsten Tiefen in sich aufzu-
nehmen und Ihre eigene Liste der erstaunlichsten Dinge im Universum zusammenzustellen.

Der Kauf eines Teleskops

Sie brauchen kein Fernrohr, um das Universum zu erkunden. Auch den Naturliebhaber, der mit nichts weiter als seinen Augen bewaffnet ist, erwarten Schätze am Himmel; eine Flut von Beispielen ist in diesem Buch aufgeführt.

Allerdings gibt es da, das kann man nicht leugnen, auch noch solche Wunder wie Jupiter, Saturn und die großen Kugelsternhaufen aus Hunderttausenden ferner Sonnen, deren ganze Pracht allein durch ein Teleskop aufscheint.

Leider tastet sich der Anfänger oft hilflos durch den Wust widersprüchlicher Behauptungen der Teleskophersteller und steht vor der ewigen Frage, wieviel Geld für ein Hobby-Instrument angemessen ist. Auch wenn es den Rahmen eines bloßen Anhangs sprengen würde, das Thema erschöpfend zu behandeln, ist es andererseits nicht schwer, die Grundlagen für die Auswahl eines Fernrohrs darzustellen.

Einzelheiten des Jupiter, wie man sie durch ein Amateurteleskop erkennt

Bedauerlicherweise hat man das Publikum in den vier Jahrhunderten seit der Erfindung des Teleskops fortwährend und erfolgreich an der Nase herumgeführt. Das spielt sich folgendermaßen ab:

Sie betreten ein Kaufhaus oder einen Photoladen, um ein kleines Fernrohr zu kaufen, und natürlich stehen mehrere Modelle zur Auswahl. Vergessen Sie die Möglichkeit, von dem Menschen hinter der Ladentheke einen Rat zu bekommen: Wenn Sie nicht zufällig auf einen Astronomieliebhaber gestoßen sind, steht Ihnen der Verkäufer, was fehlende Optik-Kenntnisse angeht, wahrscheinlich in nichts nach. Woran also können Sie Ihre Entscheidung festmachen?

Die Hersteller wissen, wie Ihre Wahl ausfallen wird. Sie werden sich für das »stärkste« Instrument entscheiden, das Sie für Ihr Geld bekommen können. Weil dabei von »Stärke« die Rede ist, kann man Ihnen nicht einmal verdenken, wenn Sie glauben, die stärkste Vergrößerung sei gleichbedeutend mit dem besten Fernrohr.

Wie man gerechterweise einräumen sollte, würden es manche Hersteller durchaus wünschen, Sie mit dem ABC der Optik vertraut zu machen. Doch so, wie die Dinge stehen, ist diesen klar, daß Sie nicht wissen, daß jedes Teleskop über eine Primärlinse oder einen Primärspiegel verfügt, der das Licht sammelt; je größer dieses Teil ist, desto »stärker« ist das Fernrohr. Anders ausgedrückt, wenn Sie durch das falsche Ende des Fernrohrs schauen, sehen Sie eine große Linse (oder unten im Tubus einen Parabolspiegel); der Durchmesser dieses sogenannten Objektivs bestimmt, wie gut das Instrument in der Lage ist, die Geheimnisse der Nacht zu enthüllen.

Doch das wissen Sie nicht. Wenn es Ihnen klar wäre, würden Sie begreifen, weshalb eher die *Dicke* des Fernrohrtubus als die Länge oder Vergrößerung einen sicheren Hinweis auf seinen Wert liefert. Je *dicker* das Fernrohr, desto besser – da es eine größere Linse oder einen größeren Spiegel enthält, der das Licht sammelt. Dann würden Sie den Verkäufer vielleicht auch fragen: »Welchen Durchmesser hat das Objektiv?« Sie würden begreifen, daß ein Teleskop mit »240 Millimeter«, wenn alle anderen Daten gleich sind, besser ist als eines mit »120 Millimeter«, und würden damit zutreffenderweise eher von der Größe als von der Vergrößerung sprechen.

Statt dessen legen viele Firmen regelmäßig ein Okular bei, das eine weit übertriebene Vergrößerung liefert, da man jedem Fernrohr

eine fast beliebige »Vergrößerung« aufpfropfen kann. Kleine Kauf-
hausinstrumente können oberhalb einer etwa hundertfachen Vergrößerung kein klares und helles Bild mehr liefern. Doch Okulare
kosten die Hersteller jeweils nur ein paar Mark, und sie wissen, wenn sie kein 300faches oder gar 500faches Okular mitliefern
(damit sie in Großbuchstaben verkünden können: Fernrohr mit
500facher Vergrößerung!), werden es ihre Konkurrenten tun.

Da stehen Sie nun und schauen verständnislos auf die Instrumente in der Auslage. Wenn der Preis gleich ist, das eine aber
120fach vergrößert, während das andere sich mit 500facher Vergrößerung brüstet, dann ist Ihre Reaktion so leicht vorauszusagen
wie der Sonnenaufgang: »Da ist ein stärkeres Fernrohr zum gleichen Preis. Das nehme ich!«

Zu Ihrem Bedauern werden Sie dann schnell herausfinden, daß
die Bilder durch das stärkste Okular unbrauchbar lichtschwach und
phantastisch verschwommen sind. Man hat Sie in ein Restaurant
gelockt, dessen Werbung verspricht: » Sie können essen, soviel Sie
wollen«, in dem man Ihnen dann aber nur einen Berg Haferbrei
vorsetzt.

Deshalb gilt die einfache Regel: *Ignorieren Sie alle Behauptungen
über die Vergrößerung*. Achten Sie nur darauf, daß ein **Refraktor**
für etwa DM 400,– zumindest über ein Objektiv von 60 Millimeter
verfügt; der Primärspiegel eines **Reflektors** sollte wenigstens
130 Millimeter Durchmesser haben. Refraktoren (das sind die, durch
die man hindurchschaut) sind in der Regel unempfindlich und
machen keinen Ärger. Reflektoren (dort ist das Okular seitlich angebracht) liefern dagegen hellere Bilder für Ihr Geld, bei ihnen muß
man allerdings die Optik öfter nachjustieren. Das ist keine große
Angelegenheit, aber wenn Sie zu den Leuten gehören, die sich wei-
gern, an den Dingen herumzufummeln, kommen Spiegelteleskope
nicht in Frage.

In beiden Fällen wird das Instrument entweder mit einer schlichten **azimutalen** Montierung geliefert (ein wunderbar geschwol-
lener Ausdruck für die Tatsache, daß das Fernrohr aufwärts und
abwärts sowie hin und her geschwenkt werden kann), oder es
verfügt über die teurere **parallaktische** oder äquatoriale Montierung, mit der man die Objekte auf ihrem Weg über den Himmel

Links: Parallaktische (oder äquatoriale oder polare) Montierung. Der gestrichelte Pfeil weist auf den Himmelspol, wodurch das Ziel leicht zu verfolgen ist. Rechts: Azimutale Montierung. Mit ihr kann man nur nach oben und unten schwenken, und sie rotiert wie eine drehbare Tisch-Menage.

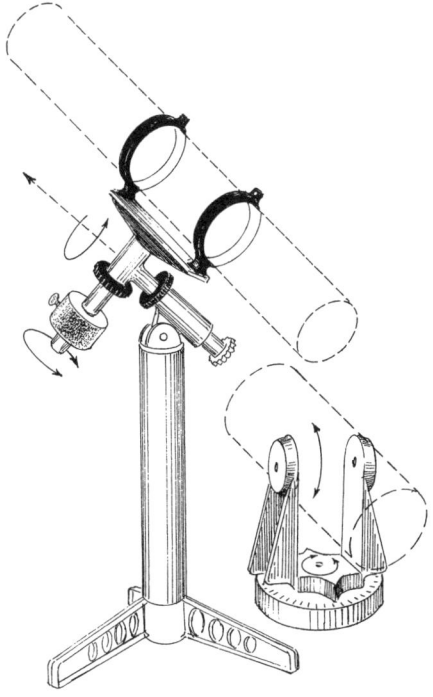

leichter verfolgen kann. Das parallaktische System sieht wunderbar nach High-Tech aus, ist aber um 200 bis 400 Mark teurer und nur dann von Nutzen, wenn Sie sich die Zeit nehmen, das Gerät bei jeder Sitzung genau auf den Himmelspol auszurichten. Falls Sie wenig Neigung für diese kleine Aufgabe verspüren sollten, können Sie sich das Geld sparen und die billigere Montierung nehmen.

Wenn Sie es sich leisten können, sollten Sie die 1200 bis 2500 Mark für ein Spiegelteleskop mit einem Spiegel von 200 oder gar 240 Millimeter Durchmesser ausgeben, das über einen Motorantrieb verfügt, mit dem es den Sternen nachgeführt wird. Solche Instrumente können ein Leben lang Freude bereiten. Diese Geräte sind auch mit den modernen Okularen mit 4 Zentimetern Durchmesser ausgestattet, die eine gewaltige Verbesserung gegenüber den normalerweise erbärmlichen 3-cm-Rohren billiger Fernrohre mit ihrem eingeschränkten Gesichtsfeld darstellen. (Nehmen Sie ein Bandmaß mit!) Die besseren Teleskope erhält man in der Regel beim Fachhandel oder direkt vom Hersteller. Lesen Sie dazu die Anzeigen in astronomischen Zeitschriften.

Gewöhnlich wenden sich alle Anfänger immer wieder derselben Handvoll von Objekten zu, und bald wird das Instrument wieder verkauft oder auf den Dachboden verbannt. Eine Minderheit schafft es jedoch, ein ernsthaftes und anhaltendes Interesse für die Astronomie zu entwickeln und immer wieder neue (aber zunehmend ausgefallenere) Beobachtungsobjekte zu entdecken. Sollten Sie ein Fernrohr für einen jungen Menschen kaufen, beginnen Sie am besten mit einem nicht so teuren Instrument, bis Sie feststellen können, ob dessen Interesse nur eine vorübergehende Laune ist, oder ob sich daran die Begeisterung entzündet, mehr zu lernen und zu unternehmen.

Geben Sie nicht zuviel aus. In der mittleren Preislage gibt es nicht viel, das sein Geld wert ist. Unter 500 Mark findet man die azimutal montierten Refraktoren mit 60 Millimeter Objektivdurchmesser, die so ideal als Instrument für den Anfänger geeignet sind. Über 1500 Mark fangen die Reflektorinstrumente mit 200 oder 400 Millimeter und darüber an, die mit einem Motor (»Uhrwerk«) ausgestattet sind, und die tragbaren Geräte vom Typ Schmidt-Cassegrain. Letztere sind besonders praktisch, wenn man sie auch auf der Erde ein-

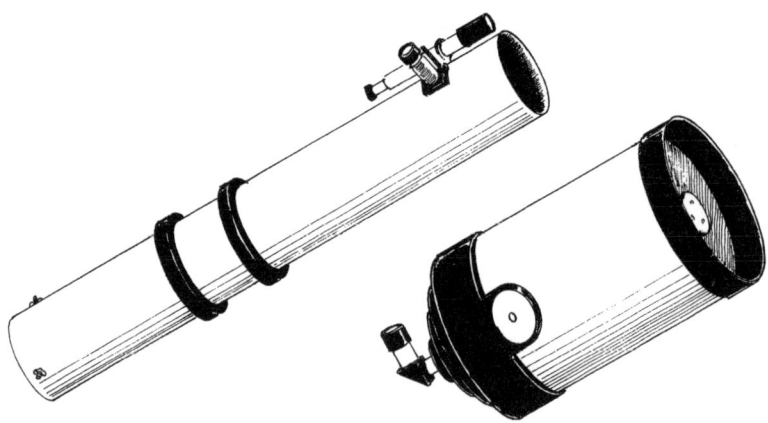

Zwei typische Spiegelteleskope: ein Newton-Reflektor (oben), und ein Schmidt-Cassegrain. Je dicker das Fernrohr ist, desto stärker ist es auch.

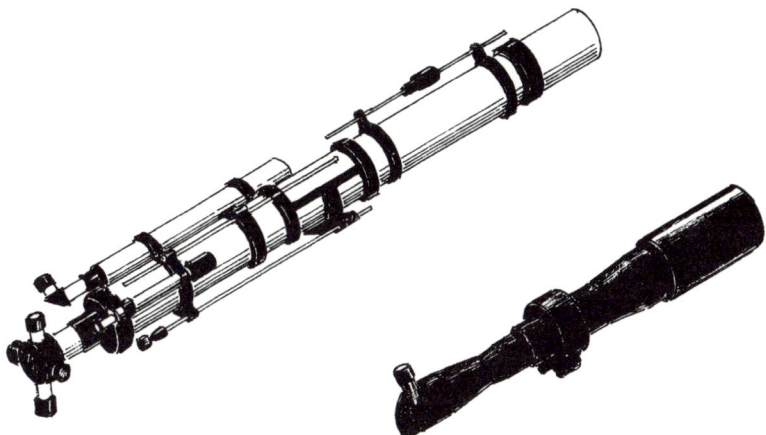

Zwei typische Refraktor-Teleskope. Bei ihnen schaut man »hindurch«, und man hat keinen Ärger mit ihnen.

setzt, zum Beispiel zur Vogelbeobachtung oder für Photos, mit denen man jemanden erpressen will.

Was die Wahl zwischen den drei Haupttypen angeht, so erhalten Sie mit einem Reflektor das beste Bild für Ihr Geld; dafür müssen Sie in Kauf nehmen, daß er ein wenig unhandlich ist und der Spiegel gelegentlich nachjustiert werden muß, was aber ganz einfach ist. Versuchen Sie, ein Instrument mit einem Fokalverhältnis von f/6 oder höher zu bekommen, die gängigen f/4-Modelle sind extrem anfällig für falsch justierte Spiegel.

Ein Refraktor ist ein Instrument, das überhaupt keine Umstände macht. In der 60- bis 80-Millimeter-Klasse gibt es nichts besseres, doch es wird teuer, wenn das Objektiv größer als 9 oder 10 Zentimeter ist.

Das Schmidt-Cassegrain ist ein Instrument mit kurzem Tubus; sein größter Vorzug liegt darin, leicht tragbar zu sein. Wenn Sie es auch zur Naturbeobachtung einsetzen und in einer lichtverschmutzten Stadt leben, gehört es für Sie zu den ersten Anwärtern.

Ein Fernrohr ist jedoch nicht für alle Beobachtungen das ideale Instrument. Viele Himmelsziele kann man am besten durch ein Fernglas sehen. Wenn Sie nicht schon eines besitzen, könnte sich Anhang 3 als hilfreich erweisen.

Die Wahl eines Fernglases

Für die Reiche der Natur und der Astronomie ist ein Fernglas die weitaus beste Anschaffung. Für weniger als 150 Mark erhält man damit klare, helle und erstaunlich schöne Bilder. Und im Gegensatz zur Volksmeinung ist das Bild, das man durch ein Fernglas sieht, dem Bild im Teleskop über- und nicht unterlegen, aus dem einfachen Grund, weil der entspannte Gebrauch beider Augen einen erfreulicheren Eindruck und auch ein Gefühl für die Dreidimensionalität liefert.

Außerdem sehen viele Himmelsobjekte im Fernglas weit besser aus als selbst durch die größten Teleskope der Welt. Deshalb sind ja eine geringe Vergrößerung und ein großes Gesichtsfeld erforderlich, wenn man weit hingestreckte Objekte wie die größeren Galaxienhaufen angemessen betrachten will.

Da ein gutes Fernglas von unschätzbarem Wert ist, ohne deswegen teuer zu sein, sollte kein Beobachter oder Naturliebhaber je darauf verzichten. Allerdings erfordert es ein wenig Wissen und Ausdauer, sich das richtige Glas zu kaufen; dafür müssen Sie bereit sein, in ein Meer von Zahlen einzutauchen.

Die Typenbezeichnungen von Ferngläsern enthalten zwei Zahlen, zwischen denen ein $\times$ steht, zum Beispiel 7×50. Die erste Ziffer gibt die Vergrößerung an und sollte zwischen 7 und 11 liegen: Alles, was darüber liegt, kann man nicht mehr ruhig in der Hand halten und erfordert ein Stativ. Eine Vergrößerung von 7 oder 8 ist fast ideal.

Die zweite Zahl ist wichtiger. Sie gibt den Durchmesser des Objektivs in Millimetern an. Der sollte nie kleiner sein als 35, was Miniaturmodelle » für die Hemdtasche « mit Linsen zwischen 20 und 25 Millimetern von der Himmelsbeobachtung ausschließt. In Anzeigen geben einige skrupellose Firmen zu verstehen, Ferngläser seien wie Computer mit Hilfe der modernen Technik erfolgreich miniaturisiert worden. In Wahrheit werden für die kleinen Modelle lediglich winzige Linsen verwendet. Daran ist keine Spur von Hochtechnologie zu finden – und wie zu erwarten war, liefern diese Instrumente unter schlechten Lichtbedingungen weit schwächere Bilder.

Aus diesen Angaben lassen sich weitere Erkenntnisse über die Bildhelligkeit ableiten. Wenn man die zweite Zahl durch die erste dividiert, erhält man die **Austrittspupille,** den Durchmesser des Lichtstrahls, der auf die Pupille Ihres Auges trifft. Beispielsweise hat ein 7 × 35-Glas eine Austrittspupille von 5. Halbwegs junge und gesunde Augen weiten sich in der Dunkelheit auf 7 Millimeter, weshalb ein Modell, das eine Austrittspupille von 7 Millimetern (ein 7 × 50-Glas) bereitstellt, für den Einsatz bei Nacht das hellste Bild ergibt. Solche Ferngläser werden oft auch **Marinegläser** oder **Nachtgläser** genannt, weil mit ihnen alle nächtlichen Ziele einschließlich eines dunklen Horizonts auf See mit maximaler Klarheit und Helligkeit erscheinen.

Umgekehrt macht eine Austrittspupille unter etwa 3,5 Millimeter das Bild zu dunkel für einen Einsatz bei Nacht; aus diesem Grund

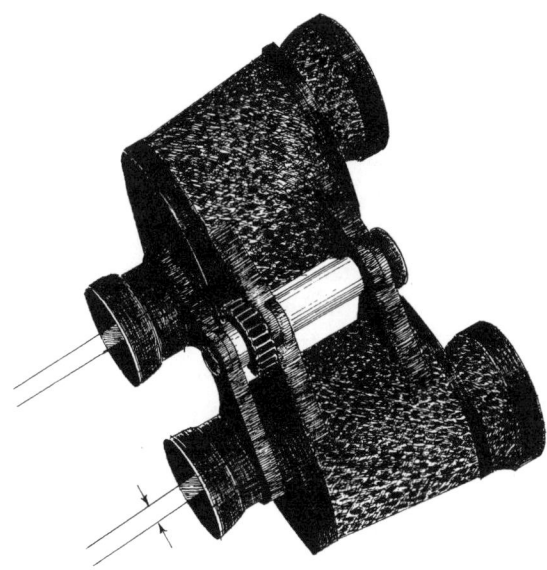

Den Durchmesser des Lichtstrahls, der auf Ihr Auge trifft, nennt man Austrittspupille. Je größer sie ist, desto heller ist das Bild.

sind Taschenferngläser vom Format 8 × 21 auf den Einsatz bei Tageslicht oder in hell erleuchteten Sportarenen beschränkt.

Die großen 50-Millimeter-Ferngläser haben einen einzigen möglichen Nachteil: Sie hellen alles derartig auf, daß die milchige Farbe des Himmels im Umfeld der Städte oder der Vorstädte übertrieben erscheint. Der daraus resultierende Anblick der Sterne vor einem grauen statt einem schwarzen Hintergrund ist ästhetisch gesehen nicht hinnehmbar. Wenn also der Himmel bei Ihnen nicht klar und dunkel ist, sind Gläser mit 7 × 35 (oder 8 × 40 oder alles andere mit einer Austrittspupille von etwa 5 Millimetern) wahrscheinlich am besten; sie sind auch ausgezeichnete »Allzweckgläser« für den Einsatz am Boden.

Probieren Sie Ferngläser zunächst im Laden aus. Dazu sollten Sie die folgende Liste abarbeiten:

Stellen Sie sorgfältig auf einen fernen Gegenstand scharf und achten Sie darauf, welcher Anteil des Gesichtsfelds vollständig im Schärfebereich liegt. Die meisten Ferngläser, besonders die mit »weitem Gesichtsfeld«, zeigen an den Rändern ein leicht verschwommenes Bild, und das geht in Ordnung. Sie sollten sich allerdings davon überzeugen, daß zumindest drei Viertel des Feldes gestochen scharf erscheinen.

Als nächstes sollten Sie das Glas auf ein Ziel einstellen, das einen starken Helligkeitskontrast zeigt, wie zum Beispiel der Mond am Nachthimmel oder ein weißes Firmenschild vor dunklem Hintergrund. Suchen Sie das Bild nach falschfarbenen Rändern ab (üblicherweise violett, orange, oder gelb). Auch hier ist ein gewisses Maß an Farbabweichung normal. Vergewissern Sie sich aber, ob es nicht übertrieben oder störend wirkt.

Probieren Sie mehrere Gläser aus. Das erste sieht vielleicht gut aus, aber wenn Sie die Bilder vergleichen, werden Sie deutliche Unterschiede in Schärfe und Kontrast entdecken. Wenn das Bild besser aussieht, ist es auch besser.

Die Marke allein sagt nicht alles, da die Hersteller normalerweise eine Palette von Modellen bauen. Die Marken Leica, Steiner oder Zeiss stellen beispielsweise jeweils eine Reihe von Modellen her, die zunehmend besser konstruiert sind und entsprechend mehr kosten. Allgemein kriegen Sie, was Sie bezahlen. Für höhere Preise gibt es zusätzliche Ausstattungsdetails wie Magnesiumgehäuse zur Gewichtsreduzierung, gummiverkleidete (»verkapselte«) Modelle, die wasserdicht sind, Linsen von besserer Qualität oder ein Gehäuse »amerikanischer Machart«, das nahtlos aus einem Stück gefertigt ist und damit besser justiert bleibt. Als Beispiele hervorragender Fern-gläser seien die Modelle von Bausch und von Lomb Custom Audu-bon genannt. Während meiner Jahre im Yellowstone-Park haben mehrere Parkaufseher und ich eine endlose Reihe von Ferngläsern ausprobiert, die Besucher mitgebracht hatten, und wenn es auf dem Markt auch viele gute Gläser gibt, so haben wir uns letztlich in die Audubons verguckt.

Die zwanzig eindrucksvollsten Ziele für Teleskope

Objekt und Beschreibung	Vergrößerung[1]	Himmelsvoraussetzungen
Sommer		
Ringnebel M57: geisterhafter Kringel mit »verbotener Strahlung«	M	sehr klar und dunkel
Albireo: ein prächtiger Doppelstern, einer davon blau, der andere intensivgelb	SN, N	alle
M11: ein hübscher offener (Galaxien-)Haufen	SN	klar
Saturn: der beste Planet	M, H	ruhige Luft; Dunst stört nicht, helles Mondlicht stört nicht
Omega-Nebel: der beste Nebel am Sommerhimmel	N	klar und dunkel
Herbst		
Doppelsternhaufen im Sternbild Perseus: der schönste offene Sternhaufen am Himmel	SN	dunkel
TX Piscium: der Stern mit dem intensivsten Rot	jede	alle
Gamma Delphini: farbiger Doppelstern	N, M	alle

1 SN = Sehr niedrig: < 60×. N = Niedrig: 60–100×. M = Mittel: 100–260×. H = Hoch: > 260×.

M27: planetarischer Nebel, grünlich	M	klar und dunkel

Winter		
M42: Orion-Nebel, der beste Nebel am ganzen Himmel	SN, N, M	klar und dunkel
Sirius, alle Farben des Spektrums	N	alle
M35 und M46: zwei hübsche offene Sternhaufen	N	klar und dunkel
R Leporis: ein tiefroter Stern	N, M	alle

Frühling		
M13: großer Kugelstern-haufen im Hercules; vielleicht das herrlichste Objekt für Teleskope	M	klar und dunkel
NGC 4565: großartige Galaxie in Seitenansicht	N, M	klar und dunkel
M51: großartige »Strudel«-Galaxie; zeigt Ansätze zur Spiralform!	N, M	klar und dunkel
M82: interessante, explodierende Galaxie	N, M	klar und dunkel
Jupiter (niedrige Vergrößerung für seine Monde, mittlere oder hohe für Einzelheiten der »Oberfläche«; ruhige Luft ist zwingend)	N, M	ruhige Luft, Dunst oder Mond stören nicht
Cor Caroli: irre gefärbter Doppelstern	N, M	alle
NGC 6543: interessanter planetarer Nebel; sehr grün	M	alle

Literaturhinweise für das Heimobservatorium

Englisch

Abell, George: *Exploration of the Universe*. 6. Auflage. Philadelphia: W. B. Saunders, 1993.
Das beste Lehrbuch. Beantwortet alle Fragen zu nicht beobachtbaren Gegenständen – Schwarze Löcher, Einstein, Planeten und so weiter. Mit schönen Photos.

Burnham, Robert: *Burnham's Celestial Handbook*. 3 Bände. Mineola, NY: Dover, 1966.
Ein unerläßlicher, schöner und umfassender Überblick über den ganzen Himmel. Wissenschaft, Mythologie, Legenden und Sagen.

Canadian Astronomical Society: *Observer's Handbook*.
Erscheint jährlich. Führt die laufenden Koordinaten aller interessanten Objekte und Himmelsereignisse des Jahres auf. Erhältlich über Sky Publishing.

Ridpath, Ian, Hrsg.: *Norton's 2000.0 Star Atlas and Reference Handbook*. 18. Auflage. New York: Halstead, 1989.
Ein Muß für jedes Observatorium. Die übersichtlichsten Himmelskarten.

Sky Catalog 2000. Cambridge, MA: Sky Publishing, 1982.
Ein Nachschlagewerk mit den Daten aller Sterne. Für den fortgeschrittenen Amateur.

Tirion, Will: *Sky Atlas 2000.0*. Cambridge, MA: Sky Publishing, 1981.
Ein Muß.

Deutsch

Aschenbach, Bernd, Hahn, Hermann Michael, Trümper, Joachim: *Der unsichtbare Himmel. Röntgenastronomie*. Birkhäuser, 1996.

Hahn, Hermann-Michael und Weiland, Gerhard: *Der neue Kosmos-Himmelsführer*. Kosmos-Verlag, 1998.

Keppler, Erhard: *Sonne, Monde und Planeten. Was geschieht in unserem Sonnensystem?* Piper, 1990.

Kippenhahn, Rudolf: *Hundert Milliarden Sonnen. Geburt, Leben und Tod der Sterne*. Piper, 1993.

Mitton, Jacqueline: *Astronomie von A-Z*. Franckh-Kosmos.
Gutes Nachschlagewerk der astronomischen Grundbegriffe für den Anfänger.

Roth, G. D. (Hrsg.): *Handbuch für Sternfreunde*. Berlin: Springer, 1989.
Band 1: Technik und Theorie
Band 2: Beobachtung und Praxis
Für den fortgeschrittenen Amateur, sehr ausführlich.

Roth, Hans (Hrsg): *Der Sternenhimmel*. (Astronomisches Jahrbuch für Sternfreunde). Spektrum-Akademischer Verlag

Sterne und Weltraum, Zeitschrift für Astronomie. Hüthig Fachverlage Heidelberg

Register

(Die geraden Zahlen beziehen sich auf den Text, die *kursiven* auf Illustrationen, die *kursiven* mit * auf die Farbabbildungen.)

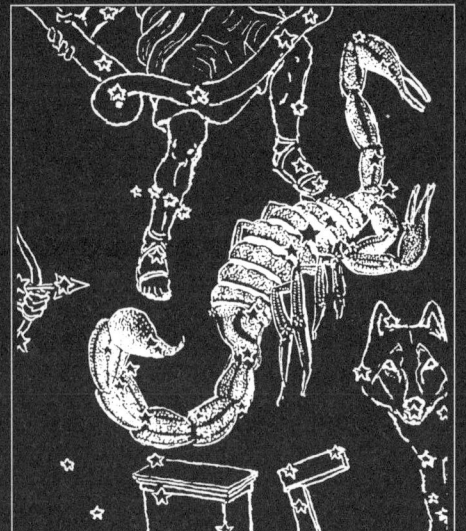

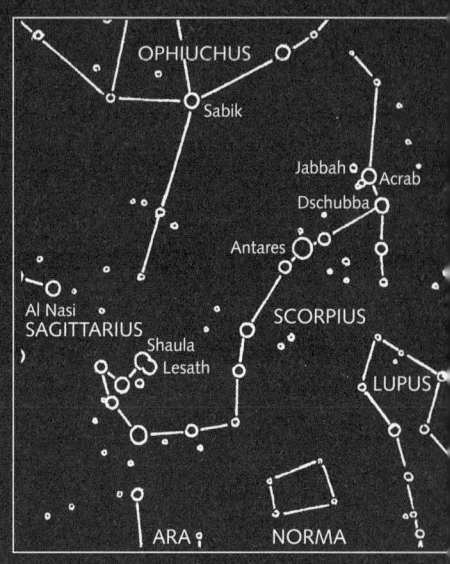